工业和信息化部"十二五"规划教材

CAILIAO DE LIXUE XINGNENG

材料的力学性能

乔生儒　张程煜　王　泓　主编

西北工业大学出版社

【内容简介】 本书主要介绍材料在力、能量、环境和时间单独或复合作用下,材料力学行为的响应规律、物理本质、评定方法、测试方法和工程应用。所涉及的内容主要有四部分:材料的基本力学性能,包括弹性、塑性、形变强化、强度、韧性和硬度等;断裂的抗力及其表征,主要包括断裂韧性、脆断的微观机制、缺口件的断裂和冲击能量作用下的断裂;与时间有关的失效机理和抗力,主要有疲劳、蠕变、应力腐蚀和氢脆、摩擦与磨损及接触疲劳等;特种材料的力学性能特点,包括高分子材料、陶瓷材料和复合材料。

本书为材料科学与工程各专业大学本科教材,也可供有关专业的学生,以及从事工程材料研究和加工、机械设计等专业人员参考。

图书在版编目(CIP)数据

材料的力学性能/乔生儒,张程煜,王泓主编.—西安:西北工业大学出版社,2015.3
(2019.1重印)
ISBN 978-7-5612-4365-7

Ⅰ.①材… Ⅱ.①乔…②张…③王… Ⅲ.①材料力学—力学性能 Ⅳ.①TB303

中国版本图书馆 CIP 数据核字(2015)第 064193 号

出版发行:西北工业大学出版社
通信地址:西安市友谊西路 127 号   邮编:710072
电 话:(029)88493844 88491757
网 址:www.nwpup.com
印 刷 者:兴平市博闻印务有限公司
开 本:787 mm×1 092 mm   1/16
印 张:18.625
字 数:449 千字
版 次:2015 年 7 月第 1 版   2019 年 1 月第 2 次印刷
定 价:49.00 元

前　言

　　本书为工业和信息化部"十二五"规划教材,通过专家组的评审后,立项编写。

　　材料的力学性能是材料科学与工程学科大学本科生的主干课,也是必修课。研究对象主要是工程材料。

　　该课程的特点是,理论与实际相结合,教学中既有理论教学环节,也有实验环节,二者紧密结合;宏观规律和微观机理相结合,完整地了解两者的依存和影响关系才能透彻地掌握力学性能的本质。该课程教学的目标是,在相关课程的基础上,进一步系统并完整地掌握主要材料力学性能的基本概念、物理意义、变化规律、分析方法、力学性能指标和工程应用;了解影响材料的力学性能指标的主要因素,以及各力学性能指标间的关系;了解材料的力学性能的表征和测试技术及方法;了解材料的力学性能与材料本身的成分、组织、结构的关系。学生学习后,能从材料力学性能角度,初步正确选择和使用材料,充分发挥材料的性能潜力,优化和改进材料加工工艺,研制新材料和新工艺,开展零构件失效分析,为材料、机械零件和结构能够正常、安全地服役奠定基础。

　　本书沿袭郑修麟教授主编的《材料的力学性能》,并在其基础上作了改编。原教材受到学生的好评,因此书名保持不变。由于时间的推移,原教材中的部分内容不再适用于新的国家标准。此外,随着科学技术的不断发展,部分内容需要充实、更新或删减。本书与相关的基础课和专业基础课紧密衔接,包括材料科学基础、材料力学(工程力学),并注重与材料的物理性能和材料分析方法这类平行课程的衔接,根据需要适度引用而不是简单的重复其他课程内容。本书中加 * 的章节,部分在其他先修课程已涉及,部分为大钢不要求必须掌握的内容。教师可根据教学需求灵活安排教学内容。

　　本书由张程煜副教授编写了第 9、10、11、13 和 14 章,乔生儒教授和王泓副教授联合编写了第 7 章和第 8 章,其余部分均由乔生儒编写。西安交通大学金志浩教授和西北工业大学李付国教授审阅了本书,西北工业大学贾普荣教授审阅了第 1 章。他们从不同角度提出了许多宝贵意见和建议,在此一并表示衷心的感谢。教材中参阅了一些国内外的照片和例图,在各章后的参考文献中已经标明,但难免存在遗漏,在此一并致谢。

　　本书难免有错误之处,恳请读者指正。

编　者

2014 年 9 月

目 录

第1章　材料力学相关内容简述

1.1　引　　言

　　鉴于材料力学(工程力学)是本课程的先修课,因此本章将其相关内容作一简要复述,以便更好地理解和掌握以后章节的新内容。同时,结合该课程的特点,引入一些新内容,包括应力状态软性系数、平面应力和平面应变状态等几个新概念。

1.2[*]　应力及一点的应力状态

　　如图 1-1(a) 所示,一均匀连续的物体受外力后处于平衡状态。受外力后,物体内各质点间的相互作用力发生了变化,并随着外力的改变而改变,通常称这样的力为内力(区别于作用在表面的面力),与之对应的各质点间的相互位置也发生了变化。假想沿着物体内任意一点 P 作一平面截面,弃去右边部分后仍处于平衡状态,亦即右边部分对于左边部分的作用以截面上的内力代替,如图 1-1(b) 所示。在截面上围绕 P 点取微小面积 ΔS,ΔS 上内力的合力为 $\Delta \boldsymbol{F}$。当 ΔS 趋于零时,由式(1-1)得到的 σ 称为应力(stress),即

$$\sigma = \lim_{\Delta S \to 0} \frac{\Delta F}{\Delta S} \tag{1-1}$$

　　$\Delta \boldsymbol{F}$ 可以分解为该面外法线 n 方向的内力 $\Delta \boldsymbol{F}_{\mathrm{n}}$ 和平行于截面上的内力 $\Delta \boldsymbol{F}_{\mathrm{s}}$(见图 1-1(b))。当 ΔS 趋于零时,与式(1-1)类似可以得到外法线 n 方向的应力 σ_{n} 和平行于截面上的应力 τ_{s}。σ_{n} 称之为正应力(normal stress),τ_{s} 称之为切应力或剪应力(shear stress)。过物体内一点各截面上的应力情况称之为应力状态(state of stress)。

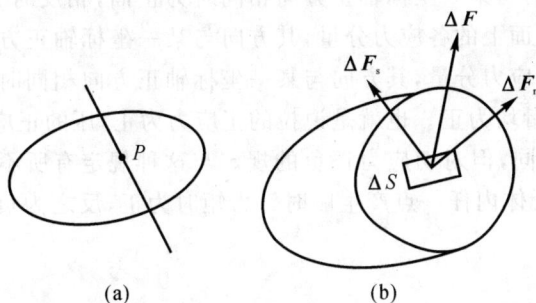

图 1-1　内力

　　对于各向同性物体,为了分析一点的应力状态,围绕图 1-1 中的 P 点截取一个微小正六面单元体,置于如图 1-2 所示的右手螺旋决定的坐标系,即笛卡儿坐标系(Cartesian coodinates)中。3个坐标轴分别为 x,y 和 z。假设该单元体微小到相对的两个平行面可以视作同一个面,只不过观察方向相反而已。由于每个面极其微小,其上的应力可认为是均匀分布的,因此,可用作用在面心上的应力表示。作用在相对两个面上的应力大小相等,方向相反。面上的应力有两个下标,第一个下标表示应力作用面的法线方向,第二个下标表示该应力的方向。例如 σ_{yz} 表示应力作用面的法线沿 y 轴方向,应力作用方向为 z 轴方向。两个下标字母相同的代表正应力,例如 σ_{yy};下标不同的为切应力,如 σ_{yz}。这样以来,就可以将一点的应力状态用一个矩阵表示,即

$$\sigma_{ij} = \begin{bmatrix} \sigma_{xx} & \sigma_{yx} & \sigma_{zx} \\ \sigma_{xy} & \sigma_{yy} & \sigma_{zy} \\ \sigma_{xz} & \sigma_{yz} & \sigma_{zz} \end{bmatrix} \tag{1-2}$$

其中,i 和 j 分别为 x,y,z。利用力的平衡关系很容易证明切应力互等,即 $\sigma_{ij} = \sigma_{ji}$,亦即 $\sigma_{xy} = \sigma_{yx}$,$\sigma_{zx} = \sigma_{xz}$,$\sigma_{zy} = \sigma_{yz}$。因此,式(1-2)是一个对称矩阵,独立分量的个数是6,一点的应力状态便可用6个独立的应力分量来描述。

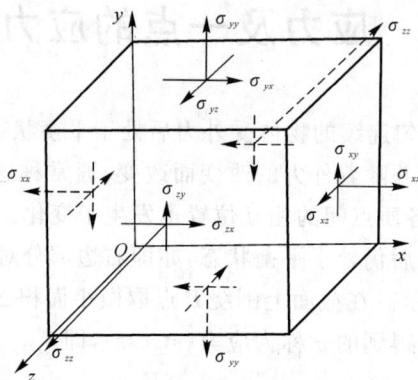

图 1-2 无限小正六面单元体及其应力表达

在各种书籍和文献中,也将正应力简化为用一个下标表示,即 $\sigma_{xx} = \sigma_x$,$\sigma_{yy} = \sigma_y$,$\sigma_{zz} = \sigma_z$;切应力也用符号 τ 表示,即 $\sigma_{xy} = \tau_{xy}$,$\sigma_{xz} = \tau_{xz}$,$\sigma_{zy} = \tau_{zy}$。若坐标系是 1,2,3,不是 x,y,z,则将 x,y,z 相应地换作 1,2,3 即可,例如 σ_{xx} 换作 σ_{11}。

定义面上外法线方向与某一坐标轴正方向相同时为正面,相反时为负面。对于应力的正负作以下规定:作用在正面上的各应力分量,其方向与某一坐标轴正方向相同时为正,相反时为负;作用在负面上的各应力分量,其方向与某一坐标轴正方向相同时为负,相反时为正。图 1-2 所示的所有应力分量均为正。也就是说拉的正应力为正,压的正应力为负,这与材料力学(工程力学)中的规定相同,但对切应力正负的规定与这种规定有所不同。材料力学(工程力学)中规定切应力对单元体内任一点产生顺时针力矩时为正,反之为负,因此切应力互等关系变为 $\sigma_{ij} = -\sigma_{ji}$。

1.3* 应变及一点的应变状态

取图 1-1(a)过 P 点受力前微小长方形 $ABCD$ 平面进行分析。将其置于 xOy 坐标决定的

面中(见图 1-3)。图中,$AB \parallel x$ 轴,$AD \parallel y$ 轴。AB 长 Δx,AD 长 Δy,$AB \perp AD$。当物体受力后产生微小变形,该长方形 $ABCD$ 面变形为 $A'B'C'D'$ 面。添加辅助线:$A'P' \parallel x$ 轴,$A'Q'$ $\parallel y$ 轴,$Q'D' \parallel x$ 轴,$P'B' \parallel y$ 轴。物体内受力后各点均产生了位置变化,其变化与原处的位置有关,例如敲击一块材料,靠近受力点处变形大,远离受力点处变形小。若 A 变形到 A' 点在 x 方向的位移为 $u(x,y)$,在 y 方向的位移为 $v(x,y)$,则 B 点变形到 B' 相应的位移为 $u(x+\Delta x,y)$ 和 $v(x+\Delta x,y)$,D 点变形到 D' 相应的位移为 $u(x,y+\Delta y)$ 和 $v(x,y+\Delta y)$。

正应变(normal strain)是单位长度的伸缩变化量,亦称线应变,因 AB 平行于 x 轴,AB 移动到 $A'B'$ 的正应变记作 ε_x,定义为

$$\varepsilon_x = \lim_{AB \to 0} \frac{A'B' - AB}{AB}$$

其中

$$A'B' = \sqrt{(A'P')^2 + (B'P')^2} = \sqrt{[\Delta x + u(x+\Delta x,y) - u(x,y)]^2 + [v(x+\Delta x,y) - v(x,y)]^2}$$

所以 $\varepsilon_x = \lim\limits_{\Delta x \to 0} \left[\left(1 + \dfrac{u(x+\Delta x,y) - u(x,y)}{\Delta x}\right)^2 + \left(\dfrac{v(x+\Delta x,y) - v(x,y)}{\Delta x}\right)^2 \right]^{1/2} - 1 =$

$\left[\left(1 + \dfrac{\partial u}{\partial x}\right)^2 + \left(\dfrac{\partial v}{\partial x}\right)^2 \right]^{1/2} - 1$

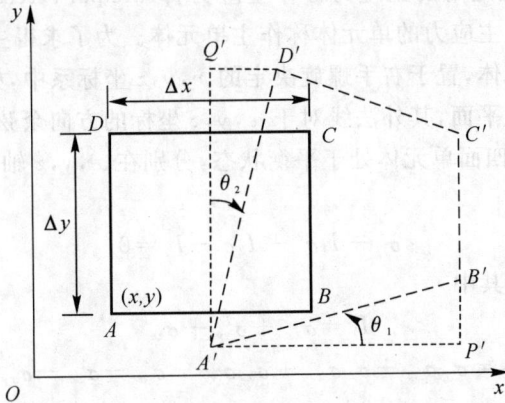

图 1-3　微小长方形面 _ABCD_ 的变形[1]

由于 $\dfrac{\partial u}{\partial x} \ll 1$,$\dfrac{\partial v}{\partial x} \ll 1$,可得

$$\varepsilon_x = \frac{\partial u}{\partial x}$$

同理

$$\varepsilon_y = \frac{\partial v}{\partial y} \tag{1-3}$$

这样处理的结果引起的误差是高阶无穷小量。切应变(shear strain,也称剪应变),一般指的是两个直线段间夹角的改变量,以角度变小的变化量为正,变大为负,用弧度表示。对于 xOy 坐标下的切应变,这里指的是 AB 和 AD 夹角的改变量,用 γ_{xy} 表示,即

$$\gamma_{xy} = \theta_1 + \theta_2$$

其中　　　$\theta_1 = \lim\limits_{AB \to 0} \dfrac{P'B'}{A'P'} = \lim\limits_{AB \to 0} \dfrac{[v(x+\Delta x,y) - v(x,y)]/\Delta x}{[\Delta x + u(x+\Delta x,y) - u(x,y)]/\Delta x}$

可得 $\theta_1 = \dfrac{\partial v}{\partial x}$。同理得 $\theta_2 = \dfrac{\partial u}{\partial y}$。

于是
$$\gamma_{xy} = \frac{\partial v}{\partial x} + \frac{\partial u}{\partial y} \tag{1-4}$$

同样，将 z 方向的位移记作 w，并分别在 yOz 和 zOx 坐标系中作类似分析，可得
$$\varepsilon_z = \frac{\partial w}{\partial z}, \quad \gamma_{yz} = \frac{\partial w}{\partial y} + \frac{\partial v}{\partial z}, \quad \gamma_{zx} = \frac{\partial u}{\partial z} + \frac{\partial w}{\partial x} \tag{1-5}$$

显然，$\gamma_{xy} = \gamma_{yx}, \gamma_{yz} = \gamma_{zy}, \gamma_{zx} = \gamma_{xz}$。于是可以看出，一点的应变状态可由 6 个独立的应变分量描述，即 $\varepsilon_x, \varepsilon_y, \varepsilon_z, \gamma_{xy}, \gamma_{yz}, \gamma_{zx}$。在各种书籍和文献中，也将正应变写作两个重复的下标表示，即 $\varepsilon_{xx}, \varepsilon_{yy}, \varepsilon_{zz}$；将切应变用 ε 表示，即 $\varepsilon_{xy}, \varepsilon_{yz}, \varepsilon_{zx}$。若坐标系是 1,2,3，不是 x, y, z，则将是 x, y, z 相应的换作 1,2,3 即可，例如 ε_{yz} 换作 ε_{23} 或 γ_{23}。

1.4* 主应力和主应变

围绕图 1-1 中的 P 点截取微小正六面单元体，总是能够找到一个独特的单元体，其面上只有正应力，没有切应力，把此时的正应力称作主应力（principal stress），其作用的面称为主平面（principal plane），只有主应力的单元体称作主单元体。为了求得主应力，围绕图 1-1 中的 P 点截取微小正四面单元体，置于右手螺旋决定的 x, y, z 坐标系中，如图 1-4 所示。其中，正四面单元体的斜截面是主平面，其外法线对于 x, y, z 坐标的方向余弦分别为 l, m 和 n，该面上的主应力为 σ。根据该正四面单元体处于平衡状态，分别在 x, y, z 轴方向建立力的平衡关系，经过运算后可得到下式：
$$\sigma^3 - I_1\sigma^2 + I_2\sigma - I_3 = 0 \tag{1-6}$$
主应力 σ 便是上式的根。其中
$$I_1 = \sigma_{xx} + \sigma_{yy} + \sigma_{zz}$$
$$I_2 = \sigma_{yy}\sigma_{zz} + \sigma_{zz}\sigma_{xx} + \sigma_{xx}\sigma_{yy} - \sigma_{yz}^2 - \sigma_{zx}^2 - \sigma_{xy}^2$$
$$I_3 = \sigma_{xx}\sigma_{yy}\sigma_{zz} + 2\sigma_{yz}\sigma_{zx}\sigma_{xy} - \sigma_{xx}\sigma_{yz}^2 - \sigma_{yy}\sigma_{zx}^2 - \sigma_{zz}\sigma_{xy}^2$$

一般地，式（1-6）有 3 个实根，分别记作 σ_1, σ_2 和 σ_3，按照代数值大小排序为 $\sigma_1 \geqslant \sigma_2 \geqslant \sigma_3$，它们分别作用在 3 个相互垂直的主平面上。有了主应力的概念，描述一点的应力状态便可用 3 个主应力表示，因为在给定的外力作用下，物体中任一点的主应力值和方向便已确定，与坐标系的选择无关。尽管各应力分量随着坐标选择而变化，但式（1-6）的根和系数 I_1, I_2, I_3 不依赖于坐标系的人为选择而变，因此 I_1, I_2 和 I_3 分别称为第一、第二和第三应力不变量。不变量 I_1 说明，通过受力物体中任一点的 3 个相互垂直的微小面上的正应力之和为常数。由于主应力是其中之一，I_1 也等于该点的 3 个主应力之和，即
$$I_1 = \sigma_{xx} + \sigma_{yy} + \sigma_{zz} = \sigma_1 + \sigma_2 + \sigma_3 = 常数$$

某点的 3 个主应力中，若只有 1 个主应力不为零，该点的应力状态称为单向应力状态；2 个主应力不为零称为两向应力状态；3 个主应力都不为零称为三向应力状态。两向和三向应力状态又统称为复杂应力状态。沿 3 个主应力方向的线应变就是主应变（principal strain），分别记作 $\varepsilon_1, \varepsilon_2$ 和 ε_3。

莫尔应力圆（Mohr's circle of stress，简称应力圆）图解法是分析应力状态的直观有力的

方法。应注意此时用材料力学(工程力学)对切应力正负的规定,即对单元体内任一点产生顺时针的力矩为正,反之为负。现在做具体分析。

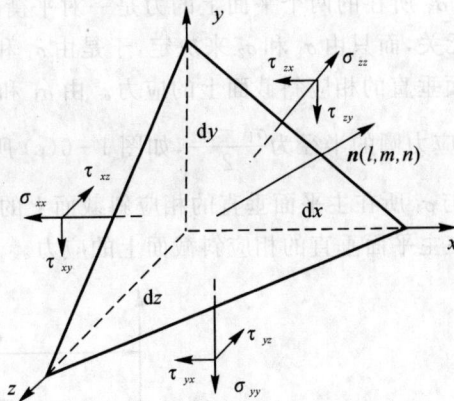

图 1-4 微小正四面单元体

首先研究两向应力状态。图 1-5(a) 是一个单元体上的应力。在图 1-5(b) 中,横坐标表示正应力,纵坐标表示切应力。对于 cd 面,按选取的比例尺量取 $OB_1 = \sigma_x$,$B_1D_1 = \tau_{xy}$,得到 D_1 点;对于 da 面,量取 $OB_2 = \sigma_y$,$B_2D_2 = -\tau_{yz}$,得到 D_2 点。连接 D_1 和 D_2 点的直线与横坐标交于 C 点。以 C 点为圆心,以 CD_1 或 CD_2 为半径画出应力圆。显然,应力圆的圆心横坐标为 $\dfrac{\sigma_x + \sigma_y}{2}$,纵坐标为 0;应力圆的半径为 $\sqrt{\left(\dfrac{\sigma_x - \sigma_y}{2}\right)^2 + \tau_{xy}^2}$。应力圆上任一点 E 的纵坐标值和横坐标值,分别代表单元体相应斜截面 ef 上的切应力和正应力。圆上任意两点半径之间的夹角,等于单元体上对应两个截面外法线之间夹角的两倍,并且圆上任意两点半径之间的夹角转向,与单元体上对应两个截面外法线之间夹角的转向相同。应力圆与横坐标的交点 A_1 和 A_2 分别代表主应力 σ_1 和 σ_2。其中,CD_1 与 CA_1 沿顺时针成夹角 $2\alpha_0$,反映在单元体上 cd 面外法线与主应力 σ_1 作用的面外法线沿顺时针成夹角 α_0,如图 1-5(c) 所示。显然,过圆心 C 与横坐标垂直的直径两端点所代表的单元体截面上,其切应力最大,数值上为 $\tau_{max} = \dfrac{\sigma_1 - \sigma_2}{2}$,该截面分别与 σ_1 和 σ_2 作用的面成 45°角。

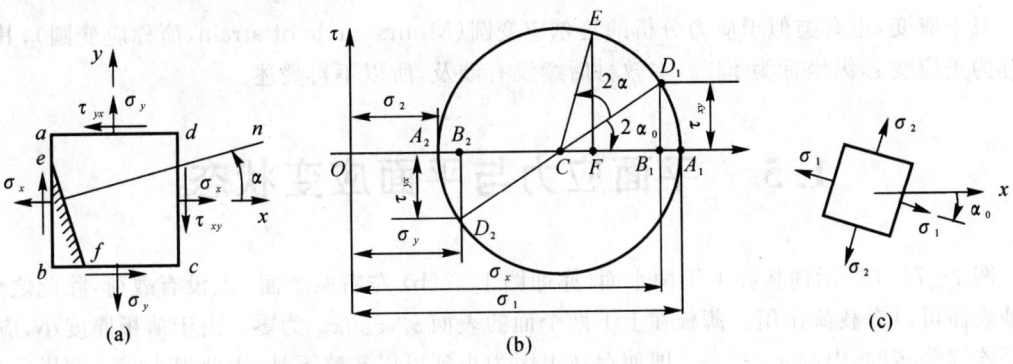

(a)   (b)   (c)

图 1-5 一个单元体上的应力及其应力圆

对于三向应力状态,已知正六面单元体上的 3 个主应力,且 $\sigma_1 \geqslant \sigma_2 \geqslant \sigma_3$,如图 1-6(a)所示。用与 σ_3 所在主平面垂直的任意斜截面将单元体一分为二,并研究左边部分的平衡,如图 1-6(b)所示。由于主应力 σ_3 所在的两个平面上的力是一对平衡的力,因此该斜截面上的应力正应力和切应力均与 σ_3 无关,而只由 σ_1 和 σ_2 来决定,于是由 σ_1 和 σ_2 所作的应力圆上任一点的坐标代表与 σ_3 所在主平面垂直的相应斜截面上的应力。由 σ_1 和 σ_2 所作的应力圆的圆心横坐标为 $\frac{\sigma_1 + \sigma_2}{2}$,纵坐标为 0;应力圆的半径为 $\frac{\sigma_1 - \sigma_2}{2}$,如图 1-6(c)所示。同理,据 σ_2 和 σ_3 作出应力圆,圆上点的坐标代表与 σ_1 所在主平面垂直的相应斜截面上的应力;据 σ_3 和 σ_1 作应力圆,圆上点的坐标代表与 σ_2 所在主平面垂直的相应斜截面上的应力。

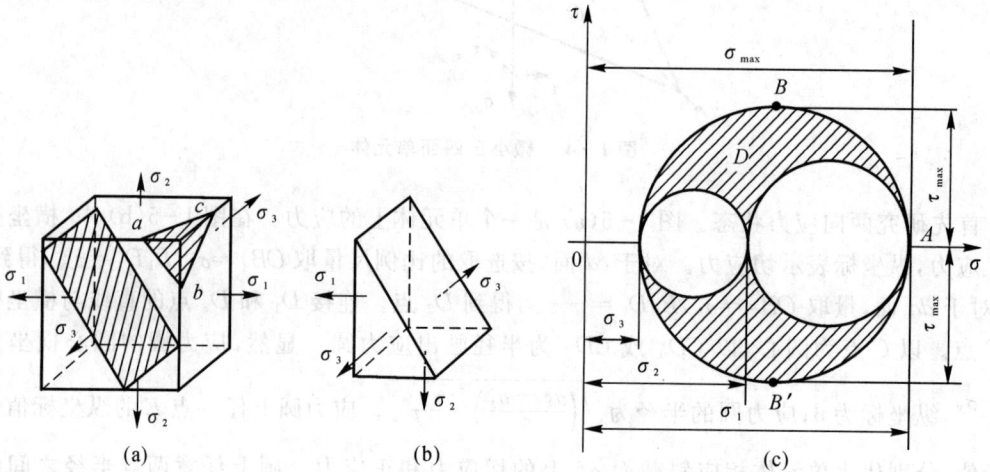

图 1-6　三向应力状态的应力圆图解

对于与单元体 3 个主平面都成斜交的任意斜截面 abc,如图 1-6(a)所示,该斜截面上的上的应力可用点 D 的坐标表示(见图 1-6(c)),已经证明,D 点必定位于 3 个应力圆的圆周上或它们围成的阴影区中。

很显然,最大切应力位于最大应力圆上的 B 和 B' 处,其值等于最大应力圆的半径,即

$$\tau_{max} = \frac{\sigma_1 - \sigma_3}{2} \tag{1-7}$$

对于应变,也有类似于应力分析的莫尔应变圆(Mohrs circle of strain,简称应变圆),其横坐标为正应变 ε,纵坐标为 $\gamma/2$。本教材后续没有涉及,所以不再赘述。

1.5　平面应力与平面应变状态

图 1-7(a)所示薄板在上下两个面(亦即图 1-7(b)左右两个面)上没有载荷,除此之外,其他表面可以有载荷作用。薄板在上下两个面的表面 $\sigma_z, \tau_{zx}, \tau_{yz}$ 为零。由于薄板厚度小,应力又是连续分布的,内部 $\sigma_z, \tau_{zx}, \tau_{yz}$ 即使存在也因为小到可以忽略不计,因此视为零。这样一来,只剩下 $\sigma_{xx}, \sigma_{yy}, \tau_{xy}$,它们作用的方向都处于一个平面内,将这种应力状态称作平面应力(plane stress)状态。

若应变发生在同一个平面内,则认为是平面应变(plane strain)状态。如图 1-8 所示,加热两端固持的钢棒,在 z 方向因固持不允许热膨胀变形,所以膨胀变形仅发生在垂直于钢棒 xOy 决定的面内,这就是平面应变的状态,该例中 σ_z 显然不为零。

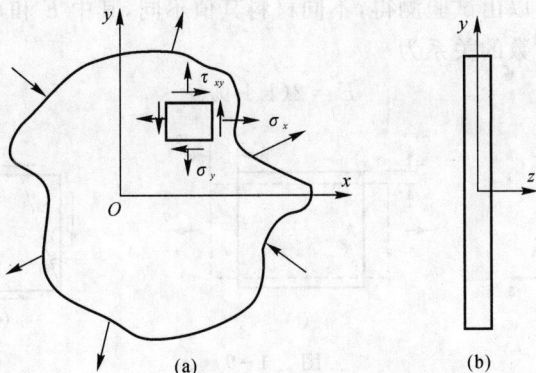

图 1-7　平面应力状态的例子:薄板受力示意图

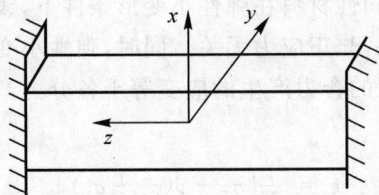

图 1-8　平面应变状态的一个例子:加热两端固持的钢棒

1.6* 弹性常数及小变形下的应力和应变关系

1.6.1　各向同性材料的弹性常数及小变形下的应力和应变关系

将物体内每个点各个方向性能相同的材料称为各向同性材料,每个点各个方向性能不相同的称之为各向异性材料,本小节讨论对于各向同性材料的结果。

如图 1-9(b) 所示,单位边长的正方形单元体上正应力 σ 由零增加到某值时,产生了弹性变形。σ 方向的正应变为 ε,当弹性变形不大时,σ 和 ε 呈线性关系(如图 1-9(a) 所示),即 $\sigma = E\varepsilon$,这就是胡克定律(Hook's law)。比例常数 E 称为杨氏弹性模量(Young's modulus),简称为杨氏模量或弹性模量。σ 方向产生正应变 ε 的同时,横向产生了正应变 ε'。拉伸时 ε 为正,而 ε' 为负,压缩时正好相反,因此两者的正负号总是不同。定义泊松比(Poisson's ratio)ν 为

$$\nu = \left| \frac{\varepsilon'}{\varepsilon} \right| \tag{1-8}$$

其中,ν 是一个无量纲数值,大多数材料 ν 值在 $0.2 \sim 0.4$ 之间。我国的国家标准对测定弹性模量和泊松比做了专门的规定[2]。

— 7 —

图 1-9(c) 所示为该单元体只受纯切应力 τ 的作用产生了弹性变形的情况。当弹性变形不大时,同样有 $\tau = G\gamma$,即剪切胡克定律关系,比例常数 G 称为剪切弹性模量,有时也简称为剪切模量(shear modulus)或切变模量。E,G 和 ν 均为材料的弹性常数,这三个弹性常数又统称为工程弹性常数,并都可以由试验测得,不同材料其值不同,其中 E 和 G 的常用单位为 GPa。容易证明,这三个弹性常数的关系为

$$E = 2(1 + \nu)G \tag{1-9}$$

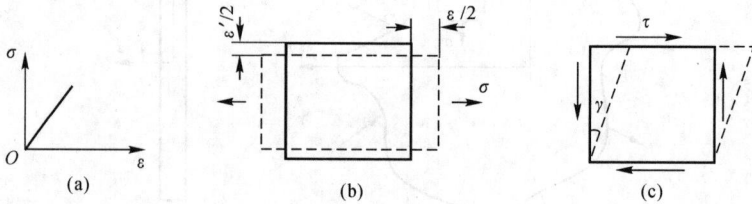

图　1-9

已知一点的应力状态可用 6 个独立的应力分量来描述,一点的应变状态也可用 6 个独立的应变分量来描述。对于各向同性材料在弹性小变形条件下,线应变只与正应力有关,与切应力无关;切应变只与切应力有关,与正应力无关。同时,弹性小变形条件下,可以应用力和变形的叠加原理,即作用在弹性体上的合力产生的应变等于各分力产生的应变之和。

应用这一原理可以得到

$$\varepsilon_x = \frac{1}{E}[\sigma_x - \nu(\sigma_y + \sigma_z)]$$

$$\varepsilon_y = \frac{1}{E}[\sigma_y - \nu(\sigma_z + \sigma_x)] \tag{1-10}$$

$$\varepsilon_z = \frac{1}{E}[\sigma_z - \nu(\sigma_x + \sigma_y)]$$

$$\gamma_{xy} = \frac{\tau_{xy}}{G}, \quad \gamma_{yz} = \frac{\tau_{yz}}{G}, \quad \gamma_{zx} = \frac{\tau_{zx}}{G}$$

式(1-10) 中的 6 个公式便称为各向同性材料的广义胡克定律。对于用主应力和主应变表达的广义胡克定律,只要将前三式的下标 x,y,z 依次换为相应的 $1,2,3$ 即可,由于没有切应力,因此后三式不存在。

如图 1-10 所示的正六面单元体,其 3 个棱边的长度分别为 dx,dy 和 dz,体积为 $V_0 = dxdydz$。在各主应力 σ_1,σ_2 和 σ_3 的作用下,各棱边相应的弹性主应变为 $\varepsilon_1,\varepsilon_2$ 和 ε_3。变形后正六面体的体积 V_1 为

$$V_1 = dx(1+\varepsilon_1)dy(1+\varepsilon_2)dz(1+\varepsilon_3) =$$
$$dxdydz(1+\varepsilon_1+\varepsilon_2+\varepsilon_3+\varepsilon_1\varepsilon_2+\varepsilon_2\varepsilon_3+\varepsilon_3\varepsilon_1+\varepsilon_1\varepsilon_2\varepsilon_3)$$

略去高阶微量 $\varepsilon_1\varepsilon_2 + \varepsilon_2\varepsilon_3 + \varepsilon_3\varepsilon_1 + \varepsilon_1\varepsilon_2\varepsilon_3$ 各项后,得到

$$V_1 = dxdydz(1+\varepsilon_1+\varepsilon_2+\varepsilon_3)$$

单位体积的改变量 θ 为

$$\theta = \frac{V_1 - V_0}{V_0} = \frac{dxdydz(1+\varepsilon_1+\varepsilon_2+\varepsilon_3) - dxdydz}{dxdydz} = \varepsilon_1 + \varepsilon_2 + \varepsilon_3 = 3\varepsilon_m$$

其中

$$\varepsilon_m = \frac{1}{3}(\varepsilon_1 + \varepsilon_2 + \varepsilon_3)$$

式中，ε_1，ε_2 和 ε_3 分别用式(1-10)表达，经简化后得

$$\theta = \varepsilon_1 + \varepsilon_2 + \varepsilon_3 = \frac{1-2\nu}{E}(\sigma_1 + \sigma_2 + \sigma_3) \tag{1-11}$$

令 $K = \dfrac{E}{3(1-2\nu)}$，并引入符号 σ_m，有

$$\sigma_m = \frac{1}{3}(\sigma_1 + \sigma_2 + \sigma_3) = \frac{I_1}{3} \tag{1-12}$$

于是

$$\theta = \frac{1}{K}\,\frac{1}{3}(\sigma_1 + \sigma_2 + \sigma_3) = \frac{\sigma_m}{K}$$

或者

$$\sigma_m = K\theta \tag{1-13}$$

其中，σ_m 的物理意义是静水压力(hydrostatic stress)；θ 是静水压力引起的体积应变。显然，K 是单位体积的改变量与静水压力之间的比例常数，称为体积弹性模量，简称体积模量(bulk modulus)。式(1-13)称为体积胡克定律。

对于正六面单元体，三向受拉时体积增大，则 θ 为正，而 σ_1，σ_2，σ_3 和 σ_m 均大于 0，据 K 的表达式则有 $\nu \leqslant 0.5$。又由式(1-9)的关系，有

$$E = 2(1+\nu)G$$

因 E 和 G 均为正值，因此 $-1 \leqslant \nu$。综合两者得到 ν 的取值范围为 $-1 \leqslant \nu \leqslant 0.5$。

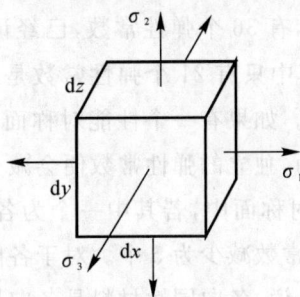

图 1-10　正六面单元体主应力作用下的弹性变形

1.6.2　各向异性材料的弹性常数及广义胡克定律

由前文可知，一点的应力状态可用 6 个独立的应力分量来描述，一点的应变状态可用 6 个独立的应变分量来描述。弹性小变形条件下，应力和应变间为线性关系，其中一个应力分量分别与 6 个独立的应变分量发生联系。可以用力和变形的叠加原理，在笛卡儿坐标系 1,2,3 下，得到关系式：

$$\begin{bmatrix} \sigma_{11} \\ \sigma_{22} \\ \sigma_{33} \\ \tau_{23} \\ \tau_{13} \\ \tau_{12} \end{bmatrix} = \begin{bmatrix} C_{11} & C_{12} & C_{13} & C_{14} & C_{15} & C_{16} \\ C_{21} & C_{22} & C_{23} & C_{24} & C_{25} & C_{26} \\ C_{31} & C_{32} & C_{33} & C_{34} & C_{35} & C_{36} \\ C_{41} & C_{42} & C_{43} & C_{44} & C_{45} & C_{46} \\ C_{51} & C_{52} & C_{53} & C_{54} & C_{55} & C_{56} \\ C_{61} & C_{62} & C_{63} & C_{64} & C_{65} & C_{66} \end{bmatrix} \begin{bmatrix} \varepsilon_{11} \\ \varepsilon_{22} \\ \varepsilon_{33} \\ \gamma_{23} \\ \gamma_{13} \\ \gamma_{12} \end{bmatrix}$$

可以简写为

$$[\sigma_{ij}] = [C_{ij}][\varepsilon_{ij}] \tag{1-14}$$

式中,i 和 j 分别取 $1 \sim 6$;$[C_{ij}]$ 为刚度系数矩阵,它是联系应变和应力的弹性常数矩阵。该关系是用应变表达应力的广义胡克定律,反过来用应力表达应变的关系,实际是对上式作逆变换,可以得到

$$
\begin{bmatrix} \varepsilon_{11} \\ \varepsilon_{22} \\ \varepsilon_{33} \\ \gamma_{23} \\ \gamma_{13} \\ \gamma_{12} \end{bmatrix} =
\begin{bmatrix}
S_{11} & S_{12} & S_{13} & S_{14} & S_{15} & S_{16} \\
S_{21} & S_{22} & S_{23} & S_{24} & S_{25} & S_{26} \\
S_{31} & S_{32} & S_{33} & S_{34} & S_{35} & S_{36} \\
S_{41} & S_{42} & S_{43} & S_{44} & S_{45} & S_{46} \\
S_{51} & S_{52} & S_{53} & S_{54} & S_{55} & S_{56} \\
S_{61} & S_{62} & S_{63} & S_{64} & S_{65} & S_{66}
\end{bmatrix}
\begin{bmatrix} \sigma_{11} \\ \sigma_{22} \\ \sigma_{33} \\ \tau_{23} \\ \tau_{13} \\ \tau_{12} \end{bmatrix}
$$

该关系可简写作

$$[\varepsilon_{ij}] = [S_{ij}][\sigma_{ij}] \tag{1-15}$$

式中,i 和 j 分别取 $1 \sim 6$;$[S_{ij}]$ 为柔度系数矩阵,它是联系应力和应变的弹性常数矩阵。得到了刚度系数矩阵 $[C_{ij}]$ 就可以得到柔度系数矩阵 $[S_{ij}]$,反之亦然。

这就是说,对于各向异性材料,有 36 个弹性常数,已经证明刚度系数矩阵 $[C_{ij}]$ 和柔度系数矩阵 $[S_{ij}]$ 都是对称矩阵,因此其中只有 21 个弹性常数是独立的。实际的材料中存在性能对称面,其独立的弹性常数会减少。如果有一个性能对称面,独立的弹性常数减少为 13 个。如果有 3 个相互正交的性能对称面,独立的弹性常数便会减少为 9 个,这种材料又称为正交各向异性材料;3 个相互正交的性能对称面中,若其中一个为各向同性的面,则称该面为横观各向同性面,此种情况下独立的弹性常数减少为 5 个。对于各向同性材料,可以说存在无数个对称面,独立的常数只有两个,也就是说,各向同性材料是各向异性材料的一个特例,其广义胡克定律表达的方式最为简单,即式(1-10)。不同晶系由于对称性不同,其独立的弹性常数不同。表 1-1 给出了不同晶系独立的弹性常数。

表 1-1 不同晶系独立的弹性常数个数

晶系	三斜	单斜	正交	四方	六方	立方	各向同性
独立的个数	21	13	9	6	5	3	2

1.7* 应 变 能

外力作用下使材料产生弹性变形后,若外力不卸掉且与周围环境无能量传递,则外力做功完全转化为材料储存的弹性应变能。单位体积储存的应变能称为应变能密度(strain energy density)或比能。如图 1-9(a)所示,当应力从 0 增加到 σ 时,相应的弹性应变同步地从 0 增加到 ε,由胡克定律知二者成线性关系,则应变能密度 w 为

$$w = \frac{1}{2}\sigma\varepsilon \tag{1-16}$$

同样,对于图 1-10 所示的单元体,在三向应力作用下的弹性应变能为

$$\frac{1}{2}\mathrm{d}x\mathrm{d}y\mathrm{d}z\sigma_1\varepsilon_1 + \frac{1}{2}\mathrm{d}x\mathrm{d}y\mathrm{d}z\sigma_2\varepsilon_2 + \frac{1}{2}\mathrm{d}x\mathrm{d}y\mathrm{d}z\sigma_3\varepsilon_3 \tag{1-17}$$

式(1-17)除以体积 $\mathrm{d}x\mathrm{d}y\mathrm{d}z$ 后为单位体积储存的应变能,即应变能密度 w 为

$$w = \frac{1}{2}\sigma_1\varepsilon_1 + \frac{1}{2}\sigma_2\varepsilon_2 + \frac{1}{2}\sigma_3\varepsilon_3 \tag{1-18}$$

将 ε_1,ε_2 和 ε_3 用式(1-10)的广义胡克定律表达,经简化后得

$$w = \frac{1}{2E}[\sigma_1^2 + \sigma_2^2 + \sigma_3^2 - 2\nu(\sigma_1\sigma_2 + \sigma_2\sigma_3 + \sigma_3\sigma_1)] \tag{1-19}$$

图 1-11 所示的单元体为棱边相互垂直且长度相同的正立方体,当 3 个主应力数值不同时,3 个主应变亦不相等,于是变形后成为长方体。不仅体积改变了,其形状也改变了。将图 1-11(a) 的单元体分解为图 1-11(b) 和图 1-11(c) 所示单元体。图 1-11(b) 的单元体只发生体积改变,不发生形状改变,因体积改变的应变能密度记作 w_V;而图 1-11(c) 的单元体只发生形状改变,不发生体积改变。此时,据图 1-11(c) 和式(1-11)可得

$$\theta = \frac{1-2\nu}{E}(\sigma_1 - \sigma_m + \sigma_2 - \sigma_m + \sigma_3 - \sigma_m) = 0$$

因形状改变的应变能密度称作形状改变比能,也称作畸变能密度,记作 w_S。两部分总和等于该单元体的应变能密度,即 $w = w_V + w_S$。

据图 1-11(b) 和式(1-10)可得

$$w_V = \frac{3}{2}\sigma_m\varepsilon_m = \frac{3}{2}\sigma_m\frac{1}{E}[\sigma_m - \nu(\sigma_m + \sigma_m)] = \frac{3(1-2\nu)}{2E}\sigma_m^2 \tag{1-20}$$

于是

$$w_S = w - w_V = \frac{1}{2E}[\sigma_1^2 + \sigma_2^2 + \sigma_3^2 - 2\nu(\sigma_1\sigma_2 + \sigma_2\sigma_3 + \sigma_3\sigma_1)] - \frac{3(1-2\nu)}{2E}\sigma_m^2 \tag{1-21}$$

简化后得

$$w_S = \frac{1+\nu}{6E}[(\sigma_1 - \sigma_2)^2 + (\sigma_2 - \sigma_3)^2 + (\sigma_3 - \sigma_1)^2] \tag{1-22}$$

式(1-22)即形状改变比能。单向拉伸时,$\sigma_2 = \sigma_3 = 0$,$w_S = \frac{1+\nu}{3E}\sigma_1^2$。

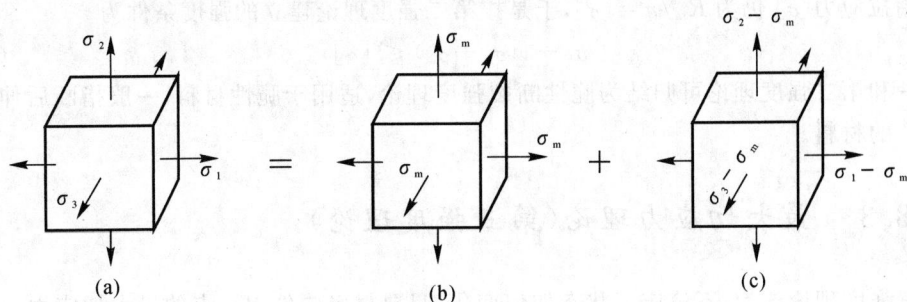

图　1-11

1.8* 各向同性材料经典强度理论

常用的经典强度理论有 4 个,分别为第一、二、三和四强度理论。又根据材料的基本破坏形式分为脆性断裂和塑性屈服两类。

1.8.1 最大拉应力理论(第一强度理论)

第一强度理论认为,不论是单向应力状态或是复杂应力状态,只要最大拉应力 σ_1 达到材料单向抗拉强度 R_m(国家标准 GB/T 228.1—2010 规定,抗拉强度用符号 R_m,传统符号为 σ_b)[3],就会引起材料断裂破坏。材料的破坏条件为

$$\sigma_1 = R_m \qquad (1-23)$$

R_m 除以不确定系数(以前称作安全系数)n 得到许用拉应力 $[\sigma]$,即 $R_m/n = [\sigma]$。n 是与试验和工程设计经验有关的数值,在机械类工程手册中可查到具体应用场合下的值。于是按第一强度理论建立的强度条件为

$$\sigma_1 \leqslant [\sigma] \qquad (1-24)$$

这个理论没有考虑另外两个主应力 σ_2 和 σ_3 的影响,对没有拉应力的情况无法应用,并与许多基本的试验结果相矛盾。

1.8.2 最大伸长线应变理论(第二强度理论)

第二强度理论认为,不论是什么应力状态,只要材料构件内一点的最大伸长线应变 ε_1 达到材料的极限值,就会引起材料的断裂破坏。同时认为,材料直到断裂破坏时仍服从胡克定律,即服从应力和应变为线性关系。单向拉伸时,断裂破坏的最大伸长线应变 ε_1 为 $\varepsilon_1 = R_m/E$。由广义胡克定律:

$$\varepsilon_1 = \frac{1}{E}[\sigma_1 - \nu(\sigma_2 + \sigma_3)]$$

可得

$$\sigma_1 - \nu(\sigma_2 + \sigma_3) = R_m \qquad (1-25)$$

许用拉应力 $[\sigma]$ 仍为 $R_m/n = [\sigma]$,于是按第二强度理论建立的强度条件为

$$\sigma_1 - \nu(\sigma_2 + \sigma_3) \leqslant [\sigma] \qquad (1-26)$$

第一和第二强度理论可归结为脆性断裂强度理论,适用于脆性材料,一般指断后伸长率不超过 5% 的材料。

1.8.3 最大切应力理论(第三强度理论)

第三强度理论认为,不论应力状态如何变化,只要材料构件内一点的最大切应力 τ_{max} 达到材料的极限值,就会引起材料塑性屈服失效。单向拉伸应力达到下屈服强度 R_{eL}(国家标准

GB/T 228.1—2010 规定，用下屈服强度 R_{eL} 取代传统应用的符号 σ_s)[3] 时进入塑性屈服，最大切应力 τ_{max} 位于与 R_{eL} 成 45° 的截面上，其值为 $R_{eL}/2$。又据式(1-7)可得

$$(\sigma_1 - \sigma_3) = R_{eL} \tag{1-27}$$

其中，R_{eL} 除以不确定系数 n 得到许用拉应力$[\sigma]$，即 $R_{eL}/n = [\sigma]$。于是按第三强度理论建立的强度条件为

$$(\sigma_1 - \sigma_3) \leqslant [\sigma] \tag{1-28}$$

这个强度理论表达形式简单，在工程中应用较多，但是偏于安全和保守。该理论也称作 Tresca 屈服准则。

1.8.4　形状改变比能理论(第四强度理论)

第四强度理论认为，不论是单向应力状态或是复杂应力状态，只要形状改变比能达到材料的极限值，就会引起材料塑性屈服失效。单向拉伸时，当应力达到下屈服强度 R_{eL} 便进入塑性屈服，由式(1-22)则有

$$w_S = \frac{1+\nu}{3E} R_{eL}^2 \tag{1-29}$$

按照该理论推测，复杂应力状态达到这个值时同样塑性屈服失效。注意到式(1-22)，则有

$$\frac{1+\nu}{6E}\left[(\sigma_1 - \sigma_2)^2 + (\sigma_2 - \sigma_3)^2 + (\sigma_3 - \sigma_1)^2\right] = \frac{1+\nu}{3E} R_{eL}^2 \tag{1-30}$$

整理后得

$$\sqrt{\frac{1}{2}\left[(\sigma_1 - \sigma_2)^2 + (\sigma_2 - \sigma_3)^2 + (\sigma_3 - \sigma_1)^2\right]} = R_{eL} \tag{1-31}$$

因为 $R_{eL}/n = [\sigma]$，则

$$\sqrt{\frac{1}{2}\left[(\sigma_1 - \sigma_2)^2 + (\sigma_2 - \sigma_3)^2 + (\sigma_3 - \sigma_1)^2\right]} \leqslant [\sigma] \tag{1-32}$$

这个理论更符合试验结果，因此在工程中应用广泛。该理论也称作 Von-Mises 屈服准则或者最大变形能理论。

第三和四强度理论可归结为塑性屈服理论，该理论更适用于塑性材料。

1.8.5　应力状态软性系数的定义

在 $\varepsilon_1 = \frac{1}{E}[\sigma_1 - \nu(\sigma_2 + \sigma_3)]$ 左边乘以 E，即 $\varepsilon_1 E = \sigma_{max}$。其中 σ_{max} 称为当量正应力，$\sigma_{max} = \sigma_1 - \nu(\sigma_2 + \sigma_3)$。已知最大切应力为 $\tau_{max} = (\sigma_1 - \sigma_3)/2$，定义应力状态软性系数(亦称柔度系数)$\alpha$ 为

$$\alpha = \frac{\tau_{max}}{\sigma_{max}} = \frac{(\sigma_1 - \sigma_3)/2}{\sigma_1 - \nu(\sigma_2 + \sigma_3)} \tag{1-33}$$

近似地讲，切应力促进塑性变形，使材料倾向于韧性断裂；而正应力促进断裂，使材料倾向于脆性断裂。因此，α 越大，越容易发生塑性变形，越容易发生韧断。也就是说，α 越大，应力状态愈软或柔；α 越小，应力状态愈硬，越容易发生脆断。这是材料发生断裂性质变化的外界因

素。后续有关章节要用到这个概念。

1.9   应力集中的概念

由图 1-12 含有裂纹的板材受力情况可知,远处作用着均匀的应力,可以想象力的流线不能穿过裂纹,只能在裂纹尖端绕行。每一根力的流线类似一根弹簧在裂纹尖端拉紧,由于在裂纹尖端附近力的流线密集,也就是说应力在该处局部增大。将这种应力在局部增大的现象称作应力集中(stress concentration)。分析应力集中最典型的例子如图 1-13 所示,板材内有一个穿透椭圆孔,受到远处均匀的应力 σ。椭圆长轴为 a,短轴为 b。Inglis 的分析得出[4],在椭圆长轴 a 的端点处应力 σ_{max} 最大,它与应力 σ 的关系为

$$\frac{\sigma_{max}}{\sigma} = 1 + \frac{2a}{b} \qquad (1-34)$$

椭圆长轴端点处的曲率半径 ρ 为 $\rho = b^2/a$,代入式(1-34)整理后得

$$\sigma_{max} = \sigma(1 + 2\sqrt{a/\rho}) \qquad (1-35)$$

在大多数实际问题中 $a \gg \rho$,因此可得

$$\sigma_{max} = 2\sigma\sqrt{a/\rho} \qquad (1-36)$$

显然,σ_{max} 是 σ 的 $2\sqrt{a/\rho}$ 倍。当 ρ 减小时,该椭圆越来越扁平,到最后趋近于一条裂纹,即 $\rho \to 0$ 时,$\sigma_{max} \to \infty$。

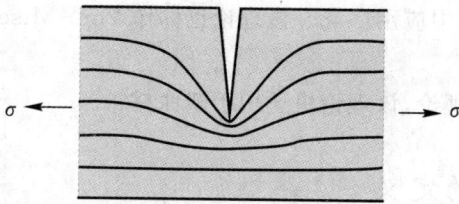

图 1-12   裂纹处力流线

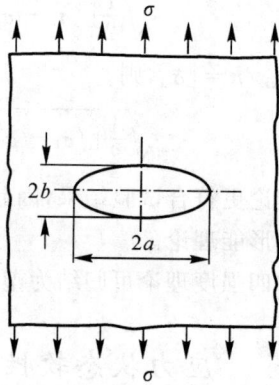

图 1-13   应力集中

定义:

$$K_t = \frac{\sigma_{max}}{\sigma} \qquad (1-37)$$

式中,σ 为物体上平均的应力或远场均匀的应力;σ_{max} 为因应力集中局部增大后的应力;K_t 称为理论应力集中因数(theoretical stress concentration factor),其总是一个大于 1 的数。当最大应力不超过材料的弹性极限时,K_t 只与缺口零构件的几何尺寸有关,故又称为几何应力集中因数或弹性应力集中因数。机械工程手册中可查阅到各种情况下的理论应力集中因数。

习题与思考题

1. 证明切应力互等。

2. 各向同性弹性体中有几个弹性常数？独立的有几个？其中泊松比的取值范围是什么？一般材料的该值大约为多少？

3. 解释下述概念：平面应力、平面应变、应变能密度、体积模量、形状改变比能、应力状态软性系数（柔度系数）、应力集中、理论应力集中因数。

4. 根据如题图 1-1 所示的应力圆，计算出 σ_x，σ_y 和 τ_{xy} 的值，并按比例画出主应力单元体及其斜截面上的各应力。其中，已知：$\sigma_1 = 300$ MPa，$\sigma_3 = 100$ MPa，$\theta = 30°$。

5. 对各向同性材料，试证明 $E = 2(1+\nu)G$。

6. 有一钢材，其单向拉伸的下屈服强度为 $R_{\text{eL}} = 800$ MPa。试用 Mises 屈服判据计算在 $\sigma_1 = \sigma$，$\sigma_2 = \sigma/2$，$\sigma_3 = 0$ 条件下屈服时的应力。

7. 试写出各向同性材料在单轴应力（$\sigma_x \neq 0$，其他应力分量为 0）、平面应力（$\sigma_z = 0$）和平面应变（$\varepsilon_z = 0$）条件下的胡克定律。

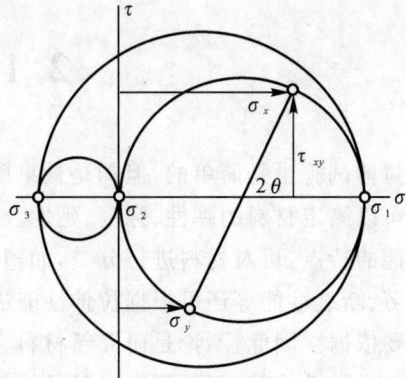

题图　1-1

参 考 文 献

[1] Kaw K Autar. Mechanicsof Composite Materials[M]. 2nd ed. Boca Raton: Taylor & Francis, 2006: 69.

[2] 中华人民共和国国家标准委员会. GB/T 22315—2008 金属材料弹性模量和泊松比试验方法[S]. 北京：中国标准出版社, 2008.

[3] 中华人民共和国国家标准委员会. GB/T 228.1—2010 金属材料拉伸试验-室温试验方法[S]. 北京：中国标准出版社, 2011.

[4] Inglis C E. Proceedings of the Institute of Naval Architects[J]. 1913, 55(163): 219.

[5] 苟文选, 金宝森, 卫丰. 材料力学（上）[M]. 西安：西北工业大学出版社, 2000.

第 2 章　材料在拉伸力下的力学性能

2.1　引　言

拉伸试验虽是简单的,但却是最重要的、应用最广泛的材料力学性能测试方法。通过拉伸试验可以测定材料的弹性、强度、延性、应变硬化和韧性等许多重要的力学性能指标。根据拉伸性能的特点,可对材料进行分类,如塑性材料和脆性材料等。材料的其他力学性能,如硬度、抗疲劳、断裂性能等还可根据拉伸性能进行预测。在工程应用中,拉伸性能是结构静强度设计的主要依据。因此,不论是研究新材料、合理使用现有材料,或是改善材料的制备工艺以提高材料的力学性能等,都要测定材料的拉伸性能。

本章主要介绍室温大气中,在单向拉伸力作用下,用光滑试件测定的力学行为,以及评定材料力学行为的指标,即拉伸性能参数,使读者对不同材料的力学行为与特点有概略的,然而是较全面的认识。

2.2　拉伸试验方法

拉伸试验一般是指在室温大气中,在缓慢施加的单向拉伸力作用下,用光滑试件测定材料力学性能的方法。整个拉伸试验过程中只加载、不卸载,称为单调加载。

为了得到正确的数据,国内外都用规范化的技术标准。对于金属材料,中国国家标准为GB/T 228.1—2010[1-2],其中常用拉伸试件的形状和尺寸如图 2 - 1 所示。图中,L_0 称为原始标距(original gauge length);试样的两端为夹持部分,其尺寸较大,中间的工作部分尺寸较小,平行缩减部分的长度 L_c 称作平行长度(parallel length);S_0 为试件工作部分的原始横截面积。S_0 可以为圆形、矩形、多边形或某些其他形状,但试件应满足比例试样的要求,即 L_0 应满足 $L_0 = k\sqrt{S_0}$,且不应小于 15 mm。k 为比例系数,国际上使用的 k 值为 5.65。当试样横截面积太小,无法使用 k 值为 5.65 时,可以采用较高的 k 值(优先采用 11.3 的值)或采用非比例试样,但必须在试验结果中注明。若采用光滑圆柱试件,k 值为 5.65 时 $L_0 = 5d_0$。

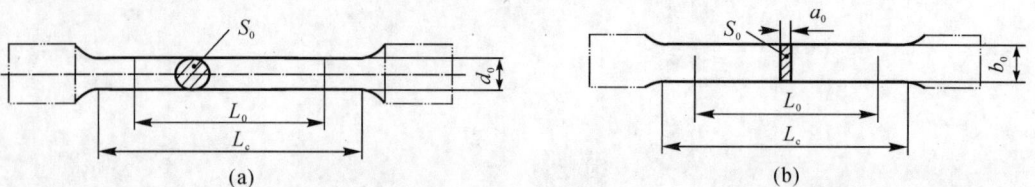

图 2 - 1　常用的拉伸试件
(a) 标准圆柱形拉伸试件;　(b) 板状拉伸试件[1]

拉伸试验机通常带有自动记录或绘图装置,以记录或绘制试件所受的力 F 和伸长 ΔL 之间的关系曲线。$\Delta L = L - L_0$,其中 L 为加载中伸长后的标距长度。这种曲线通常称为拉伸图,退火低碳钢的拉伸图示于图 2-2(a)。规定:力除以试件的原始截面积,即得工程应力(或名义应力,也简称作应力)R,$R = F/S_0$;规定:伸长 ΔL 除以原始标距长度 L_0 即得伸长率(亦称作工程应变,也简称作应变)e,$e = \Delta L/L_0$。图 2-2(b) 所示为工程应力-工程应变曲线。试验速率用应力速率(stress rate)或应变速率(strain rate)表达。应力速率是指单位时间应力的增量;应变速率是单位时间应变的增加值。由于拉伸时规定的试验速率较低,所以俗称静拉伸试验。比较图 2-2(a) 和图 2-2(b) 可以看出,两者具有相同或相似的形状,但坐标刻度不同,因此意义也不相同。对于许多碳钢和低合金高强度钢,以及若干有色金属,其工程应力-工程应变曲线属于这种形状,有时曲线顶部会有一个长度 Δe 的近似平台。

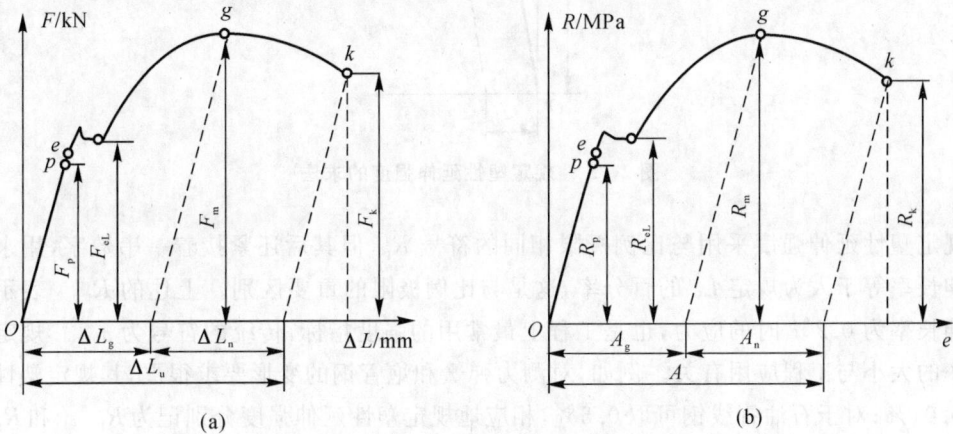

图 2-2 拉伸图和应变曲线
(a) 低碳钢的拉伸图,即载荷-位移曲线; (b) 工程应力-工程应变曲线

2.3 静拉伸试验得到的工程应力指标

在图 2-2(b) 曲线的开始部分,应力和应变呈严格的正比关系,即表现为直线段,该弹性直线段的斜率便是弹性模量 E。一直到 p 点开始偏离直线(见图 2-3),p 点的应力习惯上称为比例极限(proportional limit)R_p,它代表没有偏离应力和应变比例特性的最大应力。此后应力和应变不再呈正比关系,到达 e 点前卸掉力,材料能发生可逆的弹性变形,卸力后能够恢复原状。超过 e 点后卸力便不能恢复到原来的形状,因为材料产生了塑性变形,卸力后出现了残余伸长 e_p。图 2-3 中虚线为卸力线,它几乎是平行于曲线开始部分弹性直线段的平行线。e 点的应力习惯上称为弹性极限(elastic limit)R_e,它表征应力完全释放时能够保持没有永久应变的最大应力。对于大多数工程材料,e 点的位置接近或略高于 p 点;极少数材料具有非线性的弹性特征,此时 e 点的位置比 p 点的位置高得多,甚至不存在 p 点。

精确测定 p 点和 e 点的应变和应力值是很困难的,一般的仪器和设备都无能为力。为了便于测量和工程应用,国家标准[1] 定义了规定塑性延伸强度(proof strength, plastic extension）。所谓规定塑性延伸强度，是指拉伸中当试样的塑性伸长率等于 L_0 的某一百分率时，所对应的应力值。这一百分率是人为规定的，例如，求规定塑性伸长率为 0.2% 的强度时，在图 2-3（图 2-2(b) 的局部放大图）的伸长率轴 e 上，找到规定塑性伸长率 $e_p=0.2$ 的点，由该点作一条与弹性直线段平行的平行线。该平行线与曲线的交截点，便是欲求的规定塑性延伸强度，记为 $R_{p0.2}$。

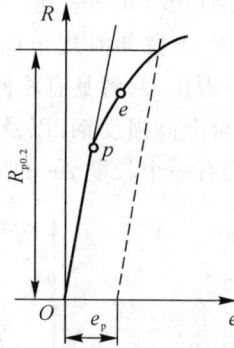

图 2-3　规定塑性延伸强度的求法

规定塑性延伸强度采用与比例极限相同的符号 R_p，但其后还紧接着一串数字，用来表示塑性伸长率等于人为规定 L_0 的百分率，这是与比例极限的重要区别。上述的 $R_{p0.2}$ 表示规定塑性伸长率为 0.2% 时的应力，也是工程上最常用的强度指标，传统的符号为 $\sigma_{0.2}$。规定塑性伸长率的大小与工程应用有关。例如，对测力弹簧和炮管钢的变形要求很严，其规定塑性伸长率为 0.01%；对于石油管线钢可取 0.5%，相应地规定塑性延伸强度分别记为 $R_{p0.01}$ 和 $R_{p0.5}$。由此可见，比例极限和弹性极限都仅仅是理论上的定义，以规定塑性延伸强度代替是为了方便测量和工程应用，其物理实质是表征材料对微量塑性变形的抗力。

在拉伸试验期间，出现力不增加但仍旧能发生塑性变形的现象叫作屈服或不连续屈服。关于屈服产生的原因，将在下一章中阐述。试样发生屈服阶段，力首次下降前的最大应力为上屈服强度 R_{eH}（upper yield strength）；不计初始瞬时效应的最小应力为下屈服强度 R_{eL}（lower yield strength），如图 2-4 所示。所谓初始瞬时效应，主要是指力首次下降的惯性效应。因此，尽管图 2-4 中的 a 点应力可能低于屈服阶段的其他应力值，但是不能作为下屈服强度 R_{eL} 的值。下屈服强度 R_{eL} 的再现性比上屈服强度 R_{eH} 好，因而得到工程上的广泛应用。由于屈服期间还有几种特殊的情况，应依据标准[1] 确定上下屈服强度的值。R_{eL} 曾使用的符号有 σ_s 和 σ_y。

应当注意到，试样在屈服期间发生了明显的塑性变形。此后，从曲线上可以看出，由于塑性变形，必须增加力或应力才能继续发生变形，这一现象称为应变硬化或形变强化。实际上屈服以后发生的变形中，有弹性变形和塑性变形两个成分，确切的讲是发生了弹塑性变形，由于塑性变形部分大大高于弹性变形部分，所以习惯上称作塑性变形。

图 2-2(b) 曲线顶部可能会有一个长为 Δe 的近似平台，其中 g 点为最大力 F_m 的应力 R_m，称为抗拉强度（ultimate tensile strength，UTS），曾使用符号 σ_b 表示。抗拉强度是拉伸试验在屈服阶段之后，试样所能抵抗的最大力时的应力值；对于无明显屈服（连续屈服）的材料，抗拉强度就是整个拉伸试验期间试样所能抵抗的最大力的应力。抗拉强度可通过式（2-1）

求得：

$$R_m = F_m / S_0 \qquad\qquad (2-1)$$

可见，R_m 代表拉断试样的最大工程应力。在极少数情况下，g 点的应力低于上屈服强度 R_{eH}，此时将 g 点的应力或者 R_{eH} 作为抗拉强度。最后，在曲线上的 k 点，试样发生断裂。

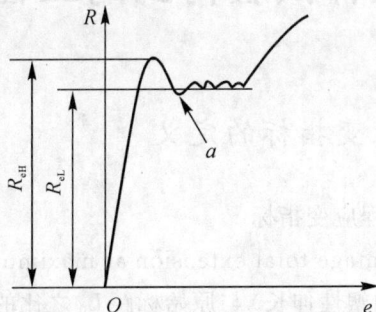

图 2-4　上屈服强度 R_{eH} 和下屈服强度 R_{eL} 的确定方法

拉伸中，通常在试件最弱的部位首先产生塑性变形，并使该部位由于塑性变形发生形变强化，从而增大对进一步塑性变形的抗力。只有提高应力，才能在次弱的部位产生塑性变形，材料随即又在该处强化。相应的在应力-应变曲线反映着这一行为：随着应变的增大，应力也在连续地升高。当曲线上升到 g 点的最大应力后，材料的形变强化已不能补偿由于横截面积减小而引起承载能力的降低。在试件的某个局部，横截面积开始较快地减小，进一步的塑性变形集中于该局部区域，宏观上出现所谓的"颈缩"现象，引起工程应力下降。因而在工程应力-应变曲线上，出现应力随应变增大而降低的现象，直到试件在颈缩区发生断裂。如图 2-5 所示，在曲线顶部 g 点之前，由于试样变形过程中体积不变，拉伸时试件发生轴向伸长，横向收缩，横截面积减小，平行长度段平行缩减，称之为均匀变形阶段；而超过弹性极限 e 点之后的变形，称为均匀塑性变形阶段。从 g 点开始之后的这段曲线，对应于材料在颈缩区的局部、集中的塑性变形，简称局集的塑性变形阶段。

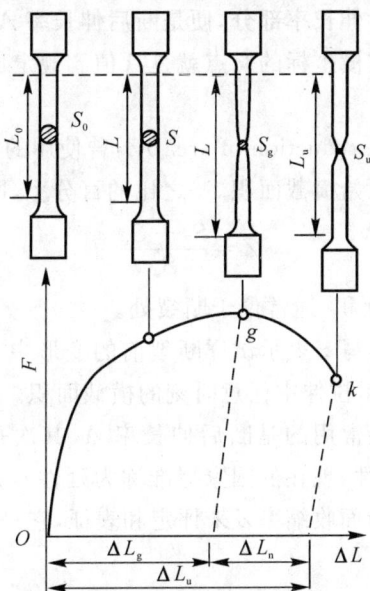

图 2-5　拉伸中试件截面变化情况示意图

由上可见,拉伸过程中材料会发生弹性变形、塑性变形(实际是弹塑性变形)和断裂等几个阶段,其他加载(见第 5 章)过程也是由这几个阶段构成的。

2.4　静拉伸试验得到的工程应变指标

2.4.1　几个工程应变指标的定义

由图 2-2(b)定义几个工程应变指标。

1)最大力总延伸率(percentage total extension at maximum force)A_{gt}:在最大力 F_m 下,原始标距的总伸长(弹性伸长加塑性伸长)与原始标距 L_0 之比的百分率。沿图 2-2(b)所示曲线的 g 点作垂直于横坐标的直线,与横坐标的交点便是 A_{gt}。

2)最大力塑性延伸率(percentage plastic extension at maximum force)A_g:最大力 F_m 下,原始标距的塑性伸长与原始标距 L_0 之比的百分率,与最大力总延伸率比较,最大力塑性延伸率扣除了弹性伸长率部分。沿图 2-2(b)所示曲线的 g 点作平行于初始直线段的平行线,与横坐标的交点便是 A_g。

3)断裂总伸长率(percentage total extension at fracture)A_t:在断裂时刻,原始标距的总伸长(弹性伸长加塑性伸长)与原始标距 L_0 之比的百分率,即断裂总应变。沿图 2-2(b)所示曲线的 k 点作垂直于横坐标的直线,与横坐标的交点便是 A_t。

4)断后伸长率(percentage extension after fracture)A:曾使用的符号为 δ,它是断后标距的残余伸长($L_u - L_0$)与原始标距 L_0 之比的百分率。试样断裂部分适当接触后,测量试样的断后标距长度 L_u。A 按下式计算:

$$A = \frac{L_u - L_0}{L_0} \times 100\% = \frac{\Delta L_u}{L_0} \times 100\% \qquad (2-2)$$

断裂总伸长率 A_t 扣除弹性伸长率部分,便是断后伸长率 A。沿图 2-2(b)曲线的 k 点作平行于初始直线段的平行线,与横坐标的交点就是 A 值。规定比例系数 k 值为 5.65 时记作 A,k 值为 11.3 记作 $A_{11.3}$。

5)断面收缩率(percentage reduction of area)Z:曾使用的符号为 ψ,指断裂后试样横截面积的最大缩减量($S_0 - S_u$)与原始横截面积 S_0 之比的百分率,即

$$Z = \frac{S_0 - S_u}{S_0} \qquad (2-3)$$

式中,S_u 是试样断后最小横截面积,通常位于断裂处。

为了后面的叙述方便,用小写 z 表示试样断裂前的变形中,其横截面积缩减量的百分率,即 $z = (S_0 - S)/S_0$,其中 S 表示拉伸中任意时刻的横截面积。

表征工程变形的指标中,最常用的是断后伸长率 A,其次是断面收缩率 Z。材料的延性(ductility,以前习惯上称为塑性,现在的国家标准称为延性),是指材料断裂前塑性变形的能力,其大小以断后伸长率 A 和断面收缩率 Z 来评定和表征,它是材料在一定条件下能够发生的最大塑性变形量。

2.4.2　工程应变指标的分析

由图 2-5 可知,在颈缩开始前,试件发生均匀的伸长,伸长量为 ΔL_g;颈缩开始后,塑性变形大部分集中在颈缩区,由颈缩区集中的塑性变形而引起的伸长量为 ΔL_n。显然,$\Delta L_u = \Delta L_g + \Delta L_n$。显然,由此得到的最大力塑性延伸率 A_g 代表着均匀伸长率。相应地,断后伸长率是代表着均匀伸长率的 A_g 和局部集中伸长率(以下简称局集伸长率)A_n 之和,即

$$A = \frac{\Delta L_u}{L_0} \times 100\% = \frac{\Delta L_g + \Delta L_n}{L_0} \times 100\% = A_g + A_n \qquad (2-4)$$

试验研究表明,A_g 是取决于合金基体相状态的常数[3],而局集伸长率 A_n 则与试件的几何 $L_0/\sqrt{S_0}$ 有关[4]。随着 L_0 的增大,局集伸长率 A_n 对 A 的贡献愈小,同时 A 也愈小。当 L_0 很大时,A_n 趋近于零。由式(2-4)和图 2-6 可知,此时 $A = A_g$。用不同几何尺寸的试件测定同一材料的延伸率,要使测得的结果可以进行比较,必须使 $L_0/\sqrt{S_0}$ 为一常数 k,国际上通用的 k 值为 5.65。将常数 $k = 11.3$ 和 $k = 5.65$ 得到的断后伸长率比较,显然 $A_{11.3} < A$。

相应的,试件在均匀塑性变形阶段的断面收缩率为 z_g,在颈缩后局集的塑性变形引起的断面收缩率为 z_n。显然,$Z = z_g + z_n$。在均匀塑性变形阶段,可以根据变形前后体积 V 不变原理,即 $V = L_0 S_0 = LS$,求得断后伸长率与断面收缩率 Z 间的关系。因为在拉伸的任一时刻,有

$$L = L_0 + \Delta L = L_0(1 + \Delta L/L_0) = L_0(1 + e) \qquad (2-5a)$$
$$S = S_0 - \Delta S = S_0(1 - \Delta S/S_0) = S_0(1 - z) \qquad (2-5b)$$

由上面两个等式和体积不变原理,可以求得

$$e = z/(1-z), \quad z = e/(1+e) \qquad (2-6a)$$
$$A_g = z_g/(1-z_g), \quad z_g = A_g/(1+A_g) \qquad (2-6b)$$

由式(2-6a)和式(2-6b)可以清楚地看出,在均匀塑性变形阶段,伸长率大于断面收缩率,A_g 大于均匀断面收缩率 z_g。若某一材料的断后伸长率 A 大于或等于断面收缩率 Z,说明该材料只有均匀塑性变形而无颈缩现象。例如高锰钢拉断后不产生颈缩,有 $A = 55\%$,$Z = 35\%$;12CrNi3 淬火加高温回火后有颈缩,有 $A = 26\%$,$Z = 65\%$。

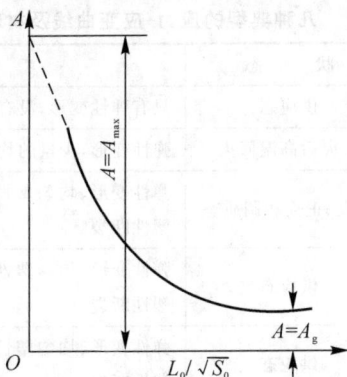

图 2-6　试件几何尺寸 $L_0/\sqrt{S_0}$ 对断后伸长率 A 的影响[4]

2.5 典型的拉伸曲线及其力学性能指标

材料具有不同的化学成分和微观组织,在相同的试验条件下,也会具有不同的应力-应变曲线,显示不同的力学行为。图2-7列举了几种典型材料的应力-应变曲线,同时在表2-1中作了说明。

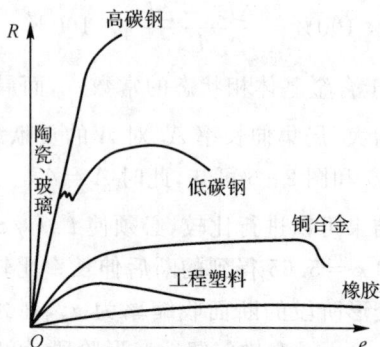

图2-7 几种典型的拉伸应力-应变曲线

工程实践中,常按材料在拉伸断裂前是否发生塑性变形,将材料粗略地分为脆性材料和延性材料两大类。从理论上讲,脆性材料在拉伸断裂前不产生塑性变形,只发生弹性变形。实际上很难定义脆性材料,因为断裂前总是有很小的塑性变形,苏联将断后伸长率小于5%的材料归入脆性材料,虽然没有得到国际上的广泛采纳,但仍得到了许多认可。陶瓷和玻璃代表着脆性材料,其拉伸应力-应变曲线如图2-7所示。断裂前产生明显塑性变形的材料,称为延性材料。延性材料又可粗略地分为高延性材料和低延性材料。其中,高延性材料在拉伸断裂前不仅产生均匀的伸长,而且可能有颈缩后的局集塑性变形,断裂前塑性变形大。图2-7中的退火低碳钢、部分铜合金以及部分工程塑料,都可认为是高延性材料。若在拉伸断裂前只发生均匀伸长,且塑性变形量较小,如图2-7所示的淬火后高温回火的高碳钢,可认为是低延性材料。

表2-1 几种典型的应力-应变曲线及材料举例

典型材料举例	状　态	变形和断裂特征
多数陶瓷和玻璃	供应态	只有弹性变形,没有明显的塑性变形,脆性断裂
高碳钢	淬火后高温回火	弹性变形,少量的均匀塑性变形,低塑性断裂
低碳钢、低合金结构钢(如16Mn)	退火、正火和调质态	弹性变形、均匀塑性变形、颈缩后的局部集中塑性变形,高塑性断裂
部分铜合金	供应态	弹性变形、均匀塑性变形、颈缩后的局部集中塑性变形,高塑性断裂
部分工程塑料	供应态	弹性变形、均匀塑性变形、颈缩后的局部集中塑性变形,高塑性断裂
橡胶	供应态	弹性变形很大,可高达1 000%,不产生或产生微小塑性变形,高弹性断裂

脆性材料的力学性能指标是弹性模量 E 和抗拉强度 R_m；弹性比功(见2.7节)也是一个指标，但应用较少。可以设想，脆性材料的断裂强度等于甚至低于弹性极限，因而断裂前仅发生弹性变形，而不发生塑性变形。脆性材料的抗拉强度低，但往往抗压断裂强度却很高，抗压强度往往是抗拉强度的几倍，甚至达到 8 倍[5]。因此，脆性材料在工程结构中被成功地应用于承受压缩力的构件。

根据延性材料的拉伸曲线和变形强化特征，又可将延性材料分为两类：即不连续塑性变形强化特征材料和连续塑性变形强化特征材料(有的著作中也称作不连续屈服和连续屈服)。前者的拉伸曲线上有明显的屈服平台(还有下一章将涉及到的锯齿状屈服)，如图 2-2 或图 2-7 所示的低碳钢。许多碳钢和低合金高强度钢，还有若干有色金属，其工程应力-应变曲线在弹性变形后出现这一屈服平台，随后发生连续均匀的塑性变形。当加载到 R_{eH} 时(见图 2-4)，材料发生突然的明显塑性变形，使应力下降。随后在应力微小波动的情况下，试件继续伸长，形成屈服平台的同时，塑性变形带扩展到整个标距长度。对于这种有明显物理屈服现象的材料，用下屈服强度 R_{eL} 表征这类材料的屈服强度。对于连续塑性变形硬化的材料，其拉伸应力-应变曲线如图 2-7 的高碳钢和铜合金，以及图 2-8 所示。这种情况下，屈服强度是按人为规定的塑性延伸强度 R_p 来表征的，最常用的是 $R_{p0.2}$。塑性材料的力学性能指标有：弹性模量 E，弹性比功，规定塑性延伸强度 $R_{p0.2}$ 或下屈服强度 R_{eL}，抗拉强度 R_m，断后伸长率 A，断面收缩率 Z，以及静态韧度(见 2.8 节)等，最常用的有 E，$R_{p0.2}$，或 R_{eL}，R_m，A，Z 这 5 个指标。

另外，某些工程中用到屈强比的概念，但它不是独立的性能指标。屈强比是规定塑性延伸强度 $R_{p0.2}$(或下屈服强度 R_{eL})与抗拉强度 R_m 的比值，即 $R_{p0.2}/R_m$ 或 R_{eL}/R_m，可见它是一个无量纲数值。屈强比越高，则依赖进一步塑性变形强化的能力较差，工程中使用不够安全；反之，屈强比越低，说明材料形变强化有较大的潜在能力。对于金属材料，通常延性越好，屈强比越低。例如，一些人工时效的变形铝合金，A 小于 5% 时，屈强比为 0.77 ～ 0.95；退火状态的变形铝合金 $A = 15\% ～ 35\%$，屈强比为 0.38 ～ 0.45。

航空和航天中应用的许多材料，既要求能保障结构的强度、安全和可靠性，又要求材料的质量轻，据此提出了比强度的概念，它定义为：比强度 = 抗拉强度 R_m/ 密度，单位为 $N/m^2(kg/m^3)m$ 或 $N \cdot m/kg$。

2.6　真应力-真应变曲张

2.6.1　真应力和真应变的定义

为了更加真实地反映材料的应力-应变持性，需对应力和应变作另一种定义，即

$$\sigma = \frac{F}{S} = \frac{F}{S_0}\frac{S_0}{S} = \frac{R}{1-Z} \tag{2-7}$$

$$\varepsilon = \int_{L_0}^{L} \frac{dL}{L} = \ln\frac{L}{L_0} = \ln(1+e) = \ln\left(\frac{1}{1-z}\right) \tag{2-8}$$

式中，S 和 L 分别为试件变形后的瞬时横截面积和瞬时标距长度。这样定义的应力 σ 和应变 ε，

分别称为真应力（true stress）和真应变（true strain）。可见，真应力是瞬时力除以瞬时横截面积得到的；真应变是标距长度的瞬时无限小增量除以瞬时标距长度的积分值得到的。试件拉伸时，横截面积减小，使得试件标距内最小截面受的真应力比工程应力要大，见式(2-7)；拉伸中标距伸长时，在伸长量 ΔL 相同的情况下，真应变比工程应变要小，见式(2-8)。图2-8中也画出了真应力-真应变曲线 $Og'k'$。可以看到，真应力随真应变持续上升，直到试件在 k' 断裂。

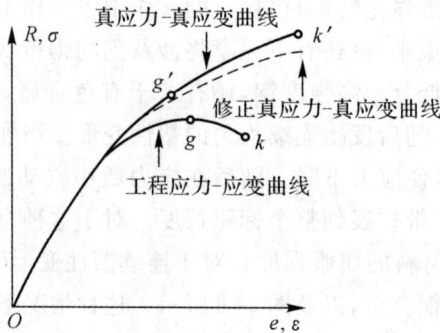

图 2-8 高延性材料的拉伸应力-应变曲线

由式(2-7)可知，在弹性变形阶段由于应变较小（一般均低于1%），且横向收缩小，因而真应力-真应变曲线与工程应力-应变曲线基本重合（见图2-8）。一般材料在真应变量小于10%时，真应力近似等于工程应力；真应变近似等于工程应变。从塑性变形开始到 g 点，即均匀塑性变形阶段，真应力高于工程应力；随着应变的增大，两者之差增大，但真应变小于工程应变，见式(2-8)。在 g 点存在以下关系：

$$\sigma_g = \frac{R_m}{1 - z_g} = R_m(1 + A_g) \tag{2-9}$$

$$\varepsilon_g = \ln(1 + A_g) = -\ln(1 - z_g) \tag{2-10}$$

从颈缩开始后，塑性变形集中在颈缩区，试件的截面积急剧减小，使得真应变由小于工程应变迅速变为大于工程应变；同时，真应力仍旧高于工程应力，虽然工程应力随应变增大而减小，但真应力仍然增大，因而真应力-真应变曲线 $Og'k'$ 与工程应力-应变曲线 Ogk 有不同的变化趋势，如图 2-8 所示。

2.6.2* 不均匀塑性变形阶段的真应力与真应变

在颈缩开始后的不均匀塑性变形阶段，伸长量沿试件标距已不再是均匀分布，在颈缩区中很大，在颈缩区外很小。因此，用 $e = \Delta L / L_0$ 来表征工程应变已失去原有的物理意义，而且用关系式 $\varepsilon = \ln(1 + e)$ 求真应变也是不适当的。然而，只要测出颈缩区最小截面的直径，按式(2-3)计算断面缩减率 Z，用以定义工程应变，会给出更加真实的局部应变值。若在颈缩区最小截面附近取一微元体，并假设该微元体的体积在塑性变形中是不变的，于是式(2-6a)、式(2-6b)对该微元体仍然成立。因此，在不均匀塑性变形阶段，可以根据断面缩减率和式(2-8)求得真应变 ε，即

$$\varepsilon = -\ln(1 - z) \tag{2-11}$$

如图 2-9 所示,颈缩相当于在拉伸试件中造成了缺口,因而造成三向应力状态,引起塑性变形的纵向应力提高[6]。因此,按式(2-7)计算的颈缩处的平均真应力,将会高于单向拉伸时单向应力状态下引起塑性变形的应力。如图 2-9(b) 所示,铜试样拉伸中出现颈缩,在颈缩区的三向应力状态下,试样中心区出现微孔,随着拉伸的进行,中心区微孔聚合成裂纹,最终引起该部位的断裂。由此可见,颈缩后仍假设在塑性变形中体积不变,结果是十分近似的。

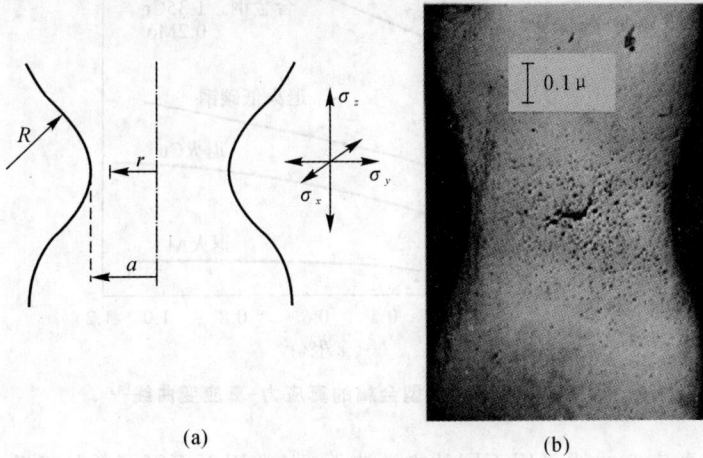

图 2-9　拉伸颈缩

(a) 颈缩区的外形与微元体上的三向应力;

(b) 高韧性铜拉伸试样的纵切面,颈缩区中心的微孔及其聚合(取自 K. E. Puttick, Phil. Mag. ,1959,4:964)

Bridgeman[6-7] 根据下列假设对颈部平均真应力做了修正:① 假设颈缩外形是一段圆弧,半径为 R;② 在整个试验过程中颈缩区的截面依然是圆形,半径为 a(见图 2-9);③ 在颈缩区的截面上,应变是常数,与距截面中心的距离 r 无关;④ 应用 Von-Mises 屈服准则。根据 Bridgeman 的分析,给出了轴向真应力 σ^*,它与平均真应力 σ(按式 2-7 计算)的关系为

$$\sigma^* = \frac{\sigma}{(1+2R/a)\ln(1+a/2R)} \qquad (2-12)$$

只要在实验中测定了 R 和 a 的值,即可对真应力-真应变曲线进行颈缩修正。修正后的真应力-真应变曲线如图 2-8 中所示的虚线所示。

虽然通过实验测定 R 和 a 的值是可能的,但很困难,且费时费事。因此,试图求得 a/R 与真应变 ε 之间的经验关系。对于金属材料,Bridgeman 根据实验数据,给出了 a/R 与 ε 的经验关系式为

$$a/R = 0.76 - 0.94(1-\varepsilon) \qquad (2-13)$$

在多数情况下,该关系是足够精确的。后来,还提出了以下的颈缩阶段真应力修正公式[8]:

$$\sigma^* = (0.83 - 0.186\log\varepsilon)\sigma \qquad (2-14)$$

式(2-14)适用于钢,在 $\varepsilon < 3.0$ 时有效;当 $\varepsilon < 0.15$ 时,不再有效。

2.6.3　真应力-真应变曲线的数学表达和颈缩条件

如上所述,在弹-塑性变形阶段,只有真应力-真应变曲线才能更好地描述材料的力学行

为。多数金属材料在室温下屈服后,由于形变强化,要使塑性变形继续进行,必须不断增大应力,所以在真应力-真应变曲线上表现为流变应力不断上升的现象。几种典型金属的真应力-真应变曲线如图 2-10 所示,它们都显示了这一特点。

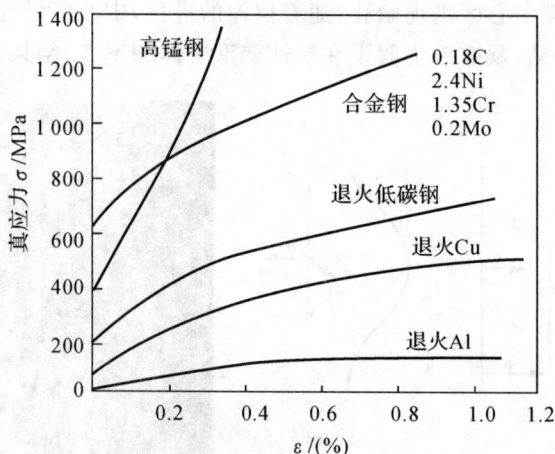

图 2-10 几种典型金属的真应力-真应变曲线[4]

拉伸真应力-真应变曲线可用不同的方法表示,但常用下面幂函数的经验关系式[9]:

$$\sigma = C\varepsilon^n \qquad (2-15a)$$

式(2-15a)也称为 Hollomon 方程。式中,ε 为真应变;n 为应变硬化指数(strain hardening exponent);C 为强度系数或硬化系数,即 $\varepsilon=1$ 时的应力值。应变硬化指数越大,形变强化越显著,材料对继续塑性变形的抗力越高。应变硬化指数通常在 $0 \sim 1$ 之间变化。当 $n=0$ 时,材料为完全没有应变硬化能力的理想塑性材料;当 $n=1$ 时,式(2-15a)即变为胡克定律关系式,材料处于弹性状态[9]。形变强化是提高金属材料的强度,尤其是弹性极限和屈服强度的一个重要技术措施,将在下一章进一步分析。早期并没有强调式(2-15a)中的应变为塑性应变,而现在的国家标准 GB/T 5028—2008 规定 ε 为真实塑性应变 ε_p[12],则有

$$\sigma = C\varepsilon_p^n \qquad (2-15b)$$

对于图 2-2(a)所示的拉伸图,在曲线的最高点 g,即最大力 F_m 处,$dF=0$,并开始颈缩。由于 $F=\sigma S$,微分后得

$$dF = Sd\sigma + \sigma dS = 0$$

设变形中体积不变,即 $SL=$ 常数,将其全微分得

$$dS/S = -dL/L = -d\varepsilon$$

联合以上两式可得 $d\sigma = -\sigma dS/S = \sigma d\varepsilon$ 或 $d\sigma/d\varepsilon = \sigma$。$d\sigma/d\varepsilon$ 代表着材料的应变硬化。$d\sigma/d\varepsilon = \sigma$ 的物理意义是:当材料的应变硬化在数值上等于真应力时,同时就出现了最大力 F_m,见图2-11。将式(2-15a)微分得

$$d\sigma/d\varepsilon = nC\varepsilon^{n-1}$$

当 $d\sigma/d\varepsilon = \sigma$ 时,再与式(2-15a)比较可得

$$n = \varepsilon \qquad (2-16)$$

已知出现最大力 F_m 的条件是 $dF=0$,因此应变硬化指数 n 就等于 g 点的真应变 ε_g。也就是说,满足颈缩或到达最大工程应力的条件是 $n=\varepsilon$ 或者 $d\sigma/d\varepsilon = \sigma$。当 $d\sigma/d\varepsilon > \sigma$ 时,即颈缩之

前的均匀变形阶段,特别是均匀塑性变形阶段,n 值越大意味着均匀塑性变形越大[13]。此阶段的应变硬化作用较强,能够补偿试样横截面积减小引起的承载力降低。当然,在 $d\sigma/d\varepsilon < \sigma$ 时,已经处于颈缩中的不均匀塑性变形阶段了,应变硬化作用减小,如图 2-11 所示。

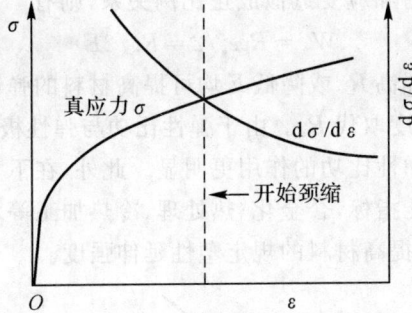

图 2-11　真应力 σ 和 $d\sigma/d\varepsilon$ 随真应变 ε 的变化关系

2.6.4　断裂强度与断裂延性

断裂是试件在拉应力作用下至少分裂为两部分的现象。拉伸断裂时的真应力称为断裂强度,记为 σ_f,有的书中称之为断裂真应力,记为 S_k。试验时,测出试件断裂点的力 F_K 和断裂后的最小截面积 S_u,可按下式计算断裂时的平均真应力,即平均断裂强度 σ_f 值:

$$\sigma_f = F_K/S_u \tag{2-17}$$

通常在拉伸试验中不测定 σ_f,因为 σ_f 不仅工程应用很少,而且难于测试断裂点的力 F_K。此外,还受到试验机的刚度影响,刚度越大则 σ_f 的值越小。但是,根据式(2-7)加以推广,由此导出了经验公式,以此来估算断裂强度[10]:

$$\sigma_f = R_m/(1-Z) \tag{2-18}$$

式中,Z 为断面收缩率;R_m 为抗拉强度。对于各种钢、铝合金和铜合金,上式的计算结果与实验结果符合得很好,误差不超过 10%,只有个别例外[10]。

拉伸断裂后的真应变称为断裂延性(fracture ductility)或称断裂真应变,记为 ε_f。断裂延性不能由试验直接测定,但可利用式(2-19)求得:

$$\varepsilon_f = -\ln(1-Z) \tag{2-19}$$

应当指出,当材料在拉伸断裂前不发生颈缩时,其横截面积变化很小,按式(2-17)或式(2-18)求得的材料的断裂强度,与工程断裂强度(规定断裂点的力 F_K 除以原始横截面积 S_0)几乎相等;当发生颈缩时,在按式(2-17)或式(2-18)求得断裂强度后,还要进行颈缩修正,才能求得更加真实的断裂强度。

2.7　弹性比功 W_e

弹性比功,又可称为弹性应变能密度。它是指材料吸收变形功而又不发生永久变形的能力,也就是在开始塑性变形前,单位体积材料所能吸收的最大弹性变形功。它也是材料的一个力学性能指标,但用得不多。

弹性比功可用 W_e 表示,并可用拉伸应力-应变曲线下的面积来度量。在图 2-3 中,沿 e 点作横坐标的垂线,该线与拉伸起始直线段和横坐标围成的面积便是弹性比功,如图 2-12 所示。在弹性极限 R_e 以下,应力和应变近似成正比例关系,则有

$$W_e = R_e e_e / 2 = R_e^2 / 2E \tag{2-20}$$

由式(2-20)可以看出,提高 R_e 或降低 E 均可提高材料的弹性比功。前面已经说明,在实际应用中,用规定塑性延伸强度取代 R_e。由于弹性比功与弹性极限 R_e 的平方成正比,因此提高规定塑性延伸强度对提高弹性比功的作用更明显。此外,在下一章将会看到,弹性模量 E 是材料的一个很稳定的力学性能指标,合金化、热处理、冷热加工等对 E 值的影响不大。因此,要提高弹性比功,唯一的途径是提高材料的规定塑性延伸强度。

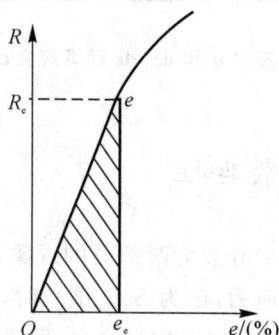

图 2-12 弹性比功的计算方法示意图

在工程中,究竟选用多大的规定塑性延伸强度作为设计的依据,取决于零部件的服役状况。仪器、仪表中有许多元件,必须在应力和应变保持严格线性关系的条件下工作,例如依靠弹簧应变表示力值的测力计,飞机高度表中的弹性敏感元件。这些元件在设计时,应以较小的规定塑性延伸量作为选材依据。对于一些特殊机件,如高压容器,为保持严格气密性,其紧固螺栓不允许有微小的残余伸长,因此要采用 $R_{p0.01}$,甚至 $R_{p0.001}$ 作为设计的依据;炮管钢也是如此。

机械和工程结构中使用的弹簧是典型的弹性零件,主要起减震与储能的作用,既要吸收大量变形功(应变能),又不允许发生塑性变形。因此,作为弹簧材料,要求尽可能具有更大的弹性比功。常用的弹簧钢是含碳 0.5% ~ 0.7% 的硅锰钢,该材料在退火后具有一定的延性,使其容易加工成形。该钢经过淬火和中温回火后,可获得回火屈氏体组织,具有较高的规定塑性延伸强度,弹性比功明显提高。经过形变强化的冷拔钢丝,其规定塑性延伸强度也会大大提高,而弹性比功则提高得更多。

仪表和仪器中使用的弹簧,常用磷青铜和铍青铜制造。除了因为它们是无磁性材料外,更重要的是它们具有较高的规定塑性延伸强度,且 E 值较小,从而有较大的弹性比功,能保证弹簧在较大的形变量下仍处于弹性变形状态。这类材料又称为软弹簧材料。由于 E 值较小,在相同的应力下,其弹性应变值较大。所以,用这类材料制成的弹性元件灵敏度较高,这也是一个很重要的优点。

2.8　静 态 韧 性

单位体积材料在断裂前所吸收的能量,也就是外力使材料发生断裂所作的功,称为材料的韧性或断裂应变能密度,用 U_t 表示。其中在静载作用下,材料断裂前所吸收的能量,称为静态韧性。静态韧性可能包含三部分能量:弹性变形能、塑性变形能和断裂能(形成两个断裂表面的能)。韧性用韧度来定量表征和度量。静态韧度是表征静态韧性的力学性能指标,它也是一个很难确定的值,一般可以根据拉伸断裂时,用真应力-真应变曲线下的面积进行测定和计算,即

$$U_t = \int_0^{\varepsilon_f} \frac{FdL}{V} = \int_0^{\varepsilon_f} \frac{F}{S} \frac{dL}{L} = \int_0^{\varepsilon_f} \sigma d\varepsilon \qquad (2-21)$$

式中,V 表示参与变形的试样体积。实际上,真应力-真应变曲线的数据很少,难以得到准确的静态韧度值。对于脆性材料,韧性近似等于断裂前吸收的弹性变形能,可用弹性比功近似度量。对于高塑性材料,由于塑性变形能和断裂能所占的比例很大,弹性变形能与之相比可以忽略,静态韧度 U_t 可按下式作近似计算[11]:

$$U_t = [(R_{eL} + R_m)\varepsilon_f]/2 \qquad (2-22)$$

式(2-22)在 $\varepsilon_f < 1.3$ 时更有效。由此可见,材料的韧性是同时与强度和延性相关的综合性的力学性能指标。要提高材料的韧性,应使材料的强度和延性达到最佳的配合,即提高强度的同时不降低或不过分降低材料的延性;否则,可考虑稍稍降低强度,以使材料具有高的延性和韧性。实际上,通过各种措施,可使材料的塑性变化范围较大,但强度的变化范围较小。例如,对钢做粗略估计,R_{eL} 可从 300 ~ 2 400 MPa 范围变化,比值为 8;而断后伸长率可从 0.5% ~ 50% 范围变化,比值高达 100。因此,通过改变材料的延性来改变材料的韧性,可能比改变强度更有效,因为韧性在更大程度上取决于延性。

对于服役中不可避免地存在偶然过载的机件,例如链条、拉杆、钓钩等,尽管应按照屈服强度进行设计,但是由于偶然过载,所以静态韧性是必须考虑的力学性能指标。

2.9　本 章 小 结

根据材料的拉伸力学行为,可将材料分为脆性材料和延性材料两大类。脆性材料在断裂前仅发生弹性变形,其拉伸力学行为可用胡克定律予以表征,评定其力学性能的指标为弹性模量 E 和抗拉强度 R_m。

延性材料在弹性变形之后,开始发生不可逆的塑性变形。在拉伸应力作用下,试件的塑性变形先是沿纵向均匀伸长、沿横向均匀收缩,此即均匀塑性变形阶段。此后,塑性变形集中于试件的一小段长度内,试件的横截面急剧收缩,形成所谓的“颈缩”,此即局集塑性变形阶段。延性材料在弹性变形阶段,其拉伸力学行为也用胡克定律表征。在塑性变形阶段,可用式 $\sigma = C\varepsilon_p^n$ 表征,应变硬化指数 n 等于最大力下的真应变 ε_g。

延性材料的拉伸力学性能为:弹性模量 E,规定塑性延伸强度 $R_{p0.2}$ 或下屈服强度 R_{eL},抗拉强度 R_m,断后伸长率 A 和断面收缩率 Z 等。在一般结构材料的工程应用和生产检验中,多

数都测定这五个指标。应当注意，$A_{11.3} < A$，当在手册中查到某一材料存在 A 大于或等于 Z 时，说明该材料只有均匀塑性变形，而无颈缩现象。

此外，还应关注几种韧性的概念和区别，以及弹性比功的概念及应用。期望通过本章的学习，能为后续章节的学习打下良好的基础。

习题与思考题

1. 解释以下术语或名词：

规定塑性延伸强度 $R_{p0.2}$；下屈服强度 R_{eL}；抗拉强度 R_m；断后伸长率 A；断面收缩率 Z；延性；屈强比；比强度；比例极限 R_p；弹性极限 R_e；均匀变形阶段；局集塑性变形阶段；上屈服强度 R_{eH}；真应力；真应变；应变硬化指数 n；弹性比功；韧性（断裂应变能密度）；静态韧性；静态韧度；断裂强度（断裂真应力）σ_f；断裂延性（断裂真应变）ε_f；形变强化（或应变硬化）。

2. 试画出几种典型脆性材料与延性材料拉伸应力-应变曲线的示意图。说明脆性材料与延性材料的区别。

3. 试件的尺寸对测定材料的伸长率是否有影响？依据 $L_0 = k\sqrt{S_0}$ 选择的 k 值为 5.65 和 11.3 时得到的断后伸长率 A 和 $A_{11.3}$，哪一个较大？由此得出在查阅材料力学性能数据手册和撰写材料力学性能报告时应注意什么问题？

4. 何谓静态韧性？何谓静态韧度？为何静态韧性是一个综合的性能指标？

5. 何谓工程应力和工程应变？何谓真应力和真应变？两者之间有什么定量关系？工程应力-应变曲线与真应力-应变曲线间有何区别？颈缩发生后如何计算真应力和真应变？*

6.*如何根据材料的拉伸性能估算材料的断裂强度、断裂延性、应变强化指数和强度系数？

7. 现有横截面直径 $d_0 = 10$ mm 的圆棒长试样和短试样各一根，测得其选择的 k 值为 5.65 和 11.3 时的伸长率 A 和 $A_{11.3}$ 均为 25％。试问长试件和短试件的断面收缩率是否相等？如果不等，哪个更大？

8. 试述规定塑性延伸强度的测定方法。

9. 热轧低碳钢圆棒拉伸试样的静拉伸试验数据见表 2-2，试根据表中数据完成以下几个工作：

(1) 画出该钢的工程应力-应变曲线和真应力-应变曲线；

(2) 求 n 和 C 并写出 Hollomon 方程；

(3) 求出 R_{eL}，R_m，A，Z，ε_f 和 σ_f。

表 2-2　热轧低碳钢圆棒拉伸试样的拉伸试验数据

$e/(\%)$	0	0.15	0.33	0.50	0.70	1.0	4.9
F/kN	0	19.13[1]	17.21[2]	17.53	17.44	17.21	20.77
d/mm	9.11	\	\	\	\	\	8.89
$e/(\%)$	21.8	23.4	30.6	33.0	34.8	36.0	36.6
F/kN	25.7	25.75[3]	25.04	23.49	21.35	18.90	17.39[4]
d/mm	8.26	\	7.62	6.99	6.35	5.72	5.28[5]

注：(1) 上屈服强度的力；(2) 下屈服强度的力；(3) 最大力；(4) 断裂点 k 的力；(5) 断后的最小直径 d_u。

10. 正火态 60Mn 钢,其圆棒拉伸试样平行长度段的直径为 10 mm。静拉伸试验测得的数据如下(其中 $d=9.91$ mm 为屈服平台刚结束时的试样直径):

ⅰ)F/kN:39.5,43.5,47.6,52.9,55.4,54.0,52.4,48.0,43.1;

ⅱ)d/mm:9.91,9.87,9.81,9.65,9.21,8.61,8.21,7.41,6.78。

(1) 绘制未修正和修正的真应力-真应变曲线;

(2) 求 n 和 C,并写出 Hollomon 方程;

(3) 算出 R_{eL},R_m,A_g,z_g,A,Z,ε_f 和 σ_f。

11.*借助试样拉伸中的 Hollomon 关系式,试导出 $R_m=C\left(\dfrac{n}{e}\right)^n$,其中的 e 是自然对数的底数,$n$ 为应变硬化指数,C 为强度系数。

12. 当拉伸真应变 ε 为 0.05,0.1,0.15,0.2,0.25,0.3 时,计算其相应的工程应变 e 和 z 值,并讨论 ε,e 和 z 三者的差值大小能够说明什么问题。

参 考 文 献

[1]　中华人民共和国国家标准委员会.GB/T 228.1—2010 金属材料拉伸试验－室温试验方法[S].北京:中国标准出版社,2011.

[2]　中华人民共和国国家标准委员会.GB/T 24 1 82—2009 金属力学性能试验出版标准中的符号及定义[S].北京:中国标准出版社,2010.

[3]　黄明志,石德珂,金志浩.金属机械性能[M].西安:西安交通大学出版社,1986.

[4]　Кудрявцев И В. Заводская Лаборатория[J]. 1946,(2):233 - 235.

[5]　Mclintock F A, Argon A S. Mechanical Behavior of Materials[M]. Massachusetts: Addison - Wesley Publishing Company,1966.

[6]　Dieter G E Jr. Mechanical Metallurgy[M]. New York:McGraw - Hill Book Company, 1961.

[7]　Bridgeman P W, Large Plastic Flow and Fracture[M]. New York :McGraw - Hill Book Company,1952.

[8]　Dowling N E. Mechanical Behavior of Materials[M]. 2nd Edition. New Jersey: Prentice Hall Upper Saddle River,1998.

[9]　ASM Handbook Committee. Metals Handbook 9th Edition:Mechanical Testing, American Society for Metals,Volume 8. Ohio:Metals Park,1985.

[10]　郑修麟.关于疲劳无裂纹寿命[J].机械强度(疲劳专辑),1978,79:54 - 69.

[11]　Gillemot L F. Criterion of crack initiation and spreading[J]. Eng Fracture Machanics, 1976,8(1):239 - 253.

[12]　中华人民共和国国家标准委员会.GB/T 5028—2008 金属材料薄板和薄带拉伸应变硬化指数的测定[S].北京:中国标准出版社,2008.

[13]　Hosford W F. Mechanical Behavior of Materials[M]. 2nd ed. New York:Cambridge University Press,2010.

第3章 材料的弹性变形与塑性变形

3.1 引 言

材料在外力作用下发生的尺寸或形状的变化,称为变形。若外力去除后,变形随之消失,这种变形即为弹性变形。因此,弹性变形是可逆的。在工程应用中,绝大多数结构件的工作应力不得超过弹性极限或屈服强度,结构件在整体上处于弹性状态。对于某些零构件,例如精密机床的构件,变形受到严格的限制,否则就会降低零件的加工精度。像这样的零构件主要是按刚度(stiffness)要求设计的。零构件的刚度决定于两个因素:构件的几何特征和材料的刚度。表征材料刚度的力学性能指标是弹性模量,因此,材料的弹性模量是构件设计中不可缺少的力学性能数据。钢的广泛应用,除了其他因素之外,它具有的很高的弹性模量也是很重要的原因。材料的弹性模量还是影响疲劳与断裂性能的重要因素(详见后面章节)。

材料受力超过弹性极限时,即发生塑性变形。材料塑性变形时仍伴有弹性变形,两者是共生的;当外力除去后,弹性变形恢复(消失),而塑性变形则不能恢复且永久地保留下来。所以,塑性变形是不可逆的,这是塑性变形与弹性变形的根本区别。第2章已经知道,延性是材料在断裂前塑性变形的能力,也就是最大限度地进行塑性变形而又不产生裂纹的能力,是材料非常重要的力学性能。正是因为材料有延性,才能利用不同的成形方法将其制成各种几何形状的零件。在加工过程中,应当提高材料的延性,降低塑性变形抗力。在服役过程中,应当提高材料的弹性极限和屈服强度,使零件和构件能承受更大的应力,同时也要有相当的延性,以防发生脆性断裂。因此,研究塑性变形机制以及如何提高延性,是材料科学中一个重要的研究课题。材料发生塑性变形后,其强度提高,这就是应变硬化或形变强化,也是金属材料力学行为的另一个特点。

本章将联系材料的微观结构讨论弹性性能、弹性不完善性、塑性变形、应变硬化及有关的力学性能指标,以及它们在工程中的实用意义。

3.2 材料的弹性变形

3.2.1 金属和陶瓷弹性变形的物理本质

材料中原子间的结合,是原子间吸引力和排斥力相互作用的结果,材料弹性变形的性质也与这种相互作用相关。可以粗略地认为,原子间的吸引力是材料离子与自由电子相互作用的结果,它是长程作用力。对于离子半径和原子半径较大的材料(如铜),原子间的排斥力是离子间相互作用的结果；对于离子半径和原子半径较小的材料（碱金属），原子间的排斥力是由晶体中的原子接近时电子的加速运动引起的，原子间的排斥力是短程作用力。当原子间的距离 r 大于 r_0 时，原子间的排斥力很小；而当 r 小于 r_0 时，排斥力迅速增大，比原子间吸引力大得多[1-2]。图 3-1 所示为两原子 N_1 和 N_2 间的相互作用力和势能随原子间距离的变化。当吸引力与排斥力之和为零时，原子即处于平衡位置，此时原子间距离为 r_0，材料处于最低的势能状态。

　　当材料受到拉力作用时，相邻两原子间的距离增大，原子间的吸引力增大，原子力图恢复到原先的平衡位置。当外力与原子间的作用力建立起新的平衡时，原子便稳定在新的平衡位置上。于是，材料发生了宏观的伸长变形。反之，当材料受到压力作用时，相邻两原子间的距离减小，宏观上表现为缩短变形，这时两原子间的排斥力增大。在拉力或压力去除后，由于原子间的相互作用力，原子回复到原先的平衡位置，宏观变形也因此消失，这就是弹性变形的物理本质。材料因内部原子偏离平衡位置所产生的内力便是弹性力。若材料内部原子间的弹性力不为零，则材料内的弹性势能便升高，如图 3-1 所示。原子间的相互作用力 f 与原子间距离 r 的关系可用下式近似地表示[2]：

$$f = \frac{a}{r^2} - \frac{b}{r^4} \tag{3-1}$$

式中，a 和 b 分别为与原子本性和晶格类型有关的常数。原子间的相互作用势能与原子间距离 r 也有与式（3-1）相似的关系[1]。式（3-1）中的第一项代表引力，第二项代表斥力。由式（3-1）以及图 3-1 的合力曲线可见，原子间的相互作用力与原子间距有关，但二者不是线性关系，而是呈抛物线关系。在图 3-1 中的合力曲线上，f_{max} 是弹性变形的最大抗力，该力也是克服原子间的引力使材料断裂的力，与 f_{max} 对应的原子间距为 r_m。理论上，$(r_m - r_0)/r_0$ 接近 23%；实际上，即使是能够产生很大弹性变形的纯铁晶须，当弹性变形超过 2.5% 时，应变与应力便已偏离了直线关系[3]，胡克定律也不再适用。目前工程中应用的结构材料，能够产生的弹性变形很小，一般不会超过 1%，因为材料中存在各种缺陷、杂质、孔隙或裂纹，在力远未达到 f_{max} 时就已发生了塑性变形或断裂。在弹性变形很小的情况下，亦即当原子偏离其平衡位置较小时，原子间的相互作用力与原子间距的关系对应于 r_0 附近的合力曲线。这一段线可近似为直线，因此胡克定律是近似正确的，也是实用的。

　　不同元素的原子结合中，原子间距不同。原子间距愈小，则二者结合力愈大。

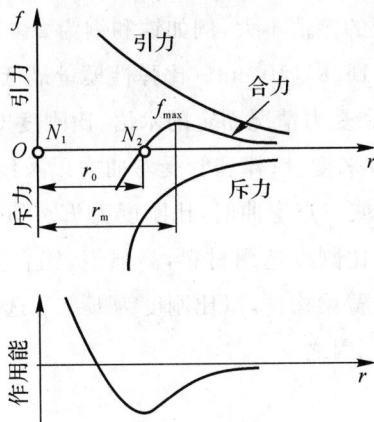

图 3-1　原子间的相互作用

3.2.2 弹性常数及弹性模量的意义

对于各向同性材料,用式(1-13)的 $\sigma_m = K\theta$ 表达静水压力引起的体积应变。体积模量 K 是另一个与原子间结合力有关的弹性常数,工程中的应用较少,因此 E、G 和 ν 这三个工程中常用弹性常数统称为工程弹性常数(engineering elastic constants)。这其中的弹性模量(杨氏模量)E 用得最多,然后是剪切模量 G。四个弹性常数 E,G,ν 和 K 中,只有两个是独立的常数,因为由第 1 章已经知道,它们之间存在 $E = 2(1+\nu)G$ 和 $E = 3K(1-2\nu)$ 的关系。

一般工程中应用的结构材料都是多晶体,是伪各向同性的固体。

对于各向异性材料,每个点各个方向的性能不同,例如单晶体、连续纤维增强的复合材料、有织构的材料、定向凝固或结晶的材料,都具有各向异性。由第 1 章可知,各向异性材料的弹性常数多,但实际材料存在性能对称面,独立的弹性常数会减少。虽然各向异性材料独立的弹性常数比各向同性材料多,但往往也只有几个。

由胡克定律 $\sigma = E\varepsilon$ 或 $\tau = G\gamma$ 可知,弹性模量 E 和剪切模量 G 值愈大,在相同的应力下材料的弹性变形愈小。因此,弹性模量表明了材料对弹性变形的抗力,代表了材料的刚度,其值愈大,则在相同应力下的弹性变形愈小。GB/T 22315—2008 给出了静态法和动态法测试弹性模量的方法[4],一些工程材料的弹性常数见表 3-1。对于按刚度要求设计的零件,应选用弹性模量高的材料。例如,机床的主轴刚度不够就会产生过量弹性变形,造成加工的产品不合格;自行车架刚度不够,过量弹性变形的车架使得轮子无法前行。应当指出,零件的刚度和材料的刚度概念有所不同,零件和构件的刚度除与材料的刚度有关外,还与零件和构件的形状、结构和几何尺寸有关。

在地面上,对于结构质量的限制不严,刚度不够可以增大尺寸来提高刚度。但是对于航空和航天中应用的许多材料,既要求能保障结构的刚度和完整性,又要求材料的质量轻。根据航空和航天中的这种需求,提出了比弹性模量(specific modulus)的概念,有时简称做比模量,它定义为:比弹性模量=弹性模量/密度,单位为 m 或 cm。笼统地讲,一般情况下复合材料的比弹性模量最高,这也就是航空和航天中应用复合材料多的主要原因之一。其次是陶瓷,接着是金属材料,而且金属材料相互间的差值不大,例如铁和钢为 2.6×10^8 cm,铝和钛及其合金都为 2.7×10^8 cm,只有铍特殊,高达 16.8×10^8 cm。比弹性模量最低的是高分子聚合物材料。

还有一个依据材料的形状和受力情况而定的术语:比刚度(specific stiffness)。对于棒和杆件受轴向力时,比刚度以 E/ρ 来度量;棒和管受弯曲力以及细长棒和细长管受轴向力时,比刚度为 $E^{1/2}/\rho$;板材受竖直压弯或三点弯曲时,比刚度为 $E^{1/3}/\rho$;棒和管受扭转力矩时,比刚度为 $G^{1/2}/\rho$。杆件受拉伸时,依据比刚度选用材料,高强钢、铝合金和玻璃纤维增强的树脂基复合材料差别不大;但是如果是悬臂梁构件,以比刚度为 $E^{1/2}/\rho$ 选材,铝合金比钢要好得多,这就是飞机选择铝合金用材的主要原因之一。

表 3 - 1 典型工程材料 20℃ 下的弹性常数[5]

材料	E/GPa	ν	G/GPa	材料	E/GPa	ν	G/GPa
铝(Al)	70.3	0.345	26.1	Al$_2$O$_3$(三方晶)	402*	0.233*	163*
镉(Cd)	49.9	0.300	19.2	C(立方晶)*	1022*	0.092*	468*
铬(Cr)	279.1	0.210	115.4	铅玻璃	80.1	0.270	31.5
铜(Cu)	129.8	0.343	48.3	尼龙 66	1.2~2.9	—	—
金(Au)	78.0	0.44	27.0	聚碳酸酯	2.4	—	—
铁(Fe)	211.4	0.293	81.6	聚乙烯(高密度)	0.4~1.3	—	—
镁(Mg)	44.7	0.291	17.3	有机玻璃	2.4-3.4	—	—
镍(Ni)	199.5	0.312	76.0	(聚甲基丙烯酸甲酯)			
铌(Nb)	104.9	0.397	37.5	聚丙烯	1.1~1.6	—	—
银(Ag)	82.7	0.367	30.3	聚苯乙烯	2.7~4.2	—	—
钽(Ta)	185.7	0.342	69.2	SiO$_2$(三方晶)*	95*	0.082*	44*
钛(Ti)	115.7	0.321	43.8	SiC(立方晶)*	402*	0.181*	170*
钨(W)	411.0	0.280	160.6	ZrC(立方晶)*	407*	0.196*	170*
钒(V)	127.6	0.365	46.7	TiO$_2$(四方晶)*	287*	0.268*	113*
ZnS*	87.0*	0.31*	33*	NaCl(立方晶)*	38*	0.250*	15*
钢材	205	0.33	75.5	ZnO(六方晶)*	122*	0.358*	45*

注:加 * 结果取自文献[6],由单晶的试验数据计算得到的多晶陶瓷 20℃ 下的数据。

3.2.3 影响弹性模量的因素

正因为弹性模量如此重要,所以将它作为一个重要的研究对象加以分析。影响弹性模量的内部因素有原子间结合力强弱(与键合方式、原子结构和晶体取向有关),材料的化学成分,以及材料的组织;外部因素有温度、加载速率和加工变形。分别就以上几点作下述讨论。

1.原子间结合力强弱

由 3.2.1 节可知,弹性模量是一个表征材料中原子间结合力强弱的物理量。

(1)键合方式。

在材料科学基础课程中,已知材料有四种键合方式,不同键方式其原子间结合力的强弱显著不同。无机非金属材料大多以共价键或离子键结合,或者这两种键合混合方式结合,因此弹性模量较高;金属及其合金为金属键结合,也有较高的弹性模量;高分子聚合物是结合力弱的分子键结合,主要是范德华力(Van der Waals),其弹性模量很低,往往比其他键合方式低一个数量级。表 3-1 的数据反映了这些特点。

体现原子间结合力的有键合能、熔点、沸点、硬度和弹性模量等,这几者之间有着密切联系。除少数例外,一般情况下键合能越高,原子间结合力越强,则熔点越高,其弹性模量和硬度也越高。知道了弹性模量的高低,就可大体推测其他几个数据的相对大小,反之亦然。这就为一些难测的性能提供了参考依据。例如一些金属的弹性模量与熔点 T_m 间有以下关系[7]:

$$E = \frac{kT_m^a}{V^b} \tag{3-2}$$

式中,k,a,b 为常数,$a \approx 1,b \approx 2$;V 为比容。可见这些金属材料的弹性模量与熔点成线性关系,当然也存在其他关系的例外。材料的硬度越高,则弹性模量越高,一些金属材料的弹性模量与硬度存在线性关系[7],如图 3-2 所示。

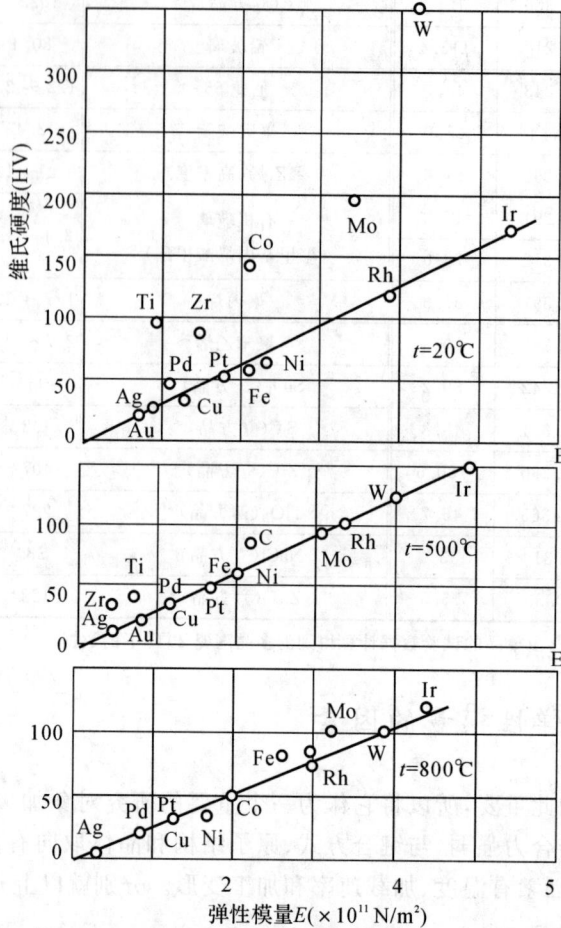

图 3-2　一些金属材料的弹性模量与维氏硬度间的关系[7]

（2）原子结构。

对于金属元素,弹性模量与其他物理量如熔点、汽化热等一样,随元素周期而发生周期性的变化,其实质与原子结构和原子半径有关,最终反映的是原子间结合力的强弱,如图 3-3 所示。

在元素周期表前两个短周期中,如 Na,Mg,Al,Si,弹性模量随原子序数的增大而增大,这与价电子数的增加和原子半径减小有关,亦即随原子间距的增大而减小。在周期表的同一族元素中,如 Be,Mg,Ca,Sr,Ba,弹性模量随原子序数增加和原子半径增大而减小[1]。

过渡族金属的弹性模量较大,原因是 d 层电子引起的原子间结合力较大。此外,过渡族金属元素本身的原子半径也小,它们与普通金属不同,随着原子序数的增加出现一个最大值,且在同组过渡金属中弹性模量与原子半径一起增大。对此,理论上还没有满意的解释。

（3）弹性模量的各向异性。

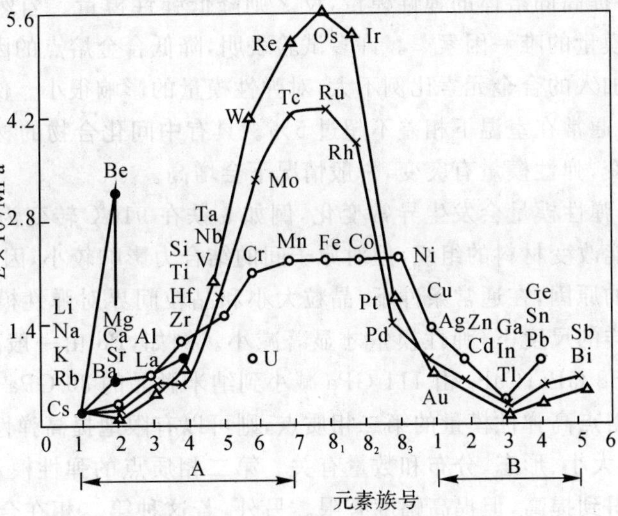

图 3-3　弹性模量的周期性变化[8]

各向异性是晶体材料的一个主要特征。单晶体材料的弹性模量,其值在不同的结晶学方向是不同的,表现出各向异性,其实质也是原子间结合力的不同。在原子间距较小的结晶学方向上,原子间结合力强,弹性模量值较高;反之,则较小。表 3-2 给出了一些金属单晶体弹性模量的最大值与最小值。可以看出,有些单晶体弹性模量的最大值与最小值相差可达 4 倍,例如 Zn;但钨的最大值与最小值相同,是个例外。

表 3-2　一些常用金属的弹性模量[1]

晶格类型	金属	E/GPa			G/GPa		
		单晶体		多晶体	单晶体		多晶体
		最大值	最小值	试验值	最大值	最小值	试验值
面心立方	Al	75.5	62.7	70.6	28.4	24.5	26.5
	Cu	190.1	66.6	118.6	75.5	30.4	43.1
	Ag	114.7	43.1	78.4	43.6	19.3	26.5
	Au	111.7	41.2	79.4	40.2	17.6	27.4
体心立方	α-Fe	284.2	132.3	209.7	115.6	59.8	82.3
	W	392.0	392.0	392.0	151.9	151.9	—
六方	Mg	50.4	42.8	44.1	18.0	16.7	17.6
	Zn	123.8	34.9	98.4	48.7	27.2	36.3
	Cd	81.3	28.2	59.9	24.6	18.0	21.6

工程中使用的金属材料一般是多晶体,虽然每个晶粒在不同的方向有不同的弹性模量,但由大量随机取向的晶粒组成的多晶体,弹性性能是各晶粒的统计平均值,显示出各向同性,其弹性模量是介于单晶体弹性模量最大值与最小值之间的某个值(见表 3-2)。

2. 材料化学成分和组织的影响

材料化学成分的改变,能够引起原子间距或者键合方式的改变。一般规律是减少晶格常数的溶质原子,能够提高固溶体的弹性模量,反之则降低弹性模量。当然也有例外,因为晶格常数不是影响弹性模量的唯一因素[9]。许多试验表明,降低合金熔点的因素也降低弹性模量。工程中应用的材料加入的合金元素比例不大,对弹性模量的影响很小。例如,碳钢与合金钢的弹性模量相当接近,通常在室温下相差不超过 5%。具有中间化合物的材料,在化合物形成处因键合方式发生改变,弹性模量有突变,一般情况下会增高。

在发生相变时,弹性模量会发生异常变化,例如 α 铁在 910℃ 转变为 γ 相时,弹性模量升高[7]。虽然热处理能改变材料的组织,但对原子间的结合力影响较小,因此对弹性模量的影响也很小。基于同样的原因,在通常条件下,晶粒大小和晶粒间界对弹性模量没有明显的影响;只有在纳米微晶这样的尺度下,弹性模量才显著减小。例如,Pd 由一般晶体尺寸的 123 GPa 减小到纳米微晶的 88 GPa;CaF_2 由 111 GPa 减小到纳米微晶的 36 GPa[10]。

合金中形成高熔点高弹性模量的第二相质点,则可以有限地提高弹性模量,影响的幅度与第二相质点的性质、大小、形态、分布和数量有关。第二相质点的弹性模量越高、含量越高,则材料的弹性模量也得到提高,但提高幅度有限。另外,若这种第二相在合金中的含量过多,将使延性大幅度下降,以至难于加工。因此通常使用的金属结构材料,第二相所占比例较小,可以忽略其对弹性模量的影响。但是值得注意的是,高熔点高弹性模量的第二相质点却可使高分子材料的弹性模量发生显著变化。

3. 温度的影响

温度应该说是对弹性模量影响较大的一个外部因素。通常,温度升高使原子间距增大、原子间结合力减弱。因此,弹性模量总是随温度的升高而降低。例如,钢的温度从 25℃ 上升到 450℃ 时,其 E 值下降了约 20%[1];工业纯铁的温度从 20℃ 上升到 810℃ 时,其 E 值由 221.73 GPa 下降到 117.28 GPa,下降了 47%;铜的温度从 20℃ 上升到 720℃ 时,其 E 值由 126 GPa 下降到 85.8 GPa,下降了 32%[7]。具有居里点的材料,在温度通过居里点时,弹性模量变化发生转折[7]。对于结构零件,通常在 −50~50℃ 的温度范围内服役,弹性模量的变化很小,可视为常数。然而,对于精密仪表中的弹性元件,弹性模量随环境温度的微小变化将会影响测量精度,因此要选用恒弹性模量的合金来制造,例如 Elinvar 合金(0.7%~0.8% C,35%~36% Ni,10%~12% Cr,2%~4% W,2%~3% Mn,其余为 Fe),它在 −50~+50℃ 范围,弹性模量几乎不变。

有少数材料当温度升高时,弹性模量却增大,到达某一峰值后再下降,这是反常的现象,例如石墨、碳/碳复合材料、某些陶瓷基复合材料等。这种现象主要不是由原子间距改变而引起原子间结合力的改变,而是由于内应力的改变、各组织单元间结合力的变化以及原子整齐排列程度的变化而引起的。

4. 加载速率和持续时间的影响

一般地,对于金属和陶瓷材料,常温下加载速率和持续时间并不影响弹性性能,因为固体的弹性变形以介质中的声速传播。固体中的声速 v 可表示为[7]

$$v = \sqrt{E/\rho} \tag{3-3}$$

式中,ρ 为材料的密度。声波在钢中的传播速度为 5 100 m/s。可见,材料的弹性变形速度很快,远远超过一般的加载速率。例如,夏比摆锤冲击试验时的加载速率仅为 4~6 m/s,子弹离开枪膛的速度约为 1 000 m/s。因此,一般工程技术中的加载速率不会影响材料的弹性模量。

于是,人们可用动态方法测得材料的弹性模量;也可用动态方法测得材料或零件的弹性应变值,再按胡克定律求得零件所受的动应力。

然而,材料在高温和某些环境下,以及对于多数高分子材料和复合材料,由于加载中伴生着更加明显的蠕变、松弛和变形滞后的物理现象,加载速率和持续时间对弹性模量也会有明显的影响,而且规律复杂各异,后续有些章节会涉及。

5. 加工变形的影响

加工变形影响弹性模量的实质是改变了材料的组织。冷变形稍稍降低材料的弹性模量,例如退火钢在冷变形后,E 值下降了 $4\% \sim 6\%$。面心立方的金属 Al,Cu,Ni 等在冷变形后,弹性模量也降低;但大变形后,由于产生织构,弹性模量又有提高。

通过铸造、压力加工和热处理,在多晶体中形成织构时,弹性模量又会表现出各向异性的性质,这实质上也是组织变化引起的改变。冷轧对薄板弹性模量的影响是一个典型的例子,见表 3-3[11]。钢在强烈的变形后,E 值有所增加,但是有方向性的,其中[111]方向的 E 值最大,[100] 方向的 E 值最小[1]。

表 3-3　冷轧对薄板弹性模量的影响(冷轧方向和弹性模量测定方向间的夹角为 θ)[11]

材　料	E/GPa		
	$\theta = 0°$	$\theta = 45°$	$\theta = 90°$
冷轧铁板	225.0	201.0	268.2
冷轧铜板	135.8	106.3	137.2
冷轧铜板(再结晶)	68.6	120.1	65.2

通常条件下,尽管热处理、化学成分、冷热加工和组织变化对工程应用的金属材料强度和延性影响范围会很大,有些情况下,相对变化甚至能够达到 $2\,000\%$,然而弹性模量对这些因素却不十分敏感;同时,加载速率和持续时间并不影响弹性模量。从这个角度看,弹性模量是最稳定的力学性能参数,但是温度对于弹性模量的影响不能低估。

3.2.4　弹性不完善性

材料在外力作用下,发生尺寸或形状的变化,外力除去后,变形随之消失,将这种变形称为弹性变形。材料能够发生的最大弹性变形能力或变形量称为该材料的弹性。依据材料在弹性变形中应力和应变之间的响应特征,可将弹性变形大体分作两类。一类是理想弹性变形,习惯上也称为完善(或完全)的弹性性能,它指的是应力和应变之间服从胡克定律。由胡克定律 $\sigma = E\varepsilon$ 或 $\tau = G\gamma$ 可知:弹性应变是应力的单值连续线性函数;弹性应变和应力是同相位的,即受到应力作用时,立即发生相应的弹性应变,去除应力时,弹性应变也随即消失。在应力-应变曲线上,加载线与卸载线完全重合,即应变与应力严格地同相位。然而在实际中,绝大多数材料,即使在弹性变形范围内,应变与应力也不具备严格的对应关系。应变不仅与应力有关,还与时间和加载方向有关,这一类称为非理想弹性变形(或弹性不完善性)。工程中的材料,是按照理想弹性变形作近似处理加以应用的。非理想弹性变形主要表现为弹性后效(elastic aftereffect)和内耗(internal friction),它们统称为弹性不完善性[1]。

1. 弹性后效

将低于弹性极限的某一应力 σ，在 $t=0$ 的瞬间骤然加到多晶体试件上，则试件立即产生一个弹性应变 e_1；在随后保持应力 σ 不变的情况下，若弹性应变不随载荷保持时间而变化（见图 3-4(a)），则该变形为完善的弹性变形。同样地，在施加应力 σ 后，立即产生一个弹性应变 e_1，随时间的延长，弹性应变逐渐增大，但增长速度逐渐减慢，最后达到一极限，此时的总应变为 $e_1+\Delta e_1$（见图 3-4(b)），Δe_1 是在应力与时间复合作用下产生的。这种加载中应变落后于应力，且应变随时间变化的现象称为正弹性后效或弹性蠕变。若骤然除去应力，应变瞬时地回复一部分 e_2，剩余部分 Δe_2 随时间的延长而逐渐消失，这种卸载时弹性应变落后于应力，且应变随时间变化的现象称为反弹性后效，如图 3-4(b) 所示。

正弹性后效与反弹性后效统称弹性后效。此外，与时间有关的弹性应变还称为滞弹性（anelasticity）或黏弹性（visco-elasticity）行为，图 3-4(b) 所示的 Δe_1 和 Δe_2 就是所产生的滞弹性。通常用 $\Delta e_1/(e_1+\Delta e_1)$ 或 $\Delta e_2/(e_2+\Delta e_2)$ 来定量地表示弹性后效的大小，其值愈大，则弹性后效愈明显。

材料的对称性愈差，则弹性后效愈明显。具有密排六方晶格的镁，其弹性后效十分明

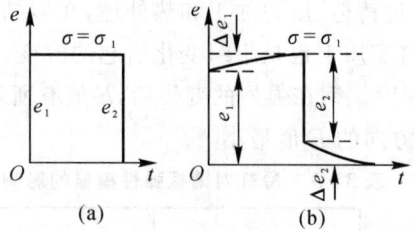

图 3-4 完善弹性行为与弹性后效
(a) 完善的弹性行为；（b）弹性后效示意图[1]

显，这与其晶格的对称性较低有关。对于多晶体金属材料，弹性后效与各晶粒中的应变不均一性有关。因此，材料的成分和组织愈不均匀，弹性后效愈大。经淬火或塑性变形的钢，组织不均匀性变大，其弹性后效增强。碳钢的弹性后效有时高达 30%，而精密弹性合金的仅为 0.1%～0.5%。外界因素，如加载速度和温度也会影响弹性后效。例如温度升高，弹性后效速度加快，滞弹性变形量也增大。锌在温度升高 150℃ 时，弹性后效速率会增大 50%。温度下降，弹性后效变形量急剧下降，在液氮温度下无法测出弹性后效现象。应力状态对弹性后效有强烈的影响，切应力分量愈大，弹性后效愈明显。所以，扭转时的弹性后效比弯曲或拉伸时大得多；而在多向压缩状态下，几乎观测不到弹性后效现象。从以上可知，弹性后效和滞弹性与材料的成分、晶体结构、组织、应力状态和试验条件有关，但它们都与材料内部的某些松弛有关，例如原子的扩散等。

弹性后效现象对于仪表和精密机械中的传感元件十分重要。用于制造长期承受大应力的测力弹簧、膜盒、巴顿管等传感器的材料，如果弹性后效明显，仪器仪表的精度就会降低，读数就会失真。减少弹性后效的办法是长时间回火。对于钢，合理的回火温度为 300～450℃，对于铜合金，则为 150～200℃。

2. 内耗

在弹性范围内对材料加载，由于加载不是瞬时完成的，加载过程中，对于每一个应力值都会产生正弹性后效，且其发展的程度随应力的升高而增大，如图 3-5 中的箭头所示。卸载时则相应地产生反弹性后效。由于弹性后效或滞弹性，加载和卸载时的应力-应变曲线不重合，形成一个封闭的回线，称为弹性滞后环（hysteresis loop of elasticity）。在交变应力作用下，加载速度较快，弹性后效不能充分地进行，应变落后于应力，两者随时间的变化有一定的相位差

（见图 3-6），必然会形成弹性滞后环。

同一加载循环中，加载时单位体积材料吸收的弹性变形能为 W，即 $OacdO$ 包围的面积，如图 3-7 所示，它大于卸载时所释放的弹性变形能，即有一部分变形能不可逆地被材料所吸收。材料吸收而消耗的能量为 ΔW，也就是一个弹性滞后环的面积 $OacbO$，如图 3-7 所示。这种因弹性不完善性而引起的不可逆的能量消耗，称为材料的内耗（internal friction）。

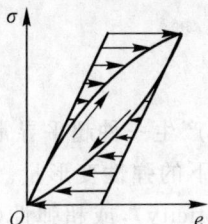

图 3-5　形成弹性滞后环示意图　　图 3-6　交变应力下形成的位相差

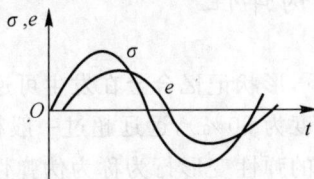

对于自由振动的物体，由于内耗而损失了振动能，引起振幅 A 的衰减。相邻两次振幅比值的自然对数 $\ln(A_n/A_{n+1})$ 以 δ 表示，其中 $A_n > A_{n+1}$（见图 3-8）。δ 称为振幅对数衰减率，它也是内耗大小的一种表示方法。δ 可表达为

$$\delta = \ln(A_n/A_{n+1}) = \ln[1 + (A_n - A_{n+1})/A_{n+1}] \approx (A_n - A_{n+1})/A_{n+1} \tag{3-4}$$

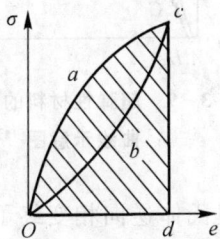

图 3-7　内耗产生示意图　　图 3-8　自由振动衰减曲线

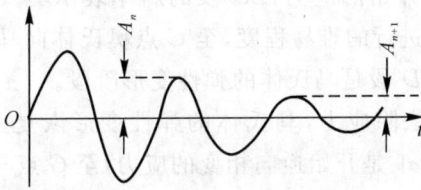

因为 $(A_n - A_{n+1})/A_{n+1}$ 之值很小，所以式（3-4）按麦克劳林级数展开时，高次项被略去。由于振动能与振幅的平方成正比，则有

$$\frac{\Delta W}{W} = \frac{A_n^2 - A_{n+1}^2}{A_{n+1}^2} = \frac{(A_n - A_{n+1})(A_n + A_{n+1})}{A_{n+1}^2} \tag{3-5}$$

因为 A_n 与 A_{n+1} 相差很小，则式（3-5）可简化为

$$\frac{\Delta W}{W} = \frac{2(A_n - A_{n+1})}{A_{n+1}} \tag{3-6}$$

由式（3-4）和式（3-6）可得

$$\delta = \Delta W/2W \tag{3-7}$$

内耗大小通常也用 Q^{-1} 表示，其中 $Q^{-1} = \delta/\pi$ [1]。由此可见，材料的内耗与材料的消振能力相关。对用于制造要求音响效果好的元件，如音叉、琴弦、簧片等的金属材料，应具有很小的内耗，以使声音长时间共鸣而不衰减。仪表弹性元件，也要用内耗小的材料制作，因为内耗越小，则弹性滞后越小，传感灵敏度越高。相反地，飞机、桥梁和机器在服役中，希望材料有良好的消振性能。例如机器在运转中，常常伴有振动和噪声，因而机床床身或机器支架常用内耗大、消

振能力强的灰口铸铁制造,有利于机器的稳定运转。又例如汽轮机叶片之所以用1Cr₁₃不锈钢制造,除耐蚀性好外,高消振性也是考虑的主要因素;潜艇推进器的涡轮材料,也应有良好的消振性能,使得运转时发出的噪声很小,敌方难以探测到己方潜艇的位置。一些结构受限制的机器零件,不太可能以改变自身振动频率的方法来避免共振的发生,那么在选择材料时,就必须考虑材料的内耗这一因素。

3.2.5* 伪弹性

在某些条件下,形状记忆合金在发生可逆相变过程中,产生一种超乎寻常的大幅度非线性弹性变形(例如幅度为60%),远远超过一般材料正常状态下的弹性变形量。这种材料称为超弹性材料,其发生的弹性变形行为称为伪弹性(pseudo-elasticity),或超弹性(superelasticity)。例如Cu-Zn,Cu-Zn-Sn,Cu-Al-Ni,Cu-Al-Mn,Ag-Cd,Au-Cd,Ti-Ni,In-Ti等,就是在一定条件下,能够显示伪弹性或超弹性的材料[15]。

现在通过一个实例,说明一种具有伪弹性材料的变形机理。

图3-9所示为奥氏体组织的超弹性材料在某一温度下的应力-应变曲线。AB段为奥氏体常规的弹性变形阶段;B点对应的应力为σ_B^M,它是诱发奥氏体向马氏体相变开始的应力;BC段的斜率表示奥氏体向马氏体相变进行的难易程度,至C点奥氏体向马氏体相变结束;CD段是马氏体的弹性变形阶段。

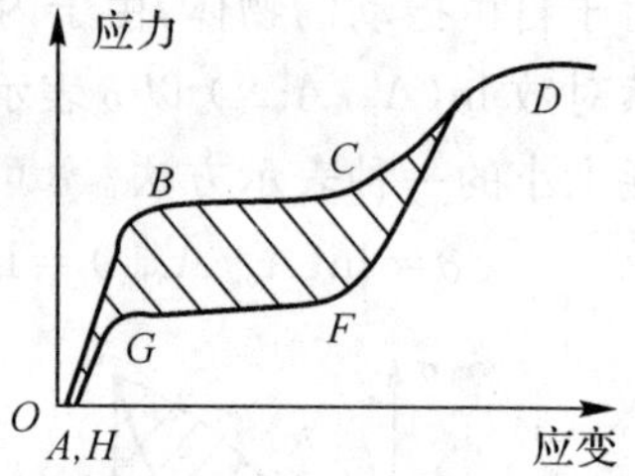

图3-9 超弹性材料的应力-应变曲线示意图[15]

在CD段去除应力,马氏体的弹性变形恢复。F点对应的应力σ_F^P是开始逆向相变的应力,至G点马氏体向奥氏体逆向相变终了,完全恢复到原来的奥氏体组织。GH段是奥氏体弹性变形的恢复阶段,至H点恢复到最初的状态。

3.3 材料的塑性变形

3.3.1* 塑性变形的方式、特点及形变织构

1. 金属单晶体塑性变形的主要方式

材料单晶体塑性变形,是在切应力的作用下,经由滑移和孪生而产生的。滑移是材料在切应力作用下沿着一定的晶面和一定的晶向进行的切变过程。这种晶面和晶向分别称为材料的滑移面和滑移方向;它们常常是材料晶体中原子排列最密的晶面和晶向。每一个滑移面和该面上的一个滑移方向组合成一个滑移系,它表示材料在滑移时可能采取的一个空间取向。滑移系的多少与材料的晶体结构有关。具有面心立方和体心立方晶格的材料有24个滑移系,而具有密排六方晶格的材料只有6个滑移系。通常,材料晶体中的滑移系愈多,这种材料的延性

就可能愈好。使材料单晶体产生滑移所需要的分切应力,称为临界分切应力 τ_c。表 3-4 给出一些常用金属的临界分切应力值。

表 3-4　一些常用金属的临界分切应力[1,12]

金属	晶体结构	纯洁度 /(%)	滑移面	滑移方向	τ_c/MPa
Mg	六方	99.996	(0001)	$[11\bar{2}0]$	0.75
Zn	六方	99.99	(0001)	$[11\bar{2}0]$	0.04
		99.9	(0001)	$[11\bar{2}0]$	0.92
Cu	面心立方	99.999	(111)	$[10\bar{1}]$	0.64
		99.98	(111)	$[10\bar{1}]$	0.92
Ni	面心立方	99.8	(111)	$[10\bar{1}]$	5.7
Fe	体心立方	99.96	(110)	$[1\bar{1}1]$	27.4
			(112)	$[11\bar{1}]$	—
Mo	体心立方	—	(110)	$[1\bar{1}1]$	49.0

分析表明,完善晶体的理论临界分切应力 $\tau_c \approx G/2\pi$。由表 3-1 和 3-2 给出的剪切模量值计算后可以看出,常用材料试验测定的临界分切应力与理论预测值相差 3 个量级。出现这种巨大的差异促使人们思考,寻求解决这一矛盾的途径。于是,认识到晶体材料不是完善晶体,其中存在着位错,提出了通过位错运动引起滑移的微观机理。而位错运动要克服的阻力比较小。有关位错理论,读者在材料科学基础的学习中已经熟知。

在不同类型的滑移系上的临界分切应力是不同的,例如镁,要产生非底面滑移,要有大得多的临界分切应力。温度升高,临界分切应力下降,但不同滑移系的临界分切应力随温度的变化程度不同,如图 3-10 所示。在较低的温度下,镁沿(0001)面和($10\bar{1}1$)面滑移的临界分切应力相差较大,故(0001)面是唯一可利用的滑移面;在较高温度下,沿这两个面滑移的临界分切应力之差减小,所以也可出现($10\bar{1}1$)面的滑移。因此,镁在高温下延性增加。所以,镁和镁合金可以进行热塑性变形而制成零件,而冷塑性变形则十分困难。

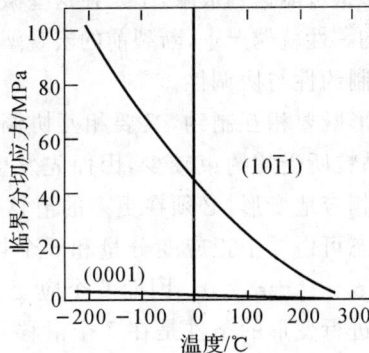

图 3-10　不同滑移系的临界分切应力随温度的变化[3]

在滑移变形遇到困难时,有可能出现孪生变形(简称孪生)。孪生是发生在晶体材料内局部域的一个均匀切变过程,切变区的宽度较小,切变后已变形区的晶体取向与未变形区的晶体取向成镜面对称关系。孪生变形也是沿着特定晶面和特定晶向进行的,但它不改变晶体的结构。密排六方材料由于滑移系少,塑性变形常以孪生方式进行。体心立方和面心立方材料,当形变温度很低,形变速度以极快的冲击载荷作用下,也发生孪生变形。孪生所能达到的变形量极为有限。如镉,孪生变形只提供了7.4%的变形量,而滑移变形可达300%。但是孪生可以改变晶体的取向,使晶体的滑移系由原先难滑动的取向转到易于滑动的取向,因此,孪生提供的直接塑性变形虽然很小,但间接的贡献却很大。孪生变形会在晶体表面形成浮凸和扭折带,因此孪生产生的是不均匀塑性变形。孪生形核的切应力较孪生扩展阶段大,于是随着孪生的形核和发展交替进行,在应力-应变曲线上呈现出了锯齿状变化。

2. 工程材料的塑性变形特点

当外加的应力超过弹性极限或屈服强度时,材料便发生塑性变形。从材料科学基础课程的学习中,读者已认识到材料塑性变形的机制和特点,这里仅复习其要点。

工程中应用的金属材料大多数是多晶体,单相合金由大量的同相晶粒组成,多相材料由非同相晶粒组成。各晶粒的空间取向不同,各相的晶粒各自性质不同。此外,还存在着晶界。因此,实用金属材料的塑性变形表现出以下一些特点。

(1)各晶粒塑性变形的非同时性和不均一性。

由于多晶体中各晶粒的空间取向不同,在外力作用下,各晶粒的不同滑移系上的切应力分量也不同。因此,那些滑移系上切应力分量最大值达到临界分切应力的晶粒,将首先开始滑移,产生塑性变形,而其他的晶粒仍处于弹性变形状态。多晶体材料的微观局部屈服强度较宏观整体屈服强度低得多,而且不同晶面的屈服应力也不相同。在多晶体材料整体屈服发生前,表面层晶粒早已发生塑性变形。多相材料则在较软相的晶粒中首先发生塑性变形。材料内部的组织愈不均匀,各相的性质差别大,则初始塑性变形非同时性的情况愈严重。因此,实际多晶体材料在外力作用下,最初的塑性变形都带有局部性质,从而使人们无法精确测定真正的起始塑性变形抗力指标——弹性极限,因而只能测定在发生定量宏观塑性变形时的规定塑性延伸强度(见2.3节)。

多晶体塑性变形的非同时性,实际上也反映了塑性变形的不均一性。不仅在各个晶粒之间、基体晶粒与第二相晶粒之间,即使同一晶粒的内部,变形也是不均一的。因此,在宏观塑性变形量不大时,个别晶粒的塑性变形量可能达到极限,于是在这些微区可能出现裂纹或微孔。材料的组织越不均匀,塑性变形的不均一性就越严重,断裂前的宏观塑性变形就越小,即延性越低。

(2)各晶粒塑性变形的相互制约性与协调性。

多晶体材料中,各晶粒的变形既要相互制约,又要相互协调。某一晶粒发生塑性变形,会受到周围晶粒的制约。表面层晶粒所受的约束较少,因而先发生塑性变形。为使各晶粒的变形能相互协调,相邻的晶粒必须相应地变形,必须在更多的滑移系上配合地进行滑移。由第1章已知,物体中任一点的应变状态可由3个正应变分量和3个切应变分量表示。由于塑性变形过程中材料的体积不变,故有$\varepsilon_x + \varepsilon_y + \varepsilon_z = 0$。因而6个应变分量中只有5个是独立的。因此,多晶体内任一晶粒可以独立进行变形的条件是在5个滑移系上同时进行滑移。在多晶铝中,已经观察到某个晶粒内有5个滑移系发生滑移[1],这表明滑移系的多少在多晶体塑性变形过程中保持形变协调的重要性。大量的试验结果表明,滑移系多的面心立方和体心立方金属有良好的延性。若各晶粒的变形因某种原因不能相互协调,就会产生裂纹,在很小的塑性变形后即发生断裂。因此,只有基面3个滑移系的六方金属,变形不易协调,导致延性很差。多相合金中,各相的性质差别愈大,变形也愈不易协调,导致延性降低。

由于各晶粒的变形受相邻晶粒的不同制约作用,所以即使在一个晶粒内各区域的变形量也不同。X 射线衍射实验证实,靠近晶界处点阵畸变大,而晶粒中心畸变小;畸变程度和变形量不一定一致。由于周围晶粒不同的制约作用,在靠近晶界处,不同的区域有不同的滑移系起作用,因而各区域的旋转方向和旋转程度不同,易于形成亚晶。正是金属的微观结构在塑性变形过程中发生变化,引起了性能的变化,如形变强化、电阻增加、矫顽力增大、导磁率下降以及抗蚀性降低等。

3. 形变织构和各向异性

随着塑性变形程度的增加,各个晶粒的滑移方向逐渐向主形变方向转动,使多晶体中原来取向互不相同的各个晶粒在空间取向逐渐趋向一致,这一现象称为择优取向。形变材料中的这种组织状态则称为形变织构。例如,拉丝时形成的织构,其特点是各个晶粒的某一晶向大致与拉丝方向平行;而轧板时则是各个晶粒的某一晶面与轧制面平行,而某一晶向与轧制主形变方向平行。当材料的形变量达到 $10\%\sim20\%$ 时,择优取向现象就达到可觉察的程度。随着形变织构的形成,多晶体的各向异性也逐渐显现;当形变量达到 $80\%\sim90\%$ 时,多晶体就呈现明显的各向异性,参见表 3-3。

形变织构现象对于工业生产有时可加以利用,有时则要避免。例如,沿板材的轧制方向有较高的强度和延性,而沿横向则较低,因而在零件的设计和制造时,应使轧制方向与零件的最大主应力方向平行。而在用这种具有形变织构的板材冲制杯状零件时,由于沿不同方向的形变抗力与形变能力不同,产生冲制的工件边缘不齐、壁厚不均和形成波浪形裙边的现象,要设法避免这种情况。

3.3.2　物理屈服与屈服强度

1. 物理屈服现象

屈服现象不仅在退火、正火、调质的中、低碳钢和低合金钢中可以观察到,也能在其他的金属和合金中观察到。最常见的是含微量间隙原子的体心立方金属(如碳、氮溶于钼、铌、钽)和密排六方金属(如氮溶于镉和锌),以及溶质浓度较高的面心立方金属置换固溶体(如 H70 黄铜)中。这说明屈服现象有一定的普遍性。屈服在体心立方金属中较为显著,在密排六方和面心立方金属中则不明显。屈服反映了材料内部的某种物理过程,故可称为物理屈服,有的著作中也称作不连续屈服。

如图 2-4 所示,在应力达到上屈服强度时,若使应力突然下降到稍低的值,此时可以从试样某一段表面观察到与拉伸方向呈约 $45°$ 的塑性变形痕迹,称作吕德斯(Lüders)带,如图3-11所示。然后应力保持恒定或者微小波动,对应着吕德斯带接二连三地沿试样长度方向扩展开来,应力-应变曲线上形成近似的平台区。当吕德斯带扫遍试样时,屈服现象就结束了,接着就是应变硬化阶段,应力-应变曲线上升。

物理屈服现象最初用柯氏气团概念做了很好的说明。之后由于在共价键晶体硅、锗以至无位错的铜晶须中也观察到物理屈服现象,因而目前都用位错增殖理论来解释这一现象。根据这一理论,要出现明显的屈服必须满足几个条件:材料中原始的可动位错密度小(或者虽然有很多位错,但是被钉扎);位错能快速增殖;位错运动速率与外力有强烈的依存关系,体现在

应力敏感指数 m' 小(见式(3-9))。金属材料塑性应变速率 $\dot{\varepsilon}_p$ 与可动位错密度 ρ、位错运动速率 v 及位错柏氏矢量模 b 的关系式为

$$\dot{\varepsilon}_p = b\rho v \qquad\qquad (3-8)$$

由于变形前的材料中可动位错很少,为了适应一定的宏观变形速率(即试验机夹头恒速运动速度)的要求,必须增大位错运动速率。而位错运动速率又取决于应力的大小,其关系式为

$$v = (\tau/\tau_0)^{m'} \qquad\qquad (3-9)$$

式中,τ 为沿滑移面的切应力;τ_0 为位错以单位滑移速率运动所需的切应力;m' 为位错运动速率应力敏感指数。

要增大位错运动速率,就必须有较高的外应力,于是就出现了上屈服强度。接着发生塑性变形,位错大量增殖,ρ 增大,为适应原先的应变速率 $\dot{\varepsilon}_p$,位错运动速率必然大大降低,相应的应力也就突然降低,因此出现了屈服现象。m' 值越小,为使位错运动速率变化所需的应力变化越大,屈服现象就越明显。本质很硬的材料及体心立方金属的 m' 小于 20,本质很软的面心立方金属则大于 $100 \sim 200$,因此前者屈服现象显著,后者屈服不明显。

物理屈服现象还有时效效应。如果在屈服后一定塑性变形处 A 点卸载,随即再拉伸加载,则屈服现象不再出现,如图 3-12 中的 BAC 曲线所示;若在卸载后在室温或较高温度停留较长时间后再拉伸,则拉伸曲线如图 3-12 中的 BDC 所示,即物理屈服现象重现,且新的屈服平台略高于卸载时应力-应变曲线。这种现象称为应变时效(strain aging)。

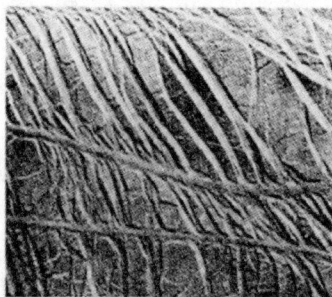
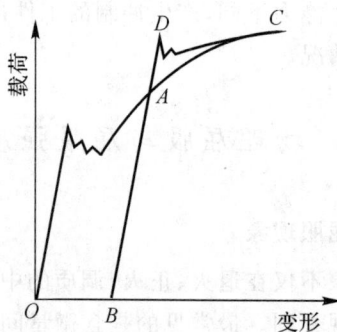

图 3-11　低碳钢拉伸中的吕德斯(Lüders)带　　图 3-12　低碳钢中的应变时效现象[13-14]

碳和氮等间隙的溶质原子很容易聚集在位错线的邻近,以降低畸变能,例如常常聚集在刃型位错的伸张边。这种绕着位错线分布的间隙溶质原子,被称作柯氏气团(Cottrell atmosphere)。柯氏气团使位错与溶质原子相互作用,体系处于低能量的稳定状态,因此对位错有"钉扎"作用,只有更大的力才能使位错摆脱碳和氮原子的"钉扎"而运动。一旦脱离"钉扎",便可在较小的力下运动,这就是产生明显物理屈服现象的原因。屈服后产生一定塑性变形卸载,随即再拉伸加载,因为位错尚处于脱离"钉扎"状态,则屈服现象不再出现;卸载后在室温或较高温度停留较长时间后再拉伸,由于碳和氮等溶质原子的扩散,又重新形成柯氏气团,"钉扎"了位错,则物理屈服现象重现。这就是图 3-12 应变时效现象的原因。

另一种物理屈服现象是,应力-应变曲线上出现锯齿状或跳跃状的不连续屈服,图 3-13 所示便是一例。锯齿是由不稳定的塑性变形和变形阻力反复冲击造成的。通常在应力-应变曲线上,以第一个可测量的锯齿开始时的峰值应力作为不连续屈服强度(discontinuous yielding strength)[16]。造成这种锯齿状的不连续屈服有几种原因和情况,但它们都需要满足一定的温度范围和应变速率才能发生。

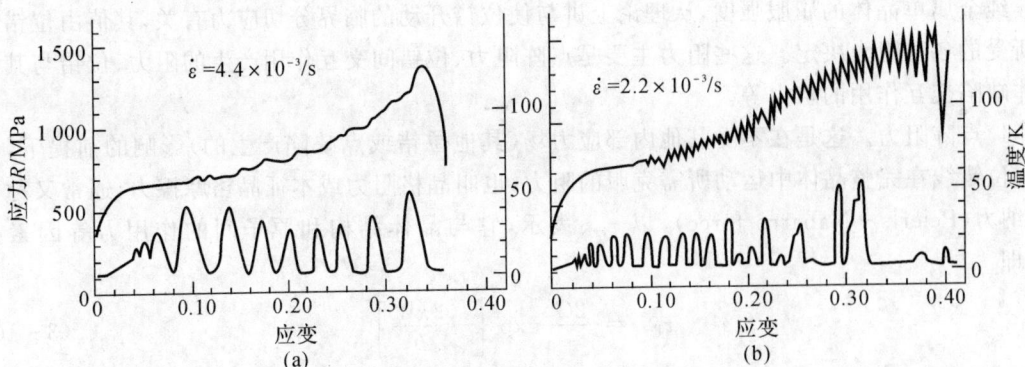

图 3 - 13　AISI 304L 不锈钢在液氦温度 4K 的拉伸应力-应变曲线
图中下方的曲线是试样变形能导致的绝热温升波动[16]

　　其一是 Portevin - LeChatelier 效应,例如含镁的铝合金在接近室温时,低碳钢在 150~350℃时,钛合金在 400℃,镍基合金在 650℃时,都会在应力-应变曲线上出现锯齿状现象。这种现象也可用柯氏气团解释。材料在塑性变形中,当位错运动的速度低于碳和氮等间隙原子的运动速度时,可动位错很快形成柯氏气团,使位错不能顺利运动,只有重新增加力才能使位错摆脱碳和氮原子的"钉扎",然后在较小的力下运动。如此反复很多次,便形成了锯齿状曲线。因此这种锯齿屈服是应变与时效同时发生的,称作动态应变时效(dynamic strain aging)[13,17-18],它有别于正常情况下的先应变后时效的静态应变时效。位错运动的速度与施加的应变或应力速率有关,而原子的扩散速度与温度有关。当位错运动速度高于间隙溶质原子的扩散速度时,则不易形成柯氏气团,锯齿屈服现象减弱甚至消失。需要指出,低碳钢在150~350℃发生动态应变时效时,会伴随着延性的下降。由于在该温度区间钢表面形成的氧化色为蓝色,因此称作"蓝脆"。

　　其二是拉伸中变形应力诱发相变(例如应力诱发的奥氏体向马氏体相变),应力诱发相变不是一次完成的,导致锯齿状的不连续屈服现象。

　　最后还有温度的原因,拉伸中塑性变形功所产生的热量不能很快地消散于环境中,导致试样绝热增温,也会引起不连续屈服。绝热增温往往与试样尺寸有关[29],图 3 - 13 中下方的温度波动曲线便是一个很好的例证。孪生变形的中锯齿状的应力应变行为在 3.3.1 小节已经知道,它的应力-应变曲线上也有锯齿状,但与上述现象有本质的不同。出现锯齿状屈服的具体机制,应当结合其他分析才能确切地加以区分。

　　存在物理屈服便于屈服强度的精确测定,这是有利的方面。但这也给金属板材冷成形中的表面质量带来不利影响,例如低碳钢板冲压成形时,由于屈服伸长阶段的不均匀变形,使工件表面皱折且不平滑。为此,生产上常进行预冷轧,使钢板冲压前预先以 1%~2%压下量冷轧一次,如此可以消除或减小物理屈服现象。

2. 影响屈服强度的因素

　　第 2 章已指出,屈服强度是材料对微量塑性变形抗力的指标。为使机件在服役过程中不致发生过量的塑性变形而失效,常采取各种措施来提高屈服强度。材料科学基础的学习中,已对此做了讨论,现简述如下。

(1)纯金属的屈服强度。

纯金属单晶体的屈服强度,从理论上讲与使位错开动的临界分切应力有关,其值由位错运动所受的各种阻力决定。这些阻力主要是点阵阻力、位错间交互作用产生的阻力、位错与其他晶体缺陷交互作用的阻力等。

1)点阵阻力。这是在不受其他内部应力场(其他位错或点缺陷产生的)影响的前提下,使一个位错线在完整晶体中运动所需克服的阻力,也叫晶格阻力或本征晶格摩擦力,通常又称为派-纳力(Peierls – Nabarro force),以 τ_{P-N} 表示,它与晶体结构和原子间的作用力等因素有关,即

$$\tau_{P-N} = \frac{2G}{1-\nu} \exp\left[-\frac{2\pi W}{b}\right] \qquad (3-10)$$

式中,W 为位错宽度,$W = a/(1-\nu)$,a 为滑移面的面间距;ν 为泊松比;b 为位错柏氏矢量的模,表达了滑移方向上原子的间距。式(3-10)反映了很重要的规律:位错宽度越大,派-纳力越小,因为这时位错周围的原子比较接近于平衡位置,点阵弹性畸变能低,位错易于移动,这一点与试验结果符合。对于面心立方金属,W 较大,故 τ_{P-N} 甚小,屈服应力低;而体心立方金属的位错宽度较小,τ_{P-N} 大,则屈服应力高。滑移面的面间距 a 越大,τ_{P-N} 越小,因此滑移面应是面间距最大即原子最密集的晶面。b 值越小,τ_{P-N} 越小,因此滑移方向应是原子最密集的晶向。

2)位错间交互作用阻力。这部分阻力来自于平行位错的长程弹性相互作用,相交位错产生的会合位错的作用,以及运动位错与穿过滑移面的位错(可称为位错林)交截而产生的割阶作用。这些阻力也称为摩擦阻力,并正比于 Gb,反比于位错间距离 l,可用下式表示:

$$\tau = \alpha \frac{Gb}{l} \qquad (3-11)$$

因为位错密度 $\rho \propto 1/l^2$,故式(3-11)又可写成

$$\tau = \alpha Gb\sqrt{\rho} \qquad (3-12)$$

式中,α 为与晶体本性、位错结构及分布有关的比例系数;面心立方金属 $\alpha = 0.2$,体心立方金属 $\alpha = 0.4$。

由此可见,若位错密度增加,则临界切应力也会增大,所以屈服应力随之提高。因此,要提高屈服强度,应增加晶体中的位错密度。晶体经过剧烈的冷形变,其位错密度可增加 $4 \sim 5$ 个数量级,从而显著提高晶体的屈服应力,这称为形变强化。

3)晶界阻力。若将多晶体中的晶粒看作单晶体,则上述分析也适用于多晶体。但多晶体中存在晶界,多晶体的位错运动还必须克服晶界阻力。因为晶界两侧晶粒的取向不同,因而其中一个晶粒的滑移并不能直接进入邻近的晶粒。于是位错在晶界附近塞积,造成应力集中,从而激发相邻晶粒中的位错源开动,才能引起宏观的屈服变形。理论和试验表明,下屈服强度 R_{eL} 与晶粒大小的关系为

$$R_{eL} = \sigma_i + K_y d^{-1/2} \qquad (3-13)$$

这就是著名的 Hall – Petch 公式。式中,σ_i 为位错在晶体中运动的摩擦阻力,与晶体结构及位错密度有关,大体相当于单晶体的屈服强度;d 为多晶体中各晶粒的平均直径;K_y 表征晶界对强度影响程度的常数,它与晶界结构有关,与温度关系不大。式(3-13)说明,晶粒愈小,则屈服强度愈高。这个公式对于大量多晶材料都适用,例如钢铁、有色金属及工程陶瓷等。亚

晶粒尺寸与屈服强度的关系也符合该公式[1]。下一章将会介绍,若提高材料的强度,也就同时提高了硬度,因此硬度也存在相应的 Hall - Petch 关系式。

由式(3-13)可见,细化晶粒是提高材料屈服强度的有效方法。细化晶粒还可以提高延性和韧性。由于晶粒愈细小,愈难造成裂纹形核所需要的应力集中,而且裂纹在不同取向的各个晶粒内传播也愈困难。因此细化晶粒是材料强韧化的好办法,其效果是其他强化方法难以达到的。近年来更是发展了超细晶粒处理方法,可以大幅度改善材料的性能。不过 Hall - Petch 公式在应用到纳米尺度范围时,出现的几种情况[10]应引起注意:$K_y > 0$ 是常规粗晶粒适用的规律,也称为正 Hall - Petch 关系;$K_y < 0$ 是反 Hall - Petch 关系,即强度和硬度随晶粒减小而下降,例如纳米 Pd 晶体;正-反混合的 Hall - Petch 关系,例如纳米晶 Cu 的硬度先是随晶粒减小而增加,当大于一个临界晶粒尺寸时,随晶粒减小而下降。

(2)合金的屈服强度。

结构金属材料都是合金,其组织多为固溶体基体加第二相质点。下面论述合金元素的强化作用。

1)固溶强化。纯金属中加入溶质元素,形成间隙型或置换型固溶体,显著地提高了屈服强度,这叫固溶强化。固溶体中溶质原子愈多,则固溶强化效果愈好,且间隙固溶体(如 C 和 N 原子)的强化效果比置换固溶体的更好。固溶强化是由许多方面的作用引起的,主要包括溶质原子与位错的弹性交互作用、电学作用、化学作用以及几何作用(局部有序化)等。

2)第二相强化。合金中第二相的存在,可能有两种形态:聚合型与弥散型。前者的第二相尺寸与基体晶粒尺寸处于同一数量级,常呈片状、块状,如钢中的珠光体,$\alpha + \beta$ 两相黄铜的 β 相;后者的第二相则是以细小弥散的质点均匀分布于基体相内。

对于聚合型合金,其强度决定于第二相对位错运动的阻力。一般情况下,第二相阻碍滑移使基体产生不均匀变形,由于局部延性约束而导致强化。对于弥散型合金,第二相通常是中间相,比基体-固溶体的硬度高得多。第二相强化与第二相的数量、尺寸、形状、分布,第二相与基体的强度、延性及形变强化特性,第二相与基体相晶体学配合等许多因素有关。第二相质点的强化作用主要是因为质点的成分和性质不同于基体,使得在质点周围形成应力场,而这些局部应力场对位错运动有阻碍作用。但是,这种阻碍作用能够发生的条件是位错能沿着第二相质点引起的应力场弯曲,从而取得最小的位能;位错弯曲的平衡条件是 $\tau = Gb/2r$。据此,位错可被弯成的半径 r 取决于 $r = (\alpha Gb)/\tau_i$。其中,$\alpha = 0.5$,τ_i 为内应力。当质点间距 $l = r$ 时,位错所遇到的障碍等于它所遇到的质点应力场的代数和,因而合金得到最大的强化;当 $l < r$ 时,位错的弯曲不能像质点应力场那样急剧,位错线两边的应力场部分相互抵消,因而不能得到最大的强度;当 $l > r$ 时,位错线绕过质点所需的应力降低,合金的强度下降。第二相质点的尺寸、间距以至形状和分布可通过热处理来调整。因此,可以按照零件的加工和设计要求,用热处理方法降低或提高材料的强度。

(3)外界因素对屈服强度的影响。

1)加载速度(应变速率)的影响。对于没有时效作用的金属及其合金,随着应变速率的增大,一般总的趋势是屈服强度增高而延性减小。如图 3 - 14 所示,一种钼钢在 540℃ 的试验结果能够反映这一规律。有时效作用的合金,应变速率增大,总的趋势也是屈服强度增高,但由于时效来不及进行,在一定的温度范围内强度反而会降低。

有些实际情况更为复杂。弹性变形的速度可以以声速进行,而塑性变形的速度却慢得多,且塑性变形与时间关系密切,例如位错运动、滑移不利时向有利方向的转动、动态回复和再结晶都需要时间。特别是变形能转变为热能会使变形材料的温度升高,这又与材料本身的热容和周围环境的热交换性有关。应变速率增大会使被测试材料的温度升高,当温度升高到回火脆性区时,延性会明显降低。

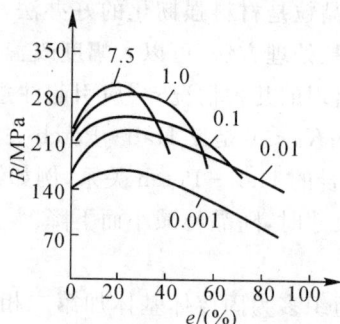

图 3-14　变形速度对钼钢在 540℃ 的强度和延性的影响(曲线上的数据单位:应变/min)

2) 温度的影响。温度升高,屈服强度降低,但其变化趋势因不同晶格类型而异。图 3-15 为 3 种常见晶格类型金属的临界分切应力随温度变化的示意图。体心立方金属对温度很敏感,特别在低温区域,如 Fe 由室温降到 -196℃ 时,屈服强度提高 4 倍;面心立方金属对温度不太敏感,如 Ni 由室温降到 -196℃ 时,屈服强度仅提高 0.4 倍;密排六方金属介于二者之间。这可能是 τ_{P-N} 力起主要作用的结果,因为 τ_{P-N} 对温度十分敏感。绝大多数结构钢以体心立方铁素体为基体,其屈服强度也有强烈的温度效应,这是结构钢产生低温变脆的原因之一。对于工业纯钛,当温度降到室温以下时强度增高,但因为孪生变形,延性不仅不减小,反而有明显的增大。

关于温度和加载速率的影响,还要在第 6 章中进一步讨论。

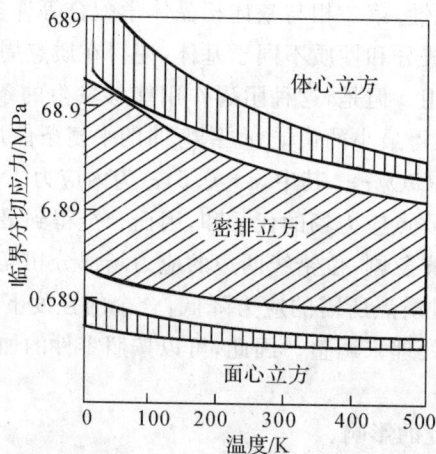

图 3-15　3 种常见晶格的金属临界切应力与温度的关系[13]

3) 应力状态的影响。结构件在服役条件下的应力状态是多样且复杂的。同一材料在不同加载方式下,若其应力状态不同,则屈服强度不同。例如,扭转屈服强度比拉伸屈服强度低,而三向不等拉伸下的屈服强度最高。试验结果表明,在拉/扭复合应力状态下的[11-12]

Von-Mises 判据与试验结果符合得更好,而最大切应力屈服判据(Tresca)则显得保守;同时,Von-Mises 判据也表明了应力状态对材料屈服强度的影响,例如在三向不等拉伸时的屈服强度比单向拉伸时的屈服强度高[13]。关于应力状态对屈服强度和柔度系数 α 值的影响,还可参考力学状态图作进一步分析。

由第 1 章的材料力学知识可知,任何复杂的应力状态都可以用三个主应力 σ_1,σ_2,σ_3 表示,而最大切应力为 $\tau_{max} = (\sigma_1 - \sigma_3)/2$。只有切应力才能引起材料的塑性变形,因为切应力是位错运动的驱动力,而位错在障碍物前的塞积,可以引起裂纹的萌生和发展。所以切应力对材料的变形和开裂都起作用,而拉应力只会促使材料的断裂。近似地讲,切应力促进塑性变形,使材料倾向于韧性断裂;而拉应力促进断裂,使材料倾向于脆性断裂。

第 1 章已经定义了应力状态软性系数(亦叫柔度系数)α,它是在各种加载条件下,最大切应力 $\tau_{max} = (\sigma_1 - \sigma_3)/2$ 与最大当量正应力 σ_{max} 之比,即

$$\alpha = \frac{\tau_{max}}{\sigma_{max}} = \frac{(\sigma_2 - \sigma_3)/2}{\sigma_1 - \nu(\sigma_2 + \sigma_3)} \tag{3-14}$$

式中,$\sigma_{max} = \sigma_1 - \nu(\sigma_2 + \sigma_3)$。应力状态的柔度系数 α 值愈大,应力状态愈"柔",则材料愈易变形而较不易断裂,即材料愈倾向于韧性状态;α 值愈小,则相反,材料愈倾向于脆性断裂。单向拉伸时,由于 $\sigma_2 = \sigma_3 = 0$,则 $\tau_{max} = \sigma_1/2$ 且 $\sigma_{max} = \sigma_1$,于是 $\alpha = 0.5$;三向不等拉伸时,$\alpha < 0.5$;扭转时,$\alpha = 0.8$;单向压缩时,$\alpha = 2$;单侧压时,$\alpha > 2$。灰口铸铁在单向拉伸($\alpha = 0.5$)时表现为脆性,而在打布氏硬度(即单侧压,$\alpha > 2$)时,可以在表面压一个坑而不开裂,就是这个道理。

弗里德曼(Фридман)考虑了材料在不同应力状态下的极限条件与失效形式,假定材料的塑性变形和切断符合最大切应力理论(第三强度理论),而材料的正断满足最大伸长线应变理论(第二强度理论)。当外加 τ_{max} 达到材料的剪切下屈服强度 τ_{eL} 时,材料便屈服并产生塑性变形;当 τ_{max} 达到剪切断裂应力 τ_f 时发生切断;同时,当最大当量正应力 σ_{max} 达到断裂强度 σ_f 时发生正断。究竟最终发生何种断裂,以 τ_{max} 和 σ_{max} 孰先达到材料的强度特定值的来确定。弗里德曼用图解的方法把它们的关系做了很好的概括,构成所谓的力学状态图,该方法是联合了第二和第三两个强度理论得出的,因此也称为联合强度理论,如图 3-16 所示[3,9]。

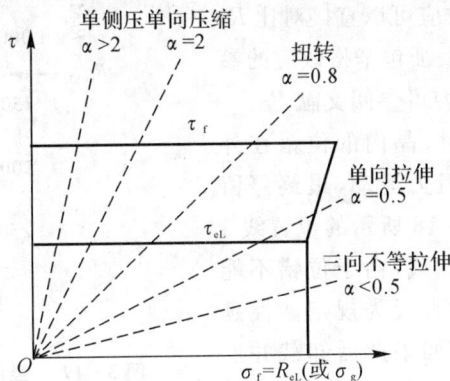

图 3-16　材料的力学状态图

图 3-16 中的纵坐标代表切应力 τ,横坐标代表正应力 σ。对于特定的材料,在特定的温度、加载速率下,可以把塑性变形抗力指标(剪切屈服强度)τ_{eL} 和剪切断裂应力 τ_f 看作常数,如

图中两条水平线所示。正断抗力指标(或抗拉强度)σ_f 在材料屈服前亦为常数,如图中垂直线所示;屈服后,σ_f 略有增加,如图中斜线所示。这 3 条线上的各点分别表示材料要发生屈服、切断和正断。由这 3 条线划出了两个重要区域:τ_{eL} 线以下,σ_f 线以左的区域是弹性变形区:在 τ_{eL} 和 τ_f 之间,σ_f 以左的区域是弹塑性变形区。越过 τ_f 线发生切断;越过 σ_f 线,则发生正断。从原点出发的不同斜率的线代表不同的受力状态。如图中的各虚线所示,$\alpha < 0.5$,$\alpha = 0.5$,$\alpha = 0.8$,$\alpha = 2$,$\alpha > 2$,分别代表三向不等拉伸、单向拉伸、扭转、单向压缩和侧压。在三向等拉伸状态下,$\alpha = 0$,即便是高塑性材料也发生脆断。

从图 3-16 中可以看,三向不等拉伸($\alpha < 0.5$)时,随着应力的不断加大,直到与 σ_f 线相交,材料即发生正断,故无宏观塑性变形,是脆性断裂。单向位伸($\alpha = 0.5$)时,先与 τ_{eL} 线相交发生塑性变形(屈服),然后与 σ_f 线相交发生正断,是正断式的韧性断裂。扭转($\alpha = 0.8$)是切断式的韧性断裂。有缺口的试样,缺口根部处于多向拉伸应力状态,故容易发生脆性断裂。

尽管应力状态图有不足之处,例如对大多数金属材料来说,τ_{eL} 和 τ_f 不是常数,随应力状态或多或少总有些变化;σ_f 也难以确切定义和精确测定;应力状态在发生塑性变形后会发生改变;α 值也不是常数;应力状态线不可能是直线;等等。但应力状态图定性地把材料的力学性能指标、应力状态(柔度系数 α)与破坏形式联系起来,因此应力状态图是很有用处的。

3.3.3　包辛格(Bauschinger)效应

材料预先经少量塑性变形($< 4\%$)后再同向加载,规定塑性延伸强度与屈服强度升高;若反向加载,则规定塑性延伸强度与屈服强度降低。这一现象称为包辛格效应。图 3-17 所示为 T10 钢的拉伸曲线和经过轻微预压缩变形后再拉伸的情况。该钢的规定塑性延伸强度 $R_{p0.2}$ 和 $R_{p0.01}$ 分别为 1 200 MPa 和 800 MPa;而经压缩预应变后再拉伸时,$R_{p0.2}$ 降至 750 MPa,而规定塑性延伸强度 $R_{p0.01}$ 几乎下降到零,说明在反向变形时立即出现了塑性变形。

包辛格效应比较普遍地存在于各种金属材料中,在退火或高温回火状态的低碳低合金钢中表现较为明显。包辛格效应可以直接对比 R_p 或 R_{eL} 下降的幅度来量度,表征包辛格效应的参量和方法有很多种,详细内容可参阅文献[30]。

预先经少量塑性变形时,晶内的位错在外力作用下克服滑移面上的阻力运动,最终停留在障碍密度较高处,如图 3-18 所示的位置线 1 处。如果此后卸载并同向加载,由于位错不能继续作显著运动,宏观上则表现为规定塑性延伸强度与屈服强度的升高;如果此后卸载并反向加载,由于位错很容易克服曾经扫过的障碍密度较低处,则宏观上表现为规定塑性延伸强度与屈服强度的降低,位错最后到达相反方向

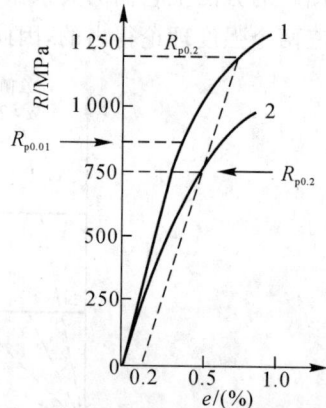

图 3-17　经淬火和 350℃ 回火的 T10 钢的拉伸曲线 1 和经微量压缩应变后的拉伸曲线 2[13-14]

的另一障碍密度较高处,如图 3-18 所示的位置线 2 处。这就是包辛格效应产生原因的一种解释。

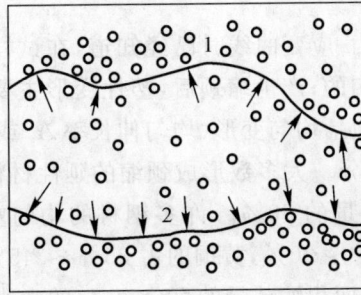

图 3 - 18　位错线正反向运动遇到障碍引起包辛格效应的示意图

包辛格效应在材料的使用和加工中也有实际意义。例如,对于经微量冷变形的材料,若使用时的受力方向与原先变形方向相反,就应考虑规定塑性延伸强度和屈服强度的降低;在板材轧制加工过程中,可使板材通过轧辊时交替地承受反向应力,以降低材料的变形抗力;预应力材料在桥梁结构中应注意受力的方向,即应同向加载。包辛格效应对材料疲劳的研究也很重要,因为疲劳失效是在反复交变加载的情况下出现的。试验研究表明,15MnVN 钢经过轻微预应变后发生包辛格效应,引起规定塑性延伸强度的降低,也引起疲劳极限的降低[20]。若要减弱或消除包辛格效应,可进行较大的预应变,或在回复和再结晶温度下退火,如钢在 $400 \sim 500℃$,铜合金在 $250 \sim 270℃$ 下退火。

3.3.4　屈服后的变形

1. 形变强化

(1) 应变强化指数。

第 2 章中指出,应变硬化指数表征材料屈服后对继续塑性变形的抗力。当 $n=0$ 时,由式 (2-15) 可知,$\sigma=C=$ 常数,材料在外力不增大的情况下可继续塑性变形,是理想的延性体。n 值愈大,则材料对继续塑性变形的抗力愈高。大多数金属材料的应变硬化指数 n 值在 $0.05 \sim 0.5$ 之间,见表 $3-5$。

从表 $3-5$ 中的数据可以看出,面心立方金属的 n 值比体心立方金属的高。当材料的层错能较低时,n 值较大。因此,同是面心立方金属,层错能低的奥氏体不锈钢的 n 值较大,而层错能高的铝的 n 值较小。国家标准 GB/T 5028—2008 规定了应变硬化指数试验测定的方法[21]。试验表明,材料的屈服强度愈高,则 n 值愈低。n 值与屈服强度近似地呈反比关系,即 $n \times R_{eL} \approx$ 常数[22]。

表 3 - 5　一些金属材料的 n 值和层错能[13-14]

金　　属	奥氏体不锈钢	钢	铜	H70 黄铜	铝
n	$0.45 \sim 0.55$	$0.15 \sim 0.25$	$0.3 \sim 0.35$	$0.35 \sim 0.4$	$0.15 \sim 0.25$
层错能 /(mJ·m^{-2})	< 10	—	~ 90	—	~ 250
滑移特征	平面状	—	平面状或波纹状		波纹状

（2）形变强化容量 A_g。

在第 2 章讨论材料拉伸应力-应变曲线时已经知道，在试样被拉伸到出现颈缩之前，试样沿标距长度上的塑性变形是均匀的；产生缩颈后，塑性变形主要集中在颈缩区附近。因此，表示材料延性的力学性能指标应包括均匀变形（均匀伸长率 A_g 或均匀横截面积缩减量的百分率 z_g）和局集变形（A_n 或 z_n）两部分。大多数形成颈缩的延性材料，其均匀变形量比局集变形量要小很多，一般不超过局集变形量的 50%。许多钢材的均匀塑性变形量只占局集变形量的 5% ～ 10%，铝和硬铝的占 18% ～ 20%，黄铜的占 35% ～ 45%。

均匀伸长率 A_g 或均匀横截面积缩减量的百分率 z_g 的大小，表征材料产生最大均匀塑性变形的能力。材料的塑性变形与形变强化是产生均匀变形的先决条件。哪里有变形，哪里就强化，因此难以再继续变形，变形便转移到别处去，如此反复交替进行，就达到了均匀变形的效果。当变形达到 A_g 后，由于形变强化跟不上变形的发展，于是从均匀变形转为局集变形，导致形成颈缩。因此，A_g 除了代表材料均匀变形能力的大小外，还包含着材料利用形变获得强化的可能性的大小，所以 A_g 又被称为形变强化容量。A_g 大，表示这种材料通过形变获得强化的可能性大；如果 $A_g=0$，则这种材料不发生均匀塑性变形，就不会出现形变强化现象。对于奥氏体钢，特别是形变时伴有物理-化学性能变化的含锰奥氏体钢、奥氏体铬镍钢、黄铜、青铜，它们的 A_g 值较大，达 50% ～ 60%，因而这些材料的形变强化现象特别显著。

试验结果表明，A_g 或 z_g 主要取决于材料中基体相的状态，反映基体相的强化程度；对第二相的存在不敏感，也不受晶粒度的影响[13-14]。而 A_n 或 z_n 则不同，它们取决于基体相的延性，并受第二相的影响，对结构组织非常敏感，从图 3-19 的曲线可以明显看到这一点。

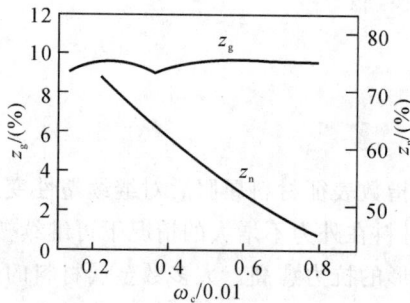

图 3-19　不同含碳质量分数 ω_c 对碳钢（淬火和 600℃ 回火）z_g 和 z_n 的影响[14]

（3）形变强化的技术意义。

当应力达到屈服强度使材料发生塑性变形后，若要材料继续变形，就必须增大外力。这表明材料有一种抵抗继续塑性变形的能力，这就是形变强化性能。这是金属能得到广泛应用的原因之一[13-14]。形变强化有下述功能。

1）形变强化与塑性变形相配合，保证了材料在截面上的均匀变形，以及得到均匀一致的冷变形制品。

2）形变强化性能使材料制件在工作中具有适当的抗偶然过载的能力，保证了机器的安全工作。

3）形变强化是生产中强化材料的重要工艺手段，与合金化及热处理处于同等地位。所有的金属材料都能通过形变达到强化的目的，特别对那些无相变的材料，由于热处理无法强化，因此形变强化是主要强化手段。例如 $1Cr_{18}Ni_9Ti$ 不锈钢,其淬火状态的强度不高($R_m = 588$ MPa,$R_{p0.2} = 196$ MPa),但经过 40% 压下量冷轧后,R_m 增加 2 倍,$R_{p0.2}$ 增大 $4 \sim 5$ 倍。生产上常用喷丸和冷挤压对工件进行表面形变强化,这是提高工件材料疲劳抗力的有力措施。

4) 形变强化可以降低低碳钢的延性,改善其切削加工性能。

2. 流动应力与应变速率间的关系

应变速率对材料屈服后的塑性变形行为影响很大。对于多数材料在固定温度和应变量的条件下,变形的流动应力与应变速率符合幂函数经验关系,即

$$\sigma = K\dot{\varepsilon}^m \tag{3-15}$$

式中,m 为应变速率敏感性指数(strain-rate sensitivity exponent);σ 为真应力;$\dot{\varepsilon}$ 为真应变速率;K 为和材料有关的常数。通常 m 值取决于试验条件和材料本身的属性,一般在 $0 \sim 1$ 之间。m 值在 $0 \sim 0.1$ 范围的是应变速率不敏感的材料,而在 $0.5 \sim 1$ 间的被认为是应变速率非常敏感的材料,多数材料的 m 值接近于 0.2,表 3-6 给出了几种材料的 m 值。值得注意的是,室温下的铝及其合金、奥氏体不锈钢及 H70 黄铜的 m 值接近于 0 或负值,表现为应变速率不敏感材料。m 为 1 时,材料表现为按牛顿黏滞性流动的固态,拉伸时不会出现颈缩,可无止境的伸长。较高的 m 值推迟和抑制了颈缩,并可获得超塑性;m 值较低容易产生颈缩。若温度升高,m 值会急剧增大。

表 3-6　几种材料应变速率敏感性指数 m 值[17,19]

材　料	低碳钢	奥氏体不锈钢	铁素体不锈钢	铜	H70 黄铜	铝合金	α 钛合金	Zn-4Al
m(室温)	$0.010 \sim$ 0.015	$-0.005 \sim$ $+0.005$	$0.010 \sim$ 0.015	0.005	$-0.005 \sim$ 0	$-0.005 \sim$ $+0.005$	0.01 ~ 0.02	0.43
材　料	Fe-0.1C	AISI 1340	Fe-P-Ni	Cu-9.8Al	Cu-40Zn	Al-33Cu	Ti-15Mo	Ni
温度 /℃	860	727	800	700	600	$380 \sim 410$	$580 \sim 900$	820
m	0.55	0.65	0.45	0.7	0.64	0.9	0.45	0.38
A/(%)	120	380	350	700	515	1150	450	225

3.4* 超　塑　性

超塑性(superplasticity)还没有公认的科学定义,通常指材料能够在特定条件下具有极大的均匀变形的能力。所谓"极大的均匀变形能力",对于一般的金属和陶瓷材料来说,其伸长率至少为 100%,而这样的伸长率对于高分子聚合物材料并不稀奇,因此超塑性主要是针对金属和陶瓷材料而言。超塑性现象在 1934 年便已观察到;20 世纪 70 年代末在金属与其合金中更多地发现了这一现象;80 年代在陶瓷中也发现了超塑性,这被誉为陶瓷科学的二次飞跃。现在已在多种合金和陶瓷材料中观察到了超塑性。利用超塑性可以成形需要大变形量的复杂零件或构件,因此超塑性具有重要的工程应用意义。

超塑性的特点可归纳为大延伸、慢应变率、无颈缩、小应力和易成型。前文已介绍过,大延伸是指伸长率高。慢应变是指变形速率通常小于等于 10^{-3} s^{-1},也有人将其拓宽为 $10^{-4} \sim$

$10~\text{s}^{-1}$。应变速率不是越小越好，也有一个最佳范围，该范围因材料而异。在小应力和慢应变速率作用下，正因为没有颈缩才能使材料获得巨大的宏观均匀变形量，所以才能易成形复杂零件或构件，但需经过较长的时间。

除上述的慢应变速率外，产生超塑性的条件还需要 T/T_m（绝对温度表示的试验温度 T 和熔点 T_m 之比）$\geqslant 0.3 \sim 0.5$，变形温度一般在 $0.5 \sim 0.65 T_m$ 范围，温度不是越高越好；应变速率敏感性指数 m 较高，一般大于等于 $0.3 \sim 0.5$。表3-6给出了几种材料获得超塑性时的 T 和 m 值。图3-20描述的是是平均尺寸小于 $1~\mu m$ 的 $\alpha\text{-Ti}+\text{Ti}_2\text{Co}$ 超细双相组织，在700℃和 $10^{-2}~\text{s}^{-1}$ 应变速率下获得延伸率接近 $2\,000\%$ 的超塑性。

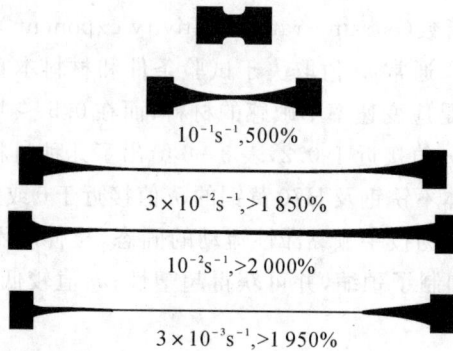

图3-20　700℃下 $\alpha\text{-Ti}+\text{Ti}_2\text{Co}$ 超细双相组织（小于 $1~\mu m$）不同应变速率的超塑性，顶端为原始试样[31]

超塑性目前可分为三类，包括组织超塑性、相变超塑性和其他超塑性。组织超塑性和相变超塑性又合称为动态超塑性或环境超塑性。

组织超塑性（structural superplasticity）也翻译作结构超塑性，也称为细晶超塑性（micrograin superplasticity）和第一类超塑性，它依赖材料原有的组织来获得超塑性，其中研究较多的是细晶超塑性。这类超塑性一般要求具有很细的等轴晶粒组织，通常为几个 μm 或者更小，例如金属与其合金为 $0.5 \sim 5~\mu m$，陶瓷材料为 $200 \sim 500~\text{nm}$；同时，要求应变速率敏感性指数 m 较高，一般大于等于 0.5；此外还要求等轴晶粒组织的热稳定性好，否则在变形过程中晶粒长大，难以获得超塑性。对于无明显加工硬化或无动态微观结构变化的金属材料，超塑性可按 GB/T 24172—2009 进行测试[24]。

相变超塑性（phase transformation superplasticity）是材料在一定温度和外力条件下，经过多次的循环相变或同素异形转变获得很大的伸长率，但并不一定要求是材料细晶粒组织。例如碳素钢和低合金钢在小的外力作用下，围绕相变点温度在一定温度范围内的两个温度间加热和冷却，每一次循环都发生 $\alpha \rightarrow \gamma$ 和 $\gamma \rightarrow \alpha$ 的两次转变，得到两次跳跃式的均匀延伸。多次循环就可积累很大的延伸量。这类超塑性也叫第二类超塑性。

其他超塑性（或第三类超塑性）是指除上述两种超塑性的其他超塑性[19]。某些金属在消除应力的退火中，在应力作用下可获得超塑性；$\text{Al}-5\%\text{Si}$ 和 $\text{Al}-4\%\text{Cu}$ 合金在溶解度曲线上下施以循环加热可获得超塑性；具有各向异性热膨胀的材料 Zr，在加热时有超塑性。还有许多特殊情况，不再一一例举。

超塑性变形的显微组织有以下特征[27-28]：变形后晶粒为等轴状，即使变形前为拉长的晶粒,变形后仍为等轴状;事先抛光的试样变形后不出现滑移线,晶内观察不到滑移线和位错密度的改变;随着变形度的增加,晶粒逐渐长大,应变速率越小长大越明显;能够观察到显著的晶界滑动和晶粒转动,晶粒换位产生无规则排列,以消除织构和带状组织。

大变形量的复杂零件或构件需要慢应变速率长时间超塑性成形。但是高温长时间会促使晶粒长大,对初始的细晶组织有负面影响[25]。基于这个原因,多数超塑性材料要么具有两相组织,要么具有非常细小弥散的不溶质点,两者都可减小晶粒长大。超塑性的主要问题是会在晶间产生空隙,这是由于相邻晶粒不协调和材料弱化引起的,用等静压可减小和消除空隙。应当指出,空隙将导致材料的过早破坏。

超塑性的变形机理尚有争议,但对超塑性变形中晶界的滑动的认识是一致的。超塑性的变形机理是晶界滑动(晶粒变形中像沙子那样相互滑动),而不是位错机制,一般还认为用一部分蠕变变形机理可解释超塑性。

3.5　本章小结

由本章内容可知,弹性模量代表了材料的刚度,是材料对弹性变形的抗力。对弹性变形的抗力还可用比弹性模量和比刚度来描述,前者与材料的密度有关,后者与材料的形状和受力情况有关。弹性模量取决于原子间的结合力,因此与原子结构有关,原子间距愈小,结合力越大。单晶体材料的弹性模量具有各向异性,但多晶体材料的弹性模量是各晶粒的统计平均值,具有各向同性。弹性模量是最稳定的力学性能参数,对热处理、化学成分、冷热加工和组织变化不敏感,不受加载速率和持续时间的影响,然而温度对其影响不可忽略。非理想弹性变形主要表现为弹性后效、弹性滞后与内耗。选择仪表中传感器的材料时,不仅要考虑到材料的弹性模量和规定塑性延伸强度,还要考虑到其弹性不完善性以及减小、以至消除弹性不完善性的技术措施。内耗在研制和选用防震材料时,是重要的力学性能参数。

塑性变形是由滑移和孪生产生的。滑移系愈多,材料的延性就愈好。滑移面上达到临界分切应力方能产生滑移,但实际上滑移是位错运动引起的。孪生能使晶体转到易于滑动的取向,因此孪生直接提供的塑性变形虽然很小,但间接的贡献却很大。工程材料的塑性变形特点是:各晶粒塑性变形的非同时性和不均一性;各晶粒塑性变形时有相互制约和协调;塑性变形程度强烈时,可形成形变织构,使材料具有各向异性。有些材料有物理屈服现象,要求能够理解其产生的原因,掌握影响屈服强度的内因和外因,熟练地掌握 Hall - Petch 关系式;同时还能够解释应变时效、柯氏气团、不连续屈服强度、动态应变时效、包辛格效应、应变速率敏感性指数等。此外,还能用力学状态图和软性系数分析断裂的性质,认识和掌握流动应力与应变速率间的关系、形变强化容量及其技术意义。

习题与思考题

1.为什么说金属的弹性模量是一个对组织较不敏感的力学性能指标? 哪些因素对弹性模量会有较明显的影响?

2. 计算表 3-1 中钢材、铝、钛和聚甲基丙烯酸甲酯的比模量,同时计算这 4 种材料的板材受竖直压弯的比刚度,并做以比较和分析。钢、铝、钛和聚甲基丙烯酸甲酯的密度 ρ 分别为:7.9,2.7,4.5,1.2。单位为 g/cm^3。

3. 解释以下名词和术语:比弹性模量;比刚度;弹性后效;内耗、滞弹性(黏弹性);应变时效;柯氏气团;不连续屈服强度;动态应变时效;包辛格效应;应变速率敏感性指数。

4. 机床床身按刚度和减震要求进行设计。现有 45 号钢,35CrMo 铸钢和灰口铸铁,应采用哪种材料做机床床身?请给出选择的理由。

5. 如何根据多晶体材料的强度估算该材料的单晶体的屈服强度?试解释其中的物理过程。

6. 怎样用柯氏气团理论和位错增殖理论解释一些多晶体金属的物理屈服现象?

7. 为什么晶粒大小会影响屈服强度?若退火纯铁的晶粒大小为 16 个 $/mm^2$ 时,$R_{eL} = 100$ MPa;而当晶粒大小为 4 096 个 $/mm^2$ 时,$R_{eL} = 250$ MPa。试估算晶粒大小为 256 个 $/mm^2$ 时的 R_{eL} 值。

8. 试述常见的几种弹性不完整现象的特征及产生的条件。弹性后效、内耗和包辛格效应各有何实用意义?哪些金属或合金在什么情况下最易出现这些现象?如何防止和消除或使之增强?

9. 说明金属的形变强化在工程技术的应用中有何实际的意义?试举几个实际例子。

10. 由表 3-1 中的数据,计算铝、铜、铁、Al_2O_3(多晶三方晶)、C(多晶立方晶)、SiC(多晶立方晶)的体积弹性模量 K 值,并比较这几种材料抗体积弹性变形的能力,哪个最强?哪个最弱?

11. 解释和区分弹性变形、塑性变形、弹性、延性的概念。

12. 某合金在 $400 \sim 900℃$ 范围的应变速率敏感性指数为 0.45。该材料在此温度范围中进行压力加工,当真应变速率 $\dot{\varepsilon}$ 为 $0.02\ s^{-1}$ 时,加工应力为 250 MPa,试求真应变速率 $\dot{\varepsilon}$ 为 $0.04\ s^{-1}$ 时的加工应力。

13. 已知淬火、200℃ 回火后,CrMnSi 钢的宏观断裂强度(正断抗力)为 $\sigma_f = 3\ 236$ MPa,剪切屈服强度为 $\tau_{p0.3} = 745$ MPa。试预测该材料在三向拉伸($\sigma_1 = \sigma_2 = +\sigma$,$\sigma_3 = 0.75\sigma$)、单向拉伸、扭转、三向压缩($\sigma_1 = \sigma_2 = +0.3\sigma$,$\sigma_3 = \sigma$)应力下,将分别发生何种形式的断裂?

参 考 文 献

[1] 张兴黔,余宗森,肖治纲,等. 金属与合金的力学性质[M]. 北京:中国工业出版社,1961.

[2] 卢光熙. 金属学教程[M]. 上海:上海科学技术出版社,1985.

[3] McLean D. Mechanical Properties of Metals[M]. New York:John Wiley & Sons Inc,1977.

[4] 中华人民共和国国家标准委员会. GB/T 22315—2008 金属材料弹性模量和泊松比试验方法[S]. 北京:中国标准出版社,2008.

[5] 赫兹伯格 R W. 工程材料的变形与断裂力学[M]. 王克仁,译. 北京:机械工业出版社,1982.

[6] Green D J. 陶瓷材料力学性能导论[M]. 龚江宏,译. 北京:清华大学出版社,2003.

[7] 宋学孟. 金属物理性能分析[M]. 北京:机械工业出版社,1981.

[8] Sherby O D. Nature and Properties of Materials[M]. New York:Wiley, 1967.

[9] 赖祖涵.金属的晶体缺陷与力学性质[M]. 北京:冶金工业出版社,1988.

[10] 张立德,牟季美. 纳米材料和纳米结构[M]. 北京:科学出版社,2001.

[11] Mclintock F A,Argon A S. Mechanical Behavior of Materials[M]. Massachusetts: Addison-Wesley Publishing Company, 1966.

[12] Dieter G E, Jr. Mechanical Metallurgy[M]. New York:McGraw-Hill Book Company,1961.

[13] 周惠久,黄明志. 金属材料强度学[M]. 北京:科学出版社,1989.

[14] 黄明志,石德珂,金志浩. 金属机械性能[M]. 西安:西安交通大学出版社,1986.

[15] 李见.新型材料导论[M].北京:冶金工业出版社,1987.

[16] 中华人民共和国国家标准委员会. GB/T 24584—2009 金属材料拉伸试验液氦试验方法[S].北京:中国标准出版社,2009.

[17] Hosford W F. Mechanical Behavior of Materials[M]. 2nd ed. New York:Cambridge University Press,2010.

[18] Marc A M, Krishan K C. Mechanical Behaviorof Materials[M]. New York:Cambridge University Press, 2009.

[19] 何景素,王艳文.金属的超塑性[M]. 北京:科学出版社,1986.

[20] 郑修麟,凌超,江泓.予应变和超载对低合金钢疲劳性能的影响[J].西北工业大学学报,1993,11(3):293-298.

[21] 中华人民共和国国家标准委员会.GB/T 5028—2008 金属材料薄板和薄带拉伸应变硬化指数(n 值)的测定[S].北京:中国标准出版社,2008.

[22] Rolfe, Barsom. Fracture and Fatigue Control in Structures[M]. New Jersey:Prentice Hall, Engelwood Cliffs, 1977.

[23] 中华人民共和国国家标准委员会.GB/T 24172—2009 金属超塑性材料拉伸性能测定方法[S].北京:中国标准出版社,2009.

[24] 贾德昌,宋桂明,等.无机非金属材料性能[M].北京:科学出版社,2008.

[25] 束德林.工程材料力学性能[M].北京:机械工业出版社,2004.

[26] 王从曾. 材料性能学[M].北京:北京工业大学出版社,2001.

[27] 付华,张光磊.材料性能学[M].北京:北京大学出版社,2010.

[28] Lee H M, Moon H, Pyun S I. Relationships between Specimen Size, Stress Rate, and Load-Controlled Tensile Properties of AISI 300 Series Stainless Steels at 4K[J]. Journal of Testing and Evaluation, 1995,23(3):168-175.

[29] Жадан А В,Зїмовский В А,Шаврин О И. О способах определения величины эффекта баушингера[J]. Известия высших учебных заведения:Черная металлургия,1985(1):81.

[30] 杨王玥,强文江,等.材料的力学行为[M].北京:化学工业出版社,2009.

[31] 郑修麟.工程材料的力学行为[M].西安:西北工业大学出版社,2004.

[32] 郑修麟.材料的力学性能[M].2 版.西安:西北工业大学出版社,2000.

第 4 章 材料的断裂

4.1 引 言

断裂是所有失效形式中最危险的失效形式。研究断裂的主要目的是防止断裂,以保证结构件在服役过程中的安全。一般的断裂可大致分为裂纹萌生(crack initiation)、裂纹扩展(crack propagating)和断裂 3 个过程。在不同场合和尺度下,对于裂纹的定义不同,至今仍然很难统一。多数情况下,材料原本就有裂纹或缺陷,但断裂过程也可能不只有裂纹扩展过程,因为新生裂纹的扩展可能更快。若材料原来没有裂纹,则会在材料内部薄弱处或有利处产生不连续的微裂纹,随后某个或者多个联合发展为导致断裂的主裂纹。裂纹扩展指的是在力的作用下,裂纹扩张或长大的过程。通常裂纹扩展又大致分为两个阶段:第一阶段,裂纹扩展到临界尺寸,这一阶段的裂纹扩展速度较慢,称为裂纹的稳态扩展(crack stable extension)或亚临界扩展(subcritical crack growth);第二阶段是已经达到临界尺寸的裂纹发生快速扩展,有时能达到声速,引起最终断裂,这一阶段称为裂纹的不稳定扩展(unstable crack extension)或失稳扩展。一般情况下,如果材料本身很脆,或者结构尺寸大,应力加载速率高,则裂纹的稳态扩展阶段很短,甚至消失,因而直接发生裂纹的失稳扩展和断裂;如果材料本身的韧性较好,承受的应力低,或者在后续章节将要介绍的的疲劳、蠕变、应力腐蚀、接触疲劳等条件下,裂纹的稳态扩展阶段会延续一段或很长时间,最终才能达到临界裂纹尺寸发生断裂。

工程应用中,常根据断裂前后是否发生宏观的塑性变形,把断裂的性质分成韧性断裂(ductile fracture,或延性断裂)和脆性断裂(brittle fracture)两大类。断裂的性质和机理取决于一系列的内因和外因;内因是指材料的组织和结构,而外因则指施加于材料或结构件上的应力、加载方式、温度和环境等。在工程应用中,总是希望材料处于韧性状态,而避免脆性状态,因而要"趋利避害"。

本章以金属的断裂行为为代表,讨论断裂的特征和分类、断裂过程、断裂的微观机理与物理模型。断裂性质也会随着外界条件的改变而变化,这部分内容将在第 6 章中讨论。

4.2 金属的断裂类型与特征

4.2.1 金属的宏观断口特征

现以金属的拉伸断口为例,说明宏观断口特征。一些光滑金属试件的拉伸断口如图 4-1 所示[1]。根据宏观的断裂方式,主要有以下几种常用的断裂分类。将断裂后发生明显宏观塑性变形的断裂,称为韧性断裂或延性断裂;将断裂后没有明显宏观塑性变形的断裂,称为脆性断裂。这是最重要的断裂分类,它说明了断裂的性质。脆性断裂通常是突然发生的断裂,事先无法发现明显的征兆,应设法防止。显然,图 4-1(b)(c)因为有明显的宏观塑性变形,并形成典型的杯锥状断口,所以属于韧性断裂。一般延性金属材料在拉伸时容易形成这种断裂。然而,图 4-1(d)(e)没有明显的宏观塑性变形,可归于脆性断裂。一般脆性金属材料在拉伸时容易形成这种断裂。仔细观察,脆性断口中有结晶状或放射线痕迹。

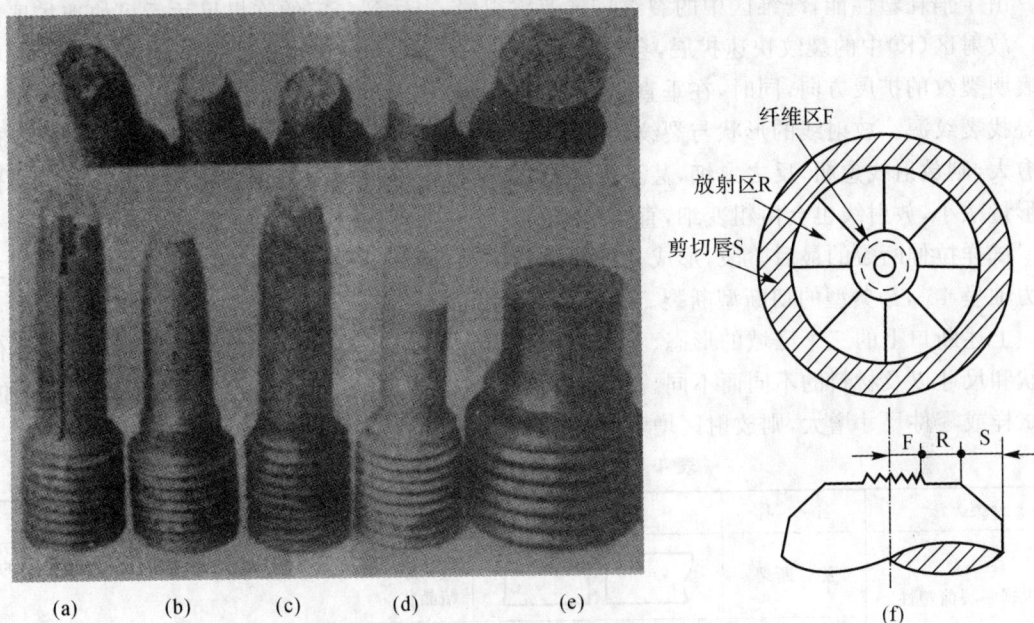

图 4-1　金属材料光滑试件的典型拉伸断口
(a)熟铁的石片状断口;　(b)合金钢的杯锥状断口;　(c)合金钢的玫瑰花状断口;
(d)硬铝的表观切断断口;　(e)灰铸铁的平断口;　(f)宏观断口三要素示意图

　　按照最大主应力与宏观断裂面的取向关系,断裂可分为正断(normal fracture)和切断(shear fracture)。正断是由正应力引起的,断裂面与最大主应力方向垂直,图 4-1(e)为典型的正断,一般脆性金属材料在拉伸时形成这样的正断平断口。切断是切应力引起的,断裂面在最大切应力作用面内,而与最大主应力方向约呈 45°[3],图 4-1(d)所示为典型的切断。切断既可能是韧性断裂,也可能是脆性断裂,但一般韧性断裂的情况居多,塑性好的纯金属通常为表 4-1 中给出的纯剪切切断。如图 4-1(d)所示,硬铝材料拉伸过程中发生了切断式断裂,观察不到明显的颈缩或塑性变形,表示这种材料的塑性较低。铸铁、陶瓷等脆性材料在压缩试验时,也往往会发生这种切断式脆断。图 4-1(a)所示的断裂,虽然介于韧性断裂和脆性断裂之间,但是这种断裂更具危险性,它是因夹杂物沿轴向分布,导致断裂面平行于轴向的非正常断裂。夹杂物本身相对母材较弱,并与母材结合不强,因此材料容易沿纵向分布的夹杂物发生断裂。冷拔线材试件拉伸时也会出现这种断口,这与材料的横向强度较低有关。这种断裂可勉强归入正断式断裂,因为在轴向拉伸中,横向的正应力为零,可理解为断裂面与为零的正应力垂直(虽然不是最大主应力方向)。铸铁、陶瓷等脆性材料在压缩试验时,也往往会产生这种沿着施力方向的纵向断裂面。此时,轴向的主应力为负值,而横向的正应力为零,零比负值大,因此更可以理解为正断式断裂,当然这种断裂与压缩时试样端部的摩擦力也有关。表4-1给出了主要的断裂分类及其特征示意图[10]。

一般的宏观断口有三个区域或要素:纤维区(F)、放射区(R)和剪切唇(S)。现在以拉伸试件的断裂为例,说明这三个区域,参见图4-1(f)。

中心纤维区(F)是塑性变形中微裂纹不断扩展和相互连接造成的,其形成机理如图4-3所示,将在后文继续讨论。该区肉眼观察呈暗灰色,这是由于纤维状区光的反射能力较弱所致。由于消耗塑性能,纤维区中的裂纹扩展速率很慢,当达到一定的临界尺寸后可快速扩展。

放射区(R)中的裂纹快速扩展,会形成放射线花样,代表着裂纹作快速低能量撕裂。放射线表明裂纹的扩展方向,同时,在垂直于瞬间裂纹前沿的轮廓线,并顺着放射线的相反方向上可寻找裂纹源。放射线的形状与裂纹快速扩展中的塑性变形量或消耗的能量有关:塑性变形量愈大,则放射线愈粗,反之愈细,甚至消失;当试验温度降低或材料的强度增加时,由于塑性变形量减小,放射线也会由粗变细,直至消失。

试样拉伸断裂的最后阶段,形成杯状或锥状的剪切唇。剪切唇(S)表面光滑,与拉伸的主应力轴呈45°,是典型的切断型断裂。

上述断口上的三个区域的形态、大小和相对位置,因应力状态、服役温度、加载速率、零件形状和尺寸以及材料的不同而不同。一般地,材料的强度愈高,塑性愈低,则放射区比例增加;若试样或零件尺寸增大,则放射区增大明显,但纤维区变化不大。

表4-1 断裂的分类及其特征[10]

分类方法	名　称	断裂示意图	特　征
根据断裂前塑性变形大小分类	脆性断裂	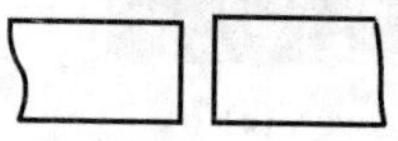	断裂前没有明显的塑性变形,断口形貌是光亮的结晶状
	韧性断裂	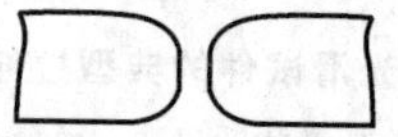	断裂前产生明显塑性变形,断口形貌是暗灰色纤维状
根据断裂面的取向分类	正断	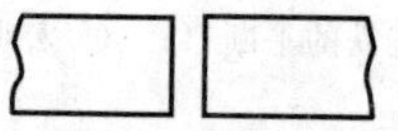	断裂的宏观表面垂直于σ_{max}方向
	切断	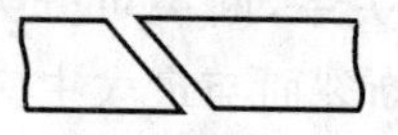	断裂的宏观表面平行于τ_{max}方向
根据裂纹扩展的途径分类	穿晶断裂	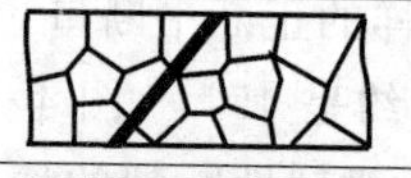	裂纹穿过晶粒内部
	沿晶断裂		裂纹沿晶扩展
根据断裂机理分类	解理断裂	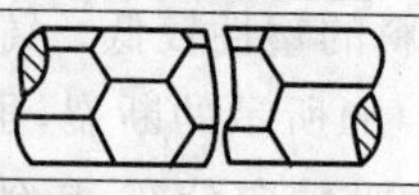	无明显塑性变形;沿解理面分离,穿晶断裂
	微孔聚集型断裂	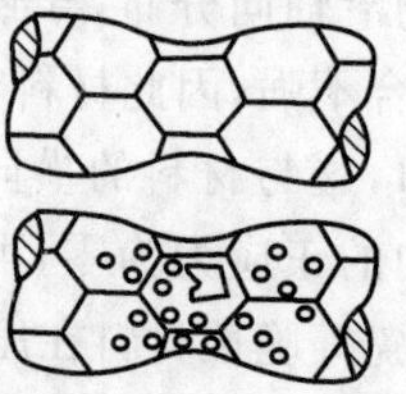	沿晶界微孔合,沿晶断裂;在晶内微孔合,穿晶断裂

续表

分类方法	名　称	断裂示意图	特　征
根据断裂机理分类	纯剪切断裂		沿滑移面分离剪切断裂(单晶体); 通过缩颈导致最终断裂(多晶体、高纯金属)

4.2.2　金属的微观断口特征

在电子显微镜的放大倍率下观察,金属材料典型的微观断口形貌如图 4-2 所示[2]。微观断裂分为解理断裂(cleavage fracture)、沿晶断裂(intergranular fracture)、穿晶断裂(transgranular fracture)、微孔聚合(microvoid coalescence)型的断裂,以及介于解理断裂和微孔聚合型断裂之间的准解理(quasi-cleavage)断裂。

微孔聚合断裂为微观韧性断裂,如图 4-2(a)所示;而解理断裂为微观脆性断裂,如图 4-2(d)所示。准解理(见图 4-2(b))一般也归入微观脆性断裂之中。它们的微观断裂机制将在 4.3 和 4.4 节中讨论。

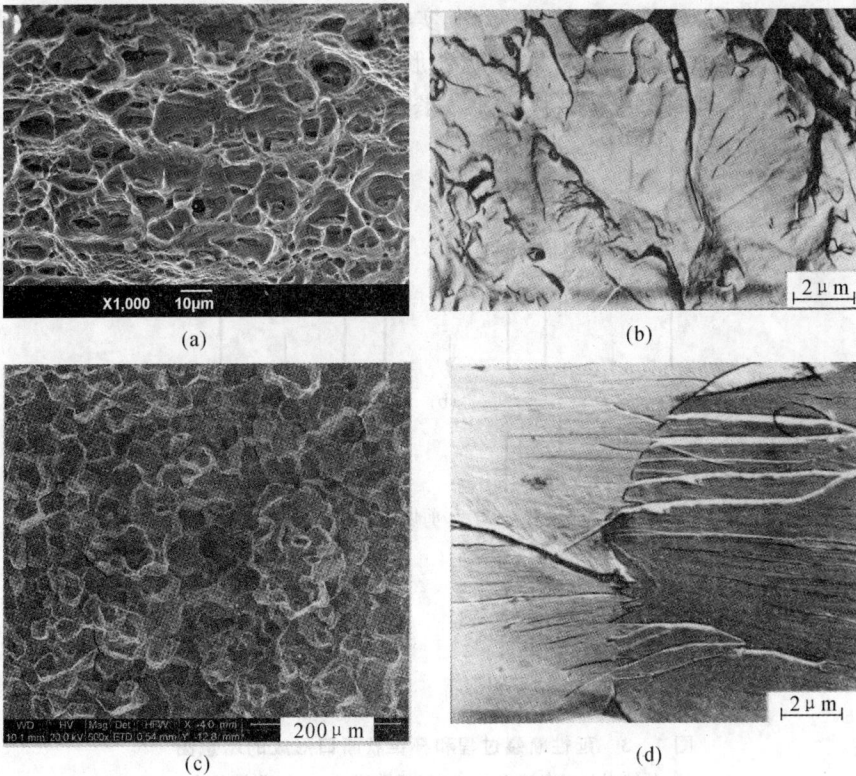

(a)

(b)

(c)

(d)

图 4-2　金属材料的典型微观断口形貌

(a)6061 铝合金室温拉伸形成的韧窝;　(b)B 类碳素钢室温冲击准解理断口;
(c)FGH96 合金 650℃蠕变沿晶断口;　(d)B 类碳素钢低温解理断裂的河流花样

按照裂纹细观或微观上扩展的路径,断裂可以分为穿晶断裂和沿晶断裂。裂纹穿过晶粒扩展形成的断裂是穿晶断裂,如图 4-2(a)(b)(d)所示;裂纹沿晶界扩展,形成沿晶断裂,如图 4-2(c)所示。一般金属材料发生穿晶断裂的情况居多,并且多数属于微观韧性断裂,但也有解理断裂形成的穿晶脆性断裂。沿晶断裂的情况很少,微观断口呈冰糖块状形貌,一般属于微观脆性断裂。沿晶断裂的原因将在 4.4.3 小节讨论。

有时,从宏观上看材料的断裂是脆性的,但断裂的微观机理却是韧性的,断裂的宏观表象与微观机理并不一定严格地一一对应。在不同的场合下,用不同的术语描述断裂的特征[3],同时应注意有关术语的含义及它们之间的相互关系和区别。

4.3　金属材料的韧性断裂机制

韧性断裂有时也称延性断裂(ductile fracture)。很多金属结构材料拉伸断裂前会出现颈缩,产生较大的塑性变形,形成杯锥状断口,如图 4-1(b)(c)所示。而断口的微观典型形貌为韧窝,如图 4-2(a)所示。这些特点需要联系韧性断裂过程加以考察和理解。

如第 2 章所述,光滑圆柱试样在拉伸载荷作用下变形,当载荷达到最大值时,试样发生颈缩。在颈缩区形成三向拉应力状态,且在试样的中心部轴向应力最大,如图 4-3(a)所示。在三向应力的作用下,试样中心部的夹杂物或第二相质点本身破裂,或者夹杂物和第二相质点与基体界面脱离形成微孔,如图 4-3(b)所示,其实物照片如图 2-9(b)所示。增大外力,微孔在纵向与横向均长大;微孔不断长大并发生联接,形成更大的中心空腔,如图 4-3(c)(d)所示;最后,沿 45°方向切断,进而形成杯锥状断口,如图 4-3(e)所示[4,7]。

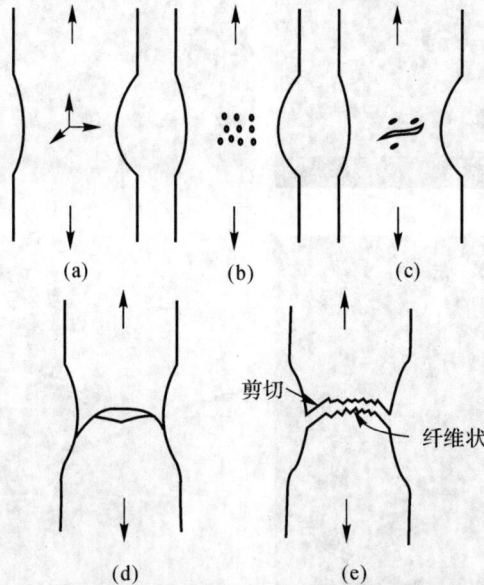

图 4-3　延性断裂过程和杯锥状断口形成的示意图
(a)颈缩引起三向拉应力;　(b)微孔形成;　(c)微孔长大;
(d)微孔联接成中心空腔;　(e)沿 45°方向切断形成杯锥状断口[3]

　　微观韧性断裂的形貌是韧窝,如图 4-2(a)所示。在扫描电子显微镜下,可以看到断口由许多大小不等的凹进的微坑组成,此即韧窝。韧窝的形状与受力条件有关。在垂直于断裂面的拉应力作用下,一般会形成等轴韧窝,如图 4-4(a)所示;与断裂面垂直的拉应力与断裂面平行的切应力同时作用下,则一般会形成抛物线形韧窝,如图 4-4(b)所示;裂纹或缺口在拉应力作用下,也会形成抛物线形韧窝,不过抛物线的方向不同,见图 4-4(c)。因此,根据微观韧窝的形状,可以帮助分析断裂中的受力情况。例如在扭转载荷作用下,韧窝被拉长为椭圆形或抛物线形。

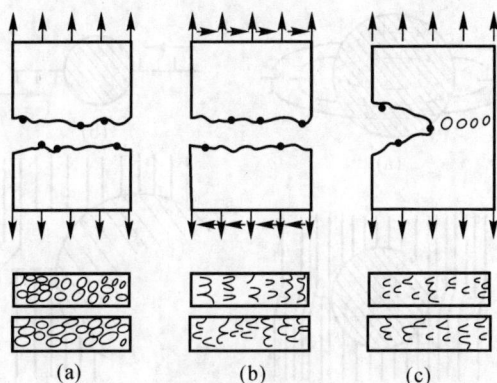

图 4-4　形成不同韧窝形状的示意图

　　实际中,金属总存在夹杂物或第二相的粒子,它们是微孔成核的源。夹杂物一般是脆性的,在不大的应力作用下便与基体脱开或本身裂开而形成微孔。第二相起强化金属材料的作用,故又称强化相。如钢中弥散的碳化物;铝合金中的弥散强化相比较坚实,与基体结合也比较牢固。由于位错在强化相或夹杂物处塞积,引起应力的集中,或在高应变条件下,第二相与基体塑性变形不协调而萌生微孔。

　　微孔成核与长大的位错模型,如图 4-5 所示[3]。在夹杂物或第二相的粒子周围存在位错环,如图 4-5(a)所示。当没有外力作用时,位错环处于平衡状态,即一方面受到粒子的排斥,另一方面又受到位错塞积应力的作用而被推向粒子。在受到外力作用时,平衡被破坏,位错环被推向第二相粒子,如图 4-5(b)所示。当位错环被推向第二相粒子与基体界面时,会使第二相粒子与基体界面脱离结合,并形成微孔,如图 4-5(c)所示。微孔形成后,作用在后续位错环上的排斥力降低,从而使这些位错可以推向新形成的微孔而消失。于是,微孔得以长大,如图 4-5(d)所示。显然,夹杂物或第二相很弱时,位错在外力作用下将其切断也能形成微孔。

　　微孔形成并逐渐长大后,微孔与微孔间的横截面积减小,使得材料所受的应力增大。这将促进变形的进一步发展,加速微孔的长大,直至聚合。微孔联接后会形成大的中心空腔,如图 4-3(d)所示。试验表明[4],当金属应变量达到断裂延性的 95%,即 $\varepsilon = 0.95\varepsilon_f$ 时,微孔联接而形成中心空腔。最后,发生 45° 剪切而形成剪切唇,形成如图 4-1(b)所示的杯锥状断口。

　　第二相或夹杂物的大小、形状、密度、分布,基体材料的塑性、应变硬化指数,及外加应力的大小和应力状态均影响韧性断裂。

　　在韧窝中有时可以观察到有第二相粒子。每一个韧窝(微坑)是由一个微孔长大而形成的,所以,韧窝的大小与夹杂物或第二相质点间距有关;减少夹杂物体积分数、尺寸和增大夹杂物间距,有利于提高金属材料的塑性和韧性。若夹杂物或第二相质点间距相同,那么基体的塑性越好,形成的韧窝会越深[3]。一般断口具有韧窝的试件,其断口的宏观形貌大多呈纤维状,并且由于其反光能力弱而灰暗。钢中碳化物、硫化物的体积分数和形状对断裂延性 ε_f 的影响,如图4-6[6]所示。随着第二相体积分数的增加,钢的延性下降;若钢的延性下降到零,则要发生脆性断裂。钢中硫化物对塑性的有害影响比碳化物的大得多。同时,碳化物的形状也对断裂应变有很大影响,例如具有球状碳化物的钢,其延性要比具有片状碳化物的好得多。因此,减少钢中的硫含量并使碳化物球化,是提高钢的延性的重要途径。

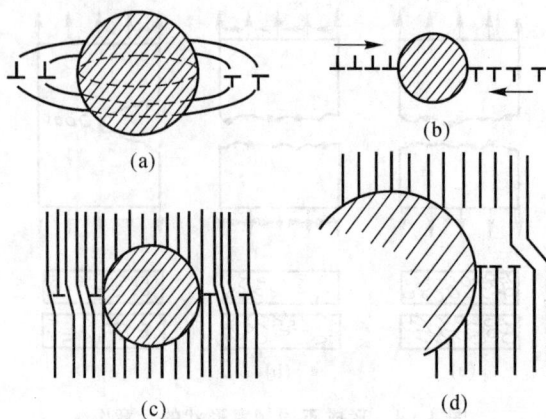

图 4-5 微孔成核与长大的位错模型
(a)绕质点的位错环; (b)外力使位错环向界面推进;
(c)形成微孔; (d)后续位错进入微孔后微孔长大[3]

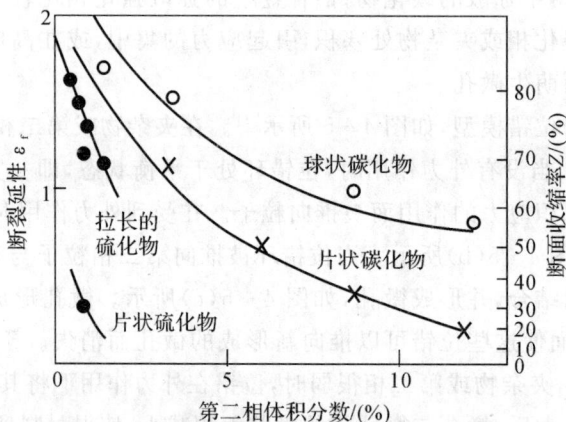

图 4-6 第二相对断裂延性(ε_f)的影响[6]

材料所受的应力大,可以促使塑性变形进一步发展,材料因较多的形变而强化。基体的应变硬化指数越高,则塑性变形后的强化越强烈,韧窝也越浅。应变硬化指数越高,微孔长大及长大后的聚合缓慢,故材料的塑性和韧性好。

应当指出,微观断口上的韧窝形貌,往往与宏观上的韧性断裂相联系,但并无严格的对应关系。如果构件处于三向拉伸应力状态下,其软性系数小,则断裂在宏观上可能是脆性的,但微观局部的机理仍可能是微孔聚合型的韧性断裂。

4.4 金属的脆性断裂机制

材料脆性断裂的宏观特征,是断裂前不发生可测的塑性变形。因此,结构件中的应力不能通过材料的塑性变形而重新分布,材料也不能通过塑性变形而强化,因而不能延缓断裂的发生。再则,脆性断裂时,裂纹的扩展速度往往很快,接近声速。所以,脆性断裂前无明显的征兆可寻,且断裂是突然发生的,往往引起严重的后果。因此,要防止材料的脆性断裂。由图 4-1 (e)可见,脆性断裂是由拉伸正应力引起的。材料脆性断裂的微观机制有穿晶的解理断裂和沿晶断裂(或晶间断裂)。无论是发生解理断裂或是晶间断裂,在宏观上材料均为脆性断裂。

4.4.1 解理断裂

解理断裂是材料在拉应力的作用下,由于原子间结合键沿一定的结晶学平面(即所谓的"解理面")断开而造成的。解理面一般是表面能最小的晶面,且往往也是低指数的晶面,也就是原子密排面。考虑到次近临原子排列的影响,解理面也不一定是最密排的晶面。表 4-2 列出了用单晶体测定的一些金属的解理面的晶面指数和解理断裂应力[7-8]。可以发现,具有面心立方晶格的金属一般不出现解理,这与它们的滑移系较多和延性好有关,因为在能够解理之前,就已产生显著的塑性变形而表现为韧性断裂。α-Fe 一般在低温下发生解理断裂。由表 4-2 还可看出,解理面与化学成分和温度有关,适当的合金化可提高金属单晶体的解理断裂应力;不同的晶面,其解理断裂应力也不相等。因此,金属材料总是沿解理断裂应力最小的晶面发生解理。单晶体容易发生解理断裂的金属,其多晶体也会发生解理断裂。

表 4-2 一些金属的解理面及解理临界正应力[7-8]

金属	晶体结构	解理面	试验温度/℃	临界解理应力/MPa
W	体心立方	(100)	—	—
α-Fe	体心立方	(100)	−100	254.8
			−185	269.5
Zn	密排六方	(0001)	−185	1.76~1.96
Zn(0.03%Cd)		(0001),(10$\bar{1}$0)	−185	1.86
			−185	17.64
Zn(0.13%Cd)		(0001)	−185	2.94
Zn(0.53%Cd)		(0001)	−185	11.76
Mg	密排六方	(0001),(10$\bar{1}$1) (10$\bar{1}$2),(10$\bar{1}$0)		
Te	密排六方	(10$\bar{1}$0)	20	4.21
Sb	菱方	(11$\bar{1}$)	20	6.47
Bi	菱方	(111)	20	3.14

金属解理断口的宏观形貌应是较为平坦的、发亮的结晶状断面。但实际的金属材料为多晶体,由位向各异的晶粒组成,而且还存在缺陷,如位错、夹杂物和第二相粒子等等。因此,解理断裂实际上不是沿单一的晶面,而是沿一族相互平行的晶面发生解理而引起的。在不同高度上的平行解理面之间形成了所谓的解理台阶。图 4-2(d)为碳素钢低温解理断口在电子显微镜下的照片。解理断口的特征是河流状花样,这是由解理台阶的侧面汇合而形成的。

解理台阶可认为是通过解理裂纹与螺型位错交割而形成,如图 4-7 所示。图 4-7(a)中,CD 为一螺型位错;图 4-7(b)中,AB 为一解理裂纹,沿箭头方向扩展;图 4-7(c)为解理裂纹 AB 与螺型位错 CD 交割后出现一高度为 b 的台阶。裂纹继续向前扩展将与很多螺旋位错交割,异号者相消、同号者相加而形成具有足够高度的台阶,成为电子显微镜下可见的河流状花样。解理台阶也可通过二次解理或撕裂而形成,如图 4-8 所示[3]。"河流"的流向与裂纹扩展方向一致,示意地表示于图 4-9,故可从"河流"的反方向去寻找断裂源。

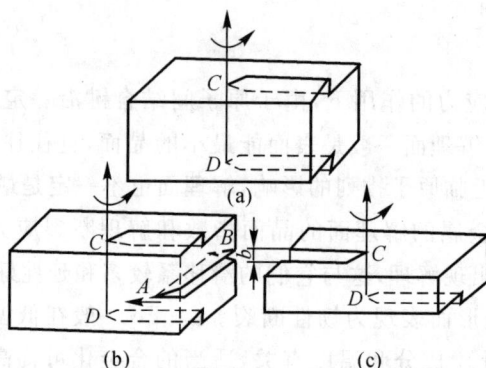

图 4-7　裂纹 *AB* 与螺型位错 *CD* 交截后形成台阶[9]

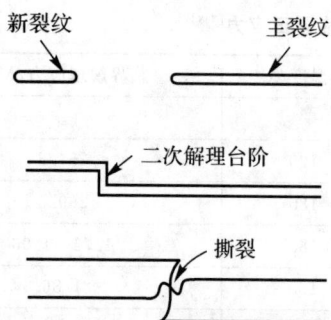

图 4-8　由二次解理或撕裂形成解理台阶[3]　图 4-9　裂纹扩展方向与河流方向一致[3]

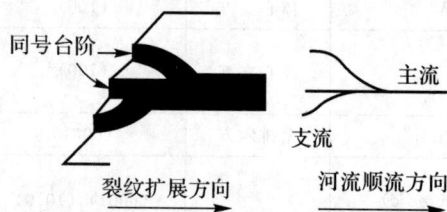

解理裂纹通过小角度的倾斜晶界时,"河流"也延伸到相邻的晶粒内,此时河流状花样无明显的变化。但在通过扭曲晶界或大角度晶界时,由于相邻晶粒内解理面的位向差很大,裂纹在晶界受阻,裂纹尖端的高应变能激发了在晶界另一侧面的解理裂纹成核,即出现了新的河流状花样,如图 4-2(d)所示。这是因为扭曲晶界是由许多螺型位错组成的,所以促进了大量解理台阶的形成。解理断裂的另一个微观特征是舌状花样,可参阅文献[3]。

4.4.2　准解理断裂

材料发生微观准解理断裂时,材料在宏观上是脆性的或塑性很低的,因此认为准解理断裂属于解理断裂范畴。但就断裂机理而言,准解理断裂是由解理断裂和微孔聚合这两种机理的复合作用而构成的[3]。准解理断口形貌如图 4-2(b)所示。图中,解理小平面间有明显的撕裂棱,断裂面由解理台阶逐渐过渡到撕裂棱,也就是由平直的解理面逐渐过渡到凹凸韧窝组成的撕裂棱,河流花样已不十分明显。撕裂棱的形成过程可用图 4-10 示意地说明,它是由一些单独形核的裂纹相互连接而形成的。

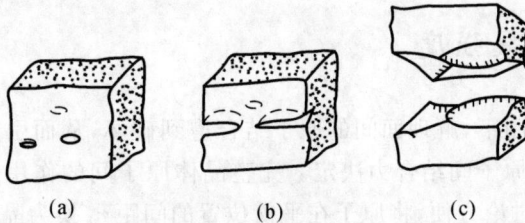

(a)　　　　　　　(b)　　　　　　　(c)

图 4-10　准解理裂纹和撕裂棱的形成过程示意图

(a)裂纹形成;　(b)裂纹长大;　(c)通过撕裂而连接成撕裂棱[3]

准解理断裂多在马氏体回火钢中出现,回火产物中细小的碳化物质点影响裂纹的产生和扩展。准解理断裂时,其解理面除(001)面外,还有(110)、(112)等晶面。解理小平面间有明显的撕裂棱,它像解理又不完全是解理,准解理的名称就由此而来。准解理和解理断裂有以下不同。

1)准解理裂纹常起源于晶内硬质点,向四周放射状扩展的不明显河流状花样。而解理裂纹则起源于晶界,从晶界的一侧向另一侧延伸,有明显的河流状花样;

2)准解理断口的撕裂棱多,且更为明显,断口上局部区域出现韧窝,是解理与微孔聚合的混合型断裂;

3)准解理产生的小刻面中有的不是晶体学严格意义的解理面。它们的共同之处是:都是穿晶断裂;都有解理形成的小的平面刻面,以及河流和台阶。

准解理断裂的主要机制仍是解理,其宏观表现是脆性的,因而常将准解理归入微观脆性断裂。

4.4.3　沿晶断裂

沿晶断裂在宏观上一般表现为脆性断裂,但是只能用微观方法进行判别。沿晶断裂是裂纹沿晶界形成,并沿晶界扩展而引发的脆性断裂,其断口形貌如图 4-2(c)所示,通常有冰糖块状形貌。裂纹总是在原子结合力最弱的部位形成,沿着消耗能量最小区域进行扩展。一般情况下,晶界不会开裂。材料发生沿晶断裂,势必由于某种原因降低了晶界结合强度。这些原因大致有:①晶界存在连续分布的脆性第二相;②微量有害杂质元素在晶界上偏聚;③由于环境介质的作用损害了晶界,如氢脆、应力腐蚀等。现已查明,钢的高温回火脆性是由于微量有害元素 P,Sb,As,Sn 等偏聚于晶界,降低了晶界原子间的结合力,从而大大降低了裂纹沿晶界扩展的抗力,导致沿晶断裂。

高温下,由于材料的晶界强度低于晶内强度,所以常常会发生沿晶断裂。材料在高温下长期服役,发生沿晶断裂的机会更多,例如蠕变断裂。

沿晶断裂多数是脆性断裂,然而穿晶断裂既有脆性断裂,也有韧性断裂。

4.5 * 理论断裂强度和脆性断裂理论

4.5.1 理论断裂强度

前已述及,在外力作用下,解理面间的原子结合遭到破坏,从而引起晶体的脆性断裂。所以,晶体的理论强度应由原子间结合力决定。完整晶体原子间的作用力与原子间距的关系如图 3-1 所示。此处为了讨论方便,将原子在平衡位置的间距 r_0 换为晶面间距 a_0;外力作用下,平衡位置的晶面间距 a_0 的变化量用 x 表示。于是,可画出原子间的作用力与位移的关系曲线,如图 4-11 所示[6]。当原子处于平衡位置时,原子间的作用力为零;在拉应力作用下,原子间距增大,作用力增大。曲线上的最高点代表晶体的最大结合力 σ_m,即理论断裂强度。作为一级近似,该曲线可用正弦曲线表示为

$$\sigma = \sigma_m \sin \frac{2\pi x}{\lambda} \tag{4-1}$$

式中,λ 为正弦曲线的波长。若位移 x 很小,则 $\sin(2\pi x/\lambda) = (2\pi x/\lambda)$,于是有

$$\sigma = \sigma_m \left(\frac{2\pi x}{\lambda}\right) \tag{4-2}$$

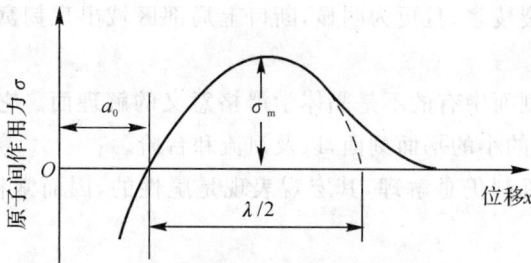

图 4-11 原子间作用力与原子间位移关系曲线

根据胡克定律,在弹性状态下,有

$$\sigma = E\varepsilon = \frac{Ex}{a_0} \tag{4-3}$$

式中,E 为弹性模量;ε 为弹性应变。合并式(4-2)和式(4-3),消去 x,得

$$\sigma_m = \frac{\lambda E}{2\pi a_0} \tag{4-4}$$

另一方面,晶体断裂时,形成两个新的裂纹表面,若单位面积的表面能为 γ(比表面能),则

需表面形成能为 2γ。形成单位面积裂纹表面所做的功为 U_0，可用图 4-11 中曲线下所包围的面积来计算，即

$$U_0 = \sigma_m \int_0^{\frac{\lambda}{2}} \sin \frac{2\pi x}{\lambda} dx \approx \frac{\lambda \sigma_m}{\pi} = 2\gamma \tag{4-5}$$

代入式(4-4)，消去 λ，得

$$\sigma_m = (E\gamma/a_0)^{1/2} \tag{4-6}$$

σ_m 就是理想晶体解理断裂的理论断裂强度。可见，在 E 和 a_0 一定时，σ_m 与表面能 γ 有关。而解理面往往是表面能最小的晶面，可由式(4-6)得到理解。

现用实际晶体的 E，a_0 和 γ 值代入式(4-6)作粗略的计算。例如铁，$E = 2 \times 10^5$ MPa，$a_0 = 2.5 \times 10^{-10}$ m，$\gamma = 2$ J/m^2，则铁的理论断裂强度 $\sigma_m = 4 \times 10^4$ MPa $\approx E/5$。若不用正弦曲线近似计算，而用其他较复杂的近似计算，则理论强度值在 $E/4 \sim E/15$ 之间。一般来说，取 $\sigma_m = E/10$[6]，这是一个很高的强度值。在实际材料中，除了极细的无缺陷的晶须接近这一强度外，其他的都相差很远。例如高强度钢，其强度只相当于 $E/100$，与理论强度相差 10 倍。而表 4-2 中的金属的解理临界正应力则与理论断裂强度相差 2 ~ 3 个数量级。显然，在实际晶体中必有某种缺陷，使其断裂强度降低。

4.5.2　Griffith 脆断强度理论

为了解释材料的实际断裂强度与理论断裂强度的巨大差异，Griffith 在 1921 年提出了裂纹体的断裂模型[6-7]。Griffith 假定在实际材料中存在着裂纹，当名义应力还很低时，裂纹尖端的局部应力已达到很高的数值，从而使裂纹快速扩展，并导致脆性断裂。

设想有一单位厚度的均匀连续的无限宽板，对其施加一拉应力 σ 后，与外界隔绝能量(见图 4-12)，则板材每单位体积中存储的弹性能，即弹性应变能密度为 $\sigma^2/2E$。

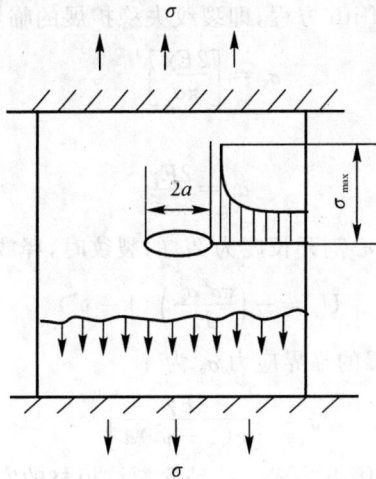

图 4-12　无限宽板中的中心穿透裂纹

如果在这个板的中心割开一个垂直于应力 σ 方向、长度为 $2a$ 的裂纹，见图 4-12，则原来弹性拉紧的平板就要释放弹性能。根据弹性理论计算，平面应力状态下释放出来的弹性能 U_e 为

$$U_e = -\frac{\pi\sigma^2 a^2}{E} \qquad\qquad (4-7a)$$

伴随裂纹形成而产生的新增的表面面积为 $2a \times 2 \times 1$。若单位面积的表面能为 γ，则所需的表面能为

$$W = 4a\gamma \qquad\qquad (4-8)$$

于是，整个系统的能量变化为

$$U_e + W = 4a\gamma - \frac{\pi\sigma^2 a^2}{E} \qquad\qquad (4-9)$$

系统能量随裂纹半长 a 的变化关系如图 4-13 所示。当裂纹增长到 $2a_c$ 后，若再增长，则系统的总能量下降。从能量观点来看，裂纹长度的继续增长将是自发过程。临界状态为

$$\frac{\partial(U_e + W)}{\partial a} = 4\gamma - \frac{2\pi\sigma^2 a}{E} = 0 \qquad\qquad (4-10)$$

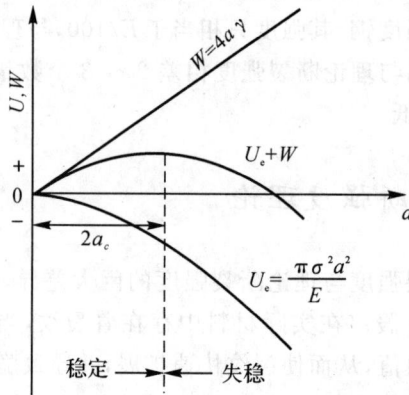

图 4-13   裂纹扩展时其尺寸与能量的变化关系

由式 (4-10) 可以得到 Griffith 方程，即裂纹失稳扩展的临界应力 σ_c 为

$$\sigma_c = \left[\frac{2E\gamma}{\pi a}\right]^{1/2} \qquad\qquad (4-11a)$$

临界裂纹半长为

$$a_c = \frac{2E\gamma}{\pi\sigma^2} \qquad\qquad (4-12)$$

在平面应变状态下，板的中心割开长度为 $2a$ 的裂纹时，释放出来的弹性能为

$$U_e = -\left(\frac{\pi\sigma^2 a^2}{E}\right)(1-\nu^2) \qquad\qquad (4-7b)$$

同理可以得到裂纹失稳扩展的临界应力 σ_c 为

$$\sigma_c = \left[\frac{2E\gamma}{\pi(1-\nu^2)a}\right]^{1/2} \qquad\qquad (4-11b)$$

式 (4-11a) 便是著名的 Griffith 公式。σ_c 是含裂纹板材的实际断裂强度，它与裂纹半长的平方根成反比；对于一定的裂纹半长 a，外加应力达到 σ_c 时，裂纹即发生失稳扩展而引起断裂。承受拉伸应力 σ 的板材，其中裂纹半长也有一临界值 a_c，当裂纹长度的一半达到或超过这个临界值时，就会自动扩展。而当 $a < a_c$ 时，要使裂纹扩展须由外界提供能量，即增大外力。

将 Griffith 公式和理论断裂强度公式 (4-6) 比较可知，二者在形式上是相同的，只是平面

应力状态下前者用 $\pi a/2$ 代替了后者的 a_0；平面应变状态下 $\pi(1-\nu^2)a/2$ 代替了后者的 a_0。但裂纹半长 a 比原子间距 a_0 要大几个量级，从而解释了材料的实际强度何以比理论强度低 $1\sim2$ 个量级。从该式还可以知道，断裂与材料有关，因为不同材料的表面能 γ 不同；存在的长裂纹的概率愈高，则断裂强度愈低，这也就是同一种材料强度分散的主要原因之一；另外，导致断裂的主裂纹长度不断增加，由图 4-13 可知，相应的系统的能量迅速下降，推动断裂所需的应力不仅随之降低，且裂纹扩展速度愈来愈快，并进入了失稳扩展。

Griffith 公式适用于脆性材料。实际上，金属材料在裂纹尖端处发生塑性变形，需要塑性变形能，平面应力状态下比平面应变状态下的塑性变形更加显著。将平面应力状态下单位体积的塑性变形功表示为 W_p，W_p 的数值往往比表面能 γ 大几个量级，是裂纹扩展需要克服的主要阻力。因此，式（4-11）需要修正为[6]

$$\sigma_c = \left[\frac{E(2\gamma + W_p)}{\pi a}\right]^{1/2} \approx \left[\frac{EW_p}{\pi a}\right]^{1/2} \tag{4-13}$$

这就是 Griffith - Orowan - Irwin 公式，它只是一个理论表达式，不能像 Griffith 公式那样进行定量计算。这是因为式 4-11 中，γ 与裂纹长度 a 无关；而式 4-13 中的 W_p 却与 a 有关，裂纹愈长 W_p 愈大，但该理论不是线性关系，且二者间的关系很难确定。需要强调的是，Griffith 理论的前提是材料中已存在着裂纹，但该理论不涉及裂纹来源。近代关于断裂力学的研究，是 Griffith 理论的沿续与发展。

4.5.3　脆性断裂的位错理论

多数研究认为[3]，即使在解理断裂发生之前，也总是有少量塑性变形发生。试验给出了低碳钢在 $-196℃$ 下断裂强度、屈服强度与晶粒直径的关系，如图 4-14 所示[7]。图中右边部分为细晶粒，先屈服而后再断裂，该低碳钢表现为延性的；左边部分为粗晶粒，断裂发生在屈服强度的延伸实线上，并不发生在断裂强度直线的延伸虚线上，增加应力到屈服强度发生断裂。试验结果还表明，在 $-196℃$ 时，软钢的拉伸脆断强度与压缩屈服强度近似地相等[3,8]。这间接地表明，断裂前会发生微量的塑性变形。于是人们用位错运动、位错塞积和位错的相互作用来解释脆性断裂时裂纹的成核和扩展。现在简单介绍其中两个著名位错模型[3]。

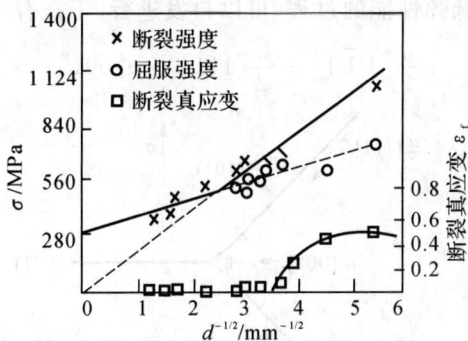

图 4-14　晶粒大小对低碳钢屈服强度和断裂强度的影响（$-196℃$）[7]

1. 位错塞积模型

Zener-Stroh 认为,在切应力作用下,滑移面上的刃型位错运动遇到障碍(晶界或第二相粒子)时,即产生位错塞积,如图 4-15 所示。

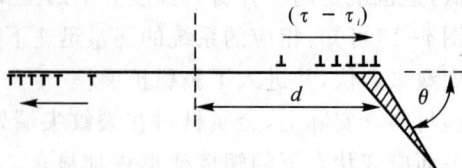

图 4-15　位错塞积形成裂纹模型

如果塞积处的应力集中不能被塑性变形松弛,则塞积端点处的最大拉应力可以达到理论强度而形成裂纹。这一模型先后由 Zener 和 Stroh 提出,所以称为 Zener-Stroh 模型。计算表明,与滑移方向呈 $\theta=70.5°$ 处拉应力最大,将在此处形成裂纹,如图 4-15 中阴影区所示。形成裂纹的有效切应力 τ_e,为外加切应力 τ 与位错在晶体中运动的摩擦阻力 τ_i 之差,即 $\tau_e=\tau-\tau_i$ 为

$$\tau_e = \left[\frac{12G\gamma}{\pi(1-\nu)d}\right]^{1/2} \tag{4-14}$$

其中,d 为障碍物间距,如果是晶界,$2d$ 就是晶粒尺寸,如果是第二相粒子,$2d$ 是粒子间距;G 为剪切模量;ν 为泊松比;γ 为表面能。式(4-14)中,晶粒直径 d 和外加应力的关系与描述屈服强度的公式(3-13)相似。可见,晶粒直径 d 对屈服强度与断裂强度的影响是相似的(见图 4-14)。Zener-Stroh 位错塞积模型虽然得到一些试验的支持,但也存在不足。按照这种理论,断裂的控制过程是裂纹的萌生,一旦形成裂纹就会失稳扩展,而裂纹的萌生也只与切应力有关,与正应力无关。

2. 位错反应模型

Cottrel 认为,断裂的控制过程是裂纹的扩展而不是裂纹的萌生。据此,提出一种易于使裂纹形成的位错反应模型,如图 4-16 所示。体心立方晶体中,在两个相交的滑移面(101)和 $(\bar{1}01)$ 上,两个半位错 $\frac{a}{2}[\bar{1}\bar{1}1]$ 和 $\frac{a}{2}[111]$ 在这两个滑移面的相交面(001)上相遇,合成一个全位错 $a[001]$。这是一个降低弹性能的过程,可以自发进行,于是有

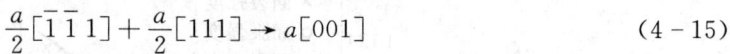

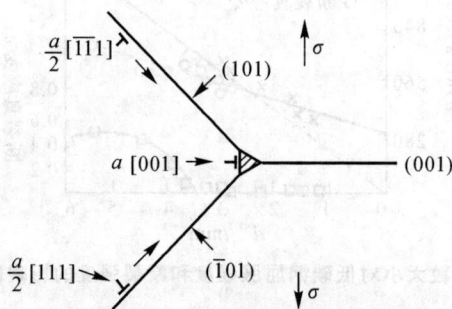

$$\frac{a}{2}[\bar{1}\,\bar{1}\,1] + \frac{a}{2}[111] \rightarrow a[001] \tag{4-15}$$

图 4-16　位错反应形成裂纹

新形成的位错好像在(001)解理面插入一个多余的半原子面。这样,随着反应的进行,可以看成有几个位错都楔入(001)面而形成一个大位错,进而萌生一个微裂纹,如图 4-16 中的影线处所示。至于裂纹是否扩展,取决于所施加的拉应力 σ 是否增长到临界应力 σ_c,即

$$\sigma_c \geqslant \frac{2\gamma G}{K_y} d^{1/2} \tag{4-16}$$

式中,d 为晶粒尺寸;K_y 为 Hall-Petch 公式中的常数。

位错反应模型的成功之处,在于把解理断裂的裂纹成核与扩展区分开来,并认为后者是控制因素,因而拉应力起着重要作用,比较符合实际情况。裂纹扩展临界应力与晶粒尺寸及其他参数在 Si-Fe 单晶中也获得了试验证明。但是,这一模型能否在其他晶格类型的晶体上应用或作某种修正,仍需作研究。

断裂性质也会随着外界条件和材料的组织而变化,将在第 6 章中讨论。

4.6　本章小结

在本章中,以金属为代表,从断裂宏观模式到微观机理的各个层次上,对断裂问题进行了讨论。一般的断裂可大致分为裂纹萌生、裂纹扩展和断裂 3 个过程。其中裂纹的扩展包括稳态扩展(亚临界扩展)和不稳定扩展(失稳扩展)。韧性断裂(延性断裂)和脆性断裂可以描述材料断裂的性质。宏观断口的断裂面与最大主应力方向垂直的为正断,断裂面与最大切应力平行的为切断。分析宏观断口有 3 个要素,即纤维区(F)、放射区(R)和剪切唇(S)。微观断口的特征有解理断裂、沿晶断裂、穿晶断裂、微孔聚合型断裂和准解理断裂。应注意断裂的宏观表象与微观机理并不一定严格对应。重点理解解理断裂和微孔聚合型断裂的物理本质和机制。了解材料的理论强度,通过 Griffith 的脆断强度理论,能够解释材料的实际强度为什么比理论强度低 1~2 个量级。式(4-11)应重点掌握,因为后续的学习中还要多次用到。通过学习,初步认识脆性断裂的位错理论。

习题与思考题

1. 说明下列名词术语的含义和它们之间的关系:正断;切断;韧性断裂;脆性断裂;穿晶断裂;沿晶断裂;微孔聚合型断裂;解理断裂;裂纹的稳态扩展或亚临界扩展;裂纹的失稳扩展;准解理。

2. 简述典型的延性断口的形成过程与机理。

3. 断口有 3 个区域或要素:纤维区(F)、放射区(R)和剪切唇(S),解释它们的形成机理和含义。

4. 脆性断裂可通过哪种方式产生? 宏观脆性断口的主要特征是什么? 工程中为什么脆性断裂最危险?

5. 若纯铁的表面能为 $\gamma=2$ J/m^2,$E=2\times10^5$ MPa,$a_0=2.5\times10^{-8}$ cm,试求其理论断裂强度。

6.设有一材料 $E=2\times10^{11}$ Pa，$\gamma=8$ N/m。试计算在 7×10^7 Pa 的拉应力作用下，该材料中能扩展裂纹的最小长度。

参 考 文 献

[1] Mclintock F A，Argon A S. Mechanical Behavior of Materials[M]. Massachusetts：Addison-Wesley Publishing Company，1966.

[2] 王磊,涂善东.材料强韧学基础[M].上海：上海交通大学出版社,2012.

[3] 周惠久,黄明志.金属材料强度学[M].北京：科学出版社,1989.

[4] McLean D. Mechanical Properties of Metals[M]. New York：John Wiley & Sons Inc,1977.

[5] Klesnil M，Lukas P. Fatigue of Metallic Materials[M]. London：Elsevier Scientific Publishing Company，1980.

[6] 肖纪美.金属的韧性与韧化[M].上海：上海科学技术出版社,1982.

[7] Dieter G E，Jr. Mechanical Metallurgy [M]. New York：McGraw-Hill Book Company,1961.

[8] 张兴黔,余宗森,肖治纲,等.金属与合金的力学性质[M].北京：中国工业出版社,1961.

[9] 黄明志,石德珂,金志浩.金属机械性能[M].西安：西安交通大学出版社,1986.

[10] 束德林.工程材料力学性能[M].北京：机械工业出版社,2004.

[11] 郑修麟.工程材料的力学行为[M].西安：西北工业大学出版社,2004.

[12] 郑修麟.材料的力学性能[M].2 版.西安：西北工业大学出版社,2000.

[13] 张帆,郭益平,周伟敏.材料性能学[M].2 版.上海：上海交通大学出版社,2014.

[14] The Materials Internation Soicety. Fractography,ASM Handbook[M]. Ohio：Metals Park,1987.

第5章　材料在其他静态加载下的力学行为

5.1　引　　言

机械和工程结构的某些零件是在扭矩、弯矩、轴向压力或局部压入应力作用下服役的。因此,了解材料在这些情况下的力学行为,测定材料在接近于实际服役条件下的力学性能,以此作为零件设计、材料选用和制订加工工艺的依据。若不考虑零件服役时的力学状态,采用不恰当的力学性能指标来评价材料,则难以使材料得到有效的利用,加工工艺可能失当,以至零件的早期失效。

在工程中往往还应用一些低塑性、甚至脆性的材料,如高碳工具钢、铸造合金和结构陶瓷等,来制作工具和零件。这些材料在拉伸试验时,可能发生脆性断裂,因此只能测得其强度性能。但在诸如扭矩、弯矩、轴向压力作用下或硬度试验中,方可观察到这些材料断裂机理和断裂模式的差别。例如,灰铸铁在拉伸载荷作用下,是脆性断裂,而在压缩载荷作用下,是剪切式断裂;而多数陶瓷材料不论在拉伸、扭矩、弯矩或轴向压力作用下,均发生脆性断裂。因此,有必要在其他静加载条件下,考察这类材料的力学行为,测定其力学性能,从而获得更多对材料做出评价的信息。

本章介绍扭转、弯曲、压缩、硬度等试验方法及需要测定的力学性能指标。

5.2　材料在扭转、弯曲、压缩作用下的力学性能

5.2.1　材料在扭矩作用下的力学行为

1. 扭转应力应变分析

由材料力学可知,一等直径圆杆受到扭矩作用时,其中的应力应变分布如图 5 - 1 所示[1],在横截面上无正应力而只有切应力作用。在弹性变形阶段,横截面上各点的切应力与半径方向垂直,其大小与该点距中心的距离成正比;中心处切应力为零,表面处切应力最大(见图 5 - 1(b))。当表层产生塑性变形后,各点的切应变仍与该点距中心的距离成正比,但切应力则因塑性变形而降低,如图 5 - 1(c)所示。圆杆表面上,在切线和平行于轴线的方向上切应力最大,在与轴线成 45°的方向上正应力最大,正应力等于切应力(见图 5 - 1(a))。

在弹性变形范围内,材料力学给出了圆杆表面的切应力计算公式为

$$\tau = T/W \tag{5-1}$$

式中,T 为扭矩;W 为截面系数。对于实心圆杆,$W = \pi d_0{}^3/16$;对于圆管,$W = \pi d_0^3(1 - d_1^4/d_0^4)/16$,其中 d_0 为外径,d_1 为内径。

因切应力作用而在圆杆表面产生的切应变 γ 为

$$\gamma = \tan\alpha = \phi d_0/2L_0 \tag{5-2}$$

式中,α 为圆杆表面任一平行于轴线的直线因 τ 的作用而转动的角度;ϕ 为扭转角,用弧度表示;L_0 为杆的长度,如图 5-1(a) 所示。

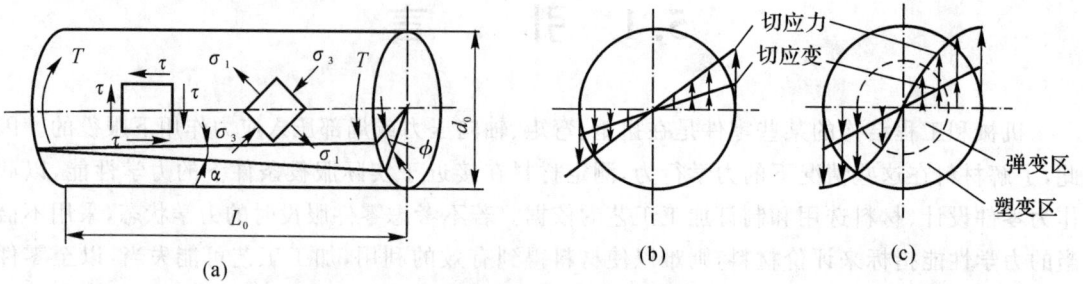

图 5-1　扭转试件中的应力与应变
(a) 试件表面的应力状态;　(b) 弹性变形阶段横截面上的切应力与切应变分布;
(c) 弹塑性变形阶段横截面上的切应力与切应变分布

2. 扭转试验及测定的力学性能

扭转试验采用圆柱形试件,如图 5-2 所示,试样头部形状和尺寸应适于试验机夹头夹持。与拉伸试样类似,L_0 称为试样标距;试样由两头夹持部分大,过渡到中间小,平行缩减部分的长度 L_c 称作平行长度。推荐采用直径 d_0 为 10 mm,标距 L_0 分别为 50 mm(L_c 为 70 mm) 和 100 mm(L_c 为 120 mm) 的圆柱形试件。如采用其他直径的试样,其平行长度应为标距加上两倍的直径。

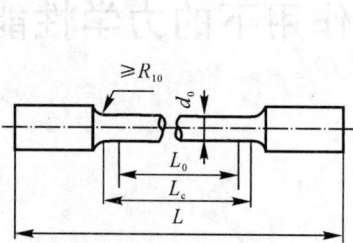

图 5-2　扭转试件

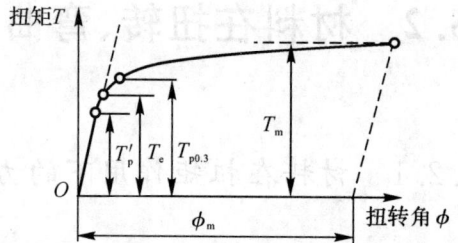

图 5-3　扭矩-扭转角图

试验过程中,随着扭矩的增大,试件标距两端截面不断地发生相对转动,使扭转角 ϕ 增大。利用试验机的绘图装置可得到 T-ϕ(扭矩-扭转角)关系曲线,称为扭转图,如图 5-3 所示。它与拉伸试验测定的真应力-真应变曲线极为相似。这是因为在扭转时试件的形状不变,其变形始终是均匀的,即使进入塑性变形阶段,扭矩仍随变形的增大而增加,直至试件断裂。当 T 小于 T'_p,扭矩 T 与扭转角 ϕ 间成正比例的线性关系,与 T'_p 相应的切应力为扭转比例极限 τ'_p;当 T 小于 T_e 时卸载,试样能恢复原状,与 T_e 相应的切应力 τ_e 是扭转弹性极限。

利用圆柱形试件扭转试验,可以测定如下主要力学性能。

剪切模量 G 为

$$G = \Delta\tau/\Delta\gamma = 32\Delta T L_0/(\pi\Delta\phi d_0^4) \qquad (5-3)$$

与拉伸类似,扭转条件下也有上屈服强度和下屈服强度,其定义基本相同,其中下屈服强度 τ_{eL} 为

$$\tau_{eL} = T_{eL}/W \qquad (5-4)$$

其中,T_{eL} 为下屈服扭矩,它是屈服阶段中不计初始瞬时效应的最小扭矩。

规定非比例扭转强度(proof strength,non - proportional torsion)[2]:它表征了扭转试验中,试样标距部分外表面上的非比例切应变达到规定数值时的切应力。对于没有明显屈服现象的材料,将规定非比例扭转强度作为扭转屈服强度。规定非比例扭转强度表示为 τ_p 和紧接其后的一串数字 x,这是与扭转比例极限 τ'_p 的重要区别。这一串数字 x 表示规定的非比例切应变,例如 $\tau_{p0.015}$ 和 $\tau_{p0.3}$,它们分别表示规定的非比例切应变 x 达到 0.015% 和 0.3% 时的切应力。工程应用较多的是 $\tau_{p0.3}$,其扭转切应变为 0.3%,与拉伸时规定塑性延伸强度 $\sigma_{p0.2}$ 的应变量 0.2% 相当[1,3]。测定规定非比例扭转强度的关键是确定与其对应的扭矩,与拉伸试验时确定规定塑性延伸强度的方法相似(详见 2.3 节)。在扭矩-扭转角图的横坐标上截取 $OC = 2L_0\gamma_p/d$,如图 5-4 所示,γ_p 是规定的非比例切应变。过 C 作扭矩-扭转角曲线起始弹性直线段的平行线 CA,与曲线交于 A 点,A 点的扭矩便是待求的规定非比例扭矩 T_{px}。最后通过式 (5-5) 计算规定非比例扭转强度 τ_{px},即

$$\tau_p = T_p/W \qquad (5-5)$$

由于扭转时实心圆柱试件中的应力梯度大,表面层材料的塑性变形受到低应力内层材料的制约,因而难以精确探测塑性变形的起始。所以,建议用薄壁圆管状扭转试件测定材料的扭转弹性模量、规定非比例扭转强度[4]。根据经验可知,薄壁圆管扭转试件的长径比约为 10,直径壁厚比为 $8 \sim 10$[4]。

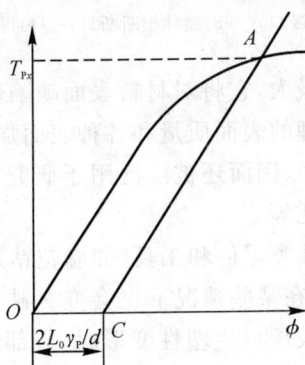

图 5-4　求规定非比例扭矩 T_p 的方法

材料的抗扭强度(Torsional strength)τ_m 可按下式求得,有

$$\tau_m = T_m/W \qquad (5-6)$$

式中,T_m 为试件断裂前的最大扭矩(maximum torque),见图 5-3。应当指出,τ_m 仍然是按弹性变形状态下的公式计算的。由图 5-1(c) 可知,它比真实的抗扭强度大,故也称为条件抗扭强度。

关于扭转试验方法的技术规定可参阅国标 GB10128—2007[2]。

3.扭转试验的特点及应用

扭转试验是重要的力学性能试验方法之一,具有下述特点。

1)扭转的柔度系数 $\alpha = 0.8$,可用于测定那些在拉伸时表现为脆性或低塑性材料的性能。如测定灰铸铁和球墨铸铁的扭转强度和扭转缺口强度,评定其缺口敏感性[5-6]。

2)圆柱试件在扭转试验时,整个长度上的塑性变形始终是均匀的,其截面及标距长度基本保持不变,不会出现静拉伸时试件上发生的颈缩现象。因此,可用扭转试验精确地测定高塑性材料的变形抗力和变形能力,而这在单向拉伸或压缩试验时是难以做到的。

3)扭转试验可以明确地区分材料的断裂方式,即正断或切断[7]。对于塑性材料,如某些高强度铝合金,断口与试件的轴线垂直,断口平整并有回旋状塑性变形痕迹(见图 5-5(a))。这种断口是切应力造成的切断,但高塑性材料难以发生扭转断裂。对于脆性材料,断口呈螺旋状,断口面的法线与试件轴线的夹角约为45°(见图 5-5(b)),这是正应力作用下产生的正断,灰铸铁和球墨铸铁的光滑试件扭转时便发生这种断口[5-6]。若材料的轴向切断抗力比横向的低,如木材、带状偏析严重的合金板材,扭转断裂时可能出现层状或木片状断口(见图 5-5(c))。根据扭转的断口特征,可判断断裂的原因以及材料抗扭和抗拉(压)强度的相对大小。

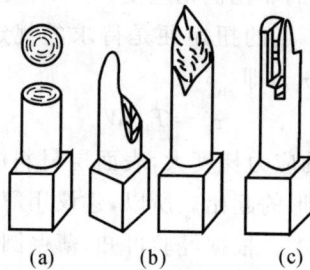

图 5-5 扭转断口形态
(a)切断断口; (b)脆性正断断口; (c)层状断口

4)扭转试件表面的应力应变最大,它将对材料表面缺陷表现出很大的敏感性。因此,可利用扭转试验研究或检验工件热处理的表面质量和各种表面强化工艺的效果。

5)扭转试件受到较大的切应力,因而还被广泛用于研究有关初始塑性变形非同时性的问题,如弹性后效、弹性滞后以及内耗等。

6)扭转试验可用于测定某些轴类零件和工具(如麻花钻)对扭转变形和断裂的抗力。

然而,扭转试验的特点和优点在某些情况下也会变为缺点,例如,由于扭转试件中表面切应力大,越往心部切应力越小,当表层发生塑性变形时,心部仍处于弹性状态(见图 5-1(c))。因此,很难精确地测定表层开始塑性变形的时刻,故用扭转试验难以精确地测定材料的微量塑性变形抗力。

5.2.2 材料在弯曲载荷下的力学行为

1.弯曲试验方法

弯曲试验时采用长方形或圆柱形试件。试验时将试件放在有一定跨度的支座上,通常支座上配备有支撑辊棒,施加一集中载荷 F (三点弯曲,three-point flexure)或两个等值载荷 $F/$

2(四点弯曲,four-point flexure),如图 5-6 所示。

采用四点弯曲时,在两加载点之间试件受到等弯矩的作用。因此,试件通常在该长度内的组织缺陷处发生断裂,故能较好地反映材料的性质,而且实验结果也较精确。但四点弯曲试验必须注意加载均衡。三点弯曲试验时,试件总是在最大弯矩附近处断裂。三点弯曲试验方法较简单,故常采用。矩形三点弯曲试件由于加工方便,常用来测定陶瓷等硬、脆材料的弯曲强度(flexural strength)[8]。

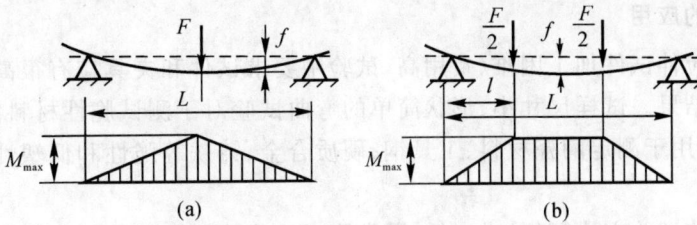

图 5-6 弯曲试验加载方式
(a)三点弯曲试验; (b)四点弯曲试验

通常用挠度(deflection)f 表征变形。它是指跨距中点试样表面,在弯曲过程中距初始位置的距离。材料的弯曲变形能力可用其断裂时的挠度 f 表征。试验时,在试件跨距的中心测定其挠度,其值可用百分表或挠度计直接读出,试验机可自动绘成 $F-f$ 关系曲线,称为弯曲图。图 5-7 表示 3 种不同材料的弯曲图。

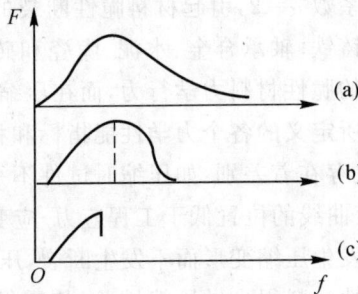

图 5-7 典型的弯曲图
(a)高塑性材料; (b)低塑性材料; (c)脆性材料

对于高塑性材料,弯曲试验不能使试件发生断裂,其曲线的最后部分可延伸很长,如图 5-7(a)所示。因此,弯曲试验难以测得塑性材料的弯曲强度,而且试验结果的分析也很复杂,故塑性材料的力学性能由拉伸试验测定,而不采用弯曲试验。

弯曲强度是表征一个特定的弹性梁(弯曲试件)受弯曲载荷断裂时的最大应力。图 5-7(b)虚线的载荷对应着断裂时的最大应力,也就是对应着弯曲强度;显然,图 5-7(c)的弯曲强度可用断裂时的应力,因为它就是断裂时的最大应力。对于脆性材料和低塑性材料,可用下式求得弯曲强度 σ_f,有

$$\sigma_f = M/W \tag{5-7}$$

式中,M 为试件弯曲中跨距中点的弯矩,可根据弯曲中的最大载荷 F_m(对于脆性材料一般就是断裂载荷)按下述方法计算 M:对三点弯曲试件,$M=FL/4$。对四点弯曲试件,$M=Fl/2$(见图

5-6);W 为抗弯截面系数,对于直径为 d_0 的圆柱试件,$W = \pi d_0^3/32$;对于宽为 b,高为 h 的矩形截面试件,$W = bh^2/6$。

对于特定几何尺寸的试样,一般指长方形试样,其跨高比(L/h,span - to - depth ratio)指的是弯曲试样支撑辊棒中心间的距离 L(也称作试样外跨距)与试样高度 h 的比值。为了得到稳定的弯曲试验结果,针对各种类材料的弯曲试验标准,对于跨高比都有严格的规定。弯曲试验的技术细节见 GB/T 6569—2006[8]。

2. 弯曲试验的应用

脆性材料的拉伸试件加工困难、费用高,试验中要求试件和夹具应有很高的同心度,否则难以得到精确的结果。试样尺寸小、形状简单的弯曲试验对于测试脆性材料的力学性能显示出较大的优势,可用于测定陶瓷材料、工具钢、硬质合金、铸铁等脆性和低塑性材料,以及复合材料的弯曲性能。

正是由于弯曲试验方法简便、成本低,通常用于快速检验和筛选材料的加工工艺,以及优化材料的研制中。对于承受弯曲工作条件的零部件,如轴、板弹簧等,常用弯曲试验测定其性能。此外,弯曲试验时试件表面的正应力大,对表面缺陷敏感,故弯曲试验常被用于检验和比较表面强化层的质量和性能。

5.2.3　材料在轴向压缩载荷下的力学行为

单向轴向压缩试验时,柔度系数 $\alpha = 2$,引起材料脆性断裂的拉伸应力分量很小,故常用于测定脆性材料和低塑性材料,如铸铁、轴承合金、水泥、陶瓷和砖石等的力学性能。而且,在拉伸、扭转和弯曲试验时不能显示的脆性材料力学行为,而在压缩时有可能获得。压缩可以看作是反向拉伸。因此,拉伸试验时所定义的各个力学性能指标和相应的计算公式,在压缩试验中基本上都能应用。但两者之间也存在着差别:如压缩时试件不是伸长而是缩短,横截面不是缩小而是胀大;压缩真应力-真应变曲线的位置低于工程应力-应变曲线;柔度系数与拉伸时差别很大。此外,塑性材料压缩时只发生压缩变形而不发生断裂,压缩曲线一直上升,如图 5-8 中的曲线 1 所示。正因为如此,塑性材料很少做压缩试验;如需做压缩试验,也是为了考察材料对加工工艺的适应性。

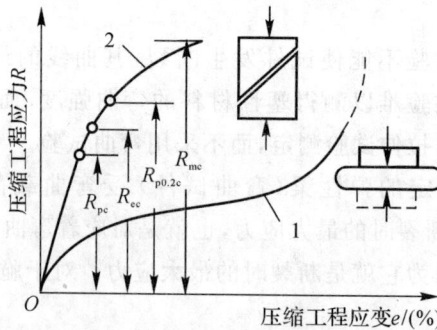

图 5-8　压缩载荷-变形曲线

1—高塑性材料；　2—低塑性材料

图 5-8 中的曲线 2 是低塑性材料的压缩曲线。在轴向压缩时,低塑性材料发生由剪应力引起的剪切式的断裂,断口表面与压力轴线呈 45°角。灰铸铁和一些高强度低塑性材料压缩断裂时具有这种类型的断裂。而脆性材料在轴向压缩断裂时,有时断口表面与压力方向平行,例如某些陶瓷材料压缩断裂时具有这种类型的断裂。

与拉伸性能指标符号对应,压缩比拉伸多了个下标"c"。例如规定非比例压缩强度的符号为 R_{pc};下压缩屈服强度为 R_{eLc};脆性材料的抗压强度 R_{mc};压缩弹性模量 E_c。图 5-8 中的曲线 2 显示了部分指标。

为防止压缩时试件失稳,对于试件的尺寸要求,以及防止失稳采取的措施,都在标准试验方法中做了明确的规定。金属材料的压缩试验方法见 GB/T 7314—2005[9]。

压缩试验时,在上下压头与试件端面之间存在摩擦力,这不仅影响试验结果,而且还会改变断裂形式。为减小摩擦阻力的影响,试件的两端面必须光滑平整,相互平行,并涂润滑剂润滑,标准中还建议了其他措施[9]。

5.3　材料的硬度

5.3.1　硬度的概念及主要类别

定性地讲,硬度用于表示材料的软硬程度,其经典定义是:一种材料抵抗另一种较硬材料压入产生永久压痕的能力。国家标准[10]定义硬度(hardness)的概念为:材料抵抗变形,特别是压痕或划痕形成的永久变形的能力。在工程中应用较多的是压痕硬度(indentation hardness),它是指用一个规定几何形状和尺寸的压头(indenter),在规定的条件下和试验循环内,施加试验力压入材料中,使其产生塑性变形压成压痕,以该压痕平均压力表示的特定量值单位[10]。可见,压痕硬度仅反映材料表层局部小体积范围的变形抗力和破坏抗力。此外,还有其他少量应用的硬度试验法。材料的硬度值不仅取决于其材料本身的性质、成分、状态和显微组织,也与硬度的测定方法有关。

硬度试验方法有多种,其命名是以提出该硬度试验的人或者公司的名字命名的,大致采用如图 5-9 所示的分类。

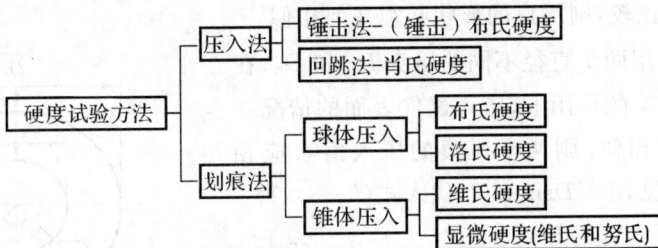

图 5-9　硬度试验分类

常用的试验以布氏硬度、洛氏硬度和维氏硬度等 3 种压痕硬度为主,下面将分别进行重点介绍。同时,还附带介绍了努氏硬度、肖氏硬度和莫氏硬度,以便能根据研究工作和生产中质量检验的需要,采用合适的方法测定硬度。

5.3.2　布氏硬度测定法

测定布氏硬度(Brinell Hardness),是对直径为 D 的硬质合金球压头,施加试验力 F 压入试样表面,经过规定的保持时间后,卸除试验力,测量试样表面压痕的直径 d(见图 5-10)。单位压痕表面积上所承受的平均压力,即定义为布氏硬度值,记为 HBW。已知施加的试验力大小为 F,压头直径为 D,只要测出试件表面上的压痕深度 h 或直径 d,即可计算出压痕表面积 A,按下式求出布氏硬度值:

$$\mathrm{HBW} = 0.102\frac{F}{A} = 0.102\frac{F}{\pi Dh} = 0.102\frac{2F}{\pi D[D - \sqrt{D^2 - d^2}]} \tag{5-8}$$

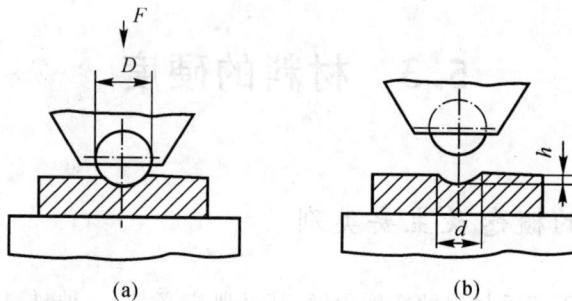

图 5-10　布氏硬度试验的原理图
(a)硬质合金球压入试样表面; (b)卸载后测定压痕直径 d

由标准重力加速度可知,1 kgf=9.806 65 N,即 1N 约为 0.102 kgf。试验力的单位为 N,则式(5-8)中有系数 0.102。过去曾用的试验力单位为 kgf,该情况下式(5-8)不用乘以0.102。布氏硬度值单位为 N/mm²,但一般不标注单位。

式(5-8)表明,当压力和压头直径一定时,压痕直径越大,则布氏硬度越低,即材料的变形抗力越小;反之,布氏硬度值越高,材料的变形抗力越高。

由于材料的硬度不同,以及试件的厚度不同,所以在测定布氏硬度时,往往要选用不同直径的压头和压力。在这种情况下,要在同一材料上测得相同的布氏硬度,或在不同的材料上测得的硬度可以相互比较,则压痕的形状必须几何相似。

图 5-11 表示用两个直径不同的压头 D_1 和 D_2,在不同的压力 F_1 和 F_2 的作用下,压入试件表面的情况。要使两个压痕几何相似,则两个压痕的压入角 φ 应相等。由图 5-11 可见,$d = D\sin\varphi/2$,代入式(5-8),得

$$\mathrm{HBW} = 0.102\frac{F}{D^2}\frac{2}{\pi\left(1 - \cos\dfrac{\varphi}{2}\right)} \tag{5-9}$$

由式(5-9)可见,要使布氏硬度的压痕几何相似,则比值 F/D^2 应为常数,国家标准规定的常数见表5-1。

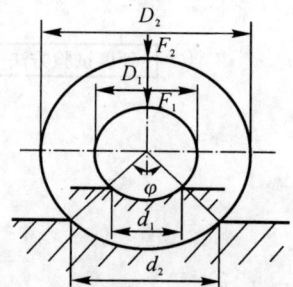

图 5-11　压痕几何相似示意图

规定可选用的球压头直径为 1 mm,2.5 mm,5 mm 和 10 mm。所以,布氏硬度试验前,应当根据试件的厚度和材料选定压头直径。试样厚度至少应为压痕深度的 8 倍。在试件尺寸足够时,为了保证在尽可能大的有代表性的试样区域试验,应尽量选取大直径压头。然后再根据材料及其硬度范围,参照表 5-1 选择 F/D^2 之值,从而算出试验需用的压力 F。应当指出,压痕直径 d 应在 $0.24 \sim 0.60D$ 范围内,所测硬度方为有效。若 d 值超出上述范围,则应另选 F/D^2 之值,重做试验。

表 5-1 典型材料的 F/D^2 值选择表[11]

材料	布氏硬度 HBW	试验力-球直径平方的比率 $0.102 \times F \cdot D^{-2}/(\mathrm{N \cdot mm^{-2}})$
钢、镍基合金、钛合金	—	30
铸铁*	<140	10
	≥140	30
铜和铜合金	<35	5
	35～200	10
	>200	30
轻金属及其合金	<35	2.5
		5
	35～80	10
		15
	>80	10
		15
铅锡	—	1

注:对于铸铁试验,压头的名义直径应为 2.5 mm,5 mm 或 10 mm。

在布氏硬度计上测定布氏硬度中,要求试样厚度至少应为压痕深度的 8 倍;试样任一压痕中心距试样边缘的距离,至少应为压痕平均直径的 2.5 倍;两相邻压痕中心间距离,至少应为压痕平均直径的 3 倍。加力开始至全部试验力施加完毕的时间,应在 $2 \sim 8$ s 之间,然后试验力保持时间为 $10 \sim 15$ s。对于有些较软材料,要求试验力保持时间较长,这是因为会产生较大的塑性变形。卸除载荷后,测定压痕直径,代入式(5-8)即可求得 HBW 之值,或查按式(5-8)制出的布氏硬度数值表。布氏硬度表示为:HBW 之前的数字表示布氏硬度值,其后的数字表示试验条件,依次为压头直径、试验力和试验力保持时间(若为 $10 \sim 15$ s,规定不标注)。例如,500HBW5/750,表示压头直径 5 mm,加压力 750 kgf(即 7.355 kN),试验力保持时间 $10 \sim 15$ s,测得布氏硬度值为 500。又例如 83HBW 2.5/62.5/30,表示压头的直径为2.5 mm,试验力为 62.5 kgf(即 612.9 N),试验力保持时间 30 s,得到的布氏硬度值为 83。关于布氏硬度测定方法的细节可参阅标准 GB/T 231.1—2009[11]。

由于测定布氏硬度时,采用了较大直径的压头和压力,因而压痕面积大,能反映出较大范围内材料各组成相的综合平均性能,而不受个别相和微区不均匀性的影响。故布氏硬度分散性小,重复性好,特别适合于测定具有粗大晶粒或粗大组成相材料的硬度,例如灰铸铁和轴承合金。同时,也正因为压痕面积大,不宜在某些成品零件上测试,也不宜测试薄壁件或表面硬化层的布氏硬度。同时,必须在零件和半成品的图纸上,注明测定布氏硬度的部位。布氏硬度测定的硬度可达 650 HBW,超出此范围选用其他硬度为宜,否则可能会损坏压头。

试验证明,在一定的条件下,布氏硬度与抗拉强度在数值上存在以下经验关系:

$$R_m = k\mathrm{HBW} \tag{5-10}$$

式中,k 为经验常数,其值对不同材料有所不同[21]。对于碳钢和合金钢,在 $200\sim450$ HBW 范围内,$R_m \approx \frac{1}{3}$ HBW,单位为 MPa。因此,测定了布氏硬度,即可粗略地估算出材料的抗拉强度。应当指出,目前没有普遍适用的精确方法可将布氏硬度值换算成其他硬度或抗拉强度。

5.3.3 洛氏硬度测定法

洛氏硬度(Rockwell Hardness)是直接测量残余压痕深度,并以残余压痕的深浅表示材料的硬度,这与布氏硬度定义是不同的。测定洛氏硬度的原理和过程如图 5-12 所示。首先加载初试验力 F_0,用以消除表面轻微的不平度对试验结果的影响,其压入材料表面的深度为图中以 1 所示的长度。初试验力 F_0 的基础上再加主试验力 F_1,得到 $F = F_0 + F_1$,规定 F_0 加至总试验力 F 的时间应不小于 1 s 且不大于 8 s。在总试验力 F 下保持规定的 4 s $\pm$ 2 s 时间后,其增加的压入深度为图中 2 所示的长度,它由弹性变形和塑性变形两部分组成。当卸掉主试验力 F_1 后,弹性变形恢复,所减少的压入深度为图中 3 所示的长度。图中 4 所示的长度,就是所求的残余压入深度 h,通过洛氏压痕硬度计的机构可以直接读出。最后卸掉 F_0,获得了一个洛氏硬度值,一次完整循环的硬度试验便完成了。

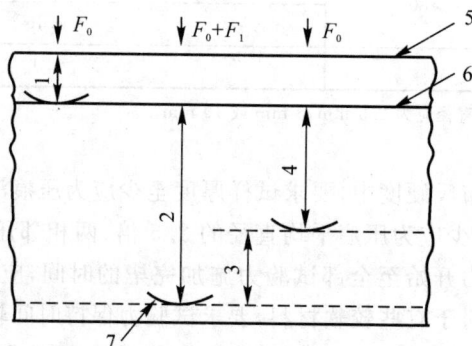

图 5-12　洛氏硬度测定的原理与过程示意图[12]

1—初试验力 F_0 的压入深度; 2—主试验力 F_1 引起的压入深度; 3—卸除主试验力 F_1 后的弹性回复深度;

4—残余压入深度 h; 5—试样表面; 6—测量基准面; 7—压头最深位置

标准型的洛氏硬度的压头有两类:金刚石圆锥压头,其锥角为 120°,顶部曲率半径为 0.2 mm;直径为 Φ1.587 5 mm(1/16 英寸)或 Φ3.175 mm(1/8 英寸)的硬质合金球。此外,只有产品标准或协议中有规定时,才允许使用钢球压头,其直径与硬质合金球相同。所加的试验力大小,视被测材料的软硬而定。采用不同压头并施加不同的压力,可以组成不同的洛氏硬度标尺[2],见表 5-2。常用的为 A,B 和 C 这 3 种洛氏硬度标尺,其中又以 C 标尺应用最普遍。用这三种洛氏硬度标尺测定的洛氏硬度,分别记为 HRA,HRB 和 HRC。

对于测定极薄工件和表面硬化层(如氮化及金属镀层等)的洛氏硬度时,采用的标尺为 N 和 T,并曾统称为表面洛氏硬度。

表 5 - 2　洛氏硬度标尺、符号、试验力和适用范围[12,17]

标尺	硬度符号[4]	压头类型	初试验力 F_0/N	主试验力 F_1/N	总试验力 F/N	测量硬度范围	应用举例
A[1]	HRA	金刚石圆锥		490.3	588.4	20～88	硬质合金、硬化薄钢板、表面薄层硬化钢
B[2]	HRB	直径 1.587 5 球		882.6	980.7	20～100	低碳钢、铜合金、铁素体可锻铸铁
C[3]	HRC	金刚石圆锥		1 373	1 471	20～70	淬火钢、高硬铸件、珠光体可锻铸铁
D	HRD	金刚石圆锥		882.6	980.7	40～77	薄钢板、中等表面硬化钢、珠光体可锻铸铁
E	HRE	直径 3.175 球	98.07	882.6	980.7	70～100	灰铸铁、铝合金、镁合金、轴承合金
F	HRF	直径 1.587 5 球		490.3	588.4	60～100	退火铜合金、软质薄合金板
G	HRG	直径 1.587 5 球		1373	1 471	30～94	可锻铸铁、铜镍合金、铜镍锌合金
H	HRH	直径 3.175 球		490.3	588.4	80～100	铝、锌、铅
K	HRK	直径 3.175 球		1 373	1 471	40～100	轴承合金、较软金属、薄材
15N	HR15N			117.7	147.1	70～94	
30N	HR30N	金刚石圆锥		264.8	294.2	42～86	渗氮钢、渗碳钢、极薄钢板、刀刃、零件边缘部分、表面镀层
45N	HR45N		29.42	411.9	441.3	20～77	
15T	HR15T			117.7	147.1	67～93	
30T	HR30T	直径 1.587 5 球		264.8	294.2	29～82	低碳钢、铜合金、铝合金等薄板
45T	HR45T			411.9	441.3	1～72	
如果在产品标准或协议中有规定时，可以使用直径为 6.350 mm 和 12.70 mm 的球形压头							

注：(1)试验允许范围可延伸至 94 HRA。

(2)如果在产品标准或协议中有规定时，试验允许范围可延伸至 10 HRBW。

(3)如果压痕具有合适的尺寸，试验允许范围可延伸至 10 HRC。

(4)使用硬质合金球压头的标尺，硬度符号后加"W"。使用钢球压头的标尺，硬度符号后加"S"。

　　显然，材料愈硬，洛氏硬度的压痕深度愈浅；反之，材料愈软，压痕深度愈大。这与人们的思维习惯不相符，于是人为地规定用以下方法求洛氏硬度，即

$$洛氏硬度 = N - h/S \qquad (5-11)$$

表 5 - 3 给出了各种洛氏硬度标尺的 N 和 S 值。

表 5 - 3　各种洛氏硬度标尺的 N 值和 S 值

洛氏硬度标尺	N	S/mm
A,C,D	100	0.002
B,E,F,G,H,K	130	0.002
N,T	100	0.001

　　按式(5 - 11)得到的洛氏硬度值便顺应了人们的思维习惯，并制成读数表装入洛氏硬度计上。在主试验力 F_1 卸除后，即可由读数表直接读出洛氏硬度之值。

　　洛氏硬度的表示方法为：硬度值在 HR 之前，在 HR 后面加注标尺符号，最后为球形压头的类型(压头为金刚石圆锥体不加任何标注)，硬质合金球为 W，钢球为 S。例如，45HRC 表示

洛氏硬度的标尺为 C,由表 5-2 可知,用金刚石圆锥体压头,其初试验力 F_0=98.07 N,主试验力 F_1=1 373 N,总试验力 F=1 471 N,测得的硬度为 45;80HR30TS 表示用 Φ1.587 5 的钢球,F_0=29.42 N,F_1=264.8 N,F=294.2 N,测得的硬度为 80。洛氏硬度的详细测定方法见标准 GB/T 230.1—2009[12]。

洛氏硬度测定具有以下优点:测定洛氏硬度简便迅速,工效高;造成的损伤较小,可用于某些成品零件的质量检验;因加有初试验力,可以消除表面轻微的不平度对试验结果的影响;不同的压头和试验力组合,使测定的硬度范围很宽。洛氏硬度的缺点主要是洛氏硬度的人为的定义,使得不同洛氏硬度的值无法相互比较。再则,由于压痕小,所以洛氏硬度对材料组织不均匀性很敏感,测试结果比较分散,重复性较差,因而不适用于具有粗大、不均匀组织材料的硬度测定。

5.3.4 维氏硬度测定法

维氏硬度(Vickers Hardness)测定的原理与方法基本上与布氏硬度的相同,也是根据单位压痕表面积上所承受的平均压力来定义硬度值。但测定维氏硬度所用的压头是有正方形基面的金刚石锥体压头,压头顶部两相对面夹角为 136°(见图 5-13),所加的试验力也较小。测定维氏硬度时,也是以一定的试验力将压头压入试件表面,保持一定的时间后卸除试验力,于是在试件表面上留下压痕,如图 5-13 所示。已知测试的试验力 F,测得压痕两对角线长度 d_1 和 d_2 后,取它们的平均值 d,代入式(5-12)即可求得维氏硬度。维氏硬度的试验力的单位为 N,因此计算时也要乘 0.102。一般维氏硬度不标注单位[13],则有

$$维氏硬度\ HV=常数\times\frac{试验力}{压痕表面积}=0.102\ \frac{2F\sin136°/2}{d^2}\approx0.189\ 1\frac{F}{d^2} \qquad (5-12)$$

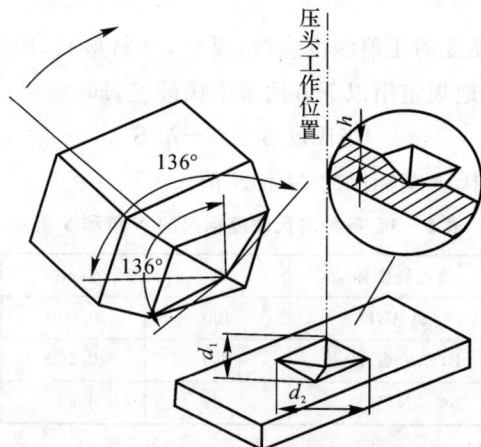

图 5-13 维氏硬度测定原理的示意图

维氏硬度可分为维氏硬度试验、小力值的维氏硬度试验和显微维氏硬度试验,其一般试验力的范围分别为 980.7~48.03 N,29.42~1.961 N 和 0.980 7~0.098 07 N。

维氏硬度试验从加力开始,至全部试验力施加完毕的时间应在 2~8 s 之间。对于小力值

的维氏硬度试验和显微维氏硬度试验,加力过程不能超过 10 s,且压头下降速度应不大于 0.2 mm/s。试验力保持时间为 10～15 s。对于特殊材料试样,试验力保持时间可以适当延长,直至试样不再发生塑性变形为止,但应在硬度试验结果中注明。维氏硬度的表示方法举例如下:640HV30/20,HV 前面的数字为硬度值 640,后面的数字依次为所加的试验力 30 kgf(294.2 N)和保持时间 20 s(若为规定的 10～15 s 不需标注)。维氏硬度试验的详细规定见标准 GB/T 4340.1—2009[13]。

由于维氏硬度在各种试验力的作用下,所得的压痕几何相似,因此试验力大小可以任意选择,所得硬度值均相同,不受布氏硬度试验力 F 和压头 D 之间规定的约束。维氏硬度法测量范围较宽,软硬材料都可测试,而又不存在洛氏硬度不同标尺的硬度无法统一的问题,并且比洛氏硬度法能更好地测定薄壁件或膜层的硬度,因而常用来测定表面硬化层以及仪表零件等的硬度。此外,由于维氏硬度的压痕为一轮廓清晰的正方形,其对角线长度易于精确测量,故其测量值的精确度较布氏硬度高。维氏硬度试验的另一特点是,当材料的硬度小于 450HV 时,维氏硬度值与布氏硬度值大致相同。维氏硬度试验的缺点是压痕小,不宜测定粗大组织的硬度。此外,它的效率较洛氏法低。但随着自动维氏硬度机的发展,这一缺点将不复存在。

5.3.5　努氏硬度测定法

努氏硬度(Knop Hardness)的压头为菱形棱锥体金刚石,其两长棱夹角为 172.5°,两短棱夹角为 130°(见图 5-14)。金刚石压头在试验力作用下压入试样表面,经过规定保持时间后,卸除试验力,在试样上产生长对角线长度 L 比短对角线长度 S 大 7 倍的棱形压痕(见图 5-14)。

与其他硬度不同,努氏硬度值的定义是单位压痕投影面积上所承受的力。已知试验力为 F,测出压痕长对角线长度 L 后,可按下式计算努氏硬度值(记作 HK),则

$$HK = 1.451 \, F/L^2 \tag{5-13}$$

努氏硬度试验从加力开始,至全部试验力施加完毕的时间应不超过 10 s。试验力的保持时间应为 10～15 s。努氏硬度的表示方法与维氏硬度的相同,HK 前面的数字为硬度值,后面的数字依次为试验力和保持时间(若为 10～15 s 时,规定不需标注)。努氏硬度试验的具体规定见国家标准 GB/T 18449.1—2009[14]。由于压痕浅而细长,在许多方面较其他显微维氏硬度优越,更适于测定极薄层或极薄零件,丝、带等细长件以及硬而脆的材料(如玻璃、玛瑙、陶瓷等)的硬度。

由于试验力从 0.098 07 N 到 19.614 N,努氏硬度可以归入显微硬度试验。显微硬度试验包括显微维氏硬度和显微努氏硬度,其最大特点是试验力微小,因而产生的压痕极小,几乎不损坏试件,便于测定微小区域内的硬度值。例如,某个晶粒的某个组成相或夹杂物的硬度;或者研究扩散层组织,偏析相的硬度,硬化层深度以及极薄板的硬度。显微硬度试验的另一特点是灵敏度高,适合于评定细线材的加工硬化程度,焊接接头微小区域的硬度分布,磨削时烧伤情况和由于摩擦、磨损或者由于辐照、磁场和环境介质而引起的材料表面层的性质变化,以及检查材料化学和组织结构的不均匀性。目前,已经有了更加先进的超声努氏硬度计。

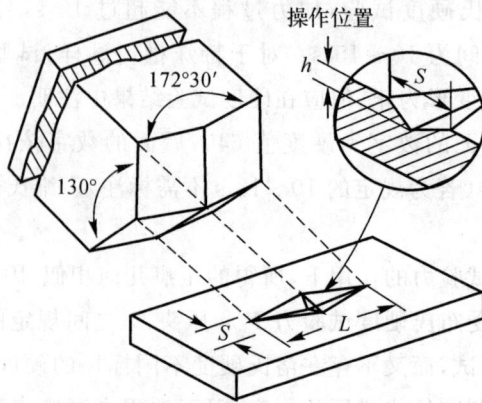

图 5-14　努氏硬度压头与压痕示意图[1]

5.3.6　莫氏硬度

　　莫氏硬度(Mohs Hardness)也称作划痕硬度(Scratch Hardness),它是由德国矿物学家莫斯(Frederich Mohs)在 1824 年提出的。莫氏硬度只表示硬度从低到高或从软到硬的排序,序号大的材料可以在序号小者划出痕迹。起初,莫氏硬度分为 10 级,硬度最低的材料为滑石,排序为 1 级,排序 10 级的是硬度最高的金刚石。之后由于人工能够合成一些新的高硬度材料,若按照 10 级分级,级间硬度相差太大,于是增加了级数,故又将莫氏硬度分为 15 级。这两种莫氏硬度的分级和排序见表 5-4。

表 5-4　莫氏硬度的两种分级排序[15,22]

序级	材　料	序级	材　料
1	滑石(talc)	1	滑石
2	石膏(gypsum)	2	石膏
3	方解石(calcite)	3	方解石
4	萤石(fluorite)	4	萤石
5	磷灰石(apatite)	5	磷灰石
6	正长石(orthoclase)	6	正长石
7	石英(quartz)	7	熔融石英(fused silica)
8	黄玉(topaz)	8	石英
9	刚玉(corundum)	9	黄玉
10	金刚石(diamond)	10	石榴石(garnet)
		11	熔融氧化锆(fused zirconia)
			碳化钽(tantalum carbide)
		12	刚玉
			碳化钨(tungsten carbide)
		13	碳化硅(silicon carbide)
		14	碳化硼(boron carbide)
		15	金刚石

一般很难想象表 5 - 4 所列材料莫氏硬度的高低和范围,图 5 - 15 给出了更加直观的印象,帮助人们简便地了解莫氏硬度的大致范围。

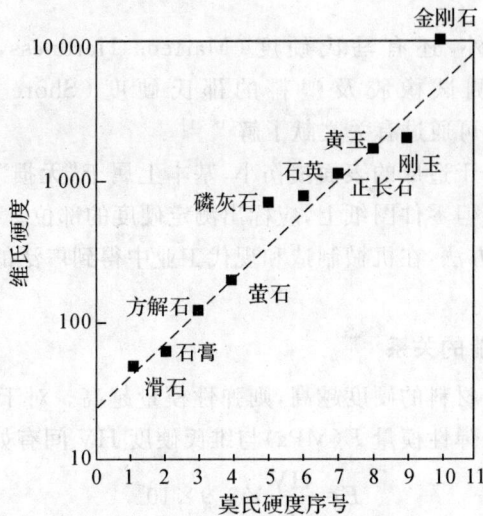

图 5 - 15 莫氏硬度与维氏硬度的关系[16]

5.3.7 肖氏硬度测定法

肖氏硬度(Scleroscope Hardness)又叫回跳硬度。其测定原理是将一定重量的具有金刚石圆头或钢锭球的标准冲头,从一定高度 h_0 自由下落到试件表面,然后由于试件的弹性变形,使其回跳到某一高度 h,用这两个高度的比值来计算肖氏硬度值,即

$$HS = Kh/h_0 \qquad (5-14)$$

式中,HS 为肖氏硬度符号,K 为肖氏硬度系数。对于 C 型肖氏硬度计,$K = 10^4/65$;对于 D 型肖氏硬度计,$K = 140$。

由式(5 - 14)可见,冲头回跳高度越高,则试样的硬度越高,其原因为:冲头从一定高度落下,以一定的能量冲击试样表面,使其产生弹性和塑性变形;冲头的冲击能一部分消耗于试样的塑性变形上,另一部分则转变为弹性变形能储存在试件中,当弹性变形恢复时,弹性变形能释放出来,使冲头回跳到一定的高度。被测材料的屈服强度越高,消耗的塑性变形能愈小,则储存于试件的弹性能就愈大,冲头回跳高度便愈高,表明材料愈硬。这也表明,硬度值的大小取决于材料的弹性性质。因此,弹性模量不同的材料,其结果不能相互比较,例如钢和橡胶的肖氏硬度值不能比较。肖氏硬度无量纲,HS 前面的符号表示硬度值,后面的符号表示硬度计类型,例如,25HSC 表示使用 C 型肖氏硬度计,测得的硬度值为 25。

肖氏硬度一般用便携式仪器来测量,具有操作简便、测量迅速、压痕小、可到现场进行测试等特点,主要用于检验一些大型工件的硬度。其缺点是测定结果的精度较低,重复性差。肖氏硬度的测定方法见标准 GB/T 4341—2001[17]。

5.3.8* 硬度试验的发展和扩大应用

除上述例举的硬度外,还有马氏硬度(Martens Hardness,HM),里氏硬度(Leeb Hardness,HL),及主要测试橡胶及塑料的邵氏硬度(Shore Hardness or Durometer Hardness,H)等,具体内容可通过有关文献了解[18-21]。

硬度测定方法简便,由于造成的表面损伤小,基本上属于"无损"或微损检测的范畴,因而可直接在零件上测定硬度;但零件图纸上,应标出测定硬度的部位。因此,硬度测定作为材料、半成品和零件的质量检验方法,在机械制造和现代工业中得到广泛的应用,在材料和工艺研究中也得到广泛的应用。

1. 硬度与其他力学性能的关系

由 3.2.3 节已经知道,材料的硬度越高,则弹性模量越高。对于简单立方结构的金属,在一个相当宽的温度范围内,弹性模量 E(MPa)与维氏硬度 HV 间有如下经验关系[21]:

$$E = \frac{HV}{2} \times 6.9 \times 10^3 \qquad (5-15)$$

因此,知道了硬度值,就可大致了解简单立方结构金属的弹性模量。

材料的硬度与强度之间存在某种定量的经验关系,例如,式(5-10)反映了硬度愈高,抗拉强度愈高的规律。用仪器化压痕试验方法测量金属的拉伸性能,是近年来硬度应用的一大发展[21-22]。材料屈服强度和晶粒尺寸满足 Hall-Petch 关系,既然硬度与强度之间有关系,那么硬度 H 和晶粒尺寸 d 也有类似的关系[23],即

$$H = H_0 + Kd^{-1/2} \qquad (5-16)$$

式中,H_0 和 K 是回归常数。

在第 8 章将会介绍,金属的抗拉强度愈高,则高周疲劳极限愈高,寿命愈长。既然抗拉强度愈高,则硬度愈高,那么也就自然存在金属的硬度愈高,其高周疲劳极限愈高,寿命愈长的规律。对于裂纹起始于滑移带或晶界的钢,维氏硬度与对称疲劳极限 σ_{-1} 之间,在 HV<400 时,存在 $\sigma_{-1}=1.6\,HV$,其中 σ_{-1} 单位为 MPa,HV 单位为 kgf/mm^2。

压痕硬度还可以用来大致判断材料的耐磨性,在第 11 章将会介绍,硬度愈高,则耐磨性愈好。此外,硬度与断裂韧性、夏比摆锤冲击吸收能量和剪切模量间也有定性的关系,甚至有定量的经验关系[21]。几种常用硬度相互之间有如下经验关系:$HBW \approx 0.95\,HV$;$HK \approx 1.05\,HV$;$HRC \approx 100-1\,480/\sqrt{HBW}$;$HRB \approx 134-6\,700/HB$。

2. 硬度与其他物理性能的关系

既然硬度越高,弹性模量越高,那么由 3.2.3 小节可知,熔点愈高,原子间的结合力愈强。压痕硬度与材料的残余应力有理论和经验的关系[21,24-25]。材料的化学成分(元素含量)、状态(固溶、时效、淬火、回火、相变等)和组织结构的不均匀性(偏析、晶界、第二相)都与硬度有关,即使是细微的变化,也能由硬度反映出来。

3. 硬度的扩大应用

上述已经表明,硬度与力学性能和其他性能间存在许多定性或定量的经验关系。由于硬度试验造成的表面损伤小,要求测试的样品小,当条件限制而无法测试材料力学性能和其他性

能时,通过硬度试验便可判断材料的某些定性或定量的性能。例如对出土文物不能进行损坏性测试,可通过纳米压痕仪分析其性质;进口或年代久远设备的零件已损坏且很难得到备件时,硬度试验便是帮助选择何种材料及状态进行加工替代的手段之一。

利用硬度试验可以辅助确定表面强化层、扩散层、涂层、脱碳层、氧化层及腐蚀层的硬度、硬度分布和深度。显微硬度可以用来测定疲劳裂纹尖端塑性区的分布规律;压痕硬度已经用来测量材料的残余应力[21,24-25]和断裂韧度。通过硬度试验可判断某些材料的化学和组织状态,以及材料组织和结构的均匀性。近年来出现的纳米压痕仪的用途更加细微,例如:测试疲劳中材料表面硬度的变化规律,进而分析其疲劳机理;测试复合材料界面的显微硬度,便可大致了解其界面结合强度。

5.4 本章小结

本章在材料力学的基础上,论述了材料在扭转、弯曲和压缩等不同载荷下的力学行为,以及相应力学性能的试验测定方法。扭转、弯曲、压缩等试验方法,主要用于测定脆性材料和低塑性材料的力学性能,并用于评价材料,以及提供结构件设计中所需的力学性能数据。

本章也介绍了硬度的测定原理和方法。宏观硬度测定方法主要有布氏、洛氏和维氏硬度等。显微硬度测定法有显微维氏硬度和显微努氏硬度。各种硬度的定义是不同的,测定方法也有差异,因而有不同的特点和应用范围。因此,应当根据具体材料、状态和技术要求,选定合适的硬度测定方法来测定材料、半成品或成品的硬度。在零件上测定硬度时,应注明硬度测定的部位。

习题与思考题

1. 扭转试验可测得哪些力学性能指标? 同一材料的扭矩-扭转角图与拉伸图在形态上会有怎样的区别?

2. 根据扭转试样的断口特征,如何判定断裂的方式,即是正断还是切断?

3. 哪些材料适宜作弯曲试验? 抗弯试验的加载形式有哪两种? 各有何优缺点?

4. 有一飞轮壳体用灰铸铁制造,要求其抗弯强度大于 400 MPa。现用 $\Phi 30$ mm×340 mm 的试样进行三点弯曲试验,测试结果如下,判别那组数据能满足要求。第一组:$d_0 = 30.2$ mm,$F_m = 14.2$ kN;第二组:$d_0 = 32.2$ mm,$F_m = 18.3$ kN。

5. 为什么拉伸试验所得的工程应力-应变曲线位于真实应力-应变曲线之下,而压缩试验时正好相反?

6. 材料为灰铸铁,其试样直径 $d = 30$ mm。在压缩试验时,当试样承受到 485 kN 压力时发生破坏,试求其抗压强度 R_{mc}。

7. 试比较拉伸、扭转、弯曲及压缩试验的特点和应用范围?

8. 为什么灰口铸铁的拉伸断口与应力垂直,而压缩断口与应力成 45°角?

9. 用压入法测定材料硬度的硬度试验方法有哪几类,各有何优点和特点?

10.硬度的物理意义是什么？布氏硬度、洛氏硬度、维氏硬度和努氏硬度都是常用的压痕硬度,比较它们的测试原理有何不同。

11.现有如下工件需测定硬度,选用何种硬度试验方法为宜？(1)钢的渗碳层的硬度分布；(2)灰铸铁铸件；(3)淬火钢件；(4)龙门刨床导轨；(5)钢的渗氮层；(6)仪表小黄铜齿轮；(7)双相钢中的铁素体和马氏体；(8)高速钢刀具；(9)硬质合金；(10)退火态下的低碳钢。

12.布氏硬度试验时,要求试样厚度至少应为压痕深度的8倍。试推导出试样最小厚度的公式。若某块体材料的布氏硬度值为500HBW5/750,试求测试的最小厚度是多少。

13.若两种材料的硬度分别为500HBW5/750和45HRC,判断哪一种材料的硬度更高。

14.18Cr2Ni4WA钢制齿轮,经渗碳和热处理后,要求渗碳层深度1.0~1.2 mm,硬度为57~62HRC。采用什么硬度测定法,可较精确地测得齿面硬度值和渗碳层中的硬度分布？

15.下列对工件的硬度要求或表示法是否妥当,HBW 180~240；HRC 12~15,HRC 70~75；HRC 45~50 kgf/mm²；HBW 640~660。如有不妥,请加以改正。

参 考 文 献

[1] 郑修麟.工程材料的力学行为[M].西安:西北工业大学出版社,2004.

[2] 中华人民共和国国家标准委员会.GB10128—2007 金属材料室温扭转试验方法[S].北京:中国标准出版社,2007.

[3] 魏文光.金属的力学性能测试[M].北京:科学出版社,1980.

[4] Dieter G E. Jr. Mechanical Metallurgy[M]. New York:McGraw - Hill Book Company,1961.

[5] 鄢君辉,赵康,郑修麟.试件几何形状与尺寸对脆性灰铸铁扭转切口强度的影响[J].中国机械工程,1998,9(10):73 - 76.

[6] 赵康,鄢君辉,郑修麟,等.连铸球墨铸铁扭转切口强度的研究[J].机械科学与技术,1998,17(3):468 - 469.

[7] 周惠久,黄明志.金属材料强度学[M].北京:科学出版社,1989.

[8] 中华人民共和国国家标准委员会.GB/T 6569—2006 精细陶瓷弯曲强度试验方法[S].北京:中国标准出版社,2006.

[9] 中华人民共和国国家标准委员会.GB/T 7314—2005 金属材料室温压缩试验方法[S].北京:中国标准出版社,2006.

[10] 中华人民共和国国家标准委员会.GB/T 10623—2008 金属材料力学性能试验术语[S].北京:中国标准出版社,2008.

[11] 中华人民共和国国家标准委员会.GB/T 231.1—2009 金属材料布氏硬度试验第1部分:试验方法[S].北京:中国标准出版社,2009.

[12] 中华人民共和国国家标准委员会.GB/T 230.1—2009 金属材料洛氏硬度试验第1部分:试验方法[S].北京:中国标准出版社,2009.

[13] 中华人民共和国国家标准委员会.GB/T 4340.1—2009 金属材料维氏硬度试验第1部分:试验方法[S].北京:中国标准出版社,2009.

[14]　中华人民共和国国家标准委员会. GB/T 18449.1—2009 金属材料努氏硬度试验第 1 部分:试验方法[S]. 北京:中国标准出版社,2009.

[15]　贾德昌,宋桂明,等.无机非金属材料性能[M].北京:科学出版社,2008.

[16]　Hosford W F. Mechanical Behavior of Materials[M]. 2nd ed. New York:Cambridge University Press,2010.

[17]　中华人民共和国国家标准委员会. GB/T 4341—2001 金属肖氏硬度试验方法[S]. 北京:中国标准出版社,2001.

[18]　中华人民共和国国家标准委员会. GB/T 21838.1—2008 金属材料硬度和材料参数的仪器化 压痕试验 方法[S]. 北京:中国标准出版社,2008.

[19]　中华人民共和国国家标准 GB/T 17394—1998 金属里氏硬度试验方法[S]. 北京:中国标准出版社,1998.

[20]　中华人民共和国国家标准 GB/T 531.1—2008 硫化橡胶或热塑性橡胶压入硬度试验方法第 1 部分 邵氏硬度计法[S]. 北京:中国标准出版社,2008.

[21]　林巨才.现代硬度测量技术及应用[M].北京:中国计量出版社,2008.

[22]　Wilde H R, Wehrstedt A. Martens hardness HM — An international accepted designation for Hardness under test force[J]. Zeitschrift Material prufung , 2000,42 (11－12):468－470.

[23]　张立德,牟季美.纳米材料和纳米结构[M].北京:科学出版社,2001.

[24]　Jang J I, Son D, Lee Y H, et al. Assesing welding residual stress of A335 P12 steel welds before and after stress — relaxation annealing thorough instrumented indentation technigue [J]. Scripta Materialia,2003,48:743.

[25]　中华人民共和国国家标准委员会. GB/T 24179—2009 金属材料残余应力测定压痕应变法[S]. 北京:中国标准出版社,2009.

[26]　束德林.工程材料力学性能[M].北京:机械工业出版社,2004.

[27]　中华人民共和国国家标准委员会. GB/T232—2010 金属材料弯曲试验方法[S].北京:中国标准出版社,2010.

第6章 材料的缺口强度、夏比摆锤冲击及韧-脆转变

6.1 引 言

机械和工程结构的零构件,由于结构细节设计的需要,如螺栓孔、铆钉孔、开键槽等,零件和构件的外形具有几何不连续性。这种几何不连续性可以看成是广义的"缺口",有的著作中称为切口。缺口的存在改变了零构件中应力和应变的分布:在缺口根部。缺口根部的应力集中和应力的多向性,对材料的塑性变形和断裂过程产生很大的影响,促使材料尤其是高强度材料发生低于材料屈服强度的低应力脆断。

结构零部件的脆断要设法防止。长期以来,人们用带缺口的试件,测定其冲击吸收能量,以表示材料的脆断倾向。但是,对材料冲击吸收能量的要求,尚不能根据零构件的设计应力来确定,只能依据经验。尤其是经过严重事故的教训之后,提出了对材料冲击吸收能量的具体要求。例如,第二次世界大战期间,不少大型焊接油船出现船体脆断事故。对这些事故进行大量的研究后,得出如下的结论:①对于脆断钢板,其 V 型缺口试件的夏比摆锤冲击吸收能量在10℃时低于 15 ft·lbf(20.34 J,1 J=0.378 ft·1 bt);②对于韧性钢板的同一缺口试件,其夏比摆锤冲击吸收能量在10℃时高于 15 ft·lbf。据此可知,15ft·lbf 这个值曾被建议作为焊接船板缺口冲击吸收能量的临界值[1]。依据试验,用于制造飞机起落架的高强度钢,其 U 型缺口试件,夏比摆锤冲击吸收能量在室温下要求不低于 6.0 kgf-m/cm²(588.4 kJ/m²,1 J/cm²=0.102 kgf·m/cm²),不过现在已经不用这种表示方法了。

20 世纪 50 年代,曾广泛地研究了高强度钢、铝合金和钛合金的缺口强度,用带缺口的拉伸试件,测定其断裂时的名义应力(净断面平均应力)作为缺口强度。为评估材料对缺口的敏感性,用缺口敏感度作为评定指标。

本章主要论述应力集中、应变集中以及缺口根部的局部应变的近似计算,缺口强度的试验测定,缺口强度的计算方法,缺口敏感度的概念,缺口试样夏比摆锤冲击试验,韧-脆转变以及低温脆性。

6.2 局部应力与局部应变

6.2.1 应力集中与局部应力

受单向均匀拉伸载荷薄板中的应力分布是均匀的。若在板的中心钻半径为 a 的圆孔,如

图 6-1 所示,则在孔周围的应力分布发生了很大的变化。当最大应力不超过材料的弹性极限时,对于这种受远场应力为 σ,且带有中心孔的无限宽板,弹性力学给出的各应力分量的解为[2]

$$\sigma_r = \frac{\sigma}{2}\left(1 - \frac{a^2}{r^2}\right) + \frac{\sigma}{2}\left(1 + \frac{3a^4}{r^4} - \frac{4a^2}{r^2}\right)\cos 2\theta$$

$$\sigma_\theta = \frac{\sigma}{2}\left(1 + \frac{a^2}{r^2}\right) - \frac{\sigma}{2}\left(1 + \frac{3a^4}{r^4}\right)\cos 2\theta \tag{6-1}$$

$$\tau_{r\theta} = -\frac{\sigma}{2}\left(1 - \frac{3a^4}{r^4} + \frac{2a^2}{r^2}\right)\sin 2\theta$$

图 6-1 显示了式(6-1)中各个符号的意义,θ 起始于 y 轴,顺时针转向为正。式中 σ_θ 为环向正应力,σ_r 为径向正应力,$\tau_{r\theta}$ 为切应力。从式(6-1)可知,各应力分量都是坐标 r 和 θ 的函数,也就是说,各点的应力状态随其位置的坐标 (r,θ) 而变化,因而应力分布是不均匀的。

在圆孔的边缘,即 $r = a$ 处,由式(6-1)可知,$\sigma_r = \tau_{r\theta} = 0$,$\sigma_\theta = \sigma(1 - 2\cos 2\theta)$。显然,$\sigma_\theta$ 的最大值位于 $\theta = \pi/2$ 和 $\theta = 3\pi/2$ 处,即位于与外加拉伸应力垂直的平面内,亦即图中的 n 和 m 点处,其值为 $\sigma_\theta = 3\sigma$。由第 1 章已经知道,最大应力 σ_{max} 与名义应力 σ 之比是理论应力集中系数 K_t,因此孔边 n 和 m 点处的 $K_t = \sigma_{max}/\sigma = 3\sigma/\sigma = 3$。

在圆孔边缘的 p 和 q 处,即 $r = a$,且 $\theta = \pi$ 或 $\theta = 0$ 处,$\sigma_r = \tau_{r\theta} = 0$,$\sigma_\theta = -\sigma$,说明在这两个点上受环向的压应力,其值为 σ。

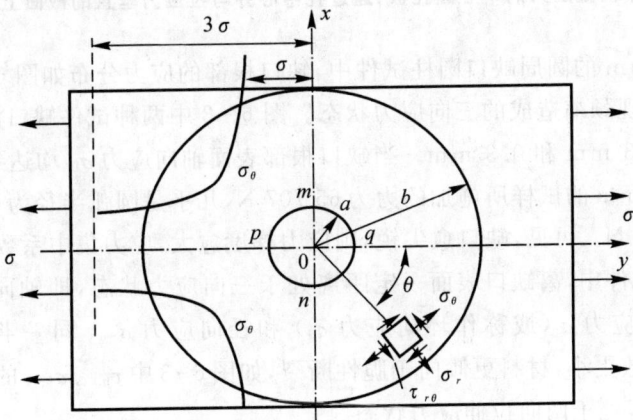

图 6-1 受单向均匀拉应力的中心圆孔板[2]

通过孔中心与外加拉应力垂直截面上,$\theta = \pi/2$,于是有

$$\sigma_r = \frac{3\sigma}{2}\left(\frac{a^2}{r^2} - \frac{a^4}{r^4}\right)$$

$$\sigma_\theta = \frac{\sigma}{2}\left(2 + \frac{a^2}{r^2} + \frac{3a^4}{r^4}\right) \tag{6-2}$$

$$\tau_{r\theta} = 0$$

由式(6-2)得出的应力分布,如图 6-2 所示。由式(6-2)和图 6-2 可知,随着 r 的增大,σ_θ 值迅速降低,直至趋近于远场的应力 σ。当 $r = a$ 时,$\sigma_r = 0$。随着 r 的增大,σ_r 也开始增大,在达到最大值后逐渐降低,最后趋近于零。对 σ_r 求导,并令 $\mathrm{d}\sigma_r/\mathrm{d}r = 0$,可求得 $\sigma_{r\,max} = 3\sigma/8$,其位

置为 $r = \sqrt{2}a$（见图 6-2）。在垂直于板材的 z 轴方向，当为薄板时，板材处于平面应力状态，$\sigma_z = 0$；当为厚板时，由于受到表面和缺口附近材料的约束，不能沿垂直于板的 z 轴方向自由变形，其厚度的中部处于平面应变状态，即 $\varepsilon_z = 0$。根据广义胡克定律，可得

$$\sigma_z = \nu(\sigma_x + \sigma_y) \tag{6-3}$$

σ_z 的值可通过该式求得，同时也绘在图 6-2 中。

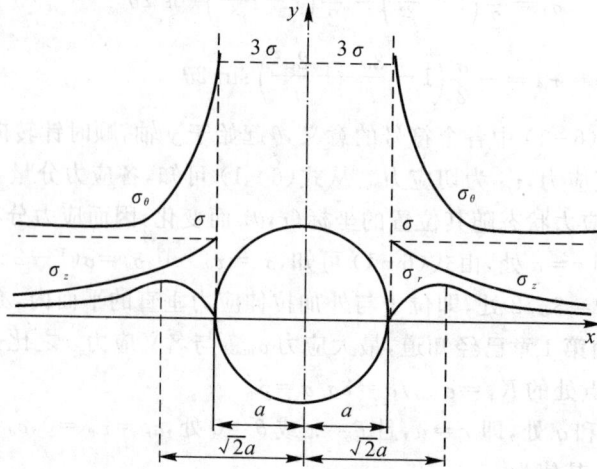

图 6-2　受单向拉应力的中心圆孔板，通过孔中心并与拉应力垂直的截面上的应力分布[2]

在直径为 15 mm 的圆周缺口圆柱试件中，缺口根部的应力分布如图 6-3 所示，类似于光滑圆柱试件拉伸出现颈缩造成的三向应力状态。图 6-3 中两种试件缺口深度相同，缺口根部圆弧半径分别为 4.3 mm 和 0.3 mm。当缺口根部表面轴向应力 σ_L 均达到 1 177 MPa 值时，对圆弧半径为 4.3 mm 的试样所施加的力为 65 707 N，几乎是圆弧半径为 0.3 mm 的试样的 4 倍，后者只需 17 260 N。可见，缺口愈尖锐，则应力梯度愈大，应力集中系数也愈大。图 6-3 还表明，在缺口圆柱试件中，离缺口表面一定距离处于三向应力状态，即轴向应力 σ_L、以圆柱中心轴作圆的圆切向应力 σ_t（或称作环向应力 σ_θ）和径向应力 σ_r。同一半径处，缺口半径为 0.3 mm 的软性系数更小，材料更倾向于脆性断裂，如图 6-3 中 τ_{max}/σ_{max} 的比值。缺口根部表面径向应力 σ_r 为零，处于两向拉伸应力状态。

若该试件缺口截面的平均应力（或称之为名义应力）记作 σ_n，缺口的理论应力集中系数为 K_t，则缺口根部表面的 σ_L 和 σ_t 为

$$\sigma_L = K_t \sigma_n, \quad \sigma_t = \nu K_t \sigma_n \tag{6-4}$$

利用式（6-4）以及第四强度理论，可以计算缺口根部表面的等效应力 σ^* 为[4]

$$\sigma^* = \frac{1}{\sqrt{2}}[\sigma_L^2 + \sigma_t^2 + (\sigma_L - \sigma_t)^2]^{1/2} = K_t \sigma_n[1 - \nu + \nu^2]^{1/2} \tag{6-5}$$

令

$$K_t' = \frac{\sigma^*}{\sigma_n} = K_t[1 - \nu + \nu^2]^{1/2} \tag{6-6}$$

式中，K_t' 表示缺口根部表面处于两向拉伸应力状态下的应力集中系数，简称复合应力集中系数或有效应力集中系数[3]。对于金属材料，通常有 $\nu = 0.3 \sim 0.5$，故 $K_t' = 0.87 \sim 0.89 K_t$，取平

均值 $K'_t = 0.88K_t$[5]。厚板的缺口根部表面也处于两向拉伸应力状态(见式(6-2)、式(6-3)和图 6-2),因而也要用式(6-6)计算有效应力集中系数。

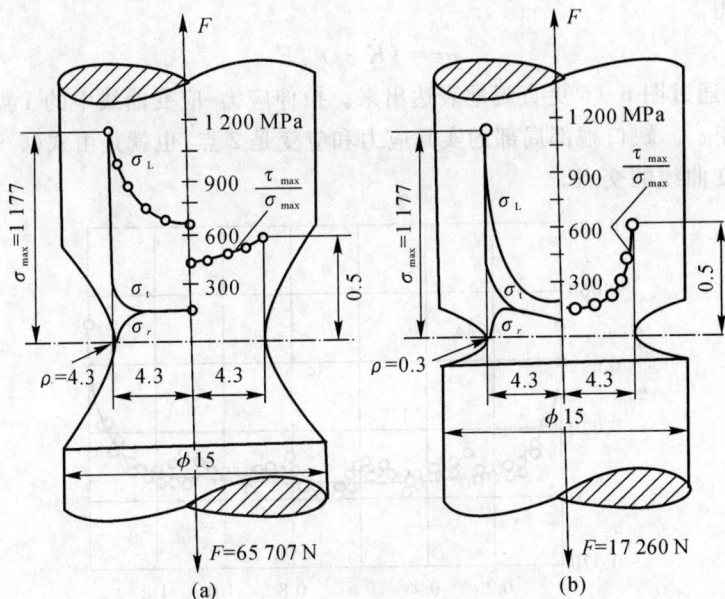

图 6-3　缺口圆柱试件中的应力分布
(a) 钝缺口试件；　(b) 尖缺口试件[3]

6.2.2　应变集中与局部应变的计算

应力集中引起应变集中,在缺口根部的局部应力不超过弹性极限的情况下,缺口根部的局部应变 ε 为

$$\varepsilon = \sigma/E = K_t\sigma_n/E = K_t\varepsilon_n \tag{6-7}$$

式中,$\varepsilon_n = \sigma_n/E$,$\varepsilon_n$ 为名义应变(或称之为平均应变)。式(6-7)反映了局部应变 ε 较名义应变 ε_n 增大了 K_t 倍。将局部增大的应变对平均应变之比定义为应变集中系数 K_ε,即 $K_\varepsilon = \varepsilon/\varepsilon_n$。在缺口根部处于弹性状态下,由式(6-7)可知 $K_\varepsilon = K_t$。

在绝大多数零构件的设计中,其名义应力总是低于屈服强度,但由于应力集中,缺口根部的局部应力 σ 可能高于屈服强度 $R_{p0.2}$,即缺口根部 $\sigma > R_{p0.2}$。因此,即使受力零构件在整体上是弹性的,但在缺口根部局部则可能发生塑性变形,形成塑性区。图6-4表示双缺口平板试件(参阅图 6-6(b),该试件的 b_0 为 1.4 in,1 in = 25.4 mm)中受拉伸时的应变分布[6]。由此可见,缺口根部表面的局部应变最大。在缺口根部发生塑性变形而处于弹塑性状态下,缺口根部局部应力与名义应力之比为 $K_\sigma = \sigma/\sigma_n$,$K_\sigma$ 称为弹塑性应力集中系数。显然,在缺口根部不发生塑性应变的情况下,$K_\sigma = K_\varepsilon = K_t$。

局部应变可根据诺贝尔定则(Neuber's Rule)和 Hollomon 方程进行计算[7]。根据诺贝尔定则,有

$$K_t^2 = K_\sigma K_\varepsilon = \frac{\sigma}{\sigma_n}\frac{\varepsilon}{\varepsilon_n} \tag{6-8}$$

工程设计中,设计的名义应力总是低于屈服强度,即使得缺口根部的局部发生塑性变形,而缺口零件整体上仍处于弹性状态。所以,名义应力和名义应变仍符合胡克定律,即 $\sigma_n = E\varepsilon_n$,代入式(6-8),得

$$\sigma\varepsilon = (K_t\sigma_n)^2/E \qquad (6-9)$$

这一关系可通过图6-5更直观地表达出来。拉伸应力-应变曲线中的1点对应着名义应力 σ_n 和名义应变 ε_n。缺口根部局部的实际应力和应变是2点,也就是由式(6-9)获得的曲线和拉伸应力-应变曲线的交点。

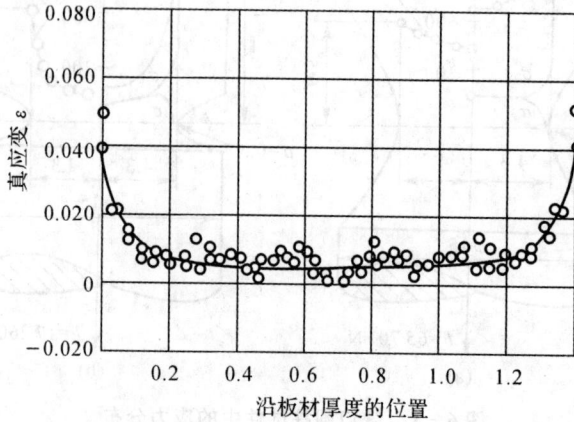

图6-4 双缺口平板试件拉伸时,沿缺口根部厚度方向(图6-6(b)中的 b_0 方向)的应变分布[6]

(横坐标单位:in,$b_0 = 1.4$ in,1 in $= 25.4$ mm)

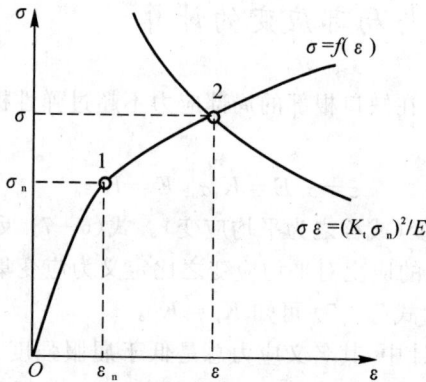

图6-5 缺口根部的局部应力和应变示意图[3]

由第2章已知,在弹塑性变形状态下,材料的应力-应变关系可用幂函数经验关系(Hollomon方程)表示,即 $\sigma = C\varepsilon_p^n$。局部应变包含弹性应变分量 ε_e 和塑性应变分量 ε_p。通常,ε_e 很小,则有

$$\varepsilon = \varepsilon_e + \varepsilon_p \approx \varepsilon_p \qquad (6-10)$$

将Hollomon方程和式(6-10)代入式(6-9),得到缺口根部局部应变 ε 的近似表达式[5]:

$$\varepsilon = \left[\frac{1}{EC}(K_t\sigma_n)^2\right]^{1/(1+n)} \qquad (6-11)$$

6.3 缺口静强度的试验测定和缺口敏感度

缺口静强度采用静拉伸试验予以测定,通常用的试件为缺口圆柱试件(见图6-6(a))或双缺口平板试件(见图6-6(b))。缺口几何的三个主要参数为:缺口深度t,缺口根部的曲率半径ρ和缺口张角ω,如图6-6(c)所示[3]。缺口试件拉伸试验时,计录下最大载荷F_{max},然后除以缺口处的最小净截面积,即得缺口试样抗拉强度,并记作σ_{bN},有时简称为缺口强度。据这一原则,对于缺口圆柱试件可得

$$\sigma_{bN} = 4F_{max}/\pi d_n^2 \tag{6-12}$$

式中,d_n为缺口处最小截面的直径。通常,在测定棒状材料和铸、锻件的缺口强度时,采用缺口圆柱试件,例如一种缺口拉伸试件如图6-7所示;而测定板材的缺口强度时,采用双缺口平板试件。在国内,航空工业标准HB5214—96对金属材料缺口强度试验做了规定和说明。在研究工作中,试件的缺口深度一般为定值,可以通过改变缺口根部的曲率半径以获得所需的应力集中系数。在较宽广的应力集中系数范围内,对材料的缺口强度进行测定,有利于对材料的缺口敏感性做定量评定,也为结构件的强度校核和安全性评估提供有用的数据。

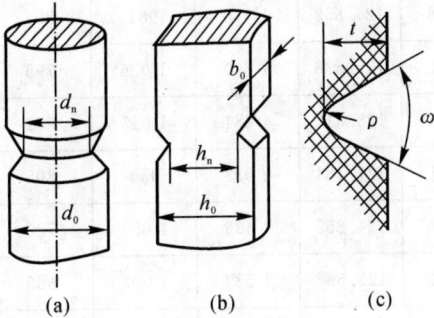

图6-6 缺口试件与缺口几何[3]

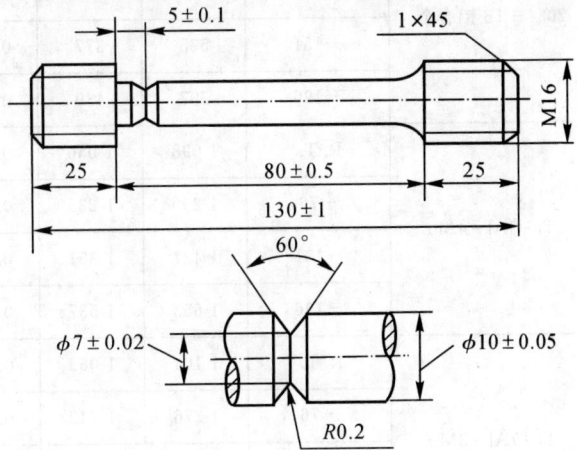

图6-7 一种缺口拉伸试件[8]

为评估材料对于缺口的敏感性,将缺口试样抗拉强度σ_{bN}与缺口根部等截面光滑试件抗拉强度R_m的比值σ_{bN}/R_m,定义为缺口强度比NSR(Notch Sensitivity Ratio),亦称为缺口敏感度。用缺口敏感度表征材料对于缺口的敏感性,它是评定材料力学性能的指标之一。NSR越大,表明缺口敏感性越小。若NSR > 1.0,表示材料对缺口不敏感,或者说材料是缺口韧性的,塑性较好的材料属于此类;若NSR < 1.0,则材料对缺口敏感,材料是缺口脆性的,铸铁和高碳钢等较脆的材料属于此类。缺口强度σ_{bN}与缺口几何尺寸密切相关,亦即与应力集中系数K_t密切相关。因此,只有在缺口几何尺寸相同的条件下,才能比较材料的缺口敏感度。对于用缺口韧性的材料制成的零构件,只要工作应力不超过抗拉强度,则不会发生断裂;而用缺口脆性的材料制成的零构件,则应仔细地设计和加工。

几种材料缺口强度的试验结果见表6-1和表6-2。表6-1的Ti-6Al-4V和表6-2

中 3 种钢的 NSR 均大于 1,这些材料的塑性也更好,对缺口不敏感。NSR 大于 1 意味着缺口强度高于相应的光滑试件抗拉强度,产生了所谓的"缺口强化"现象,但这并不是材料本身的性能发生了改变,而是由于外在条件,即缺口几何尺寸引起的。前已述及,当缺口构件承载时,缺口根部附近容易形成三向应力,因此应力状态软性系数减小,约束了塑性变形,提高了变形抗力。尽管缺口似乎提高了塑性好材料的"强度",但是缺口也限制了塑性变形的充分发展,导致塑性变形量减小,使材料有脆化倾向,因此它不能视作是强化材料的手段。

表 6-1　钛、铝合金薄板的拉伸性能与缺口强度 $(K_t = 11.1)$[5,9]

合　金	试验温度/℃	$\dfrac{R_m}{MPa}$	$\dfrac{R_{p0.1}}{MPa}$	ε_f	$\dfrac{E}{GPa}$	$\dfrac{\sigma_f}{MPa}$	σ_{bN}/MPa	
							实验值	预测值
7075-T6 铝合金	R.T.	563	473	0.426	72.7	758	487	436
	-76	590	501	0.301	77.6	744	418	375
	-151	631	535	0.274	81.4	782	453	377
	-196	672	556	0.267	83.6	829	439	388
2024-T3 铝合金	R.T.	494	343	0.392	72.7	654	412	389
	-76	508	357	0.278	77.6	631	425	333
	-151	535	377	0.256	81.4	656	460	333
	-196	597	439	0.180	83.6	696	501	291
Ti-7Al-4Mo	R.T.	1 098	1 056	0.478	124.852	1 515	981	857
	-76	1 290	1 235	0.371	125.538	1 690	1 036	799
	-151	1 427	1 351	0.386	125.812	1 884	1 015	862
	-196	1 653	1 537	0.301	127.184	2 083	954	805
Ti-7Al-3Mo	R.T.	1 104	1 063	0.357	124.852	1 436	1 050	720
	-76	1 276	1 242	0.274	125.538	1 582	1 002	665
	-151	1 468	1 393	0.289	125.812	1 835	953	734
	-196	1 646	1 468	0.289	127.184	2 058	947	783
Ti-6Al-4V	R.T.	981	912	0.734	112.504	1 491	1 043	1 000
	-76	1 173	1 111	0.562	119.364	1 677	1 132	956
	-151	1 358	1 297	0.589	124.646	1 970	1 214	1 091
	-196	1 516	1 468	0.562	127.800	2 168	1 187	1 124

注:表中的 R.T. 表示室温(Room Temperature)。

表 6 - 2　3 种钢的拉伸性能与缺口强度[9-10]

钢　号	性能 热处理	光滑试样			缺口试样($K_t=3.9$)	
		$\dfrac{R_m}{MPa}$	$\dfrac{Z}{(\%)}$	$\dfrac{\sigma_f}{MPa}$	$\dfrac{\sigma_{bN}}{MPa}$	NSR
30CrMnSiA	淬火＋420℃回火	1 530	53.0	—	2 187	1.43
	淬火＋500℃回火	1 245	53.0	—	2 050	1.65
	淬火＋550℃回火	1 079	53.0	—	1 500	1.39
	320℃等温淬火	1 334	49.6	2 177	2 197	1.65
	370℃等温淬火	1 236	53.7	2 187	2 138	1.73
	450℃等温淬火	1 079	30.8	1 540	1 412	1.31
40Cr	淬火＋420℃回火	1 491	50.5	2 246	1 834	1.23
	淬火＋510℃回火	1 260	51.5	1 961	1 839	1.50
	300℃等温淬火	1 334	52.0	2 059	1 834	1.37
	345℃等温淬火	1 089	61.5	1 844	1 687	1.55
60SiMn	淬火＋400℃回火	2 059	30.0	2 452	2 256	1.10
	淬火＋480℃回火	1 550	37.0	2 216	2 059	1.33
	淬火＋560℃回火	1 177	37.0	1 540	1 765	1.50
	300℃等温淬火	1 844	38.7	2 638	2 491	1.35
	350℃等温淬火	1 471	47.5	2 491	2 118	1.44
	420℃等温淬火	1 177	33.0	1 579	1 481	1.26

注：根据缺口几何由文献[4]中的图表求得。

6.4*　缺口根部裂纹形成准则

6.4.1　缺口根部裂纹形成的力学模型

缺口零构件或试件的断裂可能包含三个阶段：在缺口根部形成裂纹，形成于缺口根部裂纹的亚临界扩展，当裂纹达到临界尺寸时发生断裂。裂纹在缺口根部形成后，缺口件即转化为裂纹件。所以，缺口件的断裂实际上还是裂纹件的断裂，可用将在第 7 章讨论的断裂力学方法处理。但是，断裂力学的方法难以处理缺口根部裂纹形成的问题，因为断裂力学的前提是材料中已存在裂纹。因此，研究缺口件的断裂和强度问题，重点应研究裂纹在缺口根部的形成准则。

裂纹在缺口根部形成，可以假定是由缺口根部材料元的断裂引起的，如图 6 - 8 所示[9]。这类模型是在疲劳研究中首先提出的。裂纹之所以在缺口根部形成，是因为局部应力和局部应变在该处达到最大值（见图 6 - 2，图 6 - 3 和图 6 - 4）。但是，缺口根部材料元的断裂，即裂纹形成还取决于材料的特性。

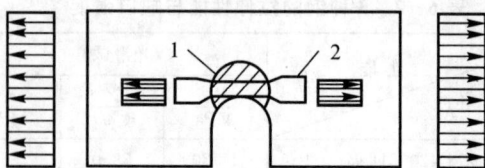

图 6-8　裂纹在零件中缺口根部形成的示意图

1—缺口根部塑性区；　2—虚拟的材料元

6.4.2　脆性材料缺口根部裂纹形成准则

脆性材料遵循正应力断裂准则[1,5]。因此，当缺口根部的局部应力达到材料的断裂强度时，缺口根部的材料元断裂而形成裂纹。故脆性材料的缺口根部裂纹形成准则可表示为

$$K_t \sigma_{ni} = \sigma_f \qquad (6-13)$$

式中，σ_{ni} 为在缺口根部形成裂纹时，缺口试件所受的名义应力，或称缺口根部裂纹形成应力。

6.4.3　塑性材料缺口根部裂纹形成准则

塑性材料遵循正应变断裂准则[1,5]。当局部应变达到材料的断裂延性值 ε_f 时，缺口根部材料元发生断裂而形成裂纹。用 ε_f 取代式(6-9)中的 ε，与其对应的 σ_f 取代 σ 得到

$$K_t \sigma_{ni} = (E \sigma_f \varepsilon_f)^{1/2} \qquad (6-14)$$

式(6-14)是平面应力状态下，塑性材料的缺口根部裂纹起始准则。在平面应变状态下，由于缺口根部应力状态的变化，材料的断裂强度 σ_f 和断裂延性 ε_f 也发生变化，相应地变化为 σ_f' 和 ε_f'。根据金属材料的试验分析可得 $\sigma_f' = 1.05 \sigma_f$，$\varepsilon_f' = 0.30 \varepsilon_f$[1,5]。同时，式(6-14)中的 K_t 应以复合应力集中系数 K_t'（见式6-6，$K_t' = 0.88 K_t$）来取代。将上述数值代入式(6-14)，于是得到平面应变状态下缺口根部裂纹形成准则为

$$K_t \sigma_{ni} = 0.64 (E \sigma_f \varepsilon_f)^{1/2} \qquad (6-15)$$

比较式(6-14)和式(6-15)可以看出，平面应变状态下缺口根部裂纹形成的应力，仅为平面应力状态下的 64%。所以，从提高缺口根部裂纹形成抗力来考虑，结构件应以薄板制成，这与线弹性断裂力学的结论一致。

6.5* 　缺口强度的估算公式

6.5.1　基本假设

裂纹在缺口根部形成后，裂纹总长度即为缺口深度 t（见图6-6）和形成的初始裂纹长度 a_i 之和。通常，缺口深度 t 比初始裂纹长度 a_i 大得多，则裂纹长度 $a = t + a_i \approx t$。若裂纹在缺口根部形成后，其长度立即达到失稳扩展的临界裂纹长度 a_c，则缺口试件将在不发生亚临界裂纹

扩展的情况下断裂。在这种情况下,缺口根部裂纹形成应力即近似地等于缺口试件的断裂应力,即缺口强度。据此,可以得出各类材料的缺口强度估算公式。

6.5.2　脆性材料缺口强度的估算公式

萨克斯(Sachs)等研究了各种金属材料的缺口强度与 K_t 的关系[11],给出了脆性材料缺口强度的经验关系式为:$\sigma_{bN}=R_m/K_t$。对于脆性材料,有 $\sigma_f=R_m$。因此,由公式(6-13)和6.5.1小节的基本假设,可得脆性材料缺口强度估算公式为

$$\sigma_{bN}=\sigma_f/K_t=R_m/K_t \tag{6-16}$$

用式(6-16)得到的计算结果与萨克斯的实验结果相符,如图6-9所示。

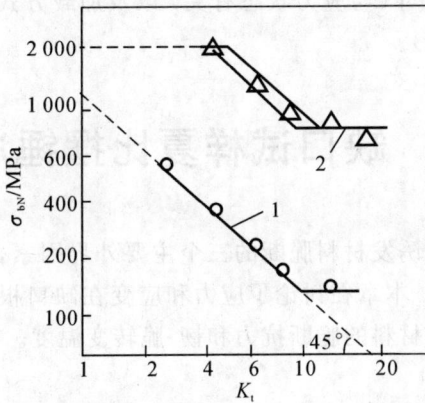

图 6-9　脆性金属(1)和 300M 钢(2)的缺口强度实验结果[5,9]

6.5.3　高塑性材料缺口强度的估算公式

在平面应力状态下,高塑性材料的缺口强度估算公式可根据上述假设和式(6-14)求得,即

$$\sigma_{bN}=(E\sigma_f\varepsilon_f)^{1/2}/K_t \tag{6-17}$$

将以式(6-17)估算的钛、铝合金薄板的缺口强度值与实验结果列入表6-1。缺口强度的估算值接近于或略低于实验结果。这是因为形成于缺口根部的裂纹在试件最终断裂前,可能会发生某种程度的亚临界扩展,而这在导出式(6-17)时,未能加以考虑。因此,按式(6-17)计算得到的缺口强度应是实验测定值的下限。

由式(6-15)和前述假设,可得高塑性材料在平面应变状态下的缺口强度公式为

$$\sigma_{bN}=0.64(E\sigma_f\varepsilon_f)^{1/2}/K_t \tag{6-18}$$

根据式(6-18)和拉伸性能估算 300M 钢的缺口强度为[5,9,11]

$$\sigma_{bN}=(8\,030\sim9\,124)/K_t \tag{6-19}$$

在一定的范围内估算的 300M 钢的缺口强度与实验结果吻合(见图6-9)。这是因为式(6-18)适用范围的上限是材料的屈服强度,而其下限则是由断裂韧性(见第7章)和裂纹长度(近似地为缺口的深度)所确定的断裂应力值。

6.5.4　低塑性材料缺口强度的估算公式

对于低塑性材料,缺口强度仍按式(6-18)估算。其原因主要是这类材料在拉伸试验时,仅发生均匀变形而无颈缩,故沿厚度方向的应力不能通过局部收缩而松弛,所以使缺口根部处于平面应变状态。按式(6-18)和拉伸性能估算 Al-Li 合金和球墨铸铁的缺口强度,估算结果与试验结果符合得很好[9]。

由式(6-16)～式(6-18)可知,金属材料的缺口强度不是材料常数,因而缺口强度比 NSR 也不是材料常数。所以,要设法寻求新的材料常数[9],用于定量地评估材料的缺口敏感性。

应当注意到,材料的缺口强度比 NSR 不仅与材料本身的性质有关,还与外在条件有关,包括试验温度、缺口的形状和尺寸(与应力状态有关)以及加载方式(静载荷还是动载荷,与拉、压、弯、剪、扭的应力状态有关)。

6.6　缺口试样夏比摆锤冲击

缺口、低温和高速加载是诱发材料脆断的三个主要外界因素,这三者同时存在的条件下,更能检验材料的抗脆断能力。本章在讨论了应力和应变在缺口根部集中的基础上,结合了利用冲击高速加载的方法,检验材料的脆断抗力和韧-脆转变温度。

6.6.1　高速加载的特点[3]

通常,用冲击载荷实现高速加载。冲击载荷也可称为动载荷,它与静载荷的主要区别在于加载速率不同:冲击载荷加载速率很高,而静载荷加载速率低。加载速率用应力速率(stress rate)$\dot{\sigma} = d\sigma/dt$ 表示,单位为 MPa/s。在多数文献中,用变形速率表示加载速率。变形速率有两种表示方法,即绝对变形速率和相对变形速率。绝对变形速率为单位时间内试件长度的增长率 $V = dl/dt$,单位为 m/s。相对变形速率即应变速率(strain rate),表达为 $\dot{\varepsilon} = d\varepsilon/dt$,单位为 s^{-1}。由于 $d\varepsilon = dl/l$,故两种变形速率之间的关系为 $\dot{\varepsilon} = dl/ldt = V/l$。

由第 3 章已经知到,弹性变形在介质中以声速传播,在钢中该速率约为 5×10^3 m/s,而普通机械的绝对变形速率远小于这个速度,因此加载速率对金属的弹性性能没有影响。但是,由于塑性变形发展缓慢,若加载速率较大,则塑性变形不能充分进行。因此,加载速率将对塑性变形和断裂有关的性能产生重大影响。应当指出,绝对变形速率相当高时,会发生绝热剪切变形带,这是由于变形能转变为热能,导致局部温度剧烈上升引发的局部塑性变形。

冲击载荷具有能量特性,故在冲击载荷下,材料中的应力分布不仅与零件的断面积有关,还与其形状和体积有关。若零件是不含缺口的等截面几何体,则冲击能将被零件的整个体积均匀地吸收,从而应力和应变也是均匀分布的;零件体积愈大,单位体积吸收的能量愈小,零件所受的应力和应变也愈小。若零件中有缺口,则缺口根部单位体积将吸收更多的能量,使局部应变和应变速率大为提高。在静载荷作用下,塑性变形可以较均匀地分布在各个晶粒中。而在冲击载荷下,有些材料,特别是体心立方结构的材料,当施加的应力速率很高时,并不是立即产生屈服,而是要经过一段所谓的孕育期才开始屈服。孕育期只有弹性变形,很难发生塑性变形,这就是所谓的迟屈服现象。正因为如此,冲击载荷下的塑性变形会集中在某些区域中,导致塑性变形分布极不均匀,限制了塑性变形的充分发展,同时导致屈服强度和抗拉强度的提高,塑性变形的减少,以及材料脆化趋势的增加。

冲击载荷的另一个特点是整个承载系统承受冲击能。因此,承载系统中各零件的刚度都会影响到冲击过程的持续时间、冲击瞬间的速度和冲击力大小。这些量均难以精确测定和计算。因此,在冲击载荷下,常按能量守恒定律并假定冲击能全部转化为物体内的弹性能,进而计算冲击力和应力。当超出弹性范围时,用能量转化法精确计算冲击力和应力极为困难,因此,在力学性能试验中,直接用能量定性地表示材料的力学性能特征。冲击吸收能量即属于这一类的力学性能。

实现高速加载的试验方法已经有多种,其中包括:夏比摆锤冲击试验、落锤试验、霍普金森压杆冲击试验(Split Hopkinson Pressure Bar,SHPB)等。按照高速加载的受力方式有冲击拉伸、冲击弯曲、冲击扭转等。超速冲击试验的应变速率甚至达到了 10^8 s^{-1}。但是,最常用的还是夏比摆锤冲击试验。

6.6.2　夏比摆锤冲击测定的力学性能

常用的冲击试验原理如图 6-10 所示。国标 GB/T 229—2007 对金属夏比摆锤冲击试验(Charpy pendulum impact test)采用的缺口弯曲试件、摆锤及支座的几何尺寸,都做了严格的规定[12],其中试件的几何尺寸如图 6-11 所示。

试验时将具有一定质量 m 的摆锤举至一定的高度 H_1,使之具有一定的势能 mgH_1。将试件缺口背向打击面放置于砧座上,然后将摆锤释放,在摆锤下落到最低位置时将试件折断。摆锤折断试件时失去一部分能量,这部分能量就是折断试件所吸收的能量,称为冲击吸收能量,以 K 表示。剩余的能量使摆锤扬起一定的高度 H_2,故剩余的能量即为 mgH_2。于是

$$K = mgH_1 - mgH_2 = mg(H_1 - H_2) \qquad (6-20)$$

式中,K 的单位为 J。摆锤冲击试件时的速度约为 4.0～5.0 m/s,应变速率约为 10^3 s^{-1}。折断试件所吸收的能量 K 可从试验机的读数装置中直接读出。

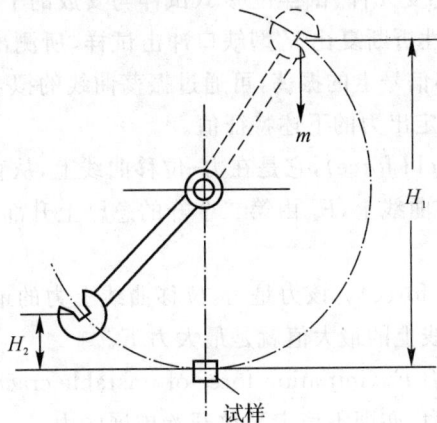

图 6-10　摆锤冲击试验原理示意图

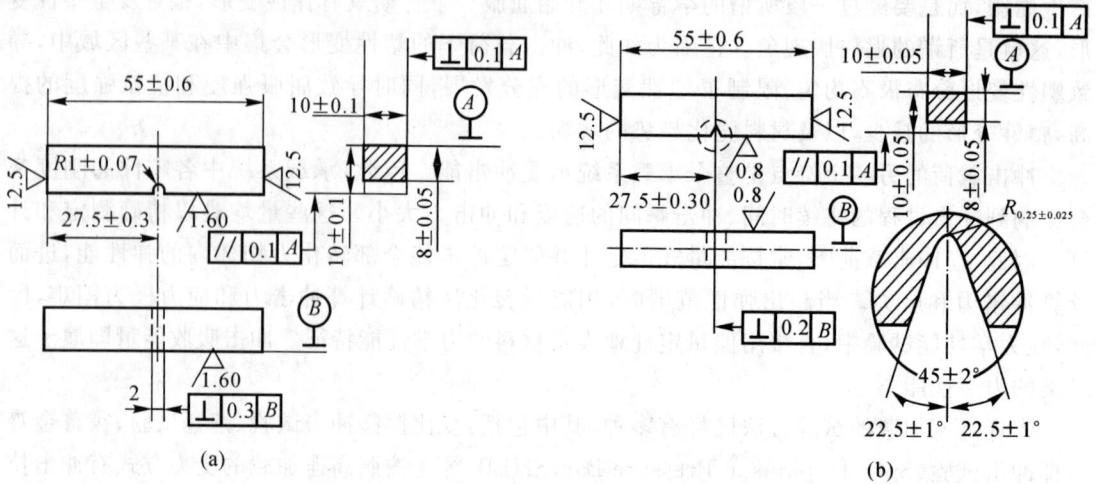

图 6-11　U 型和 V 型缺口试件的几何尺寸[12]
（a）夏比 U 型缺口试样；　（b）夏比 V 形缺口试样

若试件为 U 型缺口，则冲击吸收能量记为 KU。若采用 V 型缺口试件，则冲击吸收能量记为 KV。KU 或 KV 是评价材料力学性能的指标之一。应当指出，用不同的方法测定的冲击实际吸收能量之间无法相互换算，也无可比性。苏联、我国和东欧一些国家采用 U 型缺口试件，获得冲击实际吸收能量后，还要除以缺口的净断面积，记为 A_{KU}，称为冲击韧性；美、英、日等国则普遍采用 V 型缺口冲击试件，获得的冲击实际吸收能量直接称为冲击韧性，记为 A_{KV}。现在的 KU 和 KV 都是冲击实际吸收能量，都无需再除以缺口的净断面积。虽然 KU 与传统的冲击韧性 A_{KU} 是一脉相承的，但是显然 A_{KU} 与 KU 无可比性，更与 KV 无可比性。

摆锤刀刃分为半径为 2 mm 和 8 mm 两种，其中 8 mm 刀刃半径是后来添加的。刀刃半径用夏比冲击吸收能量符号后的下标数字表示，记为 KU_2，KV_2 或 KU_8，KV_8[12]。一些材料在某些情况下用 2 mm 和 8 mm 摆锤刀刃测定的结果有明显的不同。

有些夏比摆锤冲击试验机，针对 V 型冲击试样能自动测定力-位移或力-时间曲线，称为仪器化试验方法（instrumented test method）[13]。测试中，由两个相同的应变片黏贴到冲击刀刃的相对边上，作为力 F 的感受元件；试样位移 s（试样与安放的平台相对位移）则由位移传感器直接测定。通过摆锤一次性折断夏比 V 型缺口冲击试样，所测出的力-位移曲线如图6-12所示。考虑到叠加在力-位移信号上的振荡，可通过振荡曲线的拟合得到合适的力-位移曲线。参考图 6-12，在曲线上可确定出力的下述特征值。

1）屈服力 F_{gy}（general yield force），它是在力-位移曲线上，从直线上升部分向曲线上升部分转变点时的力。在力-位移曲线上，F_{gy} 由第二个峰的急剧上升部分，与拟合曲线的交点对应的力来确定。

2）最大力 F_m（maximum force）。该力是力-位移曲线上力的最大值。穿过振荡曲线进行拟合，得到拟合曲线，拟合曲线上的最大值就是最大力 F_m。

3）不稳定裂纹扩展起始力 F_{iu}（initiation force of unstable crack propagation）。指的是力-位移曲线急剧下降开始时的力，亦即不稳定裂纹开始扩展的力。

4）不稳定裂纹扩展终止力 F_a（crack arrest force of unstable crack propagation）。该力是

力-位移曲线急剧下降终止时的力。

缺口试样的断裂可大体分为 3 个阶段：裂纹在缺口根部附近形成，裂纹扩展和最终断裂。所以断裂可能要吸收 3 部分能量，即裂纹形成能、裂纹扩展能和断裂能。这三部分的和应等于冲断试件所作的功。但这三部分能量在总能量中所占的百分比和绝对值，不仅取决于材料的性质，也取决于试件的几何尺寸，因此要求测定 KU 或 KV 试件的几何尺寸相同。一种关于 V 型冲击试样冲击吸收能量的划分方法如下：

1) 力-位移曲线下的面积为冲击吸收总能量 W_t。

2) 裂纹形成能量 W_i(crack forming energy)。从起始点直至最大力 F_m 曲线下方的面积，近似作为裂纹形成能量。F_{gy} 之前的冲击变形是弹性变形，这部分弹性变形能对裂纹形成没有贡献。

3) 裂纹扩展能 W_p(crack propagation energy)。最大力 F_m 之后曲线下方的面积。

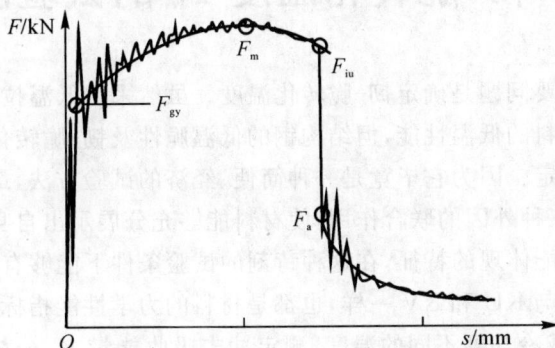

图 6-12　力-位移曲线及力的特征值

6.6.3　夏比摆锤冲击吸收能量的意义及应用

长期以来，一直将缺口冲击吸收能量视为评价材料韧-脆程度的指标，以及设计中保证构件安全的重要的力学性能指标之一。然而它仅是一个经验性的、定性的评价材料性能的指标，无法进行定量计算。

试验所获得的缺口试样冲击吸收能量，实际是一个不十分准确的值，因为它并非完全用于试样的变形和破断，其中还包括了机身振动能、试样掷出的动能、冲击发出的声能、空气阻力、轴承与测量机构的摩擦消耗，不过这些耗散的能量相对于试样吸收能量微小而已。

对于所有材料，测定 KU 或 KV 的试件的几何尺寸均相同，因而其 K_t 值和缺口深度均为定值。通过摆锤一次打断不同材料的 V 型冲击试样，在不同温度下测出的力-位移曲线，即使力-位移曲线下的面积或吸收能量相同，如果力-位移曲线的形状和特征值有所不同，或是裂纹形成能、裂纹扩展能和断裂能在总能量中所占的比例和绝对值不同，那么试样变形及断裂的性质也会不同。以此可以推断出关于试样变形和断裂的特性。尽管冲击吸收能量 KU 和 KV 的物理意义不十分明确，但脆性、低塑性材料断裂时所需的能量少，而高塑性材料所需的能量多，这些都可由冲击吸收能量的值定性地反映出来。

由于缺口试样冲击吸收能量对材料内部组织的变化十分敏感，而且试验测定又很简便，故在生产和研究工作中仍被广泛采用。具体用途有[4]：①评定原材料的冶金质量和热加工后的半成品质量，通过测定缺口试样冲击吸收能量和对冲击试件的断口分析，不仅可揭示原材料中夹渣、气泡、偏析、严重分层等冶金缺陷，还可以揭示过热、过烧、回火脆性、锻造以及热处理等热加工缺陷；②确定结构钢的冷脆倾向及韧-脆转变温度（下一节还要进一步讨论），供低温结构设计时选用材料和抗脆断作参考；③缺口冲击吸收能量反映了材料对一次和少数次大能量冲击断裂的抗力，因而对某些在特殊条件下服役的零件，如弹壳、防弹甲板等，具有参考价值；④评定低合金高强钢及其焊缝金属的应变时效敏感性。应变时效敏感性试验一般是先进行5%～10%的塑性变形，再在350℃下时效24小时后，测定缺口冲击吸收能量 KU 或 KV，若应变时效后缺口冲击吸收能量降低幅度大，则表示钢对应变时效敏感。

6.7 韧-脆转化温度 T_k 的试验测定

研究低温脆性的主要问题是确定韧-脆转化温度。虽然采用低温拉伸、疲劳与断裂韧性等试验方法都能够研究材料的低温性能，但结构钢的低温脆性及韧-脆转化温度仍沿用夏比摆锤冲击缺口试件法进行评定。因为它毕竟是一种简便、经济的试验方法，最主要的是它综合缺口、低温和高加载速率三种外因的联合作用，使材料能够充分展示出自身韧-脆转化的特征，这些在其他试验条件下不能体现的特征，在这种苛刻的试验条件下能够有所反映。

韧-脆转化温度 T_k 与 KU 和 KV 一样，也都是材料的力学性能指标。测定韧-脆转化温度 T_k，是将缺口试件加热或冷却到不同的温度，测定冲击吸收能量 K，分析其断口形貌特征[15]，然后建立这些数据与温度的关系曲线，如图6-13所示。最后按一定的方法确定韧-脆转化温度 T_k。

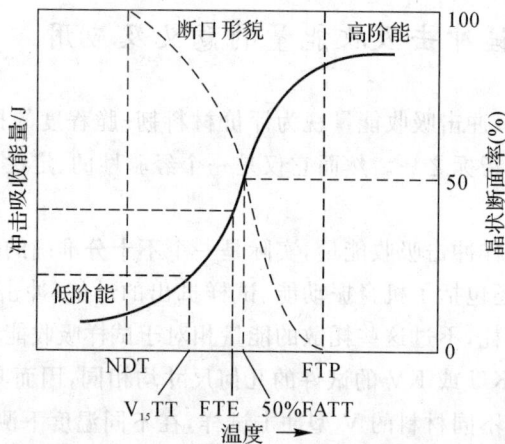

图6-13 各种确定韧-脆转化温度的方法及所确定的韧-脆转化温度[3,16]

按能量法定义韧-脆转化温度，具体方法有下列几种[3,16]：

1)以 V 型缺口冲击试件测定的冲击吸收能量 $K=15ft \cdot 1bf(20.34 J)$ 对应的温度作为韧-脆转化温度，并记为 $V_{15}TT$。这是根据实践经验总结而提出的方法（见6.1节）。

2)图6-13中的曲线有两个平台。上平台所对应的能量称为高阶能，下平台所对应的能量称为低阶能。将低阶能开始上升的温度定义为韧-脆转化温度,记为 NDT(Nil Ductility Temperature),称为零塑性温度。在 NDT 以下,试件的断口为 100%的结晶状断裂。

3)将高阶能开始降低的温度定义为韧-脆转化温度,记为 FTP(Fracture Transition Plastic)。当温度高于 FTP 时,试件的断口为 100%的纤维状断口,如图 6-13 和图 6-14 所示。

4)高阶能与低阶能的平均值所对应的温度定义为韧-脆转化温度,记为 FTE(Fracture Transition Elastic)或 FTT(Fracture Transition Temperature),见图 6-13。

另一种确定韧-脆转化温度的方法是根据断口形貌来确定。如冲击试件的断口形貌如图 6-14 所示。为了方便分析,定义以下几个术语[15]:

晶状断面(crystalline fracture surface)。指的是断裂表面一般呈现金属光泽,无明显塑性变形的齐平断面。

晶状断面率(percentage of crystallinity)。指的是断口中晶状区的总面积与缺口处原始横截面积的百分比。

纤维状断面(fibrous fracture surface)。指的是断裂表面一般呈现无金属光泽的纤维形貌,有明显塑性变形的断面。

纤维断面率(percentage of fibrousity)。指的是断口中纤维区的总面积与缺口处原始横截面积的百分比。

一般宏观断口有 3 个要素,具体到夏比摆锤冲击,即金属断口上有脚跟形纤维状区、晶状断面区(放射区)和剪切唇 3 个典型区域,如图 6-14(a)所示。冲击试验时,缺口处形成三向应力状态,导致裂纹萌生的应力最大值位于离缺口根部一定距离处,因而裂纹会在此处优先形成(若某处有缺陷,也是容易生成裂纹处)。裂纹形成后,向两侧方向和前方深度方向扩展,一般会遵循微孔聚集型断裂规律,这一过程消耗的能量较大。由于试样宽度的中部三向应力状态更加明显,应力状态软性系数小,因此裂纹扩展快,于是形成脚跟形纤维状区。随着裂纹尺寸的增大,裂纹开始不稳定的快速扩展,对应着不稳定裂纹扩展起始力 F_{iu} 和试样断口中部的晶状断面区,有时形成放射状花样,一直到不稳定裂纹扩展终止力 F_a 终止,这一过程消耗的能量小。最后,尚未断裂部分很小,处于平面应力状态,以剪切形式断裂,形成剪切唇。由于剪切唇的形貌与脚跟形纤维状区基本相同,二者在分析时归入同一个区,即纤维状断面区[15]。于是,整个断口分析变得简便了,因为只有纤维状断面和晶状断面两个区。在不同的温度下,这两个区的相对面积是不同的;晶状断面率随温度的变化如图 6-14(b)所示。低温下晶状断面率的增大,表示材料变脆。通常取晶状断面率 50%时的温度为韧-脆转化温度,记为 50%FATT (Fracture Appearance Transition Temperature)。为此还专门制定了国家标准 GB/T 12778—2008。图 6-14(b)显示了 AISI 4340 钢 V 型缺口试件冲击断口形貌,试验温度依次为 40℃,-80℃,-120℃和-196℃。-80℃的晶状断面率为 50%,它就是 50%FATT 的韧-脆转化温度。实际上,50%FATT 反映了在冲击下的裂纹扩展特征,能够定性地评定裂纹扩展中的吸收能量的能力,它也与断裂韧度 K_{IC} 急剧增加的温度有着良好的对应关系。

显然,在低温下服役的零件,其最低工作温度应高于韧-脆转化温度。这是韧性的温度储备。韧性温度储备的大小取决于机件的重要程度。对于最重要的零件,其工作温度不应低于 NDT+67℃[3]。

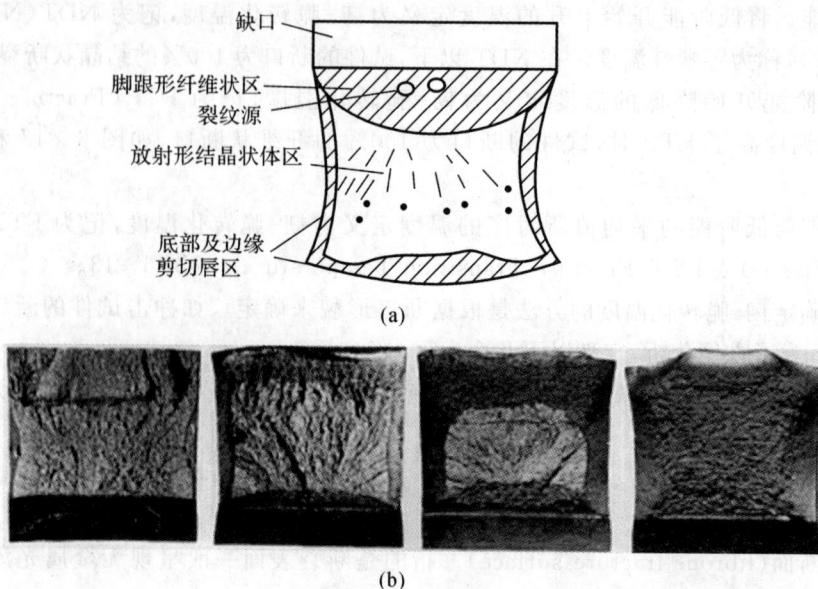

图 6-14　冲击断口

(a)韧性材料冲击断口示意图[3]；　(b)AISI 4340 钢 V 型缺口试件冲击断口

（从右到左依次为 40℃；−80℃；−120℃；−196℃。−80℃的晶状断面率为 50%，即为 50%FATT[20]）

6.8　低温脆性

由第 3 章已经知到，应力状态、温度、加载速率和材料的组织结构都影响着材料的屈服强度。实际上，低温、缺口应力集中（与应力状态有关）和高加载速率 3 种外因单独或联合作用下，会加重导致材料发生脆性断裂的趋势。在第 3 章 3.3.2 小节和本章已经讨论了应力状态（缺口应力集中与应力状态有关）对断裂的性质的影响，加载速率的影响也已经在本章 6.6.1 小节做了分析。下面仅讨论温度及材料本身的组织和结构对断裂性质的影响。

6.8.1　温度对金属力学性能的影响

金属材料的强度一般均随温度的降低而升高，而塑性则相反（见图 6-15）。一些具有体心立方晶格的金属，如 Fe，Mo 和 W，当温度降低到某一温度时，由于塑性降低到零而变为脆性状态。这种现象称为低温脆性。

从室温降到−196℃，面心立方的金属屈服强度增加了 2 倍，但体心立方的金属却增加了 3～8 倍，因此具有面心立方晶格的铝、镍、铜及其合金不容易发生低温脆性[14]。表 6-1 中的数据表明，钛、铝合金薄板在液氮温度−196℃下仍有相当的塑性，缺口敏感性也不高。某些具有体心立方晶格的金属之所以具有低温脆性，是由于体心立方结构的特点容易在位错区形成柯氏气团，增加了位错运动的困难。这可由下列试验得到说明：将单晶体铁在室温下做微量塑性变形，使位错脱离柯氏气团，然后立即冷到液氮的温度进行试验，即使在最易脆断的取向上，仍表现为塑性状态,而未应变的铁单晶进行试验,则是脆性的解理断裂;用区域熔炼纯化的铁(碳、氮等间隙原子极少)做试验,在 4.2 K 的断面收缩率可达 80%[14]。此外,体心立方金属低温的迟屈服现象更加明显,因此低温的脆性也更显著。

由图 3-15 中已知,密排六方结构的金属也有低温脆性,不过没有体心立方金属那么明显。

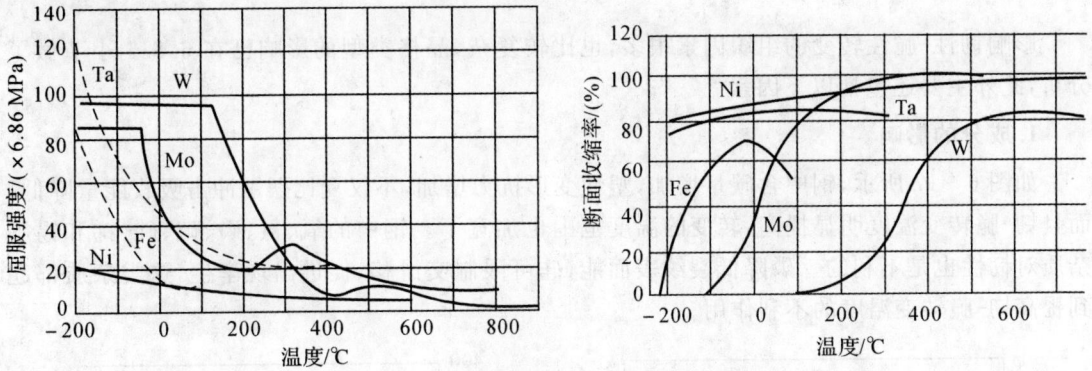

图 6-15　金属的强度和塑性随温度的变化[10]

第 4 章的分析表明,表面能 γ 和弹性模量 E 是决定断裂强度的主要因素。实际上温度对表面能 γ 和弹性模量 E 的影响不大,所以对断裂强度影响不大。但温度对屈服强度影响很大,主要是因为温度升高有助于激活 $F\text{-}R$ 位错源,有利于位错运动,从而使滑移易于进行。所以,普通碳钢在室温或高温下,断裂前有较大的塑性变形,是韧断。但低于某一温度时,位错源激活受阻,难以产生塑性变形,脆性断裂便可能发生。

这一现象也可示意地用图 6-16 解释。屈服强度 $R_{p0.2}$ 随温度的下降而升高较快,而断裂应力 σ_f 升高较慢,σ_f 和 $R_{p0.2}$ 的交点就是韧-脆转变温度 T_1。低于此温度,$R_{p0.2}>\sigma_f$,发生无屈服的脆性断裂,即脆断,如图 6-16 所示;高于此温度,$R_{p0.2}<\sigma_f$,故表现为屈服后的韧断。图中还给出了无缺口试样和有缺口试样的情况,由于缺口处有塑性约束,有效屈服强度增加到 $K_t R_{p0.2}$(K_t 为理论应力集中系数)。可见试样或构件中有缺口时,韧-脆转变温度要提高到 T_2,如图 6-16 所示。缺口愈尖锐,提高的温度愈高。存在缺口,实际是改变了应力状态。

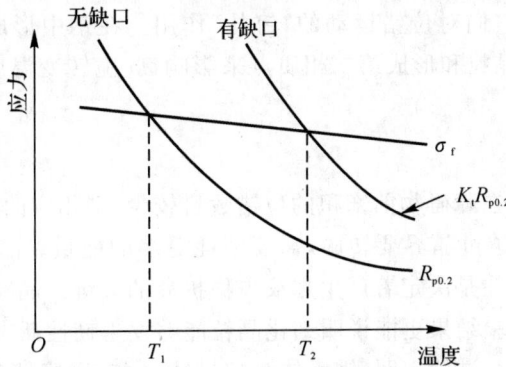

图 6-16　韧-脆转变示意图

通过以上研究进一步认识到,缺口(应力状态)、低温和高速加载是诱发材料脆断的主要三个外界因素。当其联合作用下,脆性断裂的倾向更加强烈,用夏比摆锤冲击试验能综合这三者的影响,可以很好地揭示材料的脆性断裂倾向。

6.8.2 材料微观结构的影响

影响韧性-脆性转变的组织因素很多,也比较复杂,晶格类型的影响已在 6.8.1 小节做了分析,此外主要还包括以下因素。

1.成分的影响

如图 6-17 所示,钢中含碳量增加,塑性变形抗力增加,不仅夏比摆锤冲击吸收能量降低,而且韧-脆转变温度明显提高,转变的温度范围也加宽了。钢中的氧、氮、磷、硫、砷、锑和锡等杂质对韧性也是不利的。磷降低裂纹表面能,硅可限制交滑移、促进出现孪生,这类杂质都起到提高韧-脆转变温度的不利作用。

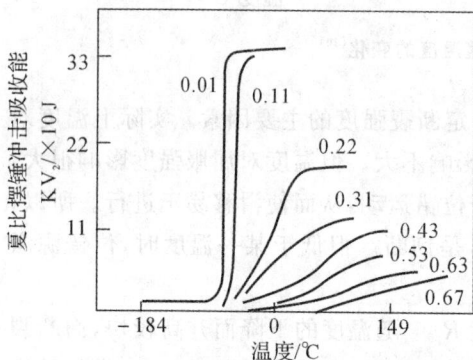

图 6-17 钢中含碳量对 KV_2 和韧-脆转变温度的影响[3,7]

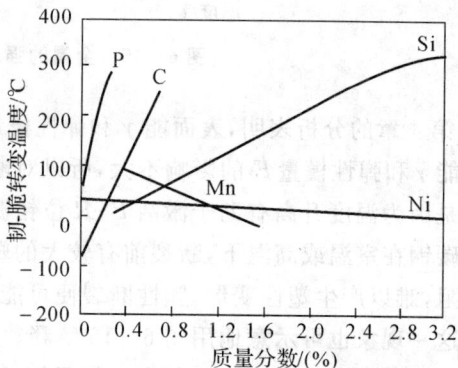

图 6-18 合金元素对钢用夏比摆锤冲击吸收能表征的韧-脆转变温度的影响[3,8]

钢中合金元素的影响比较复杂,如图 6-18 示。镍、锰以固溶状态存在时,将降低韧-脆转变温度。这可能与下列因素有关:提高了裂纹表面能;氮、碳等原子被吸收到 Ni 和 Mn 所造成的局部畸变区中,减少了它们对位错运动的"钉扎"作用。在钢中形成化合物的合金元素,如铬、钼、钛等,是通过细化晶粒和形成第二相质点来影响韧-脆转变温度的,它和热处理后的组织密切相关。

2.晶粒大小的影响

晶粒细、滑移距离短、在障碍物前塞积的位错数目较少,则相应的应力集中较小,而且由于相邻晶粒取向不同,裂纹越过晶界要转向,需要消耗更多的能量。晶界对裂纹扩展有阻碍作用,裂纹能否越过晶界,往往是决定着产生裂纹失稳扩展的关键。晶粒越细,则晶界越多,阻碍作用越大。图 4-14 的试验结果更能说明细化晶粒能够发生韧性断裂的倾向。晶粒细化的同时也能降低韧-脆转变温度,试验表明,铁素体晶粒尺寸 d 与韧-脆转变温度 T_k 有类似 Hall-Petch 的关系式:[17]

$$\beta T_k = \ln B - \ln C - \ln d^{-\frac{1}{2}} \tag{6-21}$$

式中,β 是与摩擦阻力 σ_i 有关的常数;C 为裂纹扩展阻力的度量;B 为常数。

晶粒细化既提高了材料的强度,又提高了它的延性和韧性。这是形变强化、固溶强化以及弥散强化(沉淀强化)等方法所不及的。因为这些方法在提高材料强度的同时,总要降低一些延性和韧性。但仅靠细晶强化,往往满足不了高强度、超高强度的要求。所以,实际中总是几种强化方法共用的。

以钢为例,各种因素的影响如图 6-19 所示,图中数字表示影响因素,箭头表示变化的趋势[4]。①降低钢中的碳、磷含量;②细化晶粒,热处理成低碳马氏体和回火索氏体,可提高高阶能;③增加钢中碳、磷、氧含量,硅、铝含量超过一定值以及应变时效等,可降低高阶能;④钢中碳、磷、氧、氢含量高,硅、铝含量超过一定值,晶粒粗大,形成上贝氏体以及应变时效,均可提高韧-脆转化温度;⑤增加镍含量,细化晶粒,形成低碳马氏体和回火索氏体,消除回火脆性等,将降低韧-脆转化温度;⑥增加钢中镍、铜含量,有利于提高低阶能。

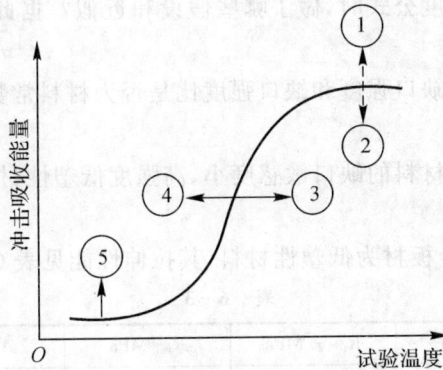

图 6-19　各因素对冲击吸收能量和韧-脆转化温度影响的总结性图解[3]

6.9　本章小结

在本章中,首先讨论了在缺口根部的应力和应变集中,在此基础上,提出了描述缺口根部应力和应变集中的复合应力集中系数(或有效应力集中系数)、应变集中系数 K_ε 和弹塑性应力集中系数 K_σ 等几个概念和术语,以及它们之间的关系。缺口静强度 σ_{bN} 用静拉伸测定,但是应注意缺口几何形状不同,即应力集中系数 K_t 不同,其缺口强度亦不同。常用缺口强度比 NSR 来评定材料对缺口的敏感性,即 $NSR = \sigma_{bN}/R_m$,它是材料力学性能的指标之一。

根据正应力和正应变断裂准则分别得到脆性和塑性金属材料的裂纹在缺口根部的形成准则;根据缺口根部形成裂纹近似等于缺口试件断裂的假设,得到了缺口强度的估算公式。

低温、缺口应力集中和高的加载速率三种外因单独或联合作用下,会加重导致材料发生脆性断裂的趋势。夏比摆锤冲击是常用的高速加载方法,利用它得到的冲击吸收能量KU或KV是材料重要的力学性能指标之一。KU和KV无可比性,有时一些材料用2 mm和8 mm摆锤刀刃测定的结果也有明显不同。仪器化试验方法可得到冲击力-位移曲线,即使力-位移曲线下的面积或吸收能量相同,如果其形状和特征值有所不同,裂纹形成能、裂纹扩展能和断裂能在总能量中所占的比例和绝对值不同,那么试样变形及断裂性质也会不同。冲击吸收能量

KU 和 KV 在生产和研究工作中有广泛的用途,而且能够评定材料的韧-脆转化温度和低温脆性。韧-脆转化温度也是材料重要的力学性能指标之一,可以通过多种方法确定,其中包括 50%FATT 等。影响韧-脆转化温度的因素很多,不同的材料和条件有不同的侧重点,其中晶粒细化能降低韧-脆转变温度。

习题与思考题

1. 什么是广义的缺口?试件或构件含有缺口时,对应力分布有什么主要的影响?

2. 什么是应变集中?应变集中与应力集中之间有何关系?缺口根部发生塑性应变后,如何计算局部应变?

3. 在导出材料的缺口强度公式时,做了哪些假设和近似?据此说明缺口强度公式的适用范围。

4. 如何测定缺口强度?缺口强度和缺口强度比是否为材料常数?缺口强度比有什么实用意义?

5. 为什么低强度高塑性材料的缺口敏感度小,高强度低塑性材料的大,而脆性材料是完全缺口敏感的?

6. 试验用的 Al–Li 合金板材为低塑性材料,其拉伸性能见表 6-3。

表 6-3

材料	试件取向	$R_{p0.2}$/MPa	R_m/MPa	A/(%)	E/GPa
A6	横向	485	526	5.46	76
A7	横向	433	480	5.65	76
A8	横向	437	492	6.16	76

注:A6,A7 和 A8 三个合金的成分略有差异。

若应力集中系数 K_t 为 1.7,试计算上述 3 个 Al–Li 合金板材的缺口强度 σ_{bN},以及缺口强度比 NSR。

7. 冲击吸收能量如何测定、如何定义?KU_2,KV_2,KU_8,KV_8 有何区别?它们的试样几何形状有何不同?

8. 何谓低温脆性?在哪些材料中容易发生低温脆性?

9. 何谓韧-脆转变?有哪几种确定韧-脆转变温度的方法?有哪些因素影响韧-脆转变温度?

10. 说明低温脆性的物理本质,并说明为什么低温、缺口应力集中和高加载速率三种外因联合作用下,会加重导致材料发生脆性断裂的趋势?

11. 解释名词和术语:

必须能够解释:缺口强度比 NSR;应力速率 $\dot{\sigma}$;应变速率 $\dot{\varepsilon}$;夏比摆锤冲击;冲击吸收能量 KU_2,KV_2,KU_8,KV_8;晶状断面、纤维状断面、50%FATT。

能够解释:应变集中系数 K_ε;弹塑性应力集中系数 K_σ;晶状断面率;纤维断面率;冲击吸收总能量 W_t;裂纹形成能量 W_i;裂纹扩展能 W_p。

扩大能够解释：仪器化试验方法；屈服力 F_{gy}；最大力 F_m；不稳定裂纹扩展起始力 F_{iu}；不稳定裂纹扩展终止力 F_a。

参 考 文 献

[1] 肖纪美. 金属的韧性与韧化[M]. 上海：上海科学技术出版社,1982.

[2] 徐芝纶. 弹性力学[M]. 北京：人民教育出版社,1979.

[3] 黄明志,石德珂,金志浩. 金属机械性能[M]. 西安：西安交通大学出版社,1986.

[4] Peterson R E. Stress Concentration Design Factors[M]. New York：John Wiley,1962

[5] Zheng, X L. On an unified model for predicting notch strength and K_{IC}[J]. Eng Fract Mech, 1989,33:685 – 695.

[6] Weiss V. Notch Analysis of Fracture[M]. New York：Academic Press, 1971.

[7] ASM Handbook Committee. Metals Handbook：Volume 8, Mechanical Testing[M]. 9th Edition. Ohio：Metals Park, 1985.

[8] 束德林. 工程材料力学性能[M]. 北京：机械工业出版社,2004.

[9] 郑修麟. 切口件的断裂力学[M]. 西安：西北工业大学出版社,2005.

[10] Dieter G E, Jr. Mechanical Metallurgy[M]. New York：McGraw – Hill Book Company,1961.

[11] Sachs G, Sessler J G. Effect of stress concentration on tensile strength of titanium and steel alloy sheet at various temperatures [M]. Ohio：Metals Park, 1960:122 – 135.

[12] 中华人民共和国国家标准委员会. GB/T 229—2007 金属材料夏比摆锤冲击试验方法[S]. 北京：中国标准出版社,2008.

[13] 中华人民共和国国家标准委员会. GB/T 19748—2008 钢材夏比 V 型缺口摆锤冲击试验仪器化试验方法[S]. 北京：中国标准出版社,2005.

[14] 张兴黔,余宗森,肖治纲,等. 金属与合金的力学性质[M]. 北京：中国工业出版社,1961.

[15] 中华人民共和国国家标准委员会. GB/T 12788—2008 金属夏比冲击断口测定方法[S]. 北京：中国标准出版社,2008.

[16] 周惠久,黄明志. 金属材料强度学[M]. 北京：科学出版社,1989.

[17] 徐祖耀. 材料科学导论[M]. 上海：上海科学技术出版社,1986.

[18] 郑修麟. 工程材料的力学行为[M]. 西安：西北工业大学出版社,2004.

[19] 郑修麟. 材料的力学性能[M]. 2 版. 西安：西北工业大学出版社,2000.

[20] The Materials Information Society. Fractography, ASM Handbook[M]. Ohio：Metals Park,1987.

第7章 材料的断裂韧性

7.1 引　言

断裂是结构失效的最危险形式。为了防止服役结构件发生断裂,根据第1章的强度理论,设计结构件服役的许用应力$[\sigma]$为屈服强度$\sigma_{p0.2}$除以大于1的不确定系数n,即$[\sigma]=\sigma_{p0.2}/n$。同时,设计时还考虑了材料的缺口敏感度、材料的塑性及韧性等。按此方法设计,结构件在服役中应该是安全可靠的。尽管如此,在工程实际中还是发生了很多脆性断裂的事故,而且有一些是严重的事故,例如压力容器、桥梁、船舶、转子等,均发生过严重脆断教训。将这种断裂应力低于屈服强度的脆性断裂,称之为低应力脆断。

为什么按照经典的强度理论设计仍然不能避免低应力脆断?经研究发现,传统力学将材料视作均匀、连续、无缺陷、无裂纹的理想固体。但是,在结构件的实际生产过程中,如结构件的焊接,难免会出现裂纹而在无损检测中又未能发现。在构件服役过程中,由于力学、温度和介质等环境因素的作用,在构件中也会形成裂纹。裂纹破坏了材料的均匀连续性,裂纹尖端的高度应力集中很容易导致断裂。裂纹实际上是缺口的极端情况,二者虽然有联系,但其作用区别很大。很多工程结构的断裂与存在裂纹或缺陷密切相关,并且往往更容易引发低应力脆断。

为防止含裂纹的结构件(简称裂纹体)的低应力脆断,需要对裂纹体的断裂和强度进行研究,从而形成了断裂力学(fracture mechanics)这样一个新学科。通过断裂力学的研究得出了一个新的力学性能,即断裂韧性(fracture toughness),它是材料抵抗裂纹失稳扩展的能力,而表征材料断裂韧性的指标之一是平面应变断裂韧度K_{IC}。由于断裂力学的发展,形成了结构设计的新思路和规范,如损伤容限设计。这是对静强度设计的发展和补充,具有重大的工程实用意义。同时,在材料科学研究中,还提出了材料强-韧化的研究新思路。

本章简要介绍线弹性断裂力学的有关内容,包括裂纹体的裂纹扩展模式、裂纹尖端的应力分析、应力强度因子、裂纹扩展的能量释放率、裂纹尖端塑性区及对K_I的修正、K_{IC}及其试验测定、断裂韧性在工程中的应用,以及提高金属材料断裂韧性的途径等。

7.2　裂纹尖端的应力场

即使材料中存在裂纹,若裂纹不扩展,则断裂不会发生。断裂由裂纹扩展而引发,因此,必须分析裂纹扩展的驱动力和阻力,进而确定裂纹体的断裂准则(fracture criterion)。可以设想,裂纹扩展的驱动力必然与裂纹尖端局部的应力场相关。所以,首先要分析裂纹尖端的应力场。

7.2.1　裂纹扩展的 3 种模式

依据外力与裂纹面的取向关系,可以有如图 7 - 1 所示的弹性体 3 种裂纹扩展的典型模式:

1) Ⅰ 型或张开型。外加拉应力与裂纹面垂直,使裂纹张开,即为 Ⅰ 型或张开型,如图 7 - 1(a) 所示。

2) Ⅱ 型或滑开型。外加切应力平行于裂纹面并垂直于裂纹前缘线,即为 Ⅱ 型或滑开型,如图 7 - 1(b) 所示。

3) Ⅲ 型或撕开型。外加切应力既平行于裂纹面又平行于裂纹前缘线,即为 Ⅲ 型或撕开型,如图 7 - 1(c) 所示。

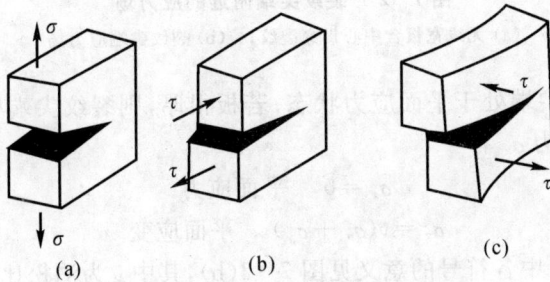

图 7 - 1　弹性体裂纹扩展的 3 种模式
(a)张开型; (b)滑开型; (c)撕开型

三种单一的裂纹扩展模式在工程实践中都能观察到。但也会遇到复合型裂纹,即裂纹体同时受到正应力与切应力的作用,或裂纹面与拉应力成一定的角度,即为 Ⅰ 型与 Ⅱ 型的复合。实践中要根据裂纹体的受力情况加以判断。Ⅱ 型和 Ⅲ 型裂纹尖端承受切应力,低应力脆断倾向性相对较小。三种单一的裂纹扩展模式中,以 Ⅰ 型裂纹扩展模式最危险、最常遇到,并最容易引起低应力脆断的模式。因此,总是以这种裂纹扩展模式为重点研究对象。有些情况下,即使是复合型裂纹,也按照 Ⅰ 型裂纹处理,这样会更加安全。

7.2.2　Ⅰ 型裂纹尖端的应力场与位移场

设有一无限大板,板上有一长为 $2a$ 的中心穿透尖裂纹,在无限远处作用着均布的单向拉应力 σ,并垂直于 $2a$ 的裂纹面,如图 7 - 2(a) 所示。1957 年,Irwin 等人给出了线弹性条件下裂纹尖端附近极坐标下任意点 $P(r,\theta)$ 的解析解,其应力分量和位移分量近似表达式为

$$\sigma_x = \frac{K_{\mathrm{I}}}{\sqrt{2\pi r}} \cos \frac{\theta}{2} \left(1 - \sin \frac{\theta}{2} \sin \frac{3\theta}{2}\right)$$

$$\sigma_y = \frac{K_{\mathrm{I}}}{\sqrt{2\pi r}} \cos \frac{\theta}{2} \left(1 + \sin \frac{\theta}{2} \sin \frac{3\theta}{2}\right) \qquad (7-1a)$$

$$\tau_{xy} = \frac{K_{\mathrm{I}}}{\sqrt{2\pi r}} \sin \frac{\theta}{2} \cos \frac{\theta}{2} \cos \frac{3\theta}{2}$$

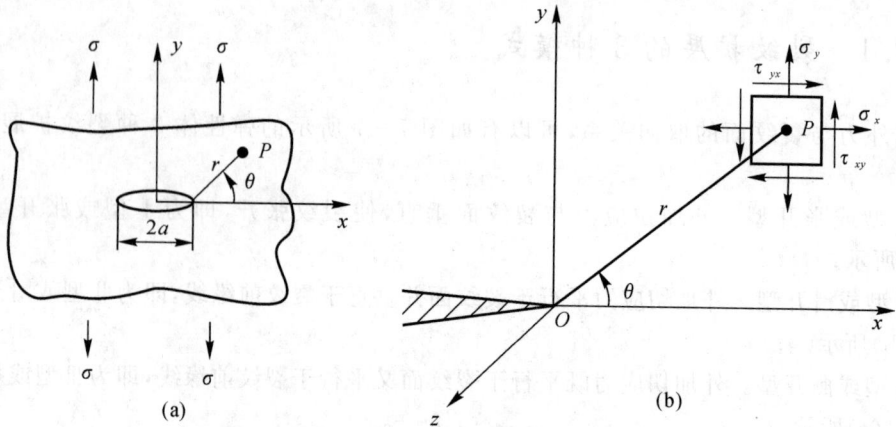

图 7 - 2 裂纹尖端附近的应力场

(a) 无线宽板含中心贯穿裂纹； (b) 裂纹尖端应力场

若板很薄,则裂纹尖端处于平面应力状态;若板很厚,则裂纹尖端处于平面应变状态,故对于垂直于板面的正应力 σ_z 有

$$\sigma_z = 0 \qquad 平面应力 \tag{7-1b}$$

$$\sigma_z = \nu(\sigma_x + \sigma_y) \qquad 平面应变 \tag{7-1c}$$

式(7-1a) ～ 式(7-1c) 中各符号的意义见图 7-2(b),其中 ν 为泊松比。厚板中的 Ⅰ 型裂纹尖端处于三向拉伸应力状态,应力状态柔度系数很小,脆断倾向性高,因而是危险的应力状态。而薄板中的 Ⅰ 型裂纹尖端处于两向拉伸应力状态,应力状态柔度系数与单向拉伸相近。因此,带裂纹的薄板脆断倾向性比厚板小。除非有特殊要求,机械和工程结构一般最好采用薄板制造。

由广义胡克定律可求出裂纹尖端的各应变分量,然后积分,可求得各方向的位移分量。下面仅给出沿 y 方向位移分量 V 的表达式。

平面应力状态下,有

$$V = \frac{K_{\mathrm{I}}}{E} \sqrt{\frac{2r}{\pi}} \sin \frac{\theta}{2} \left[2 - (1+\nu)\cos^2 \frac{\theta}{2} \right] \tag{7-2a}$$

平面应变状态下,有

$$V = \frac{(1+\nu)K_{\mathrm{I}}}{E} \sqrt{\frac{2r}{\pi}} \sin \frac{\theta}{2} \left[2(1-\nu) - \cos^2 \frac{\theta}{2} \right] \tag{7-2b}$$

以上各式虽然是近似的表达式,但其精确度在工程应用上已经足够了。愈接近裂纹尖端,其精确度愈高,也就是说以上各式最适合于 $r \ll a$ 的情况。

在裂纹的延长线上,$\theta = 0$,可以得到

$$\tau_{xy} = 0$$

$$\sigma_x = \sigma_y = \frac{K_{\mathrm{I}}}{\sqrt{2\pi r}}$$

可见,在裂纹的延长线上,切应力分量为零,正应力分量最大,裂纹最易在该方向扩展。

7.2.3 应力强度因子 K_{I}

由式(7-1) 和(7-2) 可以看出,裂纹尖端任一点的应力和位移分量取决于该点的坐标 (r,θ),材料的弹性常数以及参量 K_{I}。对于图 7-1(a) 所示的情况,K_{I} 可表示为

$$K_{\mathrm{I}} = \sigma\sqrt{\pi a} \tag{7-3}$$

若裂纹体的材料一定,且当裂纹尖端附近某一点的位置 (r,θ) 给定时,则该点的各应力分量唯一地决定于 K_{I} 之值。K_{I} 之值愈大,则该点各应力、位移分量之值愈高。所以,K_{I} 描述了弹性体张开型裂纹尖端应力场的大小或幅值,故称为应力强度因子(stress intensity factor)。它综合反映了外加应力 σ 和裂纹长度 a 对裂纹尖端线弹性应力场强度的影响。"Ⅰ"表示 Ⅰ 型裂纹。同样道理,Ⅱ 型和 Ⅲ 型裂纹的应力强度因子可以表达为 K_{II} 型和 K_{III}。

当 $r \to 0$ 时,由式(7-1) 可知,各应力分量都以 $r^{-1/2}$ 的速率趋近于无穷大,表明裂纹尖端处是应力的奇点,是不连续的。这是由于导出式(7-1) 的假设条件引起的,其中包括材料是线弹性的假设等。后续将进一步分析,当 r 逼近零时,裂纹尖端应力不会趋近于无穷大,原因是出现了塑性区,这样就更接近实际情况了。

本书附录1给出了几种常用裂纹体 Ⅰ 型裂纹的 K_{I} 表达式。一般情况下,K_{I} 可表达为

$$K_{\mathrm{I}} = Y\sigma\sqrt{a} \tag{7-4}$$

式中,Y 是一个无量纲的裂纹形状系数,它与裂纹体的几何形状和尺寸及施力方式有关,通常 $Y = 1 \sim 2$。可见,K_{I} 是应力大小、施力方式、裂纹体几何形状和尺寸、裂纹长度的函数。一旦固定了 Y,则 K_{I} 是一个由 σ 和 a 组合的力学参量,不同的 σ 和 a 的组合,可能得到相同的 K_{I}。a 不变时,σ 增大可以使 K_{I} 增大;σ 不变时,a 增大也可以使 K_{I} 增大;当然 a 和 σ 同时增大时,更能使 K_{I} 增大。由式(7-4) 很容易得出,K_{I} 的单位是 $\mathrm{MPa} \cdot \mathrm{m}^{1/2}$ 或 $\mathrm{MN} \cdot \mathrm{m}^{-3/2}$。同理,对于 Ⅱ 型和 Ⅲ 型裂纹的应力强度因子可以表达为:$K_{\mathrm{II}} = Y\tau\sqrt{a}$;$K_{\mathrm{III}} = Y\tau\sqrt{a}$。

7.3 裂纹扩展的能量释放率

7.3.1 裂纹扩展力

断裂力学处理裂纹体问题有两种方法,即 4.5 节中的能量分析法和 7.2 节中所述的应力分析法。现在将两种方法联系起来。

设想一含有单边穿透裂纹的板,受拉力 P 的作用,如图 7-3(a) 所示。在裂纹前缘线的单位长度上有一作用力 G_{I},如图 7-3(b) 所示,"Ⅰ"仍然是表示 Ⅰ 型裂纹。G_{I} 将驱使裂纹前缘向前运动,这个力和位错运动所受的力一样,也是组态力,故可将 G_{I} 称为裂纹扩展力(crack extension force),其单位为 $\mathrm{MN} \cdot \mathrm{m}^{-1}$。材料有抵抗裂纹扩展的能力,即阻力 R;仅当 $G_{\mathrm{I}} \geqslant R$ 时,裂纹才会向前扩展。下面用能量分析法,进一步讨论 G_{I} 的物理意义,并给出 G_{I} 的表达式及它与 K_{I} 的关系。

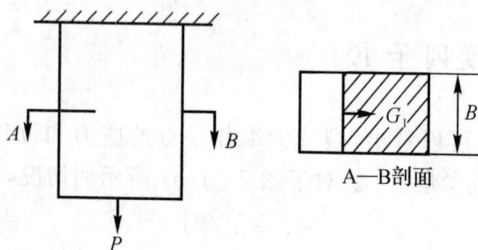

图 7 - 3　裂纹扩展力 G_I 原理示意图

(a) 受拉的裂纹板；　(b) 裂纹面及 G_I

7.3.2　裂纹扩展的应变能量释放率

设裂纹在 G_I 的作用下向前扩展一段距 Δa，则由裂纹扩展力所做的功为 $G_I \times B \times \Delta a$，$B$ 为裂纹前缘线的长度，即试件厚度。若 $B=1$，则裂纹扩展功为 $G_I \times \Delta a$。若外力对裂纹体所作之功为 W，并使裂纹扩展了 Δa，则外力所做功的一部分消耗于裂纹扩展，剩余部分储存于裂纹体内，提高了弹性体的内能 ΔU_e，则有

$$W = G_I \times \Delta a + \Delta U_e \tag{7-5}$$

故得

$$G_I = \frac{W - \Delta U_e}{\Delta a} \tag{7-6}$$

若外力之功 $W=0$，则有

$$G_I = -\frac{\Delta U_e}{\Delta a} = -\frac{\partial U_e}{\partial a} \tag{7-7}$$

这表明在外力之功为零的情况下，裂纹扩展单位面积所需的功，要依靠裂纹体内弹性能的释放来补偿。因此，G_I 又称为裂纹扩展的应变能量释放率(strain energy release rate)，其单位为 $MJ \cdot m^{-2}$。下面结合图 7 - 4 来进一步说明 G_I 的概念。如图 7 - 4(a)所示，对厚度 B 为 1，含有长 $2a$ 的中心穿透裂纹板，拉力缓慢地由零加载到 P 值，在加载过程中使裂纹不发生扩展。加载中，外力与弹性位移 δ 之间呈线性关系。因此，加载时外力所做的功为 $P\delta/2$，相当于 P 和位移 δ 直线关系与横坐标围成的三角形面积(见图 7 - 4(c))。拉力加载到 P 时，将板的下端固定，亦即使力 P 恒定不变。在系统与环境无能量交换的情况下，使裂纹扩展 $2\Delta a$(见图 7 - 4(b))。由于裂纹扩展 Δa 使裂纹体的刚度下降(即柔度升高)，在位移 δ 不变的情况下，裂纹体的弹性内力下降 ΔP，因而弹性势能下降，其数值如图 7 - 4(c)中的影面积所示。这部分释放的能量即作为裂纹扩展所需的功。

在 Griffith 理论中(见 4.5.2 小节)，若在均匀拉伸的板中开出长度为 $2a$ 的穿透裂纹，平面应力状态下释放的弹性能为

$$U_e = -\frac{\pi \sigma^2 a^2}{E} \tag{7-8}$$

负值表示弹性能下降。按式(7 - 7)对 G_I 的定义，有

$$G_I = -\frac{\partial(-\pi \sigma^2 a^2 / E)}{\partial 2a} = \frac{\pi \sigma^2 a}{E} \tag{7-9}$$

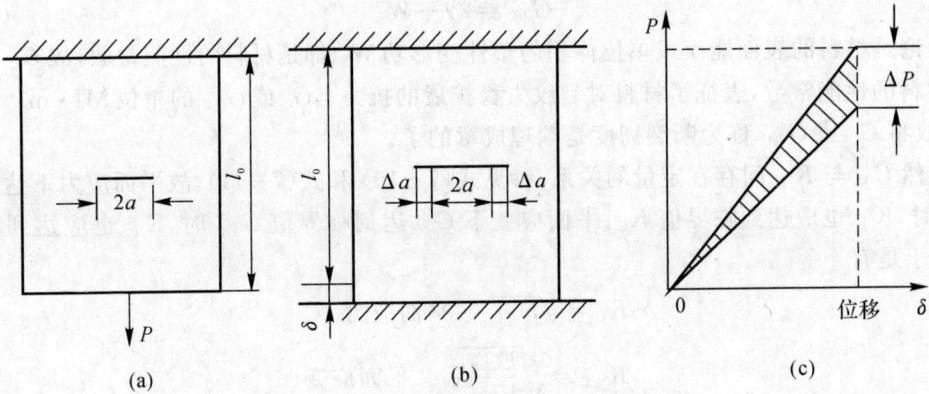

图 7 - 4　裂纹扩展的能量变化示意图

(a) 受拉的含中心穿透裂纹板；　(b) 弹性伸长变形 δ 后固定边界，并使裂纹双边扩展 Δa；　(c) 弹性能的变化

将式(7 - 3) 代入式(7 - 9)，得

$$G_{\mathrm{I}} = \frac{K_{\mathrm{I}}^2}{E} \tag{7 - 10}$$

式(7 - 10)是平面应力状态下 G_{I} 与 K_{I} 间的关系式。同理，联系到式(4 - 7b)，在平面应变状态下，G_{I} 与 K_{I} 的关系可表示为

$$G_{\mathrm{I}} = \frac{(1 - \nu^2) K_{\mathrm{I}}^2}{E} \tag{7 - 11}$$

上面是用简单的比较法，给出了 G_{I} 与 K_{I} 间的关系式，但式(7-10) 和式(7-11) 是普遍成立的，已经有更严格的证明。

7.3.3　断裂韧性和断裂韧度

研究裂纹体的目的是要得到材料对裂纹不稳定扩展或失稳扩展的抵抗能力，这种抗力称为材料的断裂韧性。表征断裂韧性的材料力学性能指标称为断裂韧度，它是对材料断裂韧性的量度，通常指单一加载（例如单向拉伸）条件下材料对裂纹扩展的阻力。下面引出常用且重要的断裂韧度。

当 G_{I} 增大，达到材料对裂纹失稳扩展的极限抗力时，裂纹体处于临界状态。平面应力状态下，G_{I} 达到的临界值用 G_{C} 表达；平面应变状态下，G_{I} 达到的临界值用 G_{IC} 表达。此时，裂纹失稳扩展发生断裂，故裂纹体的临界断裂应力或剩余强度 σ_{c} 为

$$\sigma_{\mathrm{c}} = \left[\frac{EG_{\mathrm{C}}}{\pi a} \right]^{1/2} \quad 平面应力$$

$$\sigma_{\mathrm{c}} = \left[\frac{EG_{\mathrm{IC}}}{\pi(1 - \nu^2) a} \right]^{1/2} \quad 平面应变 \tag{7 - 12}$$

将式(7 - 12) 与式(4 - 11a) 和式(4 - 11b) 比较，可以看到对于脆性材料，有

$$G_{\mathrm{IC}} = 2\gamma \tag{7 - 13}$$

这表明脆性材料对裂纹失稳扩展的抗力是形成断裂面所需的表面能。而对塑性材料，断裂前要消耗一部分塑性功，将单位体积的塑性变形功表示为 W_{p}，与式(4 - 13) 比较则有

$$G_{Ic} = 2\gamma + W_p \tag{7-14}$$

无论是材料的表面能 γ 或单位体积的塑性变形功 W_p 都是材料的性能常数,故 G_c 或 G_{Ic} 也是材料的性能常数,表征了材料对裂纹失稳扩展的抗力。G_c 或 G_{Ic} 的单位 $MJ \cdot m^{-2}$ 为能量单位,故将 G_c 或 G_{Ic} 称为断裂韧度是顺理成章的了。

既然 G_I 与 K_I 间存在定量的关系,参见式(7-10)和式(7-11),故平面应力下达到临界值 G_c 时,K_I 也应达到临界值 K_c;平面应变下 G_I 达到临界值 G_{Ic} 时,K_I 也应达到临界值 K_{Ic}。于是有

$$K_c = \sqrt{EG_c} \quad \text{平面应力}$$

$$K_{Ic} = \sqrt{\frac{EG_{Ic}}{1-\nu^2}} \quad \text{平面应变} \tag{7-15}$$

由此可见,K_c 或 K_{Ic} 也是材料常数,是表征材料对裂纹失稳扩展的抗力,同样也称为断裂韧度。其中,K_{Ic} 称作平面应变断裂韧度(plane strain fracture toughness),K_c 称作平面应力断裂韧度(plane stress fracture toughness)。显然,其单位与 K_I 相同,即 $MPa \cdot m^{1/2}$ 或 $MN \cdot m^{-3/2}$。实际应用较多的是 K_{Ic},因为定量测试 K_{Ic} 比 G_{Ic} 方便得多。当然,有了 K_c 或 K_{Ic} 的值,由式(7-15)很容易求得 G_c 或 G_{Ic}。应当指出,K_I 与 K_{Ic} 的概念不同,类似拉伸中的应力 R 和屈服强度 $R_{p0.2}$ 间的关系。K_I 表征裂纹尖端弹性应力场的强弱,它是应力大小、施力方式、裂纹体几何形状和尺寸、裂纹长度的函数;K_{Ic} 则与这些因素无关,它是材料的力学性能指标,是某一特定材料的力学性能常数,表征断裂韧性 —— 材料抵抗裂纹失稳扩展能力的度量,K_I 则不是。K_c 与 K_{Ic} 的关系如图7-5所示。由图可知,K_c 的值与板材厚度有关,不是一个恒定的值;K_c 大于 K_{Ic};当板材厚度大于一个临界值 $B_c(B_c \geqslant 2.5(K_{Ic}/R_{p0.2})^2)$ 时,就是恒定的 K_{Ic},不再与厚度有关。

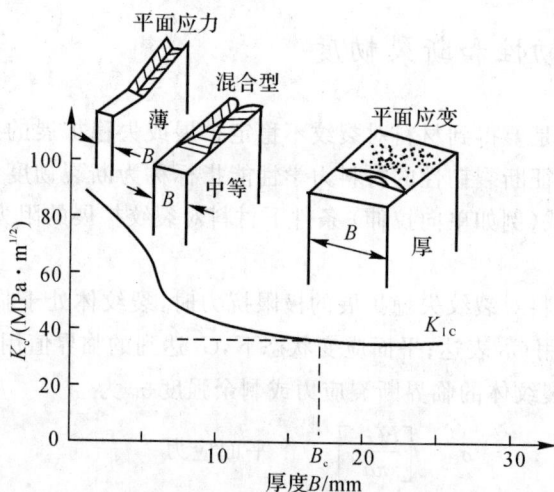

图7-5 K_c 与 K_{Ic} 的关系

另一方面,从力学角度考虑,K_c 或 K_{Ic} 又是应力强度因子的临界值,当 $K_c = K_{Ic}$ 或 $K_I = K_{Ic}$ 时,裂纹体的裂纹失稳扩展导致断裂。于是,得到了裂纹体脆性断裂的判据。由于 K_c 大于 K_{Ic},所以处于平面应变条件下最危险,故常用 K_{Ic} 作为判据,即

$$K_I \geqslant K_{Ic} \quad \text{或} \quad Y\sigma\sqrt{a} \geqslant K_{Ic} \tag{7-16}$$

满足式(7-16)的条件就会引起脆性断裂。在手册中通常给出各种裂纹体的应力强度因子表达式和常用材料 K_{IC} 的值,用于对构件的安全性和损伤容限进行评估。

7.4* 裂纹尖端塑性区

7.4.1 塑性区的形状和尺寸

由式(7-1)可见,当 $r \to 0$ 时,σ_x,σ_y,σ_z(平面应变),τ_{xy} 等各应力分量均趋于无穷大。在实际中,这是不可能的。对于实际材料,例如金属,当裂纹尖端附近的应力很大时会发生塑性变形,将会改变裂纹尖端的应力分布。由于受到周围广大弹性区的严重约束,裂纹尖端附近的塑性变形需要弹性区的协调。实际塑性区中的应力会大于材料单向拉伸的屈服强度,这是因裂纹尖端处于三向应力状态,导致柔度系数低的缘故。将塑性区中的最大主应力 σ_1 称为有效屈服应力 σ_{ys},并将它与材料单向拉伸测定的屈服强度 $R_{p0.2}$ 的比值 $\sigma_{ys}/R_{p0.2}$ 称为塑性约束系数。

由式(7-1),已知 σ_x,σ_y,σ_z,τ_{xy} 等各应力分量,根据第1章材料力学的知识(见1.4节),可求得3个主应力 σ_1,σ_2,σ_3,即

$$\sigma_1 = \frac{\sigma_x + \sigma_y}{2} + \sqrt{\left[\frac{\sigma_x - \sigma_y}{2}\right]^2 + \tau_{xy}^2}$$
$$\sigma_2 = \frac{\sigma_x + \sigma_y}{2} - \sqrt{\left[\frac{\sigma_x - \sigma_y}{2}\right]^2 + \tau_{xy}^2} \qquad (7-17)$$
$$\sigma_3 = \nu(\sigma_1 + \sigma_2) = \nu(\sigma_x + \sigma_y)$$

式中,σ_3 是对于平面应变状态的表达式,对于平面应力状态 $\sigma_3 = 0$。

据第三强度理论(见式(1-27)),即 $(\sigma_1 - \sigma_3) = R_{p0.2}$,可以得出:平面应力状态下 $(\sigma_1 - \sigma_3) = \sigma_1 = R_{p0.2} = \sigma_{ys}$;平面应变状态下,将式(7-1)代入式(7-17)的第三式,当 $\theta = 0$ 时,$\sigma_3 = 2\nu\sigma_1$。于是据第三强度理论有 $\sigma_1 = R_{p0.2}/(1-2\nu) = \sigma_{ys}$。

Irwin 根据 Von Mises 屈服判据(第四强度理论),即式(1-31),计算出裂纹尖端塑性区的形状和尺寸。当然,用其他屈服判据得到的结果有所不同,但规律相同。现将式(7-17)各主应力代入 Von Mises 判据,化简后得

平面应力状态:

$$r = \frac{1}{2\pi}\left(\frac{K_I}{R_{p0.2}}\right)^2 \left[\cos^2\frac{\theta}{2}\left(1 + 3\sin^2\frac{\theta}{2}\right)\right] \qquad (7-18a)$$

平面应变状态:

$$r = \frac{1}{2\pi}\left(\frac{K_I}{R_{p0.2}}\right)^2 \left[(1-2\nu)^2\cos^2\frac{\theta}{2} + \frac{3}{4}\sin^2\frac{\theta}{2}\right] \qquad (7-18b)$$

式(7-18a)为塑性区的边界线表达式,塑性区的形状如图7-6所示。在 x 轴上,$\theta=0$,此处塑性区宽度用符号 r_0 表示,可见沿 x 方向塑性区宽度最小,裂纹容易沿 x 方向扩展。r_0 的值在平面应力状态下为

$$r_0 = \frac{1}{2\pi}\left(\frac{K_I}{R_{p0.2}}\right)^2 = 0.16\left(\frac{K_I}{R_{p0.2}}\right)^2 \qquad (7-19a)$$

平面应变状态下为

$$r_0 = \frac{(1-2\nu)^2}{2\pi}\left(\frac{K_\mathrm{I}}{R_{\mathrm{p0.2}}}\right)^2 \qquad\qquad (7-19\mathrm{b})$$

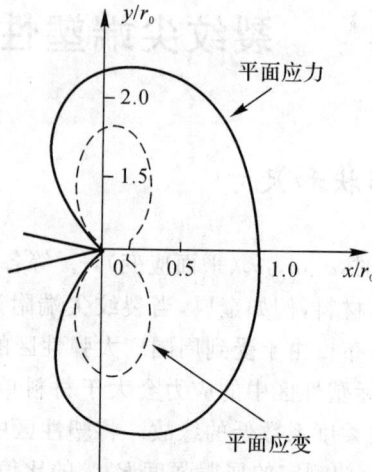

图 7 - 6 裂纹尖端塑性区形状示意图

若取 $\nu=0.3$，则由式(7-19b) 可知，在平面应变状态下，裂纹尖端塑性区比平面应力状态下的要小很多，前者仅为后者的 1/6 左右。但这一数值偏小，因为实际上厚试件的芯部是平面应变状态，而表面是平面应力状态，其塑性区呈哑铃状，两者之间有一过渡区，如图7-7所示。因此，Irwin 参照圆柱形缺口试样在三向拉伸应力状态下屈服强度的试验结果，得到平面应变状态下塑性约束系数 $\sigma_{\mathrm{ys}}/R_{\mathrm{p0.2}}=\sqrt{2\sqrt{2}}$。同时，前文所述已有 $\sigma_{\mathrm{ys}}/R_{\mathrm{p0.2}}=1/(1-2\nu)$，因此有 $1/(1-2\nu)=\sqrt{2\sqrt{2}}$，于是将平面应变状态下的塑性区宽度修正为

$$r_0 = \frac{1}{4\sqrt{2}\,\pi}\left(\frac{K_\mathrm{I}}{R_{\mathrm{p0.2}}}\right)^2 \approx 0.056\left(\frac{K_\mathrm{I}}{R_{\mathrm{p0.2}}}\right)^2 \qquad\qquad (7-19\mathrm{c})$$

可见，平面应变状态下由于应力状态柔度系数很小，因此相应的塑性区也小。

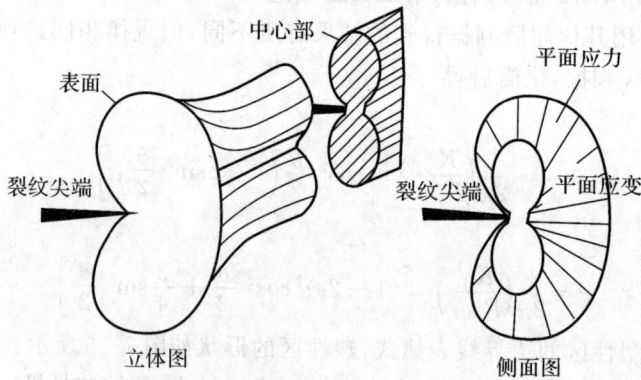

图 7 - 7 裂纹尖端塑性区的形状

7.4.2 考虑应力松弛对裂纹尖端塑性区的修正

由式(7-1)得出,y 向应力 σ_y 沿 x 轴的分布应如图 7-8 中的虚线 DBC 所示。但由于裂纹尖端附近的 σ_y 超过了材料的屈服强度,材料发生了塑性变形,导致应力重新分布。

首先分析裂纹尖端处于平面应力状态,此时的有效屈服强度 σ_{ys} 为 $R_{p0.2}$。假设材料是理想塑性的,即应力达到屈服强度时应力保持 $R_{p0.2}$ 不变,故在 $x \leqslant r_0$ 范围内,沿 x 轴分布的 y 方向应力恒等于 $R_{p0.2}$,即 $\sigma_y = R_{p0.2}$。为保持裂纹尖端局部区域的力学平衡,由屈服而松弛的应力(见图 7-8 中的阴影面积),将使塑性区前方($x > r_0$)的材料所受的应力升高,部分区域一直达到材料的屈服强度,其结果使得 σ_y 沿 x 轴的分布按照 $ABEF$ 曲线变化。这就是说,屈服区内应力松弛的结果导致塑性区的进一步扩大,x 轴上的塑性区由 r_0 扩大到 R_0,如图 7-8 所示。

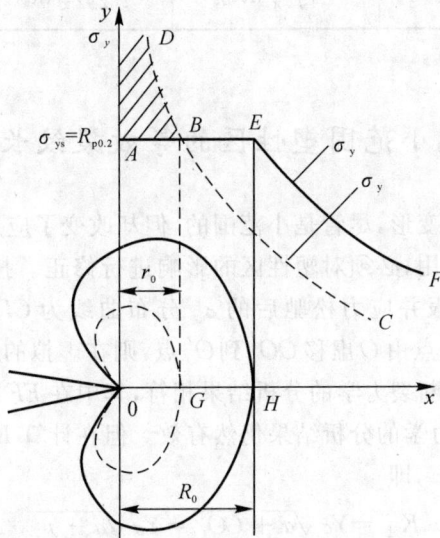

图 7-8　平面应力下应力松弛后的塑性区

考虑到裂纹尖端局部区域由于应力松弛后的力学平衡,即图 7-8 中 AB、BD 和 y 轴围成阴影部分的面积应与 $GHEBG$ 的面积相等,假定试件的厚度为 1,则有

$$\int_0^{r_0} \frac{K_I}{\sqrt{2\pi x}} \mathrm{d}x = R_{p0.2} R_0 \tag{7-20}$$

将式(7-20)积分并整理后得

$$R_0 = \sqrt{\frac{2}{\pi}} \left(\frac{K_I}{R_{p0.2}} \right) r_0^{1/2} \tag{7-21}$$

将式(7-19a)代入式(7-21),得到平面应力状态下的真实塑性区尺寸 R_0 为

$$R_0 = \frac{1}{\pi} \left(\frac{K_I}{R_{p0.2}} \right)^2 = 2r_0 \tag{7-22a}$$

由此可见,考虑到应力松弛的影响,裂纹尖端塑性区尺寸 R_0 比 r_0 大了一倍。这一结论对平面应变状态的塑性区也适用,即平面应变状态的塑性区也扩大一倍,其 R_0 为

$$R_0 = \frac{1}{2\sqrt{2}\,\pi}\left(\frac{K_{\mathrm{I}}}{R_{\mathrm{p0.2}}}\right)^2 = 2r_0 \tag{7-22b}$$

表 7-1 对上述计算塑性区的公式作了归纳和总结。从表中可知,无论是平面应力或平面应变状态,塑性区的尺寸总是与 $(K_{\mathrm{IC}}/R_{\mathrm{p0.2}})^2$ 成正比,K_{IC} 越大或 $R_{\mathrm{p0.2}}$ 越小,则塑性区的尺寸越大。

表 7-1　裂纹尖端塑性区尺寸 r_0 和 R_0 的计算公式

应力状态	未考虑应力松弛影响		考虑应力松弛影响	
	一般条件	临界条件	一般条件	临界条件
平面应力	$r_0 = \frac{1}{2\pi}\left(\frac{K_{\mathrm{I}}}{R_{\mathrm{p0.2}}}\right)^2$	$r_0 = \frac{1}{2\pi}\left(\frac{K_{\mathrm{C}}}{R_{\mathrm{p0.2}}}\right)^2$	$R_0 = \frac{1}{\pi}\left(\frac{K_{\mathrm{I}}}{R_{\mathrm{p0.2}}}\right)^2$	$R_0 = \frac{1}{\pi}\left(\frac{K_{\mathrm{C}}}{R_{\mathrm{p0.2}}}\right)^2$
平面应变	$r_0 = \frac{1}{4\sqrt{2}\,\pi}\left(\frac{K_{\mathrm{I}}}{R_{\mathrm{p0.2}}}\right)^2$	$r_0 = \frac{1}{4\sqrt{2}\,\pi}\left(\frac{K_{\mathrm{IC}}}{R_{\mathrm{p0.2}}}\right)^2$	$R_0 = \frac{1}{2\sqrt{2}\,\pi}\left(\frac{K_{\mathrm{I}}}{R_{\mathrm{p0.2}}}\right)^2$	$R_0 = \frac{1}{2\sqrt{2}\,\pi}\left(\frac{K_{\mathrm{IC}}}{R_{\mathrm{p0.2}}}\right)^2$

7.4.3　裂纹尖端小范围塑性区的等效裂纹长度

裂纹尖端区域发生塑性变形,尽管是小范围的,但却改变了应力分布(见图 7-9)。为使线弹性断裂力学的分析仍然适用,必须对塑性区的影响进行修正。按线弹性断裂力学计算得到的 σ_y 分布曲线为 ADB,屈服并应力松弛后的 σ_y 分布曲线为 $CDEF$,此时的塑性区宽度为 R_0(见图 7-9)。若将裂纹顶点由 O 虚移 OO' 到 O' 点,则在虚拟的裂纹顶点 O' 下,其弹性应力分布曲线为 GEH,与线弹性断裂力学的分析结果相符,其中在 EF 段与实际应力分布曲线 EH 段重合。这样,线弹性断裂力学的分析结果仍然有效。但在计算 K_{I} 时,要采用等效裂纹长度 $a + OO'$ 代替实际裂纹长度 a,即

$$K_{\mathrm{I}} = Y\sigma\sqrt{a + OO'} = Y\sigma\sqrt{a + r_y} \tag{7-23}$$

计算表明,修正量 r_y 正好等于应力松弛后的塑性区宽度 R_0 的一半,即 $r_y = r_0$,亦即虚拟的裂纹顶点在塑性区的中心。于是,分别将 r_0 的表达式(7-19a)和(7-19c)代入式(7-23),可得

平面应力状态下:

$$K_{\mathrm{I}} = Y\sigma\sqrt{a}\,/\,\sqrt{1 - 0.16Y^2(\sigma/R_{\mathrm{p0.2}})^2} \tag{7-24a}$$

平面应变状态下:

$$K_{\mathrm{I}} = Y\sigma\sqrt{a}\,/\,\sqrt{1 - 0.056Y^2(\sigma/R_{\mathrm{p0.2}})^2} \tag{7-24b}$$

显然,修正后的 K_{I} 比未经修正的值稍大。一般当 $\sigma/R_{\mathrm{p0.2}} \geqslant 0.7$,且 K_{I} 的变化较明显时,需要修正,否则可不做修正。

由于裂纹尖端附近存在塑性区(一般该塑性区是在平面应变三向应力状态下形成的),同时受到周围广大弹性区的约束,因此,K_{IC} 更确切的物理意义是:张开型裂纹的裂纹尖端附近应力处于平面应变状态下,且裂纹尖端塑性变形受到约束时,材料对裂纹失稳扩展的抗力。它代表着塑性变形被限制时,材料阻止裂纹扩展能力的一种度量。

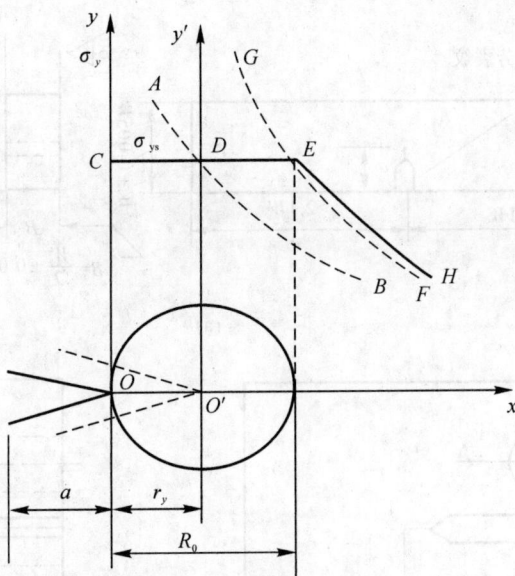

图 7-9　等效裂纹法修正 K_I

7.5　平面应变断裂韧度 K_{IC} 的测定

本节依据国家标准 GB/T 4161—2007 金属材料平面应变断裂韧度 K_{IC} 试验方法,简要说明 K_{IC} 的测定方法。

7.5.1　试件制备要求

GB/T 4161—2007 中规定了四种试样,即三点弯曲试样、紧凑拉伸试样、C 型拉伸试样和圆形紧凑拉伸试样。最常用的是三点弯曲试样和紧凑拉伸试样,其试样形状和尺寸如图 7-10 所示。

在测 K_{IC} 之值时,必须保证裂纹尖端的应力处于平面应变状态下,且裂纹尖端塑性变形区由于受到的约束是小范围的,这是因为平面应变断裂韧度 K_{IC} 是代表着当塑性变形被限制时,材料阻止裂纹扩展的一种度量。按式(7-19c),在临界状态下,塑性区尺寸正比于 $(K_{IC}/R_{p0.2})^2$。K_{IC} 值越高,则临界塑性区尺寸越大。为保证裂纹尖端塑性区尺寸远小于周围弹性区的尺寸,即试件小范围屈服以及裂纹尖端附近处于平面应变状态,故对试件的尺寸作了严格的规定。其中最重要的规定是:图 7-10 所示的试件厚度 B、裂纹长度 a 和韧带宽度 $W-a$ 都必须大于等于 $2.5(K_{IC}/R_{p0.2})^2$。其次规定试件的宽度 $W=2B$,裂纹长度 $a=0.45\sim0.55\,W$。因此,韧带宽度为 $W-a=0.45\sim0.55\,W$,即韧带宽度 $W-a$ 比 R_0 大约 20 倍以上。

在确定试件尺寸之前,要有材料的 $R_{p0.2}$ 之值,并通过它估计 K_{IC} 值。然后按 $B\geqslant2.5\times(K_{IC}/R_{p0.2})^2$ 的要求,定出试件的最小厚度 B。若材料的 K_{IC} 值无法估算,可根据 $R_{p0.2}/E$ 值,按表 7-2 估计 B 值。然后,按图 7-10 的比例关系,定出试件的其他尺寸。

(a)

(b)

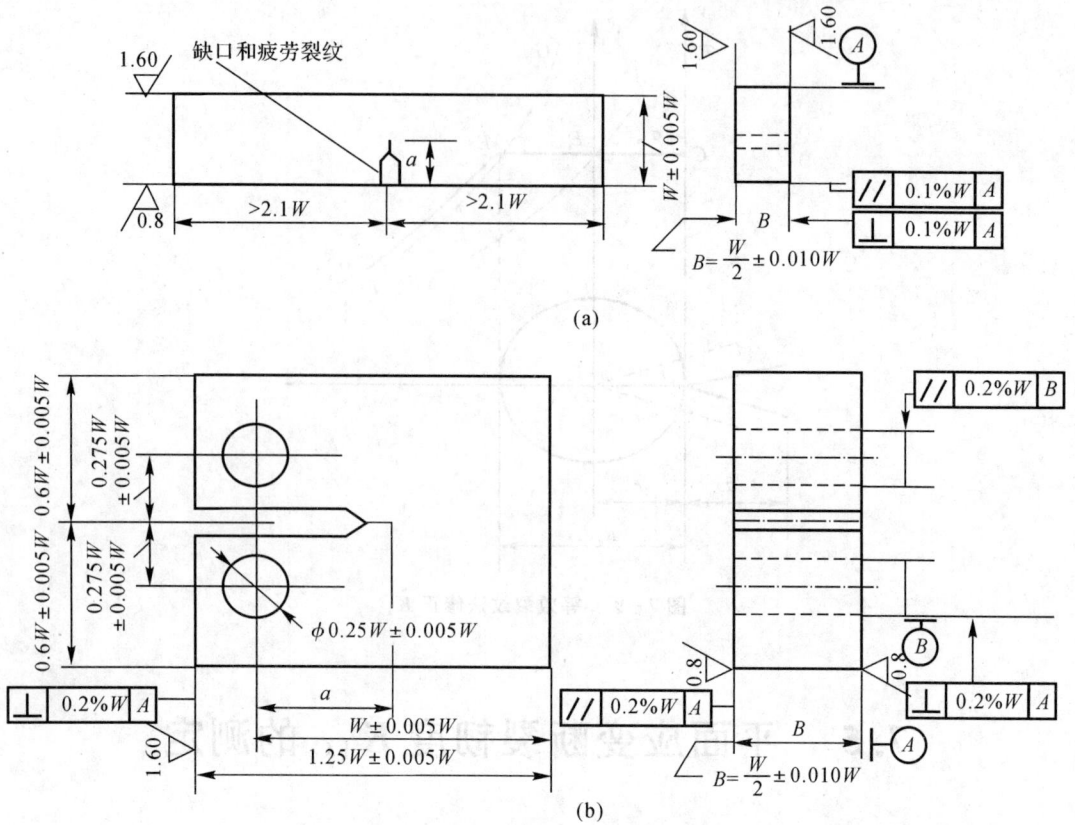

图 7-10 测定 K_{Ic} 的三点弯曲试样和紧凑拉伸试样

(a)标准三点弯曲试样； (b)紧凑拉伸试样

表 7-2 根据 $R_{p0.2}/E$ 的比值确定试件的最小厚度 B

$R_{p0.2}/E$	B/mm	$R_{p0.2}/E$	B/mm
0.005 0~0.005 7	75	0.007 1~0.007 5	32
0.005 7~0.006 2	63	0.007 5~0.008 0	25
0.006 2~0.006 5	50	0.008 0~0.008 5	20
0.006 5~0.006 8	44	0.008 5~0.010 0	12.5
0.006 8~0.007 1	38	≥0.010 0	6.5

　　试件热处理后的显微组织应与被测结构件一致,或者直接从结构件上切取试件,以保证所测 K_{Ic} 值的可信度和可靠性。不仅试样的材料应与被测构件相同,加工方法和热处理也都尽可能与被测试构件相同。由于材料的毛坯可能具有各向异性,试样开缺口和预制裂纹的方向应与实际方向一致,并做好标记,随后在机床上加工缺口。缺口有两种,分别为直通形缺口和山形缺口,其几何形状和尺寸可查阅 GB/T 4161—2007。缺口应垂直于试样表面,偏差不大于 2°。接着在疲劳试验机上预制裂纹,预制裂纹的长度不小于 2.5%W,且不小于 1.5 mm;预制裂纹面与试样的宽度 W 方向平行,偏差不大于 10°。裂纹总长 a 是切口深度与预制裂纹长度之和,a/W 应控制在 0.45~0.55W 之间,平均为 0.5 W,故韧带宽度 $W-a=0.50W$。预制疲劳裂纹的技术含量高,还有更多详细细节,此处不再赘述。

7.5.2　K_{IC}测定方法

要测定 K_{IC} 值,需要确定裂纹发生临界扩展点的载荷。为此,要测绘出载荷 F 与裂纹嘴张开位移 V 的关系曲线。以三点弯曲试件为例,测绘方法如下:将试件安装在万能试验机的底座上,支撑点之间的跨距为 S(见图 7-11);力 F 由力传感器测量,裂纹嘴张开位移 V 由跨接于试件切口两侧的夹式引伸计测量;载荷与位移讯号经放大器放大后,再输入计算机或 X-Y 记录仪,描绘出 F-V 曲线。

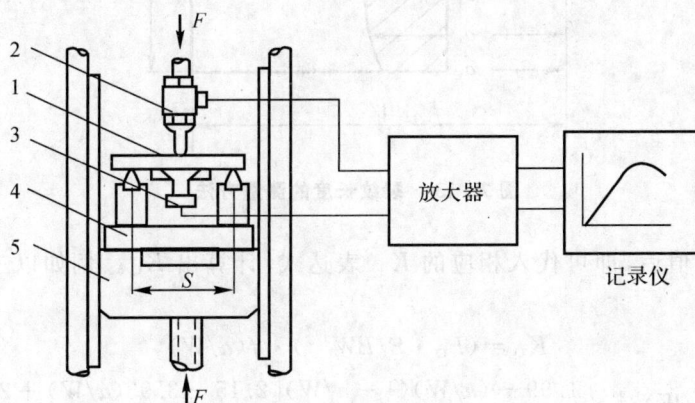

图 7-11　三点弯曲试验示意图
1— 试件；　2— 力传感器；　3— 夹式引伸计；　4— 夹具；　5— 机器底座

几种典型的 F-V 曲线如图 7-12 所示。根据 F-V 曲线,可求得裂纹(失稳)扩展时的临界载荷 F_Q。F_Q 相当于裂纹扩展量 $\Delta a/a=2\%$ 时的载荷。对于标准试件,$\Delta a/a=2\%$ 大致相当于 $\Delta V/V=5\%$。为求 F_Q,从 F-V 曲线的坐标原点画 OF_5 直线,其斜率较 F-V 曲线的直线部分的斜率小 5%(见图 7-12)。F-V 曲线与 OF_5 的交点对应的载荷即为 F_5,这个条件相当于 $\Delta V/V=5\%$。图 7-12 表示了不同的确定 F_Q 的方法。若在 F_5 之前,且没有比 F_5 更大的载荷,则取 $F_Q=F_5$。若在 F_5 前有一个比 F_5 大的载荷,则取该载荷为 F_Q。但是,要求 $F_{max}/F_Q\leqslant 1.10$。

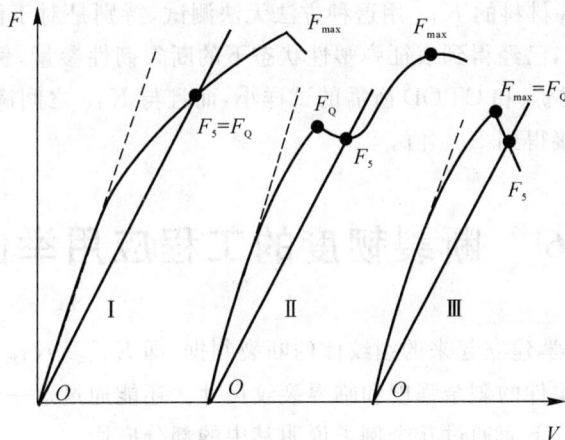

图 7-12　典型的 F-V 曲线

试件压断后,用工具显微镜测量裂纹长度 a。由于裂纹前缘线呈弧形,故规定在 $0,B/4$, $B/2,3B/4,B$ 等 5 点处测定裂纹长度 a_1,a_2,a_3,a_4 和 a_5(见图 7-13)。取 $(a_2+a_3+a_4)/3$ 为裂纹长度 a。

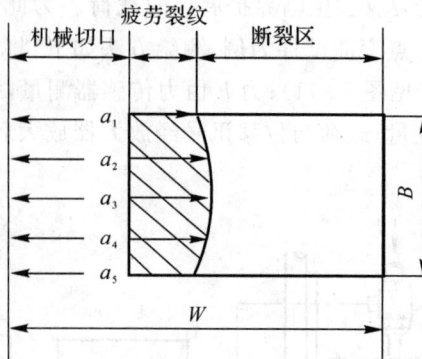

图 7-13　裂纹长度的测量方法

求得 F_Q 和 a 值后,即可代入相应的 K_I 表达式,计算出 K_Q。例如以三点弯曲试件为例,有

$$K_Q = (F_Q \cdot S/BW^{3/2}) \cdot f(a/W) \tag{7-25a}$$

$$f(a/W) = 3(a/W)^{1/2} \times \frac{1.99 - (a/W)(1-a/W)[2.15 - 3.93(a/W) + 2.70(a/W)^2]}{2(1+2a/W)(1-a/W)^{3/2}}$$

$$\tag{7-25b}$$

式中,S 为三点弯曲试件支撑点之间的跨距。

最后进行有效性检验,其中主要的是:①$F_{max}/F_Q \leqslant 1.10$;②厚度 B、裂纹长度 a 和韧带尺寸 $W-a$ 均不小于 $2.5(K_Q/R_{p0.2})^2$。此外,还需满足:裂纹面与起始缺口面平行,偏差在 $\pm 10°$ 以内,且断口上没有明显的多条裂纹。对于直通形缺口,断口上 a_2,a_3,a_4 这 3 个裂纹长度值的任意两个差值应不超过它们平均值 a 的 10%,还有 $a-a_1$ 和 $a-a_5$ 均应小于 $15\%a$,a_1-a_5 均应小于 $10\%a$。对于山形缺口,疲劳裂纹应在缺口产生,$a-a_1$ 和 $a-a_5$ 均应小于 $10\%a$。

若试件满足有效性规定,则可将 K_Q 定为 K_{IC};否则,证明得到的不是 K_{IC}。尽管这时得到的 K_Q 仍有参考价值,但更需要将原试件厚度 B 加大 50%,并按图 7-10 比例加大其他尺寸,重新测定 K_{IC} 值。有些材料的 K_{IC} 用这种方法无法测试,特别是对于低强度材料,需用特大吨位的测试设备。但是,已经得到表征弹塑性状态下的断裂韧性参量,例如 J_c、裂纹尖端张开位移(CTOD)等。测试 J_c 和 CTOD 所需的试样小,而且与 K_{IC} 之间满足一定条件时存在换算关系,可通过它们间接得到 K_{IC} 值。

7.6　断裂韧度的工程应用举例

根据线弹性断裂力学建立起来的裂纹体的断裂判据,即 $K_I \geqslant K_{IC}$,可用于结构设计和安全性评估,估算含裂纹构件的剩余强度和临界裂纹尺寸。还能通过这一判据进行材料选择、断裂分析、脆性的评价等。下面通过几个例子说明其中的部分应用。

7.6.1 结构设计和安全性评估

通过探伤可知材料中的裂纹长度 a，还知道 K_I 表达式以及材料的 K_{IC} 值，则可将式 (7-16) 变为 $\sigma_c = K_{IC}/[Y \cdot a^{1/2}]$，求其设计的许用应力或剩余强度 σ_c。

若已知 K_{IC} 的值、构件的工作应力和 K_I 的表达式，则可由式 (7-16) 求得构件的临界裂纹尺寸，即允许的最大的裂纹尺寸 a_c 为 $a_c = (K_{IC}/Y\sigma)^2$。

例如，一大型圆筒式压力容器，由高强度钢焊接而成。钢板的厚度 $t = 5$ mm，圆筒内径 $D = 1\,500$ mm。该钢材的 $K_{IC} = 62$ MPa·m$^{1/2}$，$R_{p0.2} = 1\,800$ MPa。该容器焊接完成后，发现焊缝中有纵向表面半椭圆裂纹，尺寸为 $2c = 6$ mm，$a = 0.9$ mm，如图 7-14 所示。在不考虑安全系数下，试求该容器能否在承受 $p = 6$ MPa 的内压力安全工作？该容器能承受的最大内压力为多少？

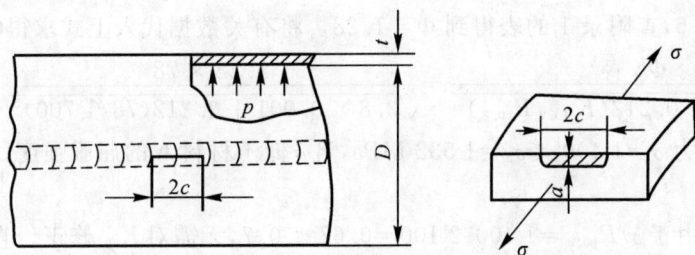

图 7-14 圆筒式压力容器焊缝中的纵向表面半椭圆裂纹

根据材料力学分析可知，该裂纹所承受的垂直拉应力 σ（见图 7-14）为 $\sigma = pD/(2t)$，代入数据得

$$\sigma = 6 \times 1.5/(2 \times 0.005) = 900 \text{ MPa}$$

由附录 1 查得表面半椭圆裂纹顶点的 K_I 为 $K_I = 1.1\sigma\sqrt{\pi a}\Phi$，$Y = 1.1\sqrt{\pi}/\Phi$。所承受的垂直拉应力 σ 与 $R_{p0.2}$ 的比值 900 MPa/1 800 MPa 为 0.5，因为该值小于 0.7，所以无需对 K_I 修正。

当 $a/c = 0.9/3 = 0.3$ 时，查附录 1 得到 $\Phi = 1.10$，此时 $Y = \sqrt{\pi}$。将有关数据代入许用应力表达式得

$$\sigma_c = K_{IC}/(Y \cdot a^{1/2}) = 62/(\sqrt{\pi} \times \sqrt{0.000\,9}) = 1\,166 \text{ MPa}$$

显然，在不考虑不确定系数的情况下，临界应力或许用应力 $\sigma_c > \sigma$，即承受 $p = 6$ MPa 的内压力可以安全工作。同时，能承受的最大内压力 p 为

$$p = 2\sigma_c t/D = 2 \times 1\,166 \times 0.005/1.5 = 7.77 \text{ MPa}$$

可见，这个断裂判据为工程构件的安全性评定提供了新的重要依据，利用该判据可以定量地评估构件中出现裂纹后的安全性。

7.6.2 材料的选择

根据结构承载情况，计算可能出现的最大应力强度因子，选择断裂韧度大于该值的材料，

举例如下。

有一火箭壳体承受很高的工作应力,其周向工作拉应力 $\sigma = 1\,400$ MPa。壳体拟用超高强度钢制造。焊接后容易出现纵向半椭圆裂纹,裂纹尺寸为 $a = 1.0$ mm,且有 $a/2c = 0.3$。现有 A 和 B 两种可供选择的材料,选用哪种安全?

材料 A: $R_{p0.2} = 1\,700$ MPa, $K_{IC} = 78$ MPa·m$^{1/2}$;材料 B: $R_{p0.2} = 2\,100$ MPa, $K_{IC} = 47$ MPa·m$^{1/2}$。

按照传统设计方法,许用应力等于材料强度除以不确定系数,则对于材料 A: $1\,700/1\,400 = 1.2$;对于材料 B: $2\,100/1\,400 = 1.5$。可见选择不确定系数大的材料 B 为宜。

再从断裂韧性分析。对于材料 A:由于 $\sigma/R_{p0.2} = 1\,400/1\,700 = 0.82 > 0.7$,需对 K_I 进行修正。本例为表面半椭圆裂纹,其裂纹顶点的 K_I 为 $K_I = 1.1\sigma\sqrt{\pi a}/\Phi$,$Y = 1.1\sqrt{\pi}/\Phi$,$K_{IC}$ 是平面应变下 K_I 的临界值。由式(7-24b)得到

$$K_I = 1.1\sigma\sqrt{\pi a}/\sqrt{\Phi^2 - 0.212(\sigma/R_{p0.2})^2}$$

由于 $a/c = 0.6$,查附录 1 的表得到 $\Phi = 1.28$。将有关数据代入上式求得临界应力 σ_c:

$$\sigma_c = \frac{\Phi K_{IC}}{\sqrt{1.21\pi a + 0.212(K_{IC}/R_{p0.2})^2}} = \frac{1.28 \times 78}{\sqrt{3.8 \times 0.001 + 0.212(78/1\,700)^2}} = 1\,532 \text{ MPa}$$

显然,工作应力 $\sigma = 1\,400 < \sigma_c = 1\,532$ MPa,且 σ 低于材料 A 的屈服强度。因此,用材料 A 是安全的。

对于材料 B:由于 $\sigma/R_{p0.2} = 1\,400/2\,100 = 0.67 < 0.7$,无需对 K_I 修正。直接可以得到 σ_c:

$$\sigma_c = \frac{1}{Y}\frac{K_{IC}}{\sqrt{a}} = \frac{\Phi}{1.1\sqrt{\pi}}\frac{K_{IC}}{\sqrt{a}} = \frac{1.28 \times 47}{1.1\sqrt{\pi}\sqrt{0.001}} = 976 \text{ MPa}$$

工作应力 $\sigma = 1\,400 > \sigma_c = 976$ MPa,用材料 B 是不安全的,因为从断裂力学角度来看,材料 B 在使用中会发生脆性断裂。综合两个方面的结果,选择 A 材料为宜。

当裂纹长度很小时,按式(7-16)求得的剩余强度 σ_c 之值有可能高于材料的 R_m。在这种情况下,试件或结构件先屈服后断裂,线弹性断裂力学将不再适用。

7.6.3 脆性的评价

计算构件中的临界裂纹尺寸,并评价材料的脆断倾向。一般构件中,较常见的是表面半椭圆裂纹,可知 $K_I = 1.1\sigma\sqrt{\pi a}/\Phi = Y\sigma\sqrt{a}$。从安全考虑取其 $Y = 2$,若不考虑塑性区的影响,其临界裂纹尺寸可由下式估算:

$$a_c = 0.25 \times (K_{IC}/\sigma)^2$$

1. 超高强度钢

这类钢的屈服强度高而断裂韧性低。若某构件的工作应力为 $1\,500$ MPa,而材料的 $K_{IC} = 75$ MPa·m$^{1/2}$,则

$$a_c = 0.25 \times (75/1\,500)^2 = 0.625 \text{ mm}$$

由此可见,只要出现 0.625 mm 深的裂纹,构件就会(失稳)断裂,而这样小尺寸的裂纹在生产和使用过程中容易在构件中形成,且不易检测。因此,应当选用 K_{IC} 较高的钢或降低工作应力,以保证安全,不推荐选用超高强度钢。

2. 中低强度钢

这类钢在低温下发生韧-脆转变。在韧性区的温度范围，K_{IC} 可高达 150 MPa·m$^{1/2}$，而在脆性区的温度范围，则只有 3 ~ 40 MPa·m$^{1/2}$，甚至更低。这类钢的设计工作应力很低，往往在 200 MPa 以下。取工作应力为 200 MPa，则在韧性区，$a_c = 0.25 \times (150/200)^2 \approx 140$ mm。因此用中低强度钢制造构件时，在韧性区不会发生脆断；即使出现裂纹，也易于检测和修理。而在脆性区，$a_c = 0.25 \times (30/200)^2 \approx 5.6$ mm。所以中低强度钢在脆性区仍有脆断的可能。

3. 球墨铸铁

球墨铸铁不仅是一种廉价且易于加工的材料，且与 45 号钢的强度相当，只是塑性很低。但用球墨铸铁制造的零件，工作应力一般很低，通常只有 10 ~ 50 MPa。如取 $K_{IC} = 25$ MPa·m$^{1/2}$，则 $a_c = 62 \sim 1\,562$ mm。因此，若用球墨铸铁制造中小尺寸零件，如小型柴油机的曲轴、连杆等，不致发生低应力脆断。但若在大型零件的生产过程中，形成较大尺寸的铸造缺陷或高的残余拉应力，发生低应力脆断仍然是可能的。

7.7　金属材料的韧化

金属材料的强化在第 3 章已经涉及到，本节将讨论金属材料的韧化。实际上，材料的强化和韧化是密不可分的；另外，材料的断裂韧性与其他力学性能的关系也是密不可分的。例如，静态韧性是同时与强度和延性相关的综合性的力学性能；夏比摆锤冲击吸收能也是如此。静态韧性和夏比摆锤冲击吸收能越高，往往材料的断裂韧性也越高，它们之间虽然还没有公认且可靠的定量关系，但是改善静态韧性和夏比摆锤冲击吸收能的措施也能用于改善断裂韧性。外因对这几个性质也有类似的影响。例如，中低强度钢在韧-脆转变温度以下，其夏比摆锤冲击吸收能低，表现为解理断裂，此时断裂韧性也低；在韧-脆转变温度以上，不仅夏比摆锤冲击吸收能高，且表现为微孔聚集型韧断所对应的断裂韧性也高。加载速率高时断裂韧性降低，夏比摆锤冲击吸收能也低，且都可以用加载速率高时热量不易逸散并导致局部温升来解释。加载速率提高一个数量级，K_{IC} 就降低约 10%。

通常，材料的断裂韧性与强度是一对矛盾的性质，追求高强度势必导致低应力脆断；某些韧化技术虽能有效地提高 K_{IC} 材料的断裂韧性，但却牺牲了强度，付出很高的代价，特别是对高强度材料。因此，在保证材料强度的前提下，设法提高延性是增韧的努力方向。在这个过程中，要综合考虑韧化技术的技术和经济效益，以决定取舍。断裂韧性取决于裂纹扩展的能量消耗，不同材料的韧化原理大致相同，其途径是设置对裂纹扩展的障碍。本节以金属为例，介绍基本的韧化思路。

7.7.1　提高金属材料的纯净度

金属材料中总含有少量的夹杂物和某些未溶的第二相的质点，如钢中的氧化物、硫化物等。在第 4 章中已表明，金属的韧性断裂要经历微孔的形成、长大和联接等阶段，其中的关键在于微孔的形成。在较大的夹杂物处，微孔的形成和长大较容易进行。因此，减少夹杂物体积分数、减小夹杂物尺寸和增大夹杂物间距,有利于提高金属材料的断裂韧性。Gerberich 给出了钢的断裂韧性 K_{IC} 与屈服强度 $R_{p0.2}$ 和夹杂物间距 λ 间的经验关系式如下:

$$K_{IC} = 23 + 7(\sigma^* - R_{p0.2})\lambda^{1/2} \tag{7-26}$$

式中,$\sigma^* = 2\,000$ MPa。在不同试验温度下,K_{IC} 的试验结果与式(7-26)符合良好,如图 7-15 所示。

第二相质点的类型和形状对断裂延性有不同的影响(见图 4-6)。在同一体积分数下,硫化物使材料的断裂延性变得更差;片状形态比粒状更坏。钢中硫含量增加,则硫化物含量增加。因此,钢的断裂韧性随着硫含量的增加而显著降低,如图 7-16 所示。

在 Ni-Cr-Mo 钢中加入 P,S,As,Sn 等不同的杂质元素,然后观察这些杂质元素对钢在不同温度回火后 K_{IC} 的影响。结果表明,钢中同时含有两种杂质元素时,它们使 K_{IC} 的降低,比含一种杂质元素时更加明显,尤其是 As 和 Sn 与 P 或 S 共存,以及 S 和 P 共存时,钢的 K_{IC} 值下降的幅度很大。

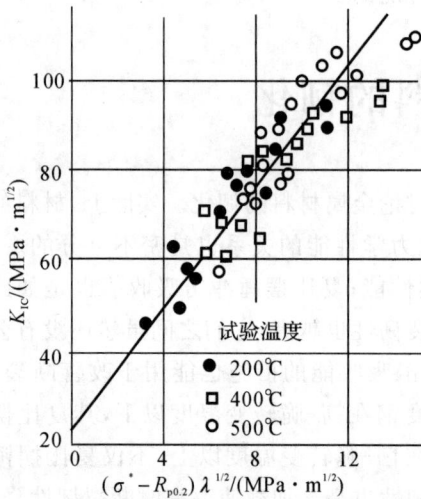

图 7-15　钢的夹杂物间距 λ 对 K_{IC} 的影响

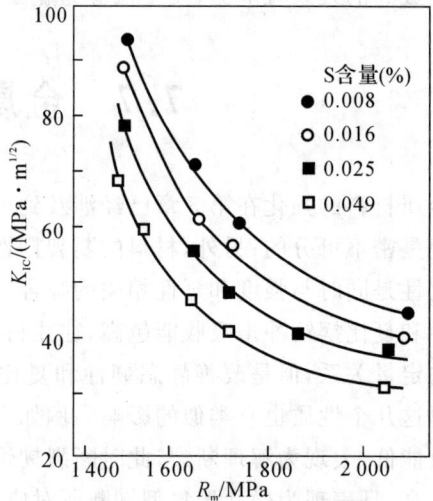

图 7-16　硫含量对 4 340 钢 K_{IC} 和抗拉强度的影响

表 7-3 中的数据说明,钢的成分没有变化时,若只是改变冶炼工艺、提高其纯净度,即可大幅度地提高断裂延性和 K_{IC} 之值。据此,Cox 等认为提高钢的纯净度是有效而经济地提高 K_{IC} 值的途径。制备航空航天器的重要构件用钢,需要采用诸如电渣重熔、真空或氩气保护熔炼等冶炼工艺,以降低钢中的气体和有害杂质含量,改善钢的塑性和韧性。

表 7-3　钢的纯度对力学性能的影响

力学性能	4340 钢		18Ni 马氏体时效钢	
	工业纯	高纯度	工业纯	高纯度
$R_{p0.2}$/MPa	1 406	1 401	1 328	1 303
R_m/MPa	1 519	1 497	1 354	1 362
ε_f	0.287	0.515	0.747	1.005
K_{IC}/(MPa·m$^{1/2}$)	74.8	107.5	124.8	164.6(K_Q)

7.7.2 控制材料的成分和组织

一般的合金结构钢采用碳化物进行强化,若含碳量越高,则钢的强度越高。在含碳质量分数较低(<0.3%)的情况下,经淬火和低温回火后,钢的组织主要为板条马氏体,具有良好的塑性和断裂韧性。而当含碳质量分数增加到 0.35% 以上时,在淬火和低温回火状态下,钢中出现较多的片状马氏体组织,使钢的塑性和断裂韧性降低。

另一方面,超细化晶粒处理也可提高 K_{IC} 之值。例如,En24 钢的晶粒度由 5～6 级细化到 12～13 级时,可使 K_{IC} 值由 43.8 MPa·m$^{1/2}$ 提高到 82.6 MPa·m$^{1/2}$。这是因为晶粒愈细,塑性变形和裂纹扩展要消耗的能量愈多。

一般用碳化物强化的高强度钢,若要进一步提高强度,则必须提高含碳量,因而钢中片状孪晶马氏体含量增加,导致材料的延性和韧性降低。因此,人们研制出用金属间化合物强化的、无碳或微碳的高强度结构钢,即马氏体时效钢,18Ni 马氏体时效钢就是其中的一种。这种钢的特点是不仅具有高的强度,还兼有高的塑性和韧性,见表 7-3。

7.7.3 热处理

在钢中,常规热处理力求获得板条马氏体和下贝氏体组织的细化组织。现在介绍两种更加优良的热处理工艺。

1. 临界区淬火

结构钢加热到 A_{c1} 与 A_{c3} 之间淬火、再回火,称为亚临界处理或亚温淬火。该过程可以提高钢的低温韧性和抑制高温回火脆性,其原因可能与晶粒细化以及杂质元素在 α-γ 相中的分配有关。亚温淬火时,在原奥氏体晶界上形成细小的奥氏体新晶粒,α-γ 相界面比常规淬火的奥氏体界面多 10～15 倍。这样,单位晶界面积杂质的偏聚程度减小了;未溶铁素体也较细小且分布均匀,有利于提高韧性。应当指出,只有原始组织处于调质状态,且在临界区某一范围内加热淬火,韧化效果才显著。

2. 形变热处理

综合运用压力加工和热处理技术可以进一步提高钢的断裂韧性。如图 7-17 所示。在同一强度水平下,经形变热处理后,钢的断裂韧性(见图 7-17 中曲线 A)不仅比经淬火回火钢的断裂韧性(见图 7-17 中曲线 D)要高,而且也比 18Ni 马氏体时效钢等高合金钢的断裂韧性要高。

高温形变热处理之后,由于形变增加了位错密度,并加速了合金元素的扩散,促使碳化物沉淀,从而降低了奥氏体中碳和合金元素的含量。故淬火时形成了无孪晶的、界面不规则的细马氏体片;回火后片间的沉淀物也较细,屈服强度和断裂韧性都得到提高。低温(550～600℃)形变热处理可以获得更高的强度,断裂韧性也明显提高;但在低温下钢的形变抗力高,限于轧机负荷,实际应用有一定的困难。

关于金属材料韧化的更多的资料,读者可参阅相关文献。

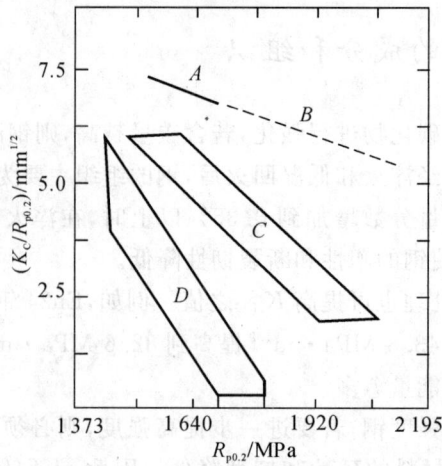

图 7 – 17　形变热处理工艺对超高强度钢的强度和韧性的影响
A—形变马氏体及贝氏体；　*B*—*A*＋动态应变时效；　*C*—马氏体时效钢 18Ni 及 9Ni – 4Co；　*D*—普通淬火和回火[6]

7.8* 裂纹尖端张开位移

在工程中仍在大量使用中低强度的结构材料及其焊接件,如焊接船体、压力容器等。这些中低强度结构钢结构件,尤其是焊接件,也曾发生过严重的脆断事故。这些中低强度的结构材料具有较高的塑性和韧性,在断裂前会发生大范围屈服。前文所述的线弹性断裂力学,不能用于评估中低强度结构材料裂纹体的断裂应力。于是开展了大范围屈服条件下裂纹体断裂的研究工作,形成了弹塑性断裂力学,其中的一个重要的方面就是裂纹尖端张开位移的研究与工程应用。

7.8.1 小范围屈服条件下的裂纹尖端张开位移

在裂纹尖端发生小范围屈服的情况下,若要利用线弹性断裂力学的结果,裂纹尖端应当由真实点 O 点移到虚拟点 O' 点,用等效裂纹长度 a^* 代替实际裂纹长度 a,则 $a^* = a + r_y$,如图 7 – 18 所示。由 7.4 节已经知道 $r_y = r_0$,r_0 的表达式见表 7 – 1 或式(7 – 19)。

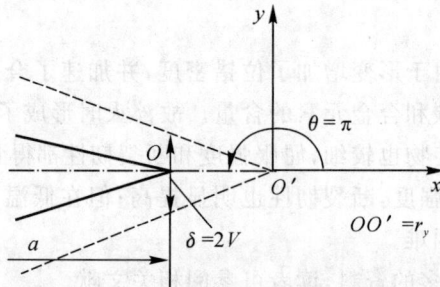

图 7 – 18　外力作用下裂纹尖端的张开位移

由图 7-18 可见,在新坐标下,受力后原裂纹尖端 O 点处要张开,位移量为 $2V$。这就是裂纹尖端张开位移 CTOD(crack tip opening displacement)也称作 COD,用 δ 表示为 $\delta = 2V$。O 点的坐标为 $\theta = \pi$ 和 $r = r_y$。将 $\theta = \pi$ 和 $r = r_y = r_0$ 代入式(7-2a),可得平面应力条件下的 δ 为

$$\delta = 2V = \frac{4K_I^2}{\pi E R_{p0.2}} = \frac{4}{\pi}\frac{G_I}{R_{p0.2}} \approx 1.27\frac{G_I}{R_{p0.2}} \tag{7-27}$$

平面应变条件下,δ 为

$$\delta = 2V = \frac{4(1-2\nu)}{\pi}\frac{G_I}{R_{p0.2}} \tag{7-28}$$

由此可见,δ,K_I 和 G_I 之间存在定量的换算关系。在小范围屈服的条件下,若 $K_I = K_{Ic}$,$G_I = G_{Ic}$ 可作为裂纹体的断裂判据,那么与它们有确定关系的 δ,其临界值 δ_c 也可作为裂纹体的断裂判据。于是,δ_c 也是表征材料断裂韧性的断裂韧度。对于 Ⅰ 型裂纹,有 $K_I = \sigma\sqrt{\pi a}$,代入式(7-27)得

$$\delta = 4\sigma^2 a / E R_{p0.2} \tag{7-29}$$

7.8.2　大范围屈服条件下的裂纹尖端张开位移

在大范围屈服的情况下,Dugdale 根据 Muskhelishvili 应用复变函数解弹性问题的方法,提出带状屈服模型(或称 DM 模型),导出了大范围屈服条件下 CTOD 的表达式。如图 7-19 所示,理想塑性材料的无限大板中有一长度为 $2a$ 的穿透裂纹,在远场应力 σ 的作用下,裂纹尖端区的材料发生屈服。假设材料无形变硬化,则塑性区的有效屈服应力 σ_{ys} 恒为 $R_{p0.2}$。假设形成的塑性区近似呈尖劈状,则塑性区的宽度为 $c-a$。假想沿 x 轴将塑性区割开,则裂纹长度由 $2a$ 延长为 $2c$;同时,作为等效,在原塑性区的宽度范围内,对裂纹上、下表面施加压应力,以保持裂纹尖端区的力学状态,其值等于材料的屈服强度 $R_{p0.2}$。于是,问题就变为求解远场作用有应力 σ,而在 (a,c),$(-a,-c)$ 区间作用有压应力 $R_{p0.2}$ 的裂纹问题,可以借助线弹性力学进行解答。经过计算,求得真实裂尖(A 点或 B 点)张开位移为

$$\delta = \frac{a}{\pi E} R_{p0.2} \times \ln\sec\frac{\pi\sigma}{2R_{p0.2}} \tag{7-30}$$

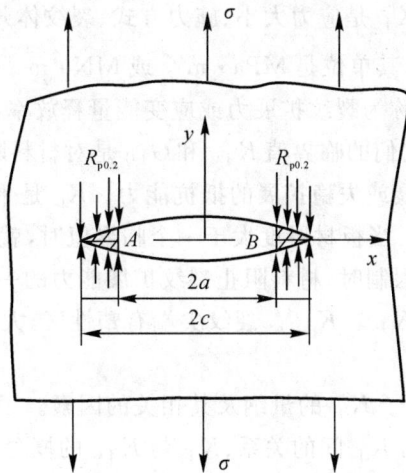

图 7-19　带状屈服模型

式(7-30)可用级数展开。若比值 $\pi\sigma/2R_{p0.2}$ 较小,略去高次项后,可得

$$\delta = \frac{\pi\sigma^2 a}{ER_{p0.2}} \qquad (7-31)$$

将式(7-31)与平面应力下裂纹尖端发生小范围屈服的结果(式7-27)比较,二者仅差了个系数 $4/\pi$。DM 模型假设材料是无形变硬化的理想塑性材料,塑性区呈尖劈状和平面应力状态,综合考虑发现该模型不及线弹性断裂力学那样严谨,只能大致满足工程需要。一般在 $\sigma/R_{p0.2} \leqslant 0.8$ 时较精确;当比值 $\sigma/R_{p0.2}$ 接近 1 时,该模型已不适用。

在临界状态下,有 $\delta = \delta_c$,于是式(7-31)可写为

$$\delta_c = \frac{\pi\sigma_c^2 a}{ER_{p0.2}} \qquad (7-32)$$

利用式(7-32),可求得裂纹体的断裂应力或临界裂纹尺寸。

应当指出,利用裂纹尖端张开位移获得的断裂判据 δ_c,其物理意义是代表裂纹开始扩展的判据,不是裂纹失稳扩展的判据。

裂纹尖端张开位移 CTOD 已成功地应用于压力容器和输油管线的安全性评估和断裂分析。但是,弹塑性断裂力学的研究,仍不及线弹性断裂力学严谨和完善,还有许多工作有待完成。

表征大范围屈服条件下裂纹体的断裂韧性还有 J_0,由于涉及的知识较多,此处不再介绍。应当指出,K_{IC}、G_{IC}、δ_c 和 J_0 都是对断裂韧性的度量和表征方法,应注意它们的相互关系和应用条件。

7.9 本章小结

断裂应力低于屈服强度的脆性断裂,称之为低应力脆断。早期 Griffith 提出的脆断强度理论,采用了能量分析法,其优点是物理概念清晰,可以不考虑裂纹尖端的应力分布,但难以在工程中推广应用;线弹性断裂力学的发展,才解决了这一问题。

裂纹扩展的三种模式以 I 型最危险。K_I 描述了弹性体 I 型裂纹尖端应力场的大小或幅值,故称为应力强度因子。K_I 是应力大小、施力方式、裂纹体几何形状和尺寸、裂纹长度的函数,一般表达为 $K_I = Y\sigma\sqrt{a}$,其单位是 $MPa \cdot m^{1/2}$ 或 $MN \cdot m^{-3/2}$。分析表明,裂纹在裂纹尖端的延长线上最易扩展。G_I 称为裂纹扩展力或应变能量释放率,其单位为 $MJ \cdot m^{-2}$。G_I 与 K_I 间存在严格的定量关系,它们的临界值 K_{IC} 和 G_{IC} 是对材料断裂韧性的度量,称为断裂韧度,表示材料对裂纹不稳定扩展或失稳扩展的抵抗能力。K_c 是平面应力断裂韧度,其值与板材厚度有关,且 K_c 大于 K_{IC}。当板材厚度大于一个临界值时,就会得到 K_{IC} 值,其值与板材厚度无关,代表着塑性变形被限制时,材料阻止裂纹扩展能力的一种度量。由断裂韧度得到裂纹体的断裂准则(或判据),即 $K_I \geqslant K_{IC}$。裂纹尖端有塑性区,大小见表7-1,修正后 K_I 的表达仍然可用。

学习中应熟知应力强度因子 K_I 的量纲及其相关的因素。了解裂纹扩展力和能量释放率的概念和量纲,重点了解 G_I 与 K_I 间的关系、K_I 与 K_{IC} 的概念和区别。应初步了解 K_{IC} 的测定方法,能初步用 K_{IC} 进行安全性评定和设计计算。断裂韧性取决于裂纹扩展的能量消

耗,应从设置裂纹扩展障碍的角度认识材料的韧化途径。

习题与思考题

1.解释术语:低应力脆断;断裂韧度;裂纹扩展力;裂纹扩展的应变能量释放率;裂纹扩展的三种模式(张开型,滑开型,撕开型);应力强度因子;有效屈服应力 $*\sigma_{ys},*$ 塑性约束系数。

2. G_I 与 K_I 间有何关系? K_I 与 K_{IC} 有何联系和区别?

3. II 型裂纹尖端应力场的表达式为

$$\sigma_x = \frac{-K_{II}}{\sqrt{2\pi r}}\sin\frac{\theta}{2}\left[2+\cos\frac{\theta}{2}\cos\frac{3\theta}{2}\right]$$

$$\sigma_y = \frac{K_{II}}{\sqrt{2\pi r}}\cos\frac{\theta}{2}\sin\frac{\theta}{2}\sin\frac{3\theta}{2}$$

$$\tau_{xy} = \frac{K_{II}}{\sqrt{2\pi r}}\cos\frac{\theta}{2}\left[1-\sin\frac{\theta}{2}\sin\frac{3\theta}{2}\right]$$

试计算 II 型裂纹尖端应力状态柔度系数(提示:$\theta=0$)。与此同时,计算 I 型裂纹尖端处于平面应力和平面应变状态时的应力状态柔度系数。通过计算说明,I 型裂纹尖端处于平面应变状态时脆性倾向大。

4.解释应力强度因子一般表达式中各符号代表的意义。

5.设有屈服强度为 415 MPa,断裂韧性 $K_{IC}=132$ MPa·m$^{1/2}$,厚度分别为 100 mm 和 260 mm 的两块很宽大的合金钢板。如果两板都受 300 MPa 的拉应力作用,并设两板内都有长为 46 mm 的中心穿透裂纹,试问此两板内裂纹是否会失稳扩展?

6.已知一构件的工作应力 $\sigma=800$ MPa,裂纹长 $2a=4$ mm,应力场强度因子 $K_I=\sigma\sqrt{\pi a}$,钢材 K_{IC} 随 $R_{p0.2}$ 增加而下降,其变化如下所示:

$R_{p0.2}$(MPa)	1 100	1 200	1 300	1 400	1 500
K_{IC}(MPa·m$^{1/2}$)	108.5	85.5	69.8	54.3	46.5

若按屈服强度计算的不确定系数为 $n=1.4$,试找出既保证材料强度储备又不发生脆性断裂的钢材状态。当 $n=1.7$ 时,上述材料是否能满足要求?

7.低合金厚钢板的 $E=2\times10^5$ MPa,泊松比 $\nu=0.3$。当试件处于 -20℃ 时,该钢板的断裂韧度 $G_{IC}=5.1\times10^{-2}$ MN/m。G_{IC} 随温度下降的比例系数为 1.36×10^{-3}MN·(m·℃)$^{-1}$。探伤发现该钢板有 $2a=10$ mm 的穿透裂纹,在不考虑不确定系数的条件下,试求该钢板在 -50℃ 的最大工作应力。

8.马氏体时效钢的 $R_{p0.2}=2\,100$ MPa,$K_{IC}=66$ MPa·m$^{1/2}$。由该钢制造的飞机起落架,其许用应力为 $0.7\,R_{p0.2}$。若果检测到长度为 2.5 mm 的边缘裂纹,请回答能否继续使用? 提示:据该构件的几何构形,取 $K_I=1.12\sigma\sqrt{\pi a}$。

9.测定平面应变断裂韧性 K_{IC} 的试件有哪些基本要求? 如何测得有效的 K_{IC} 值? 在用三点弯曲试件测定 K_{IC} 时,所用试件的尺寸为 $B=30$ mm,$W=60$ mm,支承点跨距 $S=240$ mm,预制疲劳裂纹+机械缺口$=a=32$ mm,$F_5=56$ kN,$F_{max}=60.5$ kN。试计算条件断裂韧性 K_Q,并检查 K_Q 值是否为有效的 K_{IC}?

10. 某钢的屈服强度为 1 380 MPa。紧凑拉伸(CT)试样 $W=50.8$ mm，$B=24.96$ mm，$a=25.4$ mm，断裂发生时 $P_Q=P_{max}=15.03$ kN(对应 $F\text{-}V$ 曲线 Ⅲ)。(1)计算断裂时 K_Q 值；(2)K_Q 值是否为 K_{Ic} 值；(3)断裂瞬间的塑性区尺寸。

11. 试述裂纹尖端塑性区产生的原因。为什么塑性区内的屈服应力高于同一材料单向拉伸测得的屈服强度值？

12.* 按照平面应变状态，考虑到裂纹尖端的塑性区，将附录 1 的附表 1-1 有限宽板的应力强度因子表达式予以修正，给出修正后的表达式。

13.* 试述 CTOD 的意义。

14. 试述静态韧性、冲击韧性和断裂韧性之间的联系与区别。

参 考 文 献

[1] 郑修麟.工程材料的力学行为[M].西安:西北工业大学出版社,2004.

[2] 郑修麟.材料的力学性能[M].2 版.西安:西北工业大学出版社,2000.

[3] 束德林.工程材料力学性能[M].北京:机械工业出版社,2004.

[4] 付华,张光磊.材料性能学[M].北京:北京大学出版社,2010.

[5] 时海芳,任霞.材料的力学性能[M].北京:北京大学出版社,2010.

[6] 张帆,郭益平,周伟敏.材料性能学[M].2 版.上海:上海交通大学出版社,2014.

[7] 中国航空研究院.应力强度因子手册[M].北京:科学出版社,1981.

[8] 中华人民共和国国家标准委员会.GB/T4161—2007 金属材料平面应变断裂韧度 K_{Ic} 试验方法.北京:中国标准出版社,2007.

[9] 肖纪美.金属的韧性与韧化[M].上海:上海科学技术出版社,1982.

[10] 周惠久,黄明志.金属材料强度学[M].北京:科学出版社,1989.

[11] Cox T B, Low B, Jr. An investigation of the plastic fracture, AISI4340 and 18 nickel maraging steels[J]. Met Trans,1974,5A:1457-1470.

[12] 吴学仁.飞机结构金属材料力学性能手册[M].北京:航空工业出版社,1996.

第 8 章　材料的疲劳

8.1　引　言

材料在变动载荷作用下,即使所受的应力低于屈服强度,也会由于损伤的积累而发生断裂,这种现象称为疲劳。无论韧性材料或脆性材料,疲劳断裂前一般不发生明显的塑性变形或形变征兆,难以检测和预防,因而造成很大的损失。绝大多数机械零部件都是在变动载荷下工作的,机械失效中,疲劳失效约占 80%。

为防止机械和结构的疲劳失效,对疲劳的研究已经进行了 150 多年。疲劳研究的主要目的是:①精确地估算机械结构零构件的疲劳寿命,简称定寿,保证在服役期内零构件不会发生疲劳失效;②采用经济而有效的技术和管理措施,以延长疲劳寿命,简称延寿,从而提高产品质量,增强产品在国内外市场上的竞争力。疲劳研究在上述两方面都取得了丰硕的成果。然而,疲劳失效仍是机件的主要失效形式,这与其复杂性和自身的特殊损伤规律是分不开的。

既然疲劳研究的目的是定寿和延寿,因此,本章需要从工程应用的实际考虑,对内容进行选取与安排。主要介绍和讨论金属疲劳的基本概念和一般规律,以及低周疲劳、疲劳裂纹扩展速率的规律及表征方法、疲劳失效的过程和机制以及延寿技术。应当说明的是,本章还试图介绍一些疲劳研究的新成果,但不过多地涉及疲劳的力学和微观机制。

8.2　基本疲劳性能的表达方式

实际中,各种机械零部件受到的载荷可能是随机的,其载荷大小和方向随着时间而随机变化,称为变动载荷;也可能是有规律的,称为循环载荷。变动载荷总是可以用有规律的循环载荷来模拟,实验室试验也易实现,因此着重介绍循环载荷。

8.2.1　循环加载的特征参数

所谓循环应力是指应力随时间呈周期性的变化,波形以正弦波居多。疲劳中的应力常用 σ 或 S 表示。如图 8-1 所示,应力的循环特征可用以下参数表示。

- 循环最大应力 σ_{max};循环最小应力 σ_{min};
- 应力振幅(stress amplitude)$\sigma_a = (\sigma_{max} - \sigma_{min})/2$,也常简称为应力幅;
- 平均应力 $\sigma_m = (\sigma_{max} + \sigma_{min})/2$;
- 应力比(stress ratio)$R = \sigma_{min}/\sigma_{max}$,即任一个单循环的最小应力和最大应力比值;
- 应力范围(stress range)$\Delta\sigma = \sigma_{max} - \sigma_{min}$。

几个参数间存在以下关系：

$$\sigma_m = \sigma_{min} + \sigma_a = (2\sigma_a/(1-R)) - \sigma_a \qquad (8-1)$$

通常按照应力振幅和平均应力的相对大小，将循环应力分为以下几种典型情况。

1) 交变对称循环，$\sigma_m = 0$，$R = -1$，如图 8-1(a) 所示。大多数旋转轴类零件，如曲轴、火车车轴等受到这种循环应力，它可能是弯曲应力、扭转应力、或者是两者的复合。

2) 脉动循环，$\sigma_m = \sigma_a$，$R = 0$，如图 8-1(b) 所示。齿轮的齿根和某些压力容器受到这种脉动循环应力的作用。对于轴承受到如图 8-1(c) 所示的脉动压缩循环，其 $R = -\infty$。

3) 波动循环，$\sigma_m > \sigma_a$，$0 < R < 1$，如图 8-1(d) 所示。飞机机翼下翼面、钢梁的下缘、发动机缸盖以及预紧螺栓等，均承受这种循环应力的作用。

4) 交变不对称循环，$R < 0$，如图 8-1(e) 所示。发动机连杆结构中某些支撑件受到这种循环应力。不对称有大压小拉和小压大拉两种情况。

循环加载的另一个特征参数是加载频率 f，单位为 Hz。加载参数还有加载波形，如正弦波，三角波以及其他波形。

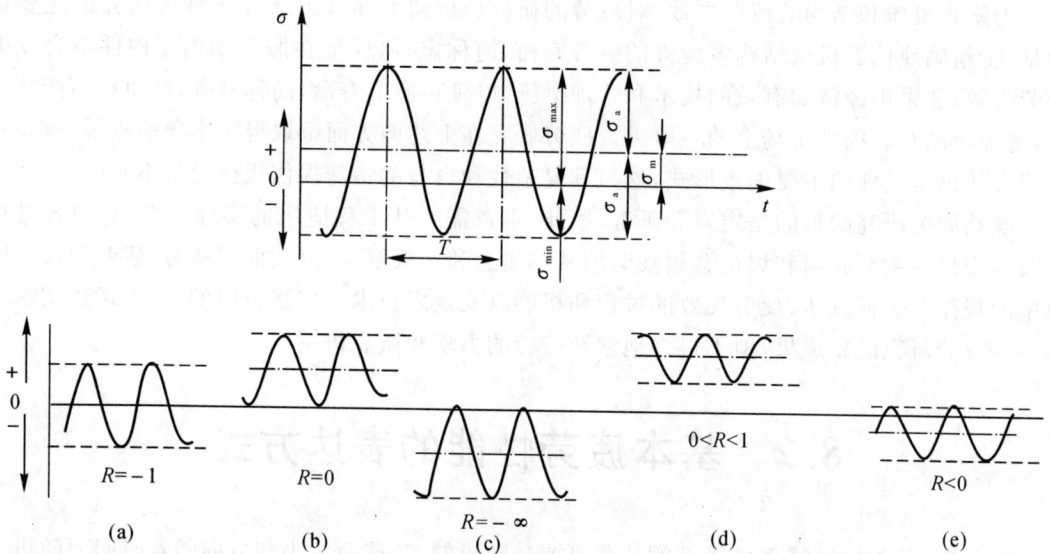

图 8-1　各种循环加载方式的应力-时间图

(a) 交变对称循环；　(b) 脉动循环；　(c) 脉动压缩循环；　(d) 波动循环；　(e) 交变不对称循环

8.2.2　疲劳寿命曲线

传统而简单的疲劳试验是旋转弯曲疲劳试验。试验时采用光滑试件，四点旋转弯曲试验装置如图 8-2 所示。试验时试件旋转一周，其表面受到交变对称循环应力的作用一次。从加载开始到试件失效所经历的应力循环数，定义为该试件的疲劳寿命 N_f。以失效时的循环次数作为横坐标，以应力振幅值或者依赖于应力循环的其他应力值作为纵坐标绘图。每个试件的试验结果对应于平面上的一个点。在不同的应力振幅下试验一组试件，可以得到一组点，穿越试验数据点近似中线绘画的平滑曲线称为 S-N 曲线。循环周次常采用对数坐标，应力振幅值坐标轴采用线性或者对数坐标，描绘出如图 8-3 所示的疲劳寿命曲线。因为第一条这样的曲线是由德国工程师 Wöhler 测定的,故又称为 Wöhler 曲线,习惯上也称作 $S-N$ 曲线。

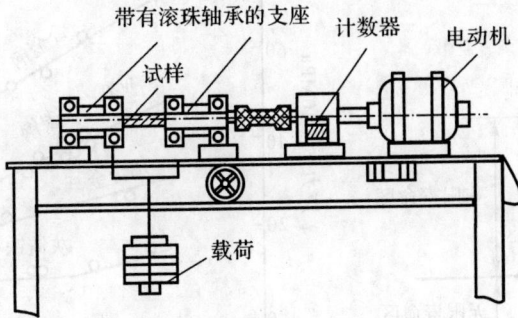

图 8-2　旋转弯曲疲劳试验机简图

疲劳寿命曲线可以大致分为 3 个区(见图 8-3):

1)低周疲劳区(Low Cycle Fatigue,LCF)。处在该区的试件经很少的循环次数后,试件即发生失效,甚至产生微量塑性变形。一般该区的循环应力超出弹性极限,实际是以塑性应变特性为主,疲劳寿命在 1/4 到 10^4 或 10^5 次之间。因此,低周疲劳又可称为短寿命疲劳。

2)高周疲劳区(High Cycle Fatigue,HCF)。该区的循环应力低于弹性极限,以应力特性为主,疲劳寿命长, $N_f > 10^5$ 次循环,且随循环应力降低疲劳寿命大大地延长。试件在最终断裂前,整体上无可测的塑性变形,因而在宏观上表现为脆性断裂。在此区内,试件的疲劳寿命长,故可将高周疲劳称为长寿命疲劳。

不论在低周疲劳区或高周疲劳区,疲劳寿命总是有限的,故将上述两个区合称为有限寿命区(见图 8-3)。有限寿命区的疲劳寿命数据在对数坐标下通常可以近似为直线分布。

3)无限寿命区或安全寿命区。 $S-N$ 曲线存在一条水平渐近线,在应力比 $R=-1$ 的对称循环下,其高度记作 σ_{-1} (见图 8-3)。试件在低于 σ_{-1} 的循环应力下,可以经受无数次应力循环而不失效,疲劳寿命趋于无限,即 $\sigma_a \leqslant \sigma_{-1}$, $N_f \to \infty$ 。通常将这种应力循环无数次不失效应力振幅的极限值,称为疲劳极限(fatigue limit),有时也称耐久极限(endurance limit),它也可理解为无限寿命下的疲劳强度。其中 σ_{-1} 是对称循环下材料的疲劳极限。在其他应力比 R 下,疲劳极限记作 σ_R 。

$S-N$ 曲线的水平"平台"是指传统意义上的"疲劳极限",但是随着科学和技术的发展,所谓的超高周疲劳(Very High Cycle Fatigue,VHCF)研究表明,低于这种应力水平的失效也时常发生;有些材料的 $S-N$ 曲线没有水平平台,如图 8-4 所示。为此,工程上根据 $S-N$ 曲线形状、服役和设计上的需求,人为地提出了一个指定疲劳寿命(也有称作"循环基数",或者将"指定"换作"规定""给定""额定")的术语,循环至指定疲劳寿命下使试件失效的应力水平称为疲劳强度(fatigue strength),或者称作条件疲劳极限(effective endurance limit)。 $S-N$ 曲线上有明显的斜率变化,如图 8-4 所示的合金钢,推荐取 10^7 为指定疲劳寿命; $S-N$ 曲线呈现连续的曲线,如图 8-4 所示的铝合金,推荐取 10^8 为指定疲劳寿命。对于结构钢,指定寿命通常取 $N_f = 10^7$,其他钢种以及有色金属及其合金取 $N_f = 10^8$ 。具有明确疲劳极限的材料有:大气下疲劳的钢材、钛合金及有应变时效能力的金属材料。没有明确的疲劳极限的材料有:大多数有色金属(如铝、铜和镁及其部分合金),无应变时效的金属材料以及在腐蚀和高温条件下的金属材料,这些材料工程上需要使用疲劳强度或条件疲劳极限作为设计依据。

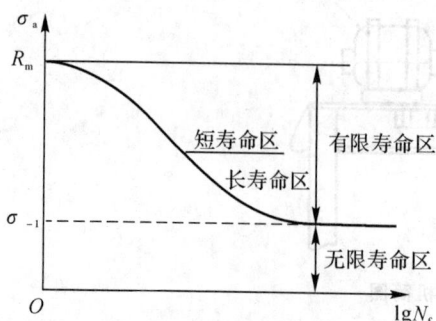

图 8-3 典型的疲劳寿命曲线

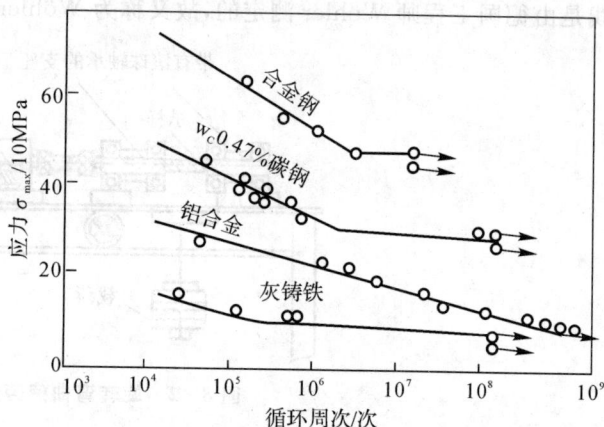

图 8-4 几种材料的 $S-N$ 曲线,未断试件用剪头表示

试验测定 $S-N$ 曲线时,首先根据需求定出指定的疲劳寿命。然后预先估计疲劳极限:①根据个人经验确定;②根据类似材料的力学性能数据,包括疲劳和拉伸数据确定;③参考经验公式确定。对于 $S-N$ 曲线的斜线部分,估计 4～6 级应力水平进行单点疲劳试验,初步确定 $S-N$ 曲线的大致走向。然后高应力区($S-N$ 曲线的斜线部分)用成组试验法,据 GB/T 24176—2009 的规定,确定每个应力水平下一组试样的数量,测定疲劳寿命分布。低应力区用升降法求疲劳极限。疲劳实验的影响因素很多,所得数据比其他力学性能数据更加分散,同一条件下的寿命有时相差两个数量级。因此,疲劳曲线不是一条理想的曲线,而是一个带,需要用概率论和数理统计的知识处理数据,才能确定 $S-N$ 曲线上数据的分布规律。升降法求疲劳极限见附录 2.1。

8.2.3　与疲劳极限有关的几个重要问题

1. 不同应力状态下的疲劳极限

通常在交变对称循环下测试疲劳极限,得到 σ_{-1}。同一材料在不同应力状态下的疲劳极限是不同的,但它们之间有以下经验关系:

钢:　　　　　　　$\sigma_{-1p}=0.85\sigma_{-1}$

铸铁:　　　　　　$\sigma_{-1p}=0.65\sigma_{-1}$

钢及轻合金:　　　$\tau_{-1}=0.55\sigma_{-1}$

铸铁:　　　　　　$\tau_{-1}=0.8\sigma_{-1}$

式中,σ_{-1p} 为对称拉压疲劳极限;τ_{-1} 为对称扭转疲劳极限;σ_{-1} 为对称弯曲疲劳极限。

可见,对于同一材料有 $\sigma_{-1}>\sigma_{-1p}>\tau_{-1}$。手册中通常给出的是 σ_{-1}。不同应力状态疲劳极限间的经验关系来源较多,尽管这些经验关系有误差(例如 10%～30% 的误差),但依然有参考价值。

2. 疲劳极限与静强度间的关系

材料的抗拉强度越高,则疲劳极限也愈高。图 8-5 展示了几种钢材的疲劳极限与抗拉强度的关系,反映了这一典型规律。对于中、低强度钢,疲劳极限与抗拉强度大体上呈线性关系,

可近似写作 $\sigma_{-1} = 0.5R_m$；但是在高强度范围，特别是对于高强度钢，其间偏离了线性关系，疲劳极限不再随抗拉强度的增加而升高，甚至还会降低。不同屈强比（$R_{p0.2}/R_m$）的钢材，虽然抗拉强度相同，但疲劳极限不同。也有一些反映疲劳极限与静强度间的关系的经验公式，例如：

结构钢拉压疲劳：$\qquad\qquad \sigma_{-1p} = 0.23(R_{p0.2} + R_m)$

结构钢对称弯曲疲劳：$\qquad\quad \sigma_{-1} = 0.27(R_{p0.2} + R_m)$

铸铁拉压疲劳：$\qquad\qquad\quad \sigma_{-1p} = 0.4R_m$

铝合金拉压疲劳：$\qquad\qquad\; \sigma_{-1p} = R_m/6 + 75\text{MPa}$

青铜对称弯曲疲劳：$\qquad\qquad \sigma_{-1} = 0.21R_m$

裂纹起始于滑移带或晶界的钢 $\sigma_{-1} = 1.6\,\text{HV}$　（HV 取 kgf/mm^2，σ_{-1} 取 MPa，适于 $\text{HV} < 400$）

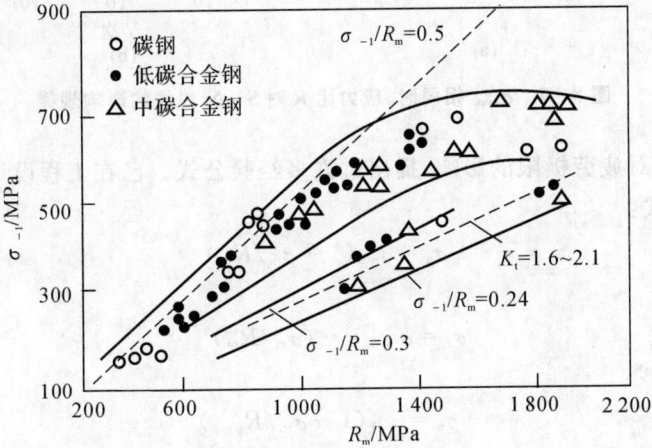

图 8-5　几种钢材的疲劳极限 σ_{-1} 与抗拉强度 R_m 的关系

3. 交变不对称循环应力的疲劳极限

大多数机械和工程结构的零件，是在交变不对称循环应力下服役的。表征交变不对称循环应力，除给出应力振幅外，还要给出平均应力或应力比。研究交变不对称循环应力下的疲劳，实际上是研究平均应力或应力比对疲劳寿命的影响。

在恒幅应力循坏条件下，即 σ_a 相同时，随着平均应力 σ_m 的升高，不对称程度越来越严重。与之相应的循环最大应力 σ_{max} 或应力比 R 的升高，使疲劳损伤也越来越严重，导致疲劳寿命缩短，疲劳极限降低。因此，$S\text{-}N$ 曲线下移，如图 8-6 所示。

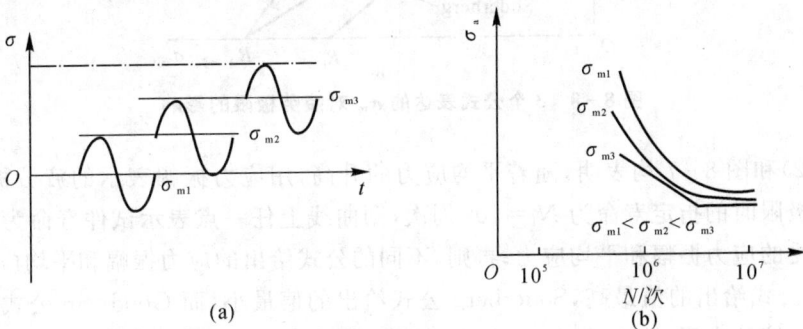

图 8-6　σ_a 相同时，平均应力 σ_m 对 $S\text{-}N$ 曲线的影响规律

在循环最大应力 σ_{max} 相同的情况下,随着平均应力的 σ_m 升高,相应的应力振幅 σ_a 降低或应力比 R 升高。因此,应力振幅占循环应力的分数愈来愈小,使得造成的损伤也愈来愈小,疲劳寿命增大,疲劳极限提高,S - N 曲线上移,如图 8 - 7 所示。

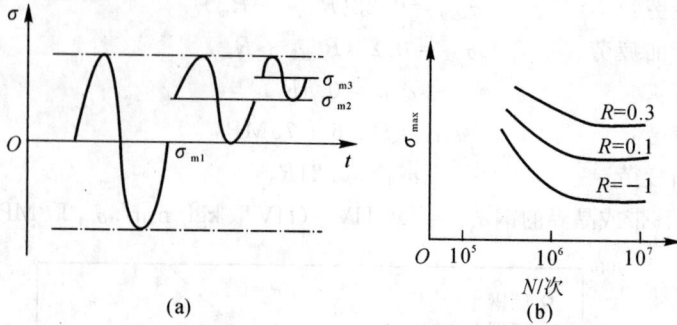

图 8 - 7 σ_{max} 相同时,应力比 R 对 S - N 曲线的影响规律

关于平均应力对疲劳极限的影响,提出过许多经验公式。已在工程设计中采用的公式有 Goodman 公式:

$$\sigma_a = \sigma_{-1}(1 - \sigma_m/R_m) \tag{8 - 2a}$$

Gerber 公式:

$$\sigma_a = \sigma_{-1}[1 - (\sigma_m/R_m)^2] \tag{8 - 2b}$$

Soderberg 公式:

$$\sigma_a = \sigma_{-1}(1 - \sigma_m/R_{p0.2}) \tag{8 - 2c}$$

上述 3 个公式表示于图 8 - 8。图中横坐标为平均应力 σ_m,纵坐标为给定平均应力和寿命时,材料所能承受的应力振幅,即为疲劳极限。据此可以认为,图 8 - 8 中的曲线实际上也就是等寿命曲线。

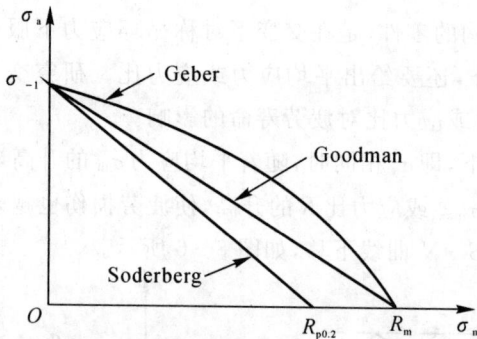

图 8 - 8 3 个公式表达的 σ_m 对疲劳极限的影响

式(8 - 2)和图 8 - 7 均表明,随着平均应力的升高,用应力振幅表示的疲劳极限值下降。若测定疲劳极限时的指定寿命为 $N_f = 10^7$ 周次,则曲线上任一点表示试件寿命为 $N_f = 10^7$ 周次时所能承受的应力振幅和平均应力;再则,不同的公式给出的应力振幅和平均应力之值是不同的,Geber 公式给出的值最高,Soderberg 公式给出的值最小,而 Goodman 公式给出的值居中。试验数据统计表明,按 Soderberg 公式预测的结果对多数工程合金偏于保守;对于脆性材

料,Goodman 公式给出的结果与实际吻合很好;Gerber 公式可用于延性材料。在不同的平均应力下测定的结构钢的疲劳极限比较接近于 Goodman 公式,所以在机械设计中常采用 Goodman 公式。应当指出,按式(8-2)算出的应力振幅和平均应力之和不应超过屈服强度之值。

上面所作的讨论,仅限于平均应力为拉应力的情况。压缩平均应力对疲劳极限起到有利的影响或没有影响,详细参阅本章所附的文献[7]。此外,附录 2.2 还有在不对称循环下,确定疲劳极限的疲劳图求法。

4. 加载历程的影响

零件和构件设计的工作应力一般都低于疲劳极限,但在实际服役中,其受到的载荷是不规律的,可能受到超过疲劳极限的偶然过载,如图 8-9 所示。例如,汽车的急刹车或在某一临界转速下的共振,就会导致过载。另外,有些零件和构件本来就是按有限寿命设计的,工作在 $S-N$ 曲线的斜线部分,例如飞机的起落架;如果按无限寿命设计,不仅设计笨重,耗费也更大。过载对于疲劳强度的影响规律,与材料类型、过载大小、过载循环周次及过载与其他循环的先后顺序有关,可通过试验确定。

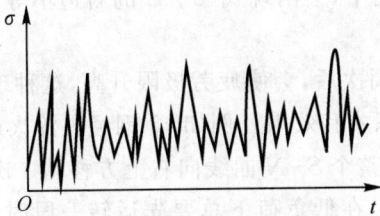

图 8-9　一种服役时的载荷谱　　　　图 8-10　过载损伤界的确定

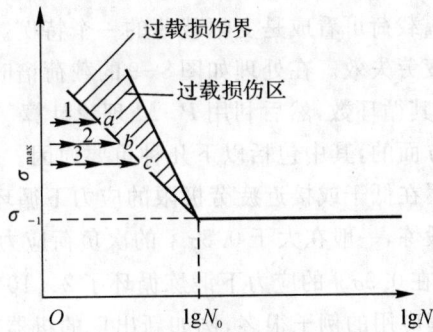

如图 8-10 所示,在应力水平为 1 时进行多个试样的疲劳试验,对各个试样的循环周次不同。循环完后再在疲劳极限 σ_{-1} 下试验,考察是否能够达到指定的疲劳寿命。若达不到指定疲劳寿命,说明产生了过载损伤;反之,则没有产生过载损伤。在应力水平为 1 时,总能够找到一个 a 点,超过 a 点的过载循环周次产生损伤,低于该点的过载循环周次不产生损伤。同样,再分别在应力水平为 2 和 3 时,也能通过试验得到分别与 a 一样的 b 点和 c 点。连接 a,b 和 c,得到的线段称为过载损伤界。过载损伤界与 $S-N$ 曲线的斜线部分所围成的区域,在图 8-10 中以影线表示,该区域称为过载损伤区。零件和构件过载运行到这个区域,都会不同程度地造成疲劳损伤,降低材料的疲劳极限,离 $S-N$ 曲线的斜线部分越近,则降低越甚。材料的过载损伤界越陡直,损伤区越窄,则其抗疲劳过载的能力愈强,18-8 不锈钢属于此类;工业纯铁的过载损伤界几乎是水平的,说明该材料对过载很敏感。显然,工程上在考虑过载的情况下选择材料时,宁可选疲劳极限低而抗过载的材料,以保障安全。可惜的是,有关过载损伤界积累的经验和数据很少。

可以用非扩展裂纹来解释存在过载损伤界和损伤区:疲劳极限应力下非扩展裂纹有个最大长度,当过载运转造成的裂纹损伤长度超过了非扩展裂纹的极限长度时,循环应力降低到原有的疲劳极限应力下裂纹会扩展,导致疲劳极限降低,亦即过载循环下进入了损伤区;当过载运转造成的裂纹损伤长度小于非扩展裂纹,即过载裂纹损伤不足以在疲劳极限应力下发展,也就是没进入过载损伤区,不会降低疲劳极限。

很多零件在服役过程中所受的应力是变幅的,图8-9便是一种零件所受的变幅应力,通常小幅或微幅变动的载荷或应力,在载荷谱的总循环数中占有绝大多数,那么如何估算其寿命呢?如何根据等幅载荷下测定的 S-N 曲线,估算变幅载荷下零件的疲劳寿命,需要依据损伤累积理论,最简单的是 Palmgren 和 Miner 提出的线性累积损伤理论(下面简称 P-M 理论)。P-M 理论认为,在高于疲劳极限的应力下,随着循环的增加,当损伤积累到一个临界值时,便会发生疲劳破坏。设材料疲劳破坏时的总损伤为 D,且 $D=1$。在恒幅过载循环应力 σ_1 下,材料的疲劳寿命为 N_1(见图8-11),若在该应力振幅下循环1次,则造成的损伤为 $D=1/N_1$;若循环 n_1 次,则造成的损伤为 $D=n_1/N_1$;显然,若循环 N_1 次,$D=1$,则材料疲劳破坏。同样,在恒幅过载应力振幅 σ_2 下循环了 n_2 次,则造成的损伤为 $D=n_2/N_2$。

若零件所受的恒幅应力有 m 级,当总损伤 D 达到临界值1时,发生疲劳失效,则有

$$D=\sum_{j=1}^{j=m} n_j/N_j=1 \tag{8-3}$$

恒幅载荷可看成是变幅载荷的一个特例。所以,在变幅载荷下,疲劳总损伤达到1.0时,也发生疲劳失效。在处理如图8-9的载荷谱时,可以分若干个级别,将相近的载荷作为一个级别,统计其循环数,然后利用 P-M 理论计算。在应用中,会出现式(8-3)的右边不等于1。原因是多方面的,其中包括以下几种重要原因。

金属在低于或接近疲劳极限的应力下循环一定周次后,会使疲劳极限升高,这种现象称为次负荷锻炼,一般在大于 $0.8\sigma_{-1}$ 的次负荷应力下锻炼才有效。例如45钢经过淬火加200℃回火后,在 $0.9\sigma_{-1}$ 的应力下锻炼循环了 2×10^6 周次,整个 S-N 曲线向右上方移动。次负荷锻炼在工程应用的例子很多,例如新出厂的机器或汽车,在低负荷下总要先运转一段时间,除欲使各个机件间相互磨合匹配外,通过次负荷锻炼提高金属寿命也是主要的目的。因此,以往在处理如图8-9所示疲劳谱的数据时,曾认为可以将不造成损伤的小幅载荷简单地加以剔除,这样也会引起误差。另外,有实验表明,若疲劳载荷谱是先次负荷锻炼,后高负荷运转,则式8-3的右边大于1;反之,若先过载损伤,后次负荷锻炼,则式8-3的右边小于1。

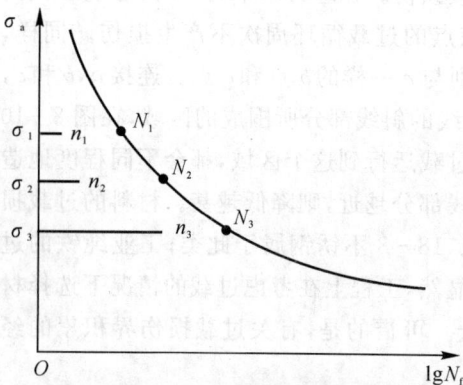

图 8-11   疲劳线性累积损伤示意图   图 8-12   应力集中对铝合金 LC9 疲劳寿命的影响

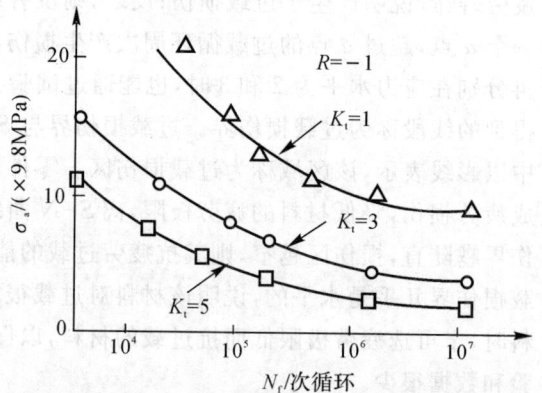

用于 P-M 理论计算的 S-N 曲线,多数是在实验室经过连续疲劳试验得到的,但有间歇的疲劳试验得到的 S-N 曲线与之不同。工程中多数机件都是非连续或间歇运转的,因此将连续疲劳试验得到的 S-N 曲线用于 P-M 理论计算也会引起误差。此外,P-M 理论没有考虑载荷谱中大小载荷的交互作用。因此,P-M 理论需要进一步研究改进。

由于 P-M 理论形式简单,使用方便,至今仍被采用。

5. 疲劳缺口敏感度

实际零件中由于存在缺口而引起应力集中,从而使疲劳强度和疲劳极限降低。图 8-12 表明应力集中系数 K_t 对高强度铝合金 LC9 疲劳寿命的影响规律,应力集中系数 K_t 愈大,疲劳强度愈低。人们试图根据光滑试件的疲劳极限 σ_{-1},预测缺口试件的疲劳极限 σ_{-1N}。为此,先定义了一个参数 K_f,$K_f = \sigma_{-1}/\sigma_{-1N}$,称为疲劳缺口系数(fatigue notch factor),一般用它表示相同疲劳寿命下,缺口试样的疲劳强度和光滑试样的疲劳强度的比值。研究表明,K_f 之值与应力集中系数 K_t 及缺口根部半径以及材料性能有关,且 $1 \leqslant K_f \leqslant K_t$。所以,$K_f$ 之值很难预测,在设计中也难以根据 σ_{-1} 估算 σ_{-1N} 之值。人们试图消除几何因素的影响,又引入一参数 q,其定义如下:

$$q = (K_f - 1)/(K_t - 1) \tag{8-4}$$

参数 q 称为疲劳缺口敏感度(fatigue notch-sensitivity factor)。当 $K_f = 1$,亦即 $\sigma_{-1} = \sigma_{-1N}$,说明疲劳强度或寿命不因缺口存在而降低,在这种情况下,疲劳中材料能够使应力重新分布,能完全消除应力集中,因此 $q = 0$,此时疲劳缺口敏感性最低;当 $q = 1$,即 $K_f = K_t$,表示缺口试样疲劳中的应力分布与弹性状态是相同的,没有发生应力重新分配,因此疲劳缺口敏感性最高。对于一般材料,通常 q 的值在 $0 \sim 1$ 之间变化,q 值愈大,则疲劳缺口敏感性愈高。结构钢的 q 值约为 $0.6 \sim 0.8$;粗晶粒钢约为 $0.1 \sim 0.2$;球墨铸铁约为 $0.11 \sim 0.25$;灰铸铁约为 $0 \sim 0.05$。一般地,钢经过不同的热处理规范,可以获得不同的 q 值。强度或硬度增加,q 值增大,因此,淬火 + 回火的 q 值比正火、退火状态的大。

引入疲劳缺口敏感度是希望消除几何因素的影响,但事实上,在一定范围内几何因素仍有影响,因此 q 不是材料常数。当缺口半径小于 0.5 mm 时,q 值急剧下降(见图 8-13)。这是因为,当缺口半径减小,K_t 之值增长很快,而 K_f 增长很慢,因而引起 q 值降低。在缺口根部半径较大时,才可将 q 近似地看作常数。可见,测定 q 时,应选取缺口根部半径较大的试样。

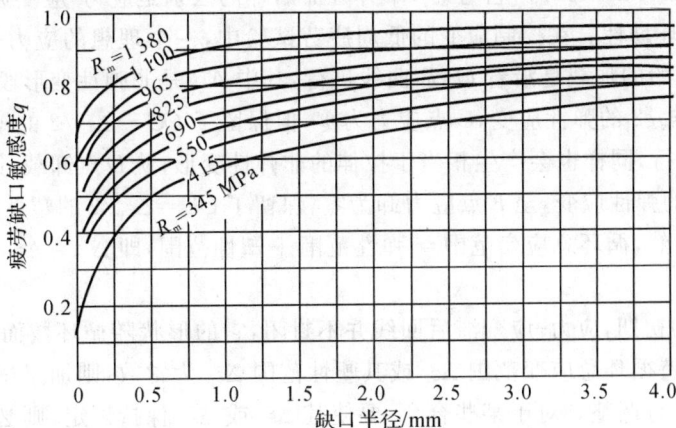

图 8-13　缺口根部半径和材料的抗拉强度对疲劳缺口敏感度的影响

8.3 低周疲劳

8.3.1 低周疲劳的概念

尽管零件和构件所受的名义应力低于屈服强度,但由于应力集中的存在,导致零构件缺口根部材料屈服,并形成塑性区(见图 6-8)。因此,当零构件受到循环应力的作用时,缺口根部材料则经受的是循环塑性应变作用,而且受到周围弹性区的约束和控制,疲劳裂纹也总是在缺口根部形成。按缺口根部塑性区材料所受的应变谱进行疲劳试验,研究材料在应变控制条件下循环塑性变形的行为,这就是应变疲劳(strain fatigue)的由来。Coffin 是应变疲劳的提出人之一,他将应变疲劳试验称为第一类疲劳模拟试验,用来模拟和估算零构件缺口根部裂纹的形成寿命。模拟裂纹形成后的疲劳裂纹扩展,是第二类疲劳模拟试验,将在下节中讨论。

应变疲劳抵达裂纹形成的循环寿命短,一般为 $10^2 \sim 10^5$ 周次。因此将应变疲劳也称为低周疲劳(low-cycle fatigue)或低循环疲劳。压力容器、飞机的起落架、飞机发动机的压气机盘、炮筒、发动机气缸等,都是典型的应变疲劳或低周疲劳构件。

低周疲劳除循环寿命短外,还有以下几个特征:低周疲劳会产生微量的塑性变形,塑性变形比弹性变形慢得多,因此,低周疲劳试验的频率不高,通常只有几个赫兹,故曾将低周疲劳称为低频疲劳;低周疲劳经受的应力超过屈服强度,因此交变循环的应力振幅大;低周疲劳的试验方法是用等截面或漏斗形试样,承受轴向等幅应力或应变,表征低周疲劳试验结果的方法往往是应变-疲劳寿命曲线(见图 8-18);此外,低周疲劳的裂纹源可能有好几个,裂纹不仅易形成,而且形成寿命短,这都是因为循环应力振幅大。

8.3.2 循环应力-应变曲线

低周疲劳中,当加载超出弹性范围,应变的变化落后于应力,形成应力-应变滞后回线(stress-strain hysteresis loop),它与第 3 章弹性滞后环的区别是应力-应变疲劳回线存在塑性变形,有时称为循环韧性。在控制应变的低周疲劳试验中,一个理想的应力-应变滞后回线如图 8-14 所示。开始的加载是沿着 OAB 曲线进行,其中 AB 是非弹性变形段;卸载沿着 BC 曲线进行,恢复了 $\Delta\varepsilon_e/2$ 的弹性应变,C 点应力为零,但保留了 $OC = \Delta\varepsilon_p/2$ 的塑性应变。反向加载沿着 CD 曲线进行,同样也会产生相当于拉伸的非弹性变形;从 D 点卸载,卸载沿 DE 曲线进行,恢复了 $\Delta\varepsilon_e/2$ 的弹性应变,至 E 点应力卸为零,保留了 $OE = \Delta\varepsilon_p/2$ 的塑性应变;然后再次拉伸沿 EB 进行。显然,循环总应变范围＝弹性范围＋塑性范围,即 $\Delta\varepsilon_t = \Delta\varepsilon_e + \Delta\varepsilon_p$。循环应变幅 $\varepsilon_a = \Delta\varepsilon_t/2$。

在循环加载的初期,应力-应变滞后回线并不封闭,它的形状随循环数而改变,如图 8-15 所示。因此,要保持循环总应变范围 $\Delta\varepsilon_t$ 或其塑性范围 $\Delta\varepsilon_p$ 为常数,则加于试件上的循环应力振幅必须不断地进行调整。对于某些合金,要使其 $\Delta\varepsilon_t$ 或 $\Delta\varepsilon_p$ 保持恒定,则必须随加载循环数的增加提高应力振幅,如图 8-15(a) 所示,这种现象称为循环硬化(cyclic hardening);反之,则为循环软化(cyclic softening)，如图 8 - 15(b)所示。

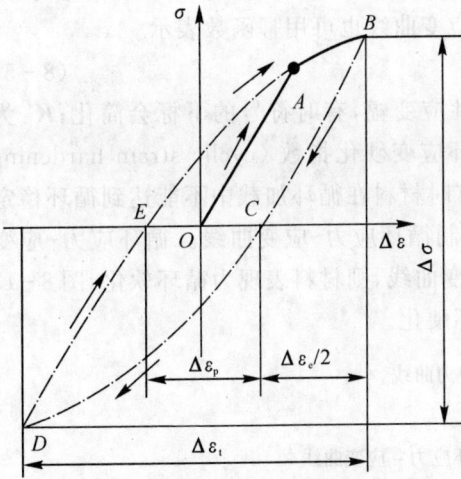

图 8 - 14　典型的应力-应变滞后回线

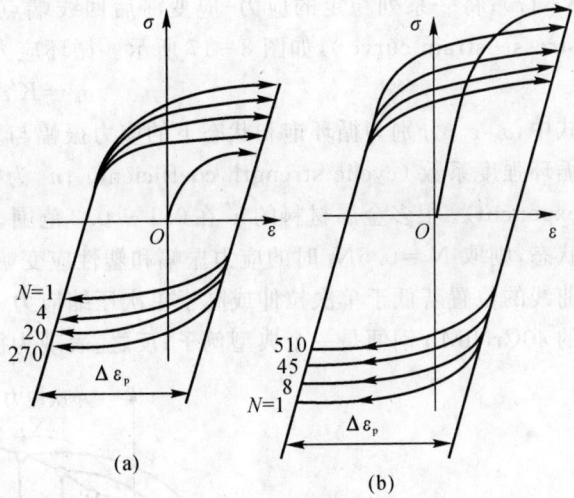

图 8 - 15　应力-应变滞后回线随循环次数的变化
(a) 退火铜；　(b) 冷加工硬化铜

控制应变或应力的低周疲劳试验中，用应变或应力与时间关系表示的循环硬化或循环软化示意图如图 8 - 16 所示。该图曲线表明，循环硬化或循环软化可分为 3 个阶段：即加载开始时的快速硬化或软化阶段，循环硬化或软化速率逐渐减小的过渡阶段，以及循环硬化或软化的饱和阶段，即稳定状态。许多金属材料一般不会超过 100 个周次便可达到稳定状态，此时，应力-应变滞后回线也就封闭了，其形状以后也不再改变。因此，循环硬化可以完整地表达为：在控制应变恒定的循环加载中，应力随循环周次的增加而增加，然后逐渐趋于稳定的现象；而循环软化为：在控制应变恒定的循环加载中，应力随循环数的增加而降低，然后逐渐趋于稳定的现象。

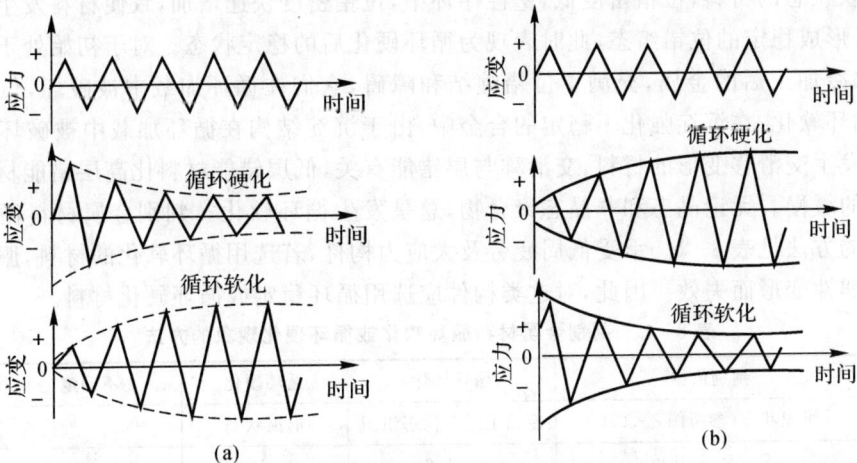

图 8 - 16　控制应力或应变循环硬化和循环软化随时间变化规律示意图
(a) 控制应力；　(b) 控制应变

在每一个循环总应变范围 $\Delta\varepsilon_t$ 值下,都会形成一条封闭、稳定的应力-应变滞后回线(见图 8-17);将一系列稳定的应力-应变滞后回线端点联接起来,即得循环应力-应变曲线(cyclic stress-strain curve),如图 8-17 所示。循环应力-应变曲线也可用幂函数表示

$$\sigma_a = K'\varepsilon_{pa}^{n'} \tag{8-5}$$

式中,σ_a,ε_{pa} 分别为循环饱和状态下的应力振幅与塑性应变幅,有时符号的下标会简化;K' 为循环强度系数(cyclic strength coefficient);n' 为循环应变硬化指数(cyclic strain hardening exponent)。很多金属材料的 n' 在 $0.1 \sim 0.2$ 范围。有时材料在循环加载中不能达到循环稳定状态,则取 $N = 0.5N_f$ 时的应力振幅和塑性应变幅绘制循环应力-应变曲线。循环应力-应变曲线的位置若低于单次拉伸或高于单次压缩应力-应变曲线,则材料表现为循环软化,图 8-17 的 40CrNiMo 钢便是一个典型例子;反之,表现为循环硬化。

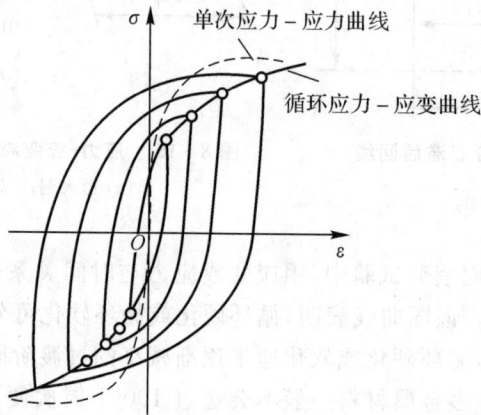

图 8-17 40CrNiMo 钢的循环应力-应变曲线及单次拉压的应力-应变曲线

材料的循环硬化或软化,与材料初始的组织状态、结构特征、应变幅度大小和试验温度有关。一般硬且强的材料容易显示循环软化,而初始处于软状态的材料则显示循环硬化。对于初始处于软状态的材料,位错密度低,塑性循环中,位错密度快速增加,致使材料发生显著应变硬化,最后形成稳定的位错组态,此时表现为循环硬化后的稳定状态。对于初始处于硬状态的材料,例如冷加工后的金属,充满了位错缠结和障碍,它们在循环加载中被破坏,位错重新排列,导致循环软化;在沉淀强化不稳定的合金中,由于沉淀结构在循环加载中被破坏导致循环软化。能发生交滑移变形的材料,交滑移与层错能有关,低层错能材料比高层错能材料硬化或软化进展的缓慢。无论晶态和非晶态聚合物,总是发生循环软化。判别金属材料循环软化或循环硬化的方法见表 8-1。承受低周疲劳及大应力构件,若选用循环软化的材料,服役中就会产生过量塑性变形而失效。因此,对这类构件应选用循环稳定或循环硬化材料。

表 8-1 判别金属材料循环软化或循环硬化现象的方法

判别依据	循环软化	循环硬化	不确定
组织状态(参考图 8-15)	冷加工或介稳态组织	退火状态	
$R_m/R_{p0.2}$ 比值	< 1.2	> 1.4	$1.2 \sim 1.4$
拉伸应变硬化指数 n	$n < 0.1$	$n > 0.2$	

8.3.3　应变疲劳的应变-疲劳寿命曲线和表达式

应变疲劳试验时,控制轴向总应变范围,在给定的 $\Delta\varepsilon$ 下,测定失效循环次数 N_f(详见国家标准 GB/T 26077—2010)。将实验数据在 $\lg 2N_f - \lg\Delta\varepsilon/2$ 双对数坐标纸上作图,即得应变幅-疲劳寿命曲线,如图 8-18 所示。

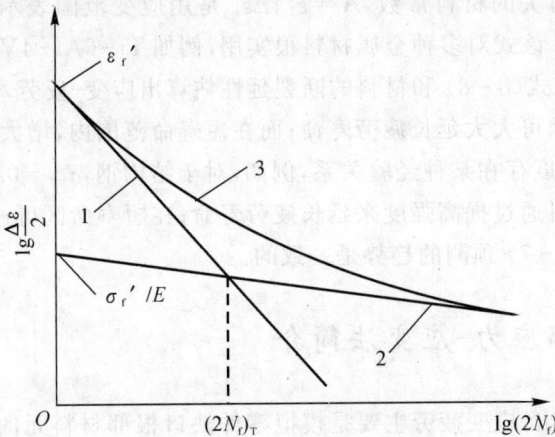

图 8-18　应变-疲劳寿命曲线

1—$\Delta\varepsilon_p/2-2N_f$ 曲线；　2—$\Delta\varepsilon_e/2-2N_f$ 曲线；　3—$\Delta\varepsilon_t/2-2N_f$ 曲线

曼森(S. S. Manson)和柯芬(L. F. Coffin)分析总结了应变疲劳的实验结果,给出下面的应变疲劳寿命公式,即

$$\varepsilon_a = \frac{\Delta\varepsilon_t}{2} = \frac{\Delta\varepsilon_e}{2} + \frac{\Delta\varepsilon_p}{2} = \frac{\sigma_f'}{E}(2N_f)^b + \varepsilon_f'(2N_f)^c \tag{8-6}$$

式中,σ_f' 是疲劳强度系数;b 是疲劳强度指数;ε_f' 是疲劳延性系数(近似等于静拉伸的断裂延性 ε_f);c 是疲劳延性指数。$2N_f$ 表示加载的反向数,即一次加载循环包含一次正向加载和一次反向加载(卸载)。式(8-6)中的第一项是对应于图 8-18 中由 $\Delta\varepsilon_e/2-2N_f$ 决定的弹性线 2(也叫作 Basquin 关系式),其斜率为 b,截距为 σ_f'/E;式(8-6)中的第二项对应于由 $\Delta\varepsilon_p/2-2N_f$ 决定的塑性线 1,其斜率为 c,截距为 ε_f'。弹性线与塑性线交点所对应的疲劳寿命称为过渡寿命 N_T。当 $N_f < N_T$ 时,是低周疲劳范围,疲劳以循环塑性应变特征为主,材料的疲劳寿命由其延性控制;而 $N_T < N_f$ 时,是高周疲劳范围,疲劳以应力特性和循环弹性应变特征为主,材料的疲劳寿命由其强度决定。在设计零件和构件时,先要明确服役条件是属于那一类疲劳。如若是属于高周疲劳,应该着重考虑材料的强度,因为强度(或硬度)高的材料寿命长;属于低周疲劳时,则应在考虑保持一定强度的基础上,尽量选取延性好的材料或状态。

上述应变疲劳常数 σ_f',b,ε_f' 和 c 要通过试验测定。确定了这 4 个常数,也就意味着得出了材料的应变疲劳寿命曲线。 Manson 总结了近 30 种具有不同性能的金属材料的实验数据后给出:$\sigma_f' = 3.5R_m$;$b = -0.12$;$\varepsilon_f' = \varepsilon_f^{0.6}$;$c = -0.6$。于是由公式(8-6)得到

$$\varepsilon_a = \frac{\Delta\varepsilon_t}{2} = 3.5\frac{R_m}{E}(2N_f)^{-0.12} + \varepsilon_f^{0.6}(2N_f)^{-0.6} \tag{8-7}$$

只要测定了抗拉强度和断裂延性,即可根据式(8-7)求得材料的应变-疲劳寿命曲线。这

种预测应变-疲劳寿命曲线的方法,称为通用斜率法。显然,用这种方法预测的应变-疲劳曲线带有经验性,在很多情况下和试验结果符合得不好,尤其当 $N_f > 10^6$ 时,估算的寿命偏于保守。 Manson-Coffin 应变疲劳寿命公式(见式(8-6))的主要问题,是不能表明疲劳极限的存在。因此,在应用式(8-7)估算材料的应变疲劳寿命时,在长寿命范围内其结果显得保守。郑修麟等后来给出一个改进的应变疲劳寿命公式,即

$$N_f = A(\Delta\varepsilon - \Delta\varepsilon_c)^{-2} \tag{8-8}$$

式中,A 是与断裂延性有关的材料常数,$A = \varepsilon_f^2$;$\Delta\varepsilon_c$ 是用应变范围表示的理论疲劳极限。当 $\Delta\varepsilon \le \Delta\varepsilon_c$ 时,$N_f \to \infty$。该式对多种金属材料很实用,例如 Ti-6Al-4V 和 4340 钢。若已知理论疲劳极限 $\Delta\varepsilon_c$,即可由式(8-8)和材料的断裂延性估算出应变-疲劳寿命曲线。在长寿命范围内,提高理论疲劳极限可大大延长疲劳寿命;而在短寿命范围内,增大系数 A 可延长疲劳寿命。高周疲劳极限与强度存在某种经验关系,例如,对于结构钢,$\sigma_{-1} = 0.27(R_{p0.2} + R_m)$。由此不难理解,在长寿命区可通过提高强度来延长疲劳寿命;在短寿命区可通过提高塑性来延长应变疲劳寿命。这与式(8-7)预测的趋势是一致的。

8.3.4* 局部应力-应变法简介

在 8.3.1 节中已指出,应变疲劳主要是模拟零件缺口根部材料元的疲劳失效。若缺口根部材料元经受了与光滑模拟试件相同的应力-应变历程,则光滑试件的疲劳断裂即相当于缺口根部的裂纹形成,光滑试件的疲劳寿命即为缺口零件的裂纹形成寿命。根据这一基本假设提出了估算零件裂纹形成寿命的局部应力-应变法。

用局部应力-应变法估算零件裂纹形成寿命的关键步骤,是根据载荷谱计算缺口根部的局部应变范围 $\Delta\varepsilon$ 和局部应力范围 $\Delta\sigma$。根据 Neuber 定则,曾经得到式(6-9):$\sigma\varepsilon = (K_t\sigma_n)^2/E$。在循环载荷下,应力和应变之前加"$\Delta$"表示范围,用 K_f 代替 K_t,从而得下式:

$$\Delta\sigma\Delta\varepsilon = (K_f\Delta\sigma_n)^2/E \tag{8-9}$$

对于给定的名义应力范围 $\Delta\sigma_n$,式(8-9)的右端为一常数。在这情况下,缺口根部的材料元欲与光滑试件要经受相同的应力-应变历程,那么图8-19两条曲线交点的应力和应变值便符合这一要求,这些值亦可通过式(8-9)与式(8-5)联立求解得到。 将求得的这些值代入公式(8-6),得出 N_f 之值,即缺口零件的裂纹形成寿命 N_i。若零件受到变幅载荷,则对每一个名义应力振幅要进行一次计算,然后按 Miner 定则计算损伤(见式(8-3)),最后得出零件的裂纹形成寿命。整个求解过程可示于图8-19中。

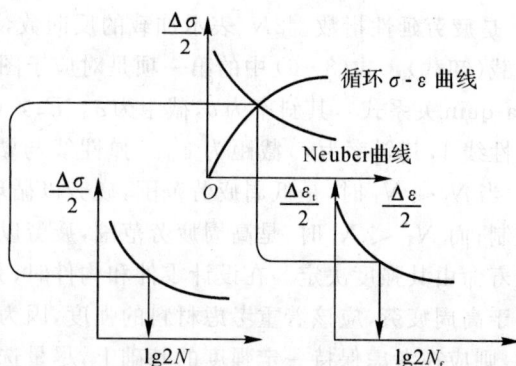

图 8-19　局部应力-应变法估算裂纹形成寿命示意图
$\Delta\sigma - \Delta\varepsilon$ 曲线即式(8-5); Neuber 曲线即式(8-9)

局部应力-应变法估算裂纹形成寿命是一种间接的计算方法,累积误差可能很大。再则,局部应力和局部应变的计算过于简单,采用 K_f 代替 K_t 只是一种经验方法,而没有理论依据。

而目前在寿命预测时使用的 Manson - Coffin 公式,并不包含理论疲劳极限,寿命预测时如何省略小载荷也是需要研究的课题。

8.3.5*　热疲劳和热机械疲劳的概念

有些零构件在服役中经受温度的反复变化,例如,活塞发动机的缸体、活塞、气门、热锻模具、涡轮发动机叶片等。这些零构件由于温度的反复变化,导致热应力和热应变的反复变化,因此称作热疲劳(thermo - fatigue)。对于温度非常剧烈的变化,例如烧红的钢件或陶瓷立即淬入冰水中,谓之热冲击(thermo - shock)或热震,这些将在陶瓷材料的力学性能一章中讨论。如果同时经受温度循环和机械应力循环两者的作用,亦即两种作用同时叠加,这种情况称为热机械疲劳(thermo - mechanical - fatigue)。

产生热应力或热应变时,需要温度变化和机械约束;零构件尺寸很大时,由于其温度场不均匀,存在着温度梯度,也能产生热应力或热应变。若一构件受到刚性的机械约束,不能自由膨胀或收缩,且温度反复变化的落差为 ΔT,材料的热膨胀系数为 α,则由于变形量 $\alpha\Delta T$ 被约束,所需要的约束应力,或热应力为 $\Delta\sigma = -E\alpha\Delta T$,其中 E 为弹性模量。当反复变化的热应力超过零构件局部的弹性极限时,将发生反复变化的局部塑性变形。经过一定的热循环周次后,循环的热应力或热应变将导致局部裂纹产生。由此可见,热疲劳或热机械疲劳破坏也是局部循环塑性应变损伤累积的结果,基本上遵循低周疲劳或应变疲劳的规律。例如,柯芬发现一些材料的热疲劳存在以下关系:

$$\Delta\varepsilon_p N_f^{0.5} = c \tag{8-10}$$

式中,$c = 0.5\varepsilon_f \approx 0.5\ln(1/(1-Z))$,$Z$ 为同一温度下的断面收缩率,$\Delta\varepsilon_p$ 为塑性应变范围。

热疲劳或热机械疲劳裂纹一般沿表面热应变最大的区域产生,或者在应力集中处萌生,裂纹源可能有多个。热疲劳或热机械疲劳抗力与多种因素有关,其中包括:材料的导热性、比热容、塑性、屈服强度、热膨胀系数和弹性模量等。材料越脆、热膨胀系数和弹性模量越大及导热系数越小,则其热疲劳或热机械疲劳破坏的危险性越大;反之,则危险性越小。

8.4　疲劳裂纹扩展速率及疲劳裂纹扩展的门槛值

疲劳裂纹在零件中形成后,若继续循环加载,则裂纹逐渐进行亚临界扩展。当裂纹扩展到临界尺寸时,零构件发生断裂。裂纹由初始尺寸扩展到临界尺寸所经历的加载循环周次数,即为裂纹扩展寿命 N_p。为了能精确地估算裂纹扩展寿命并延长裂纹扩展寿命,需要研究疲劳裂纹扩展的一般规律和影响因素,以及疲劳裂纹扩展速率(fatigue crack growth rate)的表达式。

8.4.1　疲劳裂纹扩展速率的测定

测定疲劳裂纹扩展速率采用紧凑拉伸(compact tension,CT)试件、中心裂纹拉伸(central crack tension,CCT)试件或单边缺口梁(single edge notch beam,SENB)三点弯曲

试件。先按规定在试件上预制疲劳裂纹,然后在固定的载荷范围 ΔP 和应力比 R 下进行循环加载。每隔一定的循环数 Ni,测定裂纹长度 a,作出 $a-N$ 关系曲线,如图 8-20 所示。对 $a-N$ 曲线某点求导,即得到该点的疲劳裂纹扩展速率 da/dN,也就是每循环一次裂纹扩展的距离,单位为 m/周次。再据相应的裂纹长度 a,计算应力强度因子范围 ΔK,即一个疲劳循环中最大与最小应力强度因子的代数差,其中,$\Delta K = K_{max} - K_{min} = Y\sigma_{max}\sqrt{a} - Y\sigma_{min}\sqrt{a} = Y\Delta\sigma\sqrt{a}$。$\Delta K$ 的单位仍然是 MPa·m$^{1/2}$ 或 MN·m$^{-3/2}$。最后,绘制出 lg da/dN-lgΔK 关系曲线,即疲劳裂纹扩展速率曲线,该曲线大致呈 S 形,如图 8-21 所示。国家标准 GB/T 6398—2000 对测定裂纹扩展速率的方法和技术作了严格的规定。

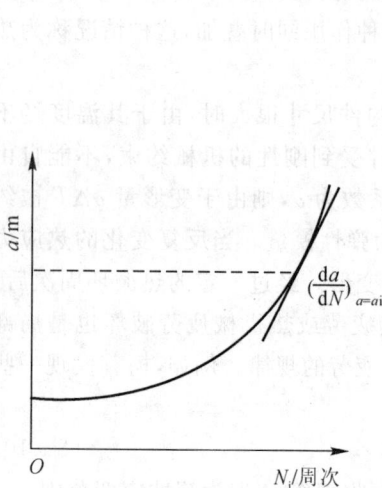

图 8-20　裂纹长度与循环数 N_i 关系曲线

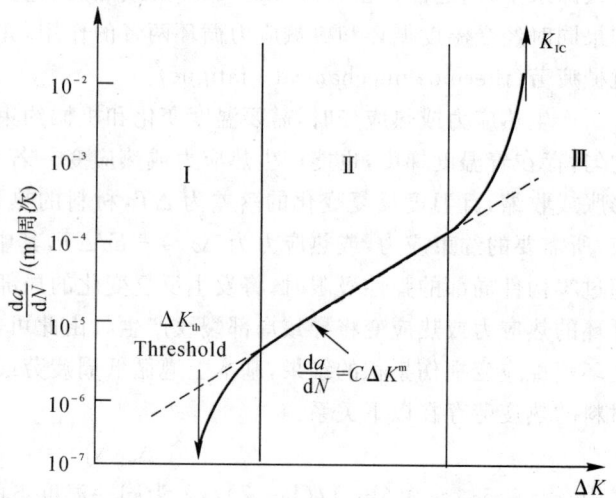

图 8-21　典型的疲劳裂纹扩展速率曲线

8.4.2　疲劳裂纹扩展速率曲线

一条完整的疲劳裂纹扩展速率曲线可以分为 3 个区:Ⅰ 区、Ⅱ 区和 Ⅲ 区,如图 8-21 所示。显然,Ⅱ 区所占的比例和范围最大。

在 Ⅰ 区,当 ΔK 低于某一值时,裂纹扩展速率随着 ΔK 的降低而迅速降低,以至 $da/dN \rightarrow 0$。与此相对应的 ΔK 值称为疲劳裂纹扩展的门槛值(fatigue crack growth threshold),记为 ΔK_{th}。当 $\Delta K \leqslant \Delta K_{th}$ 时,$da/dN = 0$。$\Delta K \leqslant \Delta K_{th}$ 疲劳裂纹不扩展的最大应力强度因子范围,这是疲劳裂纹扩展的门槛值的物理定义或理论定义。实际中,很难测得 $da/dN \rightarrow 0$ 时的 ΔK_{th} 值,工程上对多种金属材料疲劳裂纹扩展的门槛值定义为 $da/dN = 1 \times 10^{-8}$ m/周次时的 ΔK 值。所以要注意两种定义间的差别。ΔK_{th} 表示材料阻止疲劳裂纹开始扩展的能力,其值越大,阻止疲劳裂纹开始扩展的能力越强。某些高强度钢在腐蚀介质下,不存在明确的门槛值。由于 Ⅰ 区接近于 ΔK_{th},故又将 Ⅰ 区称为近门槛区。通常 ΔK_{th} 的值很小,约为 K_{IC} 的 5% ~ 10%。为了有更加直观的印象,给出了几种材料的 ΔK_{th} 测定值,见表 8-2。通常材料的晶粒愈粗大,则 ΔK_{th} 愈高,da/dN 愈低。这个规律与晶粒尺寸对屈服强度的影响正好相反,因此在选材和加工中应加以综合考虑。

Ⅱ 区为中部区,一般情况下该区占裂纹亚临界扩展的大部分。但是,对于某些低塑性材料,该区的范围很窄,甚至消失。在 Ⅱ 区中,裂纹扩展速率在 $\lg \mathrm{d}a/\mathrm{d}N - \lg \Delta K$ 双对数坐标上呈一条直线。

表 8 - 2　几种金属材料的 ΔK_{th} 值

材　料	$\Delta K_{\mathrm{th}}/(\mathrm{MPa} \cdot \mathrm{m}^{1/2})$	材　料	$\Delta K_{\mathrm{th}}/(\mathrm{MPa} \cdot \mathrm{m}^{1/2})$
低合金钢	6.6	纯铜	2.5
18 - 8 不锈钢	6.0	60/40 黄铜	3.5
纯铝	1.7	纯镍	7.9

Ⅲ 区为裂纹快速扩展区,裂纹扩展速率很高,并随着 ΔK 的增大而迅速升高,循环周次占整个寿命的比例微不足道。当 $K_{\max} = \Delta K/(1 - R) = K_{\mathrm{IC}}$ 时,试件或零件断裂。

试验表明,在 Ⅰ 区,裂纹为不连续的扩展机制,扩展速率受到材料的显微组织、应力比和环境等内外因素的影响很大;而在 Ⅱ 区,上述因素的影响相对较小,但对腐蚀介质、平均应力和频率组合搭配的影响可能十分敏感,裂纹扩展一般为连续的条带扩展机制。Ⅲ 区因将面临准静态的断裂方式,试件受显微组织、应力比和试件厚度的影响强烈,但对环境介质不敏感。图8 - 22 说明:应力比 R 对Ⅰ区和Ⅲ区的裂纹扩展速率影响很大,而对Ⅱ区的影响则较小的规律。

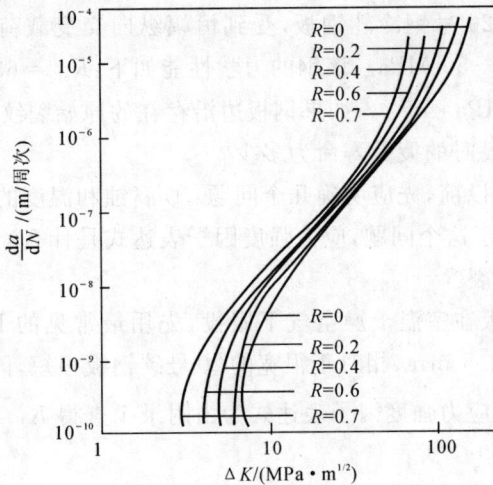

图 8 - 22　应力比对疲劳裂纹扩展速率影响的示意图

8.4.3　疲劳裂纹扩展速率表达式和疲劳裂纹扩展寿命估算

疲劳裂纹扩展速率表达式曾以多种形式被提出,其中最著名、应用最广的是 Paris 提出的裂纹扩展速率公式(以下称为 Paris 公式)。Paris 公式的形式为

$$\mathrm{d}a/\mathrm{d}N = C \Delta K^m \tag{8 - 11}$$

式中,C 和 m 为实验测定的常数,m 在 $2 \sim 7$ 之间变化。Paris 公式适用于 Ⅱ 区,且适用范围是低应力、低扩展速率和较长疲劳寿命的场合。Paris 公式不能反映裂纹扩展的门槛值的存在和应力比的影响。

Forman 考虑了应力比和断裂韧度的影响,提出下述公式:

$$\frac{\mathrm{d}a}{\mathrm{d}N} = \frac{c(\Delta K)^n}{(1-R)K_c - \Delta K} \tag{8-12}$$

式中，c 和 n 为材料试验常数，R 为应力比，K_c 为与试件厚度有关的断裂韧度。该式适于 Ⅱ 区和 Ⅲ 区的疲劳裂纹扩展。

考虑到门槛值的存在，郑修麟提出下述公式：

$$\frac{\mathrm{d}a}{\mathrm{d}N} = B(\Delta K - \Delta K_{\mathrm{th}}) \tag{8-13}$$

式中，B 是疲劳裂纹扩展系数。对于疲劳裂纹以条带机制扩展的合金，$B = 15.9/E^2$，以其他机制扩展的合金，$B = 1/(2\pi E\sigma_{\mathrm{f}}\varepsilon_{\mathrm{f}})$。该式适用于 Ⅰ 区和 Ⅱ 区的疲劳裂纹扩展。

Ⅱ 区所占的比例和范围最大，Paris 公式适用于 Ⅱ 区。下面以 Paris 公式为例，给出疲劳裂纹扩展寿命 N_{p} 的估算方法。由式(8-11)积分得

$$N_{\mathrm{p}} = \int \frac{\mathrm{d}a}{C\Delta K^m} \tag{8-14}$$

如果构件已服役较长的时间，并已出现较长的裂纹，则 ΔK 值较大，即裂纹扩展进入 Ⅱ 区。在 Ⅱ 区，应力比对裂纹扩展速率影响不大。所以，用 Paris 公式计算含裂纹构件的剩余寿命是合适的。下面通过一个例题，说明如何估算疲劳寿命。

例 8.1 一块很宽的 20 号钢冷轧钢板，受到恒幅纵向交变载荷的作用。名义循环应力为：$\sigma_{\max} = 200$ MPa，$\sigma_{\min} = -50$ MPa。该钢的力学性能如下：$R_{\mathrm{eL}} = 630$ MPa，$R_{\mathrm{m}} = 670$ MPa，$E = 207$ GPa，$K_{\mathrm{IC}} = 104$ MPa·m$^{1/2}$。如果钢板边沿存在的原始裂纹 a_{i} 不大于 0.5 mm，试估算该钢板在这种条件下服役时的疲劳寿命为多少？

分析：在解答这个问题以前，先应明确几个问题：① 腐蚀和温度的影响如何？② 用什么方程表达裂纹的扩展？③ 对于这个问题，应力强度因子表达式是什么？④ 这个方程如何积分？⑤ 多大的 ΔK 值会引起断裂？

解：首先了解到，该钢板在室温干燥空气下服役，先用最常见的 Paris 公式计算裂纹的扩展。因为裂纹长度不大于 0.5 mm，相对于很宽的 20 号碳钢板很短，因此可将该板视作无限宽板处理。对于单边裂缝，其应力强度因子表达式为由附录 1 查得 $K_{\mathrm{I}} = 1.12\sigma\sqrt{\pi a}$，在循环应力下则有

$$\Delta K_{\mathrm{I}} = 1.12\Delta\sigma\sqrt{\pi a}$$

当应力比 $R > 0$ 时，$\Delta K = K_{\max} - K_{\min}$。在压缩载荷下，裂纹面是闭合的，裂纹不扩展，因此在计算裂纹扩展时，只考虑大于零的载荷部分。于是当 $R \leqslant 0$ 时，$\Delta K = K_{\max}$。本题中 $R = -50$ MPa/200 MPa $\leqslant 0$，则有

$$\Delta K = K_{\max} = 1.12\sigma_{\max}\sqrt{\pi a_{\mathrm{i}}} = 1.12 \times 200\sqrt{\pi \times 0.000\,5} = 9 \text{ MPa·m}^{1/2}$$

由表 8-2 可知，低合金钢的 ΔK_{th} 仅为 6.6 MPa·m$^{1/2}$。20 号碳钢板的性能一般低于合金钢，其 ΔK_{th} 应小于 6.6 MPa·m$^{1/2}$。即 $\Delta K = 9$ MPa·m$^{1/2}$ 时，已经高于裂纹扩展的门槛值，即进入裂纹扩展的第 2 阶段，用 Paris 公式是合理的。裂纹扩展的最终临界长度 a_{f} 可用 $K_{\max} = K_{\mathrm{IC}}$ 估算，于是有

$$a_{\mathrm{f}} = \frac{1}{\pi}\left[K_{\mathrm{IC}}/(1.12 \times \sigma_{\max})\right]^2 = \frac{1}{\pi}\left[104/(1.12 \times 200)\right]^2 = 0.068 \text{ m} = 68 \text{ mm}$$

Paris 公式为 $\mathrm{d}a/\mathrm{d}N = C\Delta K^m$，但 C 和 m 是未知数。由手册查找到铁素体-珠光体钢的 $C =$

6.9×10^{-12}，$m=3$，该钢的组织、成分和状态与 20 号碳钢相近，取其值估算 20 号钢的疲劳裂纹扩展寿命误差不会太大。由 Paris 公式可得

$$N_p=\int_{a_i}^{a_f}\frac{\mathrm{d}a}{C(1.12\Delta\sigma)^m(\pi a)^{m/2}}$$

若 $m\neq2$，则有

$$N_p=\frac{2\pi^{-\frac{m}{2}}}{(m-2)C(1.12\Delta\sigma)^m}\left[\frac{1}{a_i^{(m-2)/2}}-\frac{1}{a_f^{(m-2)/2}}\right]$$

代入 $a_i=0.0005$ m，$a_f=0.068$ m，$C=6.9\times10^{-12}$，$m=3$，可得 $N_p=189\,000$ 周次，即该 20 号碳钢板在题目给定的条件下服役时，疲劳寿命为 189 000 周次。

若钢板的 K_{IC} 增加一倍至 208 MPa·m$^{1/2}$ 或降低一半至 52 MPa·m$^{1/2}$，重复上述计算，那么 a_f 将分别为 270 mm 和 17 mm，疲劳寿命则相应地分别为 198 000 和 171 000 周次。由此可知，K_{IC} 增加一倍或降低一半，则裂纹临界长度增加到 4 倍或减小到四分之一，然而疲劳寿命只改变不到 10%。如果钢板边沿存在的原始裂纹增加到 2.5 mm，疲劳寿命将仅为 75 000 周次，说明初始裂纹的长度对疲劳寿命的影响很大，而断裂韧性即使有显著变化，也对疲劳寿命的影响不大。这种计算仅仅从疲劳裂纹扩展角度考虑，不过在疲劳设计中，仍希望选用断裂韧性较高的材料，因为它有较大的临界裂纹长度。

8.5　疲劳失效过程和机制

为了建立能精确地估算零件疲劳寿命并提出经济而有效的延寿技术，对疲劳失效过程及各阶段的机制要有清楚的认识。疲劳失效过程可以分为 3 个主要阶段：疲劳裂纹形成；疲劳裂纹扩展（包括微裂纹与微裂纹、微裂纹与缺陷的联接）；当裂纹扩展达到临界尺寸时，发生最终的断裂。

8.5.1　疲劳裂纹形成过程和机制

疲劳裂纹通常形成于试件或零件的表面。在某些情况下，例如接触疲劳，表面得到强化的材料，疲劳裂纹也会在表面层下一定的深度处形成。宏观缺口、划伤、刀痕或其他表面或近表面的宏观缺陷（如冶金缺陷缩孔、偏析、白点等）均容易形成疲劳裂纹。形成疲劳裂纹的微观机制有 3 种主要方式：表面滑移带开裂、夹杂物与基体相界面分离或夹杂物本身断裂，以及晶界或亚晶界开裂。图 8-23 示意地表示了疲劳微裂纹形成的这 3 种方式，下面分别进行讨论。

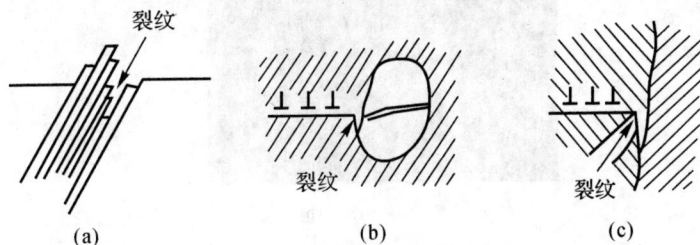

图 8-23　微观疲劳微裂纹的 3 种形成方式

(a)表面滑移带开裂；　(b)夹杂物与基体界面分离或夹杂物本身断裂；　(c)晶界或亚晶界开裂

在循环载荷作用下,即使循环应力不超过屈服强度,也会在试件表面形成滑移带。单调拉伸时形成的滑移带分布较均匀,而循环滑移带则集中于某些局部区域。图 8-24(a)给出了滑移带形成的示意图,在循环滑移带中不仅会形成挤出脊和侵入沟,还会形成孔隙等缺陷。图 8-24(b)是拍摄的真实滑移带,可见到在试件表面形成挤出脊和侵入沟。

在疲劳试验的初期,就可能观察到滑移带。随着加载循环数的增加,循环滑移带的数目和滑移强度均增加。对试件表面进行电解抛光,多数滑移带将更为明显;若除去滑移带,对试件重新循环加载,滑移带又会在原处再现。这种滑移带称为持久滑移带(Persist Slip Band,PSB)或驻留滑移带。持久滑移带在材料表面某些薄弱区产生,随着循环周次增多、持久滑移带增宽和加深,最终出现疲劳裂纹。

当合金中含有较大的夹杂物或第二相时,基于如 4.3 节同样的原因,夹杂物或第二相易与基体的界面开裂而形成微裂纹,只不过这里涉及的是循环应力。显然,夹杂物与基体的物理和化学性质不同,不仅在制备材料中因热膨胀系数不同存在热残余应力,而且受力后在界面上又有应力集中,在循环应力作用下,第二相界面形成微裂纹是很自然的了。图 8-25 是 SAE52100 钢的疲劳裂纹起源于 $Al_2O_3 \cdot (CaO)_x$ 夹杂,和拉压疲劳中裂纹起源于工具钢碳化物夹杂的典型例子。如 4.3 节一样,第二相或夹杂物的大小、形状、密度,基体材料的塑性、应变硬化指数,以及外加应力的大小和应力状态均影响着疲劳裂纹的形成。多相材料中疲劳裂纹也常起源于表面的软相,例如,超净轴承钢疲劳裂纹起源于贝氏体相,马氏体不锈钢中疲劳裂纹起源于 δ 铁素体。

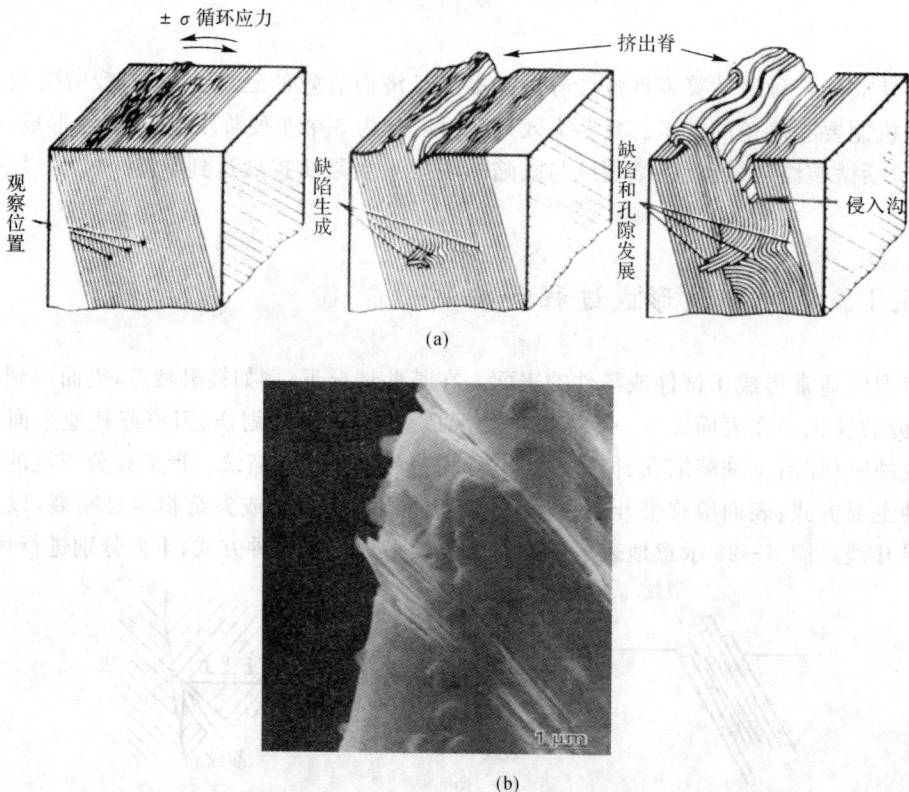

(a)

(b)

图 8-24 滑移带

(a)滑移带形成示意图; (b)M. Judelwicz 和 B. Ilschner 拍摄的滑移带

多晶材料中,位错运动到晶界或亚晶界时,会受到阻碍。疲劳循环应力作用下,在晶界处发生位错塞积和应力集中(见图 8-26(a));多次循环会在晶界生成疲劳微裂纹(见图 8-26(b))。因此,凡是弱化晶界的因素均促使晶界生成疲劳微裂纹,降低疲劳抗力,例如有害元素在晶界偏聚,晶界有脆性第二相或夹杂物,回火脆,或在腐蚀性介质中或高温下循环加载等;反之,强化晶界的因素和措施均能提高疲劳抗力。虽然微裂纹会在晶界形成,对晶界似乎是不利的因素;可是微裂纹在循环加载长大的过程中,当微裂纹顶端接近晶界时,其长大速率降低甚至停止长大,这是因为相邻晶粒内滑移系的取向不同造成的。微裂纹只有穿过晶界,才能与相邻晶粒内的微裂纹连接,或向相邻晶粒内扩展,以形成更加宏观尺度的疲劳裂纹。因为晶界有阻碍微裂纹长大和连接的作用,因而晶粒细化有利于延长疲劳寿命。

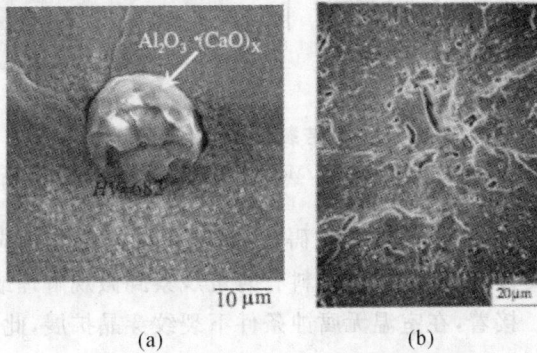

图 8-25　夹杂物引起的疲劳裂纹

(a)SAE52100 钢疲劳裂纹起源于 $Al_2O_3 \cdot (CaO)_x$ 夹杂;　(b)拉压疲劳中裂纹起源于工具钢碳化物夹杂[18]

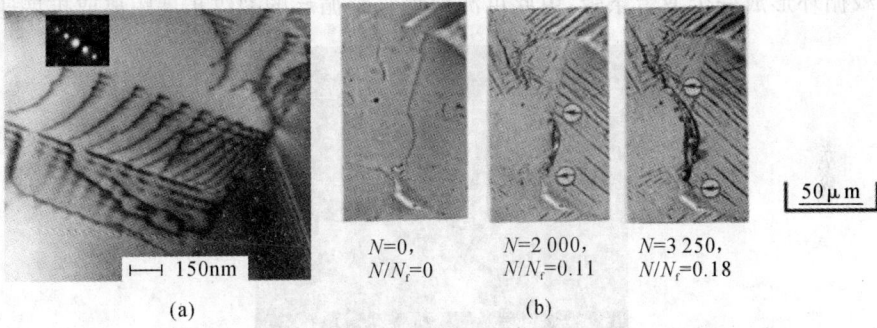

图 8-26　晶界疲劳损伤

(a)奥氏体不锈钢位错晶界塞积,$\sigma=240$ MPa,$N=10^7$(P. Hilgendorff,13th ICF,M04-21);
(b)疲劳裂纹沿 70/30 黄铜晶界起始,$\Delta\sigma=444$ MPa,$\Delta\varepsilon_p=0.0067$[18]

8.5.2　疲劳裂纹扩展过程和机制

在光滑试件中,根据疲劳裂纹扩展方向,可分为两个阶段。第 I 阶段,裂纹从表面的持久滑移带(挤出脊、侵入沟)形成微裂纹后,裂纹沿着主滑移方向,即与拉应力成 45°的切应力方向,以纯剪切方式沿滑移面向内扩展,如图 8-27 所示。许多微裂纹不再继续扩展,称为不扩展裂纹。只有少数微裂纹能扩展 2～3 个晶粒,并且随着名义应力范围的升高而减小。此阶段的裂纹扩展速率很低。在缺口试件中,可能不出现裂纹扩展的第 I 阶段。

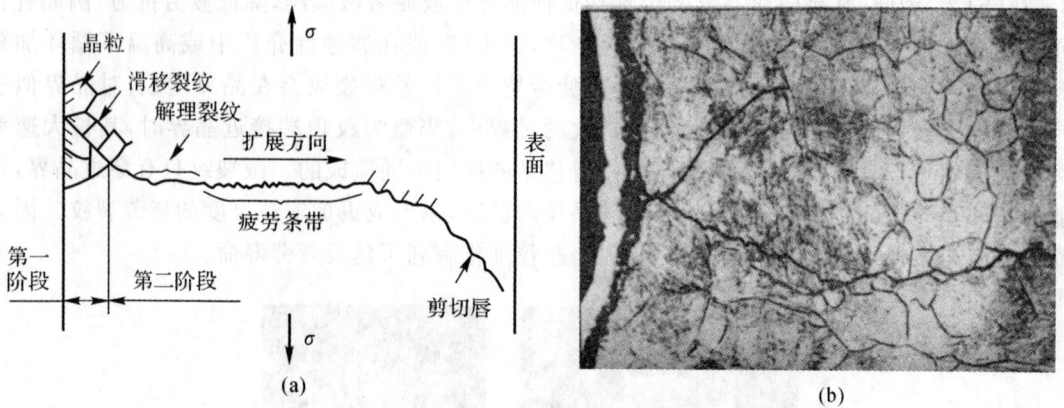

图 8-27　疲劳裂纹扩展的两个阶段

(a)示意图；　(b)38CrMo 渗氮件疲劳裂纹扩展照片

　　裂纹扩展进入第 II 阶段,由于晶界的阻碍,主裂纹扩展方向与拉应力垂直(见图 8-27)。第 I 阶段和第 II 阶段的交接处,某些强化材料有时可观察到微观解理或准解理形貌,有时甚至能发现沿晶开裂的迹象。接着,在室温无腐蚀条件下裂纹穿晶扩展,此时的疲劳断口在电子显微镜下显示出疲劳条带(fatigue striation),也称疲劳条纹或疲劳辉纹,如图 8-28 所示,并与图 8-21 的第 II 阶段对应。疲劳条带是疲劳裂纹扩展前沿曾经留下的痕迹,其在一个晶粒内相互间近似平行,略呈弯曲,向着弯曲的圆心方向是裂纹源,裂纹的扩展方向与条带垂直。通常一个加载循环形成一个疲劳条带,由此可测量每一个循环的裂纹扩展距离或扩展速率。

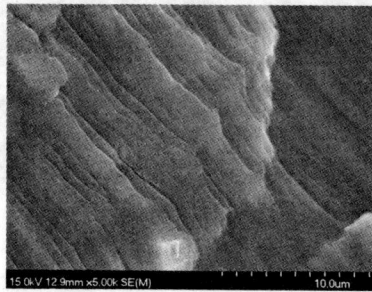

图 8-28　铝合金 LY12 疲劳断口上的疲劳条带

　　解释疲劳条带形成的模型有多种,较成功的是塑性钝化模型。该模型要求在每一循环开始时,应力为零,即裂纹处于闭合状态(见图 8-29(a))。当拉应力增大,裂纹张开,并在裂纹尖端沿最大切应力方向,即 45°方向产生滑移(见图 8-29(b)),图 8-29(f)是 45°方向滑移的佐证。当拉应力增大到最大值,裂纹进一步张开,塑性变形也随之增大,使得裂纹尖端张开为半圆形,尖端钝化(见图 8-29(c)),因而应力集中减小,裂纹停止扩展,塑性钝化模型也就因此而得。卸载时,拉应力减小,原始裂纹和新扩展裂纹逐渐闭合,裂纹尖端滑移方向改变(见图 8-29(d)),裂纹尖端弯折成一对耳状缺口,为 45°方向继续滑移创造了应力集中条件。当应力变为压应力时裂纹闭合,裂纹尖端锐化,又回复到原先的状态(见图 8-29(e))。由此可见,每加载一次,裂纹向前扩展一段距离,这就是裂纹扩展速率 da/dN,同时在断口上留下一疲劳条带,而且裂纹扩展是在拉伸加载时进行的,压缩加载只能使裂纹闭合,不会引起裂纹扩展。从这些方面,可以说明塑性材料裂纹扩展过程中韧性疲劳条带的形成,并与试验结果相符。然而,上述裂纹扩展模型也有它的缺点,需要改进。

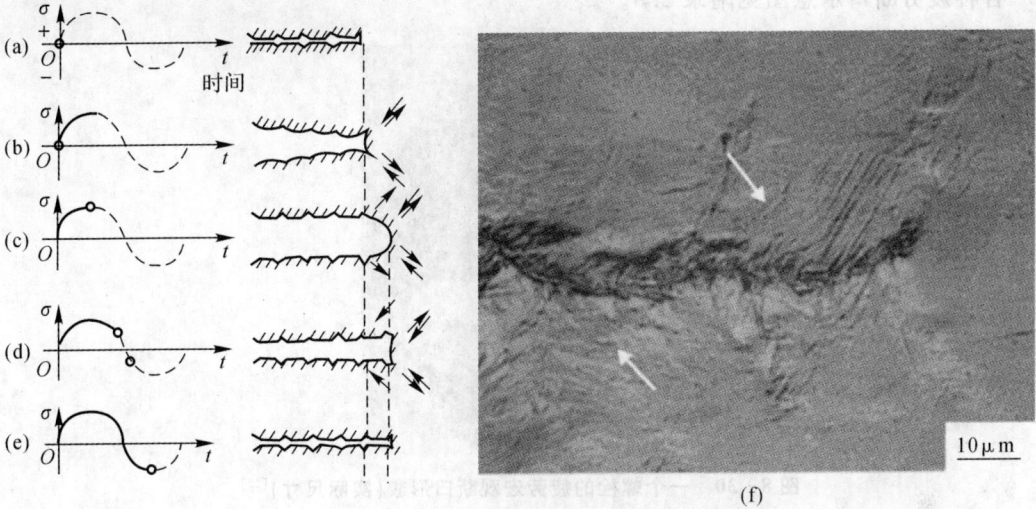

图 8-29　疲劳裂纹扩展模型及实验观察结果举例

(a)~(e) 裂纹扩展的塑性钝化和再锐化模型; (f) SUS304 奥氏体不锈钢疲劳裂纹扩展中的滑移带[18]

应当指出,疲劳条带只是在塑性好的材料——尤其是在具有面心立方晶格的铝合金、奥氏体不锈钢等——的疲劳断口上才能清晰地观察到。滑移系少或组织状态复杂的钢铁材料,其疲劳条带短窄而紊乱,甚至看不到。在一些低塑性材料中,如粗片状珠光体钢,疲劳裂纹以微区解理(Microcleavage)或沿晶分离的方式扩展,因而在这类材料的疲劳断口上也看不到疲劳条带。能否观察到疲劳条带还取决于试验条件,例如有些材料裂纹扩展速率 $da/dN=10^{-7}$ m/周次的量级时,疲劳条带明显;而当 $da/dN<10^{-9}$ m/周次时,很难甚至不可能观察到疲劳条带,此时疲劳断口上可能出现解理小平面或沿晶的特征。当裂纹尖端塑性区的大小与试样厚度相当时,也不会留下疲劳条带,因为会发生剪切断裂。有时一个加载循环不形成一个疲劳条带,例如 Fe-Si 合金疲劳条带间距 2 μm,但是实际每个循环只有 10^{-9} m 的扩展量,或者比这更小(可再小 2 000 倍)。在一些条件下,裂纹前沿可能处于“休眠”状态,多次循环才能累积损伤往前跨一步,裂纹呈不连续跳跃式扩展,这种情况在低 ΔK 下的聚合物材料中更为常见。

还应注意,不可将疲劳条带与宏观疲劳断口上的贝壳状条纹相混淆。图 8-30 为一个钢螺栓的疲劳宏观断口形貌,它可大致分为疲劳源、疲劳区和瞬断区 3 个区。疲劳源位于箭头所示处,它是第一个螺纹的根部,也是应力集中的部位。接着,疲劳裂纹在各个方向上以近似相等的速度扩展,同时形成辐射状的贝壳状条纹(亦称海滩花样),这就是疲劳区。沿着贝壳状疲劳条纹的圆心方向可寻找到裂纹形成的位置——疲劳源,如图 8-30 所示。疲劳源区有些光亮的区域,这是早期形成的裂纹的两个面相互摩擦挤压形成的。对于脆性材料,往往看不到贝壳状条纹。找到疲劳源,即可对疲劳裂纹形成原因作进一步的分析。裂纹扩展到其尖端应力强度因子为 $K_{\mathrm{I}c}$ 时,则发生失稳断裂,形成瞬断区。瞬断区的大小可以从 3 个方面分析:过载大则瞬断区大,反之瞬断区小;临界裂纹尺寸 a_c 或 K_{IC} 越小则瞬断区大,反之瞬断区小。

宏观疲劳断口上的贝壳状条纹是由于循环加载中条件的变化形成的,例如应力振幅的变化,机器的运转和停息等,过载大时容易留下明显的痕迹。若在电子显微镜下观察贝壳状条纹,可以看出它的每一条贝壳状条纹是由很多疲劳条带组成的。

各种疲劳断口示意图见附录 2.3。

图 8-30　一个螺栓的疲劳宏观断口形貌(实际尺寸)[22]

8.5.3*　疲劳裂纹的闭合效应

有些情况下,当远场拉应力不为零时,裂纹的两个表面就接触在一起,特别是裂纹尖端附近;下一个循环时,当拉应力足够高时,闭合的裂纹方能张开。这种现象称为裂纹闭合(crack closure)效应。裂纹闭合的机理主要有 3 种情况:其一是应力循环在正半周时,拉应力在裂纹尖端产生塑性区,在负半周时,塑性区阻止周围的广大弹性区的恢复,产生残余压应力,它与外加应力合成后,使得裂纹提前闭合;其二是裂纹本身表面有粗糙度,这是由于裂纹扩展的路径不是直线走向,扩展中会周期性地发生偏转,由于各种原因,很难保证原来匹配很好的两个裂纹粗糙面不发生错配,因而造成裂纹闭合;最后是在裂纹张开中,在裂纹表面产生不均匀的氧化或腐蚀产物,因此表面体积变大,导致裂纹闭合,环境温度和介质容易造成这种闭合现象。此外,还有其他介质或质点进入裂纹面产生的裂纹闭合,裂纹尖端应力集中诱发相变产生的裂纹闭合等。有时因裂纹的闭合效应,会导致裂纹扩展的短暂停滞,特别是有过载的情况下,裂纹尖端塑性区不仅大,其产生的残余压应力亦大,加之塑性区的形变强化,使得裂纹不易扩展。由于裂纹闭合,对裂纹扩展有贡献的有效应力强度因子范围 ΔK_{eff} 为:$\Delta K_{eff} = K_{max} - K_{op}$,$K_{op}$ 为克服裂纹闭合效应后,裂纹刚好全部张开时需要的应力强度因子。考虑到裂纹闭合效应,R. Jones 和 C. Wallbrink 提出:

$$\frac{da}{dN} = C(\Delta K_{eff})^{\gamma} a^{1-\gamma/2} \tag{8-15}$$

式中,$\gamma = 3.36$,$C = 2.94 \times 10^{-12}$。该式适于 I 区和 II 区,裂纹长度从 3 μm 到 3 mm 的疲劳裂纹扩展,式(8-15)对于多种材料均适用。

8.6　疲劳延寿方法

在很多构件中,尤其是高强度材料制成的构件中,裂纹形成寿命在疲劳总寿命中占主要部分。因此,在本节中将要讨论各种表面状态、组织和工艺因素对裂纹形成寿命的影响,以及相应的延寿技术及措施。应当注意,延长裂纹形成寿命和裂纹扩展寿命的技术措施,有时是互相矛盾的。在这种情况下,应当根据构件的疲劳设计思想对材料提出要求,确定最佳的延寿技术方案。一般的延寿可从材料的表面状态、组织和工艺着手。

8.6.1　改善表面状态

前述讨论已经知道,疲劳裂纹容易在表面产生。表面状态改进的方向是:减少和消除应力集中;减少和消除材料表面残余拉应力,造成残余压应力,在外加服役应力与残余压应力叠加后,促使生成裂纹的有效应力降低。

改善缺口根部的表面状态是行之有效的方法。切削加工会引起零件表面层的几何、物理和化学的变化。这些变化包括:表面粗糙度、表面层残余应力和材料的加工硬化的变化。常将这三者合称为表面完整性。在化学和电化学加工中,表层金属可能吸氢而变脆。切削加工在缺口根部表面造成的残余压应力,能够提高裂纹形成寿命;退火消除表面残余压应力和应变硬化,也会降低裂纹形成寿命(见图 8-31,图中纵坐标上的 ρ 为裂纹尖端曲率半径)。缺口根部表面粗糙度愈低,裂纹形成寿命愈长。在低的循环应力下,减小缺口根部表面粗糙度,延长裂纹形成寿命的效果更为显著,如图 8-32 所示。

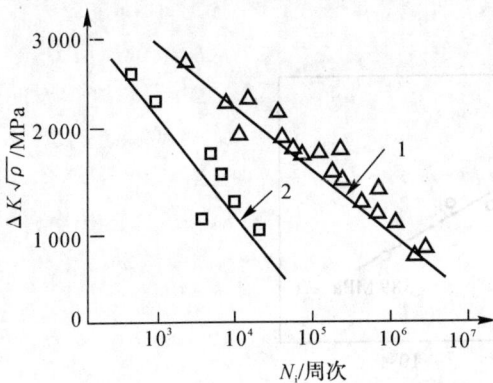

图 8-31　Ti5Al2.5Sn 合金的疲劳裂纹形成寿命
1—切削加工;　2—消除应力退火

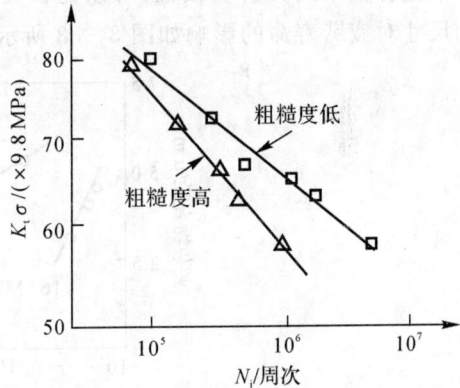

图 8-32　缺口根部表面粗糙度对 45# 钢疲劳裂纹形成寿命的影响

表面强化是既能延长裂纹形成寿命,又能延长裂纹扩展寿命的有效方法,因为往往在提高表面强度的同时,能造成表面残余压应力,甚至有时还能消除表面部分缺陷。表面变形强化的方法种类繁多,其中包括以下几个主要方法:机械强化有喷丸、滚压、孔壁挤压强化、适度锤击强化;表面热处理有表面淬火、渗碳、渗氮、碳氮共渗、离子注入;高能束表面处理是利用激光、电子束、离子束等,对表面进行硬化、重熔、合金化、涂覆、激光冲击处理;电火花表面处理;等等。此外,少量表面涂层也能延长疲劳寿命,包括离子镀等。但是表面情况复杂各异,表面措施采用不当会适得其反,反而会降低疲劳寿命。

8.6.2 优化材料的组织和工艺

1.细化晶粒

随着晶粒尺寸的减小,合金的裂纹形成寿命和疲劳总寿命延长。以铝合金为例,其实验结果见表 8-3。晶粒细化可以提高材料的微量塑性变形抗力,使塑性变形均匀分布,因而会延缓疲劳微裂纹的形成;再则,晶界有阻碍微裂纹长大和联接的作用。故晶粒细化可延长裂纹形成寿命 N_i,因而延长疲劳总寿命 N_f。但是,细化晶粒会导致 ΔK_{th} 降低,da/dN 增高。因此需要综合考虑各个方面,关照其主要的需求。

表 8-3 晶粒尺寸对铝合金疲劳性能的影响($\Delta\sigma=72$ MPa)

晶粒尺寸/mm	N_i/周次	N_p/周次	N_f/周次
0.127	1 280	250 *	1 530
0.254	805	375	1180
0.508	860	350	1210
1.397	600	410	1010
2.667	455	405	860

注:加 * 的结果为裂纹从试件的两个位置同时出现。

2.减少和细化合金中的夹杂物

细化合金中的夹杂物颗粒,可以延长疲劳寿命。合金表面和近表面层(subsurface)的夹杂物尺寸对疲劳寿命的影响如图 8-33 所示。

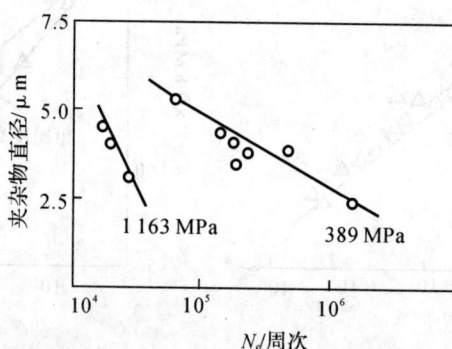

图 8-33 表面或近表面层夹杂物尺寸对 4340 钢疲劳寿命的影响

由此可见,表面或近表面层夹杂物尺寸愈大,疲劳寿命愈短;在低的循环应力下,夹杂物尺寸对疲劳寿命的影响更大。例如,对某钢材在 889 MPa 的循环应力下,夹杂物尺寸由 2.5 μm 增加到 5.0 μm 时,疲劳寿命缩短 10 倍以上。因此,提高冶金质量、减小合金中的夹杂物、细化夹杂物,是延长疲劳寿命的重要途径。

3. 微量合金化

微量合金化也能显著改善疲劳抗力和提高疲劳寿命。例如向低碳钢中加铌,在大幅度提高钢的强度和疲劳裂纹形成门槛值的同时,也能大幅度地延长疲劳裂纹形成寿命,试验结果如图 8-34 所示。图中纵坐标上的 ρ 为裂纹尖端曲率半径。可以认为,微量合金化是改善低碳钢综合力学性能的经济而有效的方法。

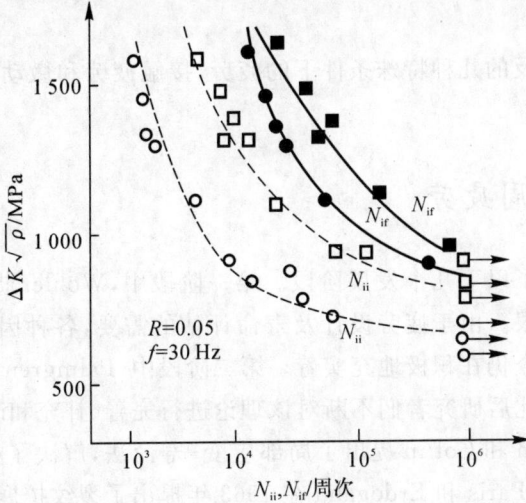

图 8-34　高铌钢(□、■,0.09%Nb)与低铌钢(○、●,0.03%Nb)的裂纹形成寿命曲线
N_{ii}—形成粗大滑移带的循环数;　N_{if}—形成贯穿缺口根部表面裂纹的循环数

4. 减少高强度钢中的残余奥氏体

将 30CrMnSiNi2A 高强度钢中的残余奥氏体由 12% 减少到 5%,可使其屈服强度由 970 MPa 提高到 1 320 MPa,裂纹形成寿命在短寿命范围内延长约 30%。尽管残余奥氏体能提高这种钢的疲劳裂纹扩展门槛值 ΔK_{th},并降低近门槛区的裂纹扩展速率 da/dN,延长裂纹扩展寿命,但高强度钢零件的裂纹形成寿命在疲劳总寿命中占主要部分,因而降低残余奥氏体含量以提高屈服强度和延长裂纹形成寿命,对静强度和疲劳总寿命将更有利。

8.6.3　疲劳损伤的修复

人和动物通过进食和休息来恢复疲劳,其物理本质是开放系统与外界的物质与能量交换,进行自组织的过程。金属疲劳出现微观损伤缺陷后,处于某种混乱状态。输入能量使其恢复某种有序状态,可达到修复损伤的目的。输入的能量包括电能和磁能。其中电能使用方便,容易获得,因此电修复用的较多。电能能使材料内部产生电迁移效应,可增强位错的可动性,使变形金属的显微组织重新排列,甚至能愈合微小裂纹,达到修复损伤的目的。试验表明,LY12CZ 铝合金疲劳损伤后,电阻和位错密度增加;通以强脉冲电流(每个脉冲 0.02 ms,电流密度 175 A/mm^2)修复后,滑移带、电阻和位错密度减少,抗腐蚀性增加。当累积电脉冲时间为 0.8 s 时,疲劳寿命增加了两倍以上。可见电脉冲修复疲劳损伤的效果是显著的,能明显延长疲劳寿命。

只有少数技术能同时延长裂纹形成寿命和裂纹扩展寿命。对于很多改变材料组织的技术,其若是延长裂纹形成寿命,则会引起裂纹扩展寿命的降低,或者相反。因此,应当根据零件的疲劳设计要求,合理地选用材料和延寿技术。

8.7* 几种特殊条件下的疲劳简介

本节介绍前面未涉及的几种特殊条件下的疲劳,接触疲劳和微动疲劳在第 11 章中介绍,本节不涉及。

8.7.1* 超高周疲劳

对疲劳的研究经历了以下几个发展阶段。第一阶段中,Wöhler 提出 $S-N$ 曲线的概念,并发现低碳钢的疲劳极限。由于疲劳设计及寿命评估的需要,各种因素影响下材料的 $S-N$ 曲线以及疲劳数据库至今仍在积极地充实着。第二阶段中,Palmgren 和 Miner 先后提出了疲劳线性累积损伤理论。此后研究者们不断对该理论进行完善、补充和改进,使其在工程中得到应用。第三阶段,Manson 和 Coffin 提出了局部应变-寿命法,解决了低周疲劳局部损伤寿命评估的问题。第四阶段,Paris 和 Erdogand 在 1963 年提出了裂纹扩展速率与应力强度因子范围间的关系,即 Paris 公式,发现了应力强度因子的门槛值。此后的近 20 年的时间里,没有提出新的疲劳概念。直到 20 世纪 90 年代才提出超高周疲劳(very high cycle fatigue,VHCF)的新概念,迎来了第五个疲劳研究的新时代。

目前的疲劳设计规范是以材料 10^7 周次或低于 10^7 周次的应力循环数而制定的,设计手册和数据库中的数据与之相当。以及设备高龄化时代的到来,以及机械设备高速度化、高效率化和轻量化的新要求,新型高强度材料不断地被采用。铁路车轴和轮轨、海洋结构件、桥梁、发动机零部件等,常常要求承受 $10^9 \sim 10^{10}$ 周次交变载荷而不破坏。1997 年以后,由于汽车工业发展的急需,超高周疲劳的研究受到更多的关注。然而,由于受到试验设备和试验时间的限制,缺乏对超高周疲劳的研究和积累。

由图 8-35 可知,许多材料在超高周疲劳范围并不存在疲劳极限,同样会产生疲劳破坏。对于某些材料,如图中的轴承钢,其 $S-N$ 曲线呈阶梯下降现象,台阶两端的疲劳机理各不相同,特别应注意 $10^7 \sim 10^8$ 周次范围有疲劳机理的转变。

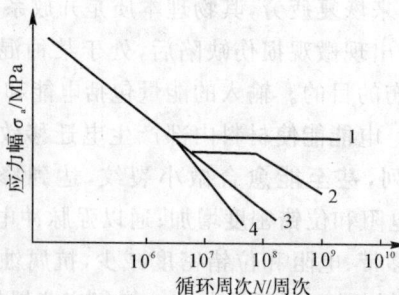

图 8-35 几种金属材料的高周和超高周 $S-N$ 曲线

1——般低碳钢; 2—轴承钢 SUJ2 旋转弯曲; 3—部分高强度钢; 4—2024 铝合金拉-拉疲劳

　　单相无夹杂材料,如纯铜和纯铝,在很低的应力振幅和高周次下,裂纹起始于持久滑移带(PSB),即使应力振幅低于 PSB 形成的门槛值,也可因表面粗糙度的应力集中产生 PSB。

　　对于金属多相材料,低周疲劳的裂纹起始由循环塑性变形所控制。虽然低周疲劳的循环塑性变形集中在金属表面,但是在整个材料体积范围也存在循环塑性变形,一般可能有几个裂纹源。在循环寿命为 $10^6 \sim 10^7$ 周次的范围,塑性变形取决于表面平面应力状态和表面缺陷的影响,一般只有一个裂纹源。剪切滑移,形成挤出脊、侵入沟以及持久滑移带是这个寿命范围内形成疲劳裂纹的机理。然而,当循环寿命大于 10^7 周次时,裂纹起始更趋向于内部局部区域或亚表面,并常在断裂面有一个鱼眼(fish - eye,见图 8 - 36)。围绕缺陷、夹杂、孔隙、超晶(微米级组织的均匀区域)等应力集中处,产生局部塑性应变,导致疲劳裂纹产生,也就形成了鱼眼。鱼眼呈圆形,为白色或黑色,围绕它的邻近区域是灰色,鱼眼的中心是疲劳裂纹起始位置,也就是缺陷的位置。夹杂周围的裂纹形貌,不同于通常平坦表面的疲劳裂纹形貌,存在一个白色的粒状粗糙区域(见图 8 - 37)。对此有人提出,因循环应变的局部化,导致位错积累和硬化,塑性耗竭后会形成细晶区。Sakai,Ochi 和 Shiozawa 分别称其为 FGA(Fine Granular Area)、RSA(Rough Surface Area)和 GBF(Granular Bright Facet),目前未取得统一。但是,Y. Murakami 对此提出的光学暗区(Optical Dark Area,ODA)称呼已广为传播。他认为微尺度的疲劳断裂时,偶合着非金属夹杂物内部氢的陷入,当光学暗区的尺寸很大时,则裂纹生长不需借助于氢扩散的帮助。

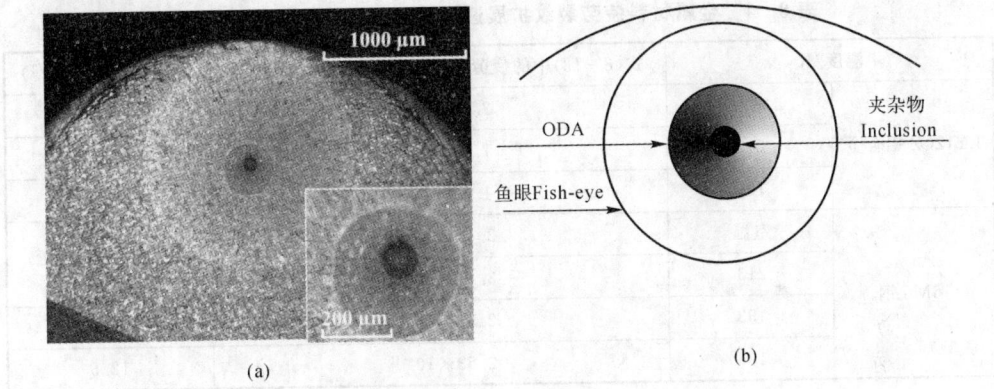

图 8 - 36　形成鱼眼

(a)34CrNiMo6 钢绕夹杂形成鱼眼(T. Müller 和 M. Sander 拍摄);　(b)鱼眼和光学暗区示意图

图 8 - 37　镍基合金 690 疲劳细粒状粗糙区(Guocai Chai 拍摄)

8.7.2* 低温疲劳

温度对疲劳的影响将在第 9 章介绍,本节仅涉及低温疲劳。飞机大部分时间在高空飞行,在万米高空温度可降低到 -20℃ 以下。因此,有必要研究飞机结构材料的低温疲劳性能。此外,在高寒地区服役的桥梁等结构,也有必要研究所用结构钢及其焊接件的低温疲劳性能,因为结构钢在低温下会发生韧-脆转变,从而引起低温疲劳性能的大幅度下降。

具有面心立方晶格的铝合金在低温下不发生韧-脆转变,所以也不会发生疲劳裂纹形成和扩展机理的韧-脆转变。随着温度降低,弹性模量升高,而塑性未明显地降低,因此,LY12CZ 铝合金在低温下将会有较长的疲劳裂纹形成寿命,使得疲劳裂纹扩展系数减小,而且裂纹扩展门槛值升高,见表 8-4。而具有体心立方晶格的合金结构钢,如 16Mn 钢在低温下会发生韧-脆转变,也会发生疲劳裂纹形成和扩展机理的韧-脆转变。但是,在表 8-4 所研究的温度范围内,温度还不是更低,韧-脆转变并没有发生。因此,基于 LY12CZ 铝合金同样的原因,16Mn 钢在这样的低温范围下也将会有较长的疲劳裂纹形成寿命,疲劳裂纹扩展系数减小,而且裂纹扩展门槛值升高。通常,疲劳裂纹形成和扩展机理的韧-脆转变温度低于夏比摆锤冲击吸收能表征的韧-脆转变温度。结构件的服役温度也总是高于夏比摆锤冲击吸收能表征的韧-脆转变温度。因而结构钢零部件的疲劳裂纹形成和扩展寿命不会因温度降低而缩短。

表 8-4 金属材料疲劳裂纹扩展速率试验数据的回归分析结果

温度/K		式(8-13)中的疲劳裂纹扩展系数 B/(MPa^{-2})	ΔK_{th}/(MPa·m$^{1/2}$)
LY12CZ 铝合金	室温	2.50×10^{-9}	2.7
	213	1.98×10^{-9}	3.8
	153	1.52×10^{-9}	4.8
16Mn 钢	室温	3.47×10^{-10}	8.7
	213	3.25×10^{-10}	10.4
	153	2.58×10^{-10}	11.8
	133	2.53×10^{-10}	12.5

8.7.3* 冲击疲劳

在很多机械和结构中,一些零件、构件常常受到小能量的多次冲击,例如飞机起落架的着陆撞击、风动工具零件受风能冲击等。冲击疲劳试验就是模拟这类零件、构件的服役条件而提出的试验方法,以研究材料在小能量多次冲击疲劳条件下的力学性能。在我国,冲击疲劳的研究始于 20 世纪 50 年代末期,是世界上开展这一研究较早的国家之一。

冲击疲劳试验时,锤头以一定的能量多次冲击试件,从而使试件发生疲劳断裂。冲击疲劳试验机一般可以做冲击拉伸疲劳试验,也可做冲击弯曲疲劳试验。冲击疲劳试件可以是光滑试件,也可以是缺口试件。试件的形状和尺寸根据研究目的和试验机的结构细节进行设计,但至今标准化工作进展很慢。

冲击疲劳试验结果可以绘制成多次冲击疲劳曲线,即冲击吸收功-冲击断裂次数曲线,该曲线与低周疲劳的 $\Delta\varepsilon_t/2 - 2N_f$ 曲线极为相似。试验结果也表明,冲击疲劳与应力疲劳遵循着相同的规律,冲击疲劳的失效过程和规律与一般疲劳没有质的差异。在冲击能量高时,类似于低周疲劳,冲击疲劳抗力主要取决于材料的塑性;冲击能量低时,类似于高周应力疲劳,冲击疲劳抗力主要取决于材料的强度。然而,既然冲击是一个能量载荷,它就具有瞬时加载的特征,加载速度、材料的体积因素和加载中的震动等都对试验结果有影响。特别是冲击能量较大时,每次冲击均引起一定的塑性变形,这在缺口或断面变化区域更为集中。因此,材料的多次冲击抗力除与材料的强度有关外,还与材料的塑性和韧性有关,亦即材料的强度、塑性和韧性必须得到最佳搭配时,其多次冲击疲劳抗力才能最好,这就是与普通的应力疲劳特点不同之处。

8.7.4* 　疲劳短裂纹问题

根据疲劳裂纹扩展门槛值的概念可知,当 $\Delta K < \Delta K_{th}$ 时,裂纹不扩展。对于从自由表面生长的裂纹,有 $\Delta K = 1.12\Delta\sigma\sqrt{\pi a}$ 。于是,可得出门槛应力 $\Delta\sigma_{th}$ 为

$$\Delta\sigma_{th} = \frac{\Delta K_{th}}{1.12\sqrt{\pi a}} \tag{8-16}$$

可见,当加于构件上的应力振幅 $\Delta\sigma < \Delta\sigma_{th}$ 时,裂纹不会扩展,构件也不会断裂。由上式可知,当裂纹长度 a 更短时,$\Delta\sigma_{th}$ 之值会很大,以至超过光滑试件的疲劳极限,如图 8-38(a) 所示。事实上,门槛应力 $\Delta\sigma_{th}$ 不可能超过疲劳极限。所以图 8-38(a) 中的实线以下是安全区,即裂纹不扩展;实线以上是不安全区。两条实线的交点对应的裂纹长度 a_0,是长、短裂纹的分界点。当 $a > a_0$ 时,可用裂纹扩展门槛值的概念判断裂纹是否扩展。当 $a < a_0$ 时,要用短裂纹概念来处理问题。在短裂纹范围内,裂纹扩展门槛值已不再是常数,而是随着裂纹长度的减小而降低,如图 8-38(b) 所示。不同合金的裂纹扩展门槛值的试验结果证实了这一预测。

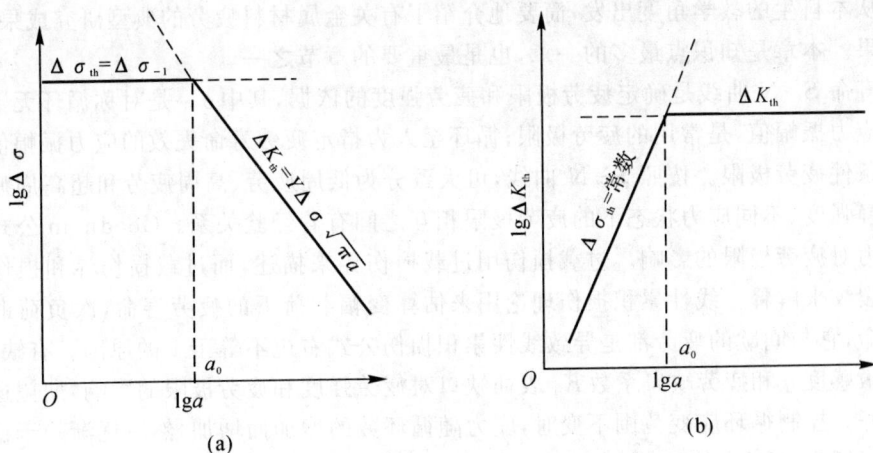

(a)　　　　　　　　　(b)

图 8-38　裂纹长度对门槛应力和 ΔK_{th} 的影响

(a) 对门槛应力的影响;　(b) 对 ΔK_{th} 的影响

图 8-39 表示短裂纹扩展具有与长裂纹不同的规律:当裂纹很短时,裂纹扩展速率很高;随着裂纹长大,裂纹扩展速率降低,最后与长裂纹扩展曲线汇合。裂纹 a_0 的尺寸可以根据式

(8-16) 求得,即

$$a_0 = \frac{1}{1.12^2 \pi} (\Delta K_{th} / \Delta \sigma_{th})^2 = 0.25 (\Delta K_{th} / \Delta \sigma_{th})^2 \qquad (8-17)$$

对于软钢,由于其 ΔK_{th} 值较高,而疲劳极限值较低,因此 $\Delta \sigma_{th}$ 较低,故 a_0 之值较大,约为 0.2 mm;而对高强度钢,其 ΔK_{th} 值较低,疲劳极限高,故 a_0 值低,最小仅为 6 μm,甚至有可能小于一个晶粒直径。这便是对短裂纹扩展的试验研究均采用低强度材料,而不采用高强度材料的主要原因之一。

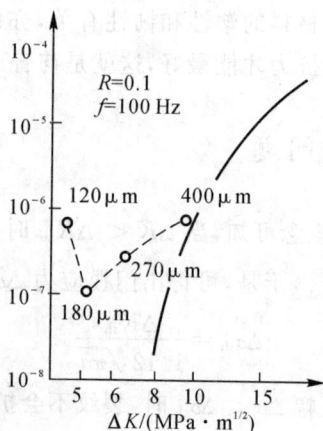

图 8-39 镍铝铜短裂纹(虚线)与长裂纹(实线)的扩展速率(图中数字是短裂纹长度)

8.8 本 章 小 结

本章从本科生的教学角度出发,简要地介绍了有关金属材料疲劳的典型研究成果,但不是全面的成果。本章是知识点最多的一章,也是最重要的章节之一。

疲劳寿命 $S-N$ 曲线是确定疲劳极限和疲劳强度的依据,其中 σ_{-1} 是对称循环无数次不断裂的最大应力振幅值,是常用的疲劳极限;循环至人为指定疲劳寿命失效的应力振幅值称为疲劳强度或条件疲劳极限。按照 $S-N$ 曲线,可大致分为低周疲劳、高周疲劳和超高周疲劳。疲劳极限与静强度、不同应力状态下的疲劳极限相互之间有着经验关系。Goodman 公式可以描述平均应力对疲劳极限的影响。过载损伤用过载损伤界来描述,而过载损伤界和损伤区可以用非扩展裂纹来解释。线性累积损伤理论用来估算变幅载荷下的疲劳寿命,次负荷锻炼能提高疲劳寿命,它与间歇的疲劳都是导致线性累积损伤公式右边不等于 1 的原因。有缺口时,用疲劳缺口敏感度 q 和疲劳缺口系数 K_f 表征缺口对疲劳强度和疲劳极限的影响,期望这两个数值越小越好。控制循环应变范围不变时,应力随循环数的增加而增加,然后逐渐趋于稳定的现象称为循环硬化;反之,应力随循环数的增加而减小,然后逐渐趋于稳定,则为循环软化。它们与材料初始的组织状态、结构特征、应变幅度大小和试验温度有关。硬且强的材料容易显示循环软化,初始软状态材料则显示循环硬化。承受低周疲劳和大应力的构件应选用循环稳定或循环硬化材料。

Manson-Coffin 公式以及应变-疲劳寿命曲线能够很好地描述低周疲劳。$N_f < N_T$ 是低

周疲劳范围,以循环塑性应变特征为主,材料的疲劳寿命由其延性控制;而 $N_T < N_f$,是高周疲劳范围,以应力特性和循环弹性应变特征为主,材料的疲劳寿命由其强度决定。

疲劳裂纹扩展速率用呈 S 形的 $\lg da/dN - \lg \Delta K$ 关系曲线表征。疲劳裂纹扩展的门槛值 ΔK_{th} 是疲劳裂纹不扩展的最大应力强度因子范围,它能表征材料阻止疲劳裂纹开始扩展的能力。工程上对金属材料,定义门槛值为 $da/dN = 1 \times 10^{-8}$ m/ 周次时的应力强度因子范围。疲劳裂纹扩展速率在 Ⅰ 区和 Ⅲ 区受到材料的显微组织、应力比的影响很大;而在 Ⅱ 区,上述因素的影响较小,裂纹扩展一般为连续的疲劳条带扩展机制,用 Paris 公式能描述该阶段的裂纹扩展和估算疲劳寿命。疲劳裂纹通常形成于材料表面或近表面的宏观缺陷处,形成疲劳裂纹的微观机制有表面滑移带开裂、夹杂物与基体相界面分离或夹杂物本身断裂,以及晶界或亚晶界开裂。循环滑移中形成挤出脊、侵入沟和持久滑移带,由此最终出现疲劳裂纹。疲劳裂纹扩展的路径最初与拉应力成 $45°$ 方向,扩展约 $2 \sim 3$ 个晶粒。进入第 Ⅱ 阶段后,主裂纹扩展方向与拉应力垂直,塑性钝化模型能解释该阶段韧性疲劳条带的形成。应该注意宏观断口上,每一条贝壳状条纹都是由很多疲劳条带组成的,沿其圆心方向可找到疲劳源。

一般的疲劳延寿可从材料的表面状态、组织和工艺着手。表面状态从减少表面应力集中和残余拉应力、造成残余压应力考虑;组织和工艺从细化晶粒、减少和细化夹杂物、微量合金化、合理地组织及疲劳损伤修复方面考虑,这些措施均可达到延寿的目的。

希望学习本章中有关材料疲劳的基本知识后,能为解决实际问题、进一步学习和研究疲劳问题打下良好的基础。

习题与思考题

1. 解释名词和术语。

必须能够解释:疲劳极限 σ_{-1};疲劳强度(条件疲劳极限);低周疲劳(应变疲劳);高周疲劳;超高周疲劳;过载损伤界;次负荷锻炼;疲劳缺口敏感度 q;疲劳缺口系数 K_f;循环硬化;循环软化;过渡寿命 N_T;疲劳裂纹扩展的门槛值 ΔK_{th};持久滑移带;Paris 公式;Manson - Coffin 公式。

能够解释:应力振幅;平均应力;应力比;应力范围;交变对称循环;脉动循环;波动循环;挤出脊;侵入沟。

扩充的名词和术语:热疲劳;热机械疲劳;鱼眼。

2. 用哪几个参数可以表示应力循环的特征? $R = 0, R = -1, \sigma_a = \sigma_{max}, \Delta \sigma = \sigma_{max}, \sigma_m = \sigma_a, \sigma_m = 0$ 各表示怎样的应力循环?

3. 恒幅应力循环的应力振幅值为 20 MPa,环绕一个 60 MPa 的应力水平振动。问下列那种描述是正确的? 若不正确应如何改正? (1)$\sigma_a = 20$ MPa,$\sigma_m = 60$ MPa;(2)$\sigma_{max} = 80$ MPa,$R = 0.33$;(3)$\Delta \sigma = 40$ MPa,$R = 0.50$;(4)$\sigma_{max} = 80$ MPa,$\sigma_{min} = 40$ MPa; (5)$\sigma_a = 20$ MPa,$R = 0.5$。

4. 证明:$\sigma_m = \sigma_{min} + \sigma_a = [2\sigma_a/(1 - R)] - \sigma_a$。

5. 低周疲劳和高周疲劳有何区别? 哪些材料力学性能是影响其寿命的关键因素? 用什么方法可以描述它们的寿命?

6. 工程中如何定义疲劳极限？用什么方法可以测定疲劳极限？

7. 平均应力 σ_m 和应力振幅 σ_a 对疲劳极限有何影响规律？用什么方法可以描述它们对疲劳极限的影响？

8. 某结构钢的布氏硬度为 400HBW5/750，疲劳极限（指定寿命 $=10^7$）$\sigma_{-1}=420$ MPa。在使用中承受应力最大值为 $\sigma_{max}=900$ MPa，谷值为 $\sigma_{min}=600$ MPa 的交变载荷作用，问该结构钢能否安全使用到 10^7 周次？

9. 应力集中对疲劳寿命和疲劳极限有何影响？若两种材料的疲劳缺口敏感度 q 分别为 0.3 和 0.7，仅从疲劳缺口敏感性角度来看，应该选用哪种材料？

10. 变幅载荷下的累积疲劳损伤如何计算？尚有什么问题需要研究解决？

11. 一种铝合金的光滑试件作交变对称循环疲劳试验，在应力振幅 $\sigma_a=250$ MPa 下疲劳断裂的平均寿命为 84 000 周次，在应力振幅 $\sigma_a=150$ MPa 的平均寿命为 10^6 周次。该材料有一试件在 $\sigma_a=200$ MPa 循环了 10 000 周次未断，接着又在 $\sigma_a=225$ MPa 循环了 2×10^4 次未断，最后在 $\sigma_a=100$ MPa 循环 10^7 周次未断，估算该试件在 $\sigma_a=175$ MPa 还能循环多少次？

12. 疲劳失效过程可分成哪几个阶段？简述各阶段的特点和机制。

13. 一钢材的弹性模量 $E=205$ GPa，抗拉强度 $R_m=1$ 850 MPa，断裂延性 $\varepsilon_f=0.7$。该材料控制应变对称循环疲劳试验 1 500 周次（反向数 $2N_f=3$ 000 次）断裂，计算试验中所采用的总应变范围是多大？请描绘出其低周疲劳（应变疲劳）寿命曲线。

14. 绘制低周疲劳（应变疲劳）稳定循环后的一个循环的应力-应变滞后回线，清楚地标明 $\Delta\varepsilon_p$，$\Delta\varepsilon_e$，$\Delta\varepsilon_t$。

15. 疲劳条带（疲劳条纹或疲劳辉纹）与宏观断口的贝壳状条纹（贝纹线）有何区别和联系？

16. 比较 σ_{-1} 和疲劳裂纹扩展的门槛值 ΔK_{th}，并讨论它们都有什么工程实用价值。

17. 试简述循环硬化和循环软化产生的条件，如何针对循环硬化和循环软化选用材料？

18. 某种有机玻璃（PMMA）的弹性模量 $E=3.0$ GPa，断裂强度 $\sigma_f=93$ MPa，断面收缩率 $Z=31\%$，裂纹扩展门槛值为 0.4 MPa $\cdot$ m$^{1/2}$（$R=0.1$）。（1）若裂纹以条带机制扩展，试写出裂纹扩展的表达式，并在双对数坐标中画出相应的曲线。（2）若裂纹以非条带机制扩展，其裂纹扩展的表达式和相应的曲线又会是怎样的？并与条带机制比较。

19. 有哪些措施可延长疲劳寿命？

20. 循环寿命大于 10^7 周次的超高周疲劳，其裂纹起始有何特点？

21. 什么是冲击疲劳？它与普通的疲劳比较，有何异同之处？

22. 什么是疲劳短裂纹？为什么要提出疲劳短裂纹问题？为什么用于研究疲劳短裂纹行为的材料大都是低强度材料？

23. 一大型圆筒式压力容器由高强度钢焊接而成，如图 7-14 所示。钢板的厚度 $t=5$ mm，圆筒内径 $D=1$ 500 mm。该钢材的 $K_{IC}=62$ MPa $\cdot$ m$^{1/2}$，$R_{p0.2}=1$ 800 MPa。该容器焊接完成后，发现焊缝中有纵向表面半椭圆裂纹，尺寸为 $2c=6$ mm，$a=0.9$ mm，如图 7-14 所示。该容器每次升压和降压的交变应力为 $\Delta\sigma=7$ MPa，试估算其剩余的疲劳寿命。已知其疲劳裂纹扩展符合 Paris 关系，$C=6.9\times10^{-12}$，$m=3$。

参 考 文 献

[1]　郑修麟. 工程材料的力学行为[M]. 西安:西北工业大学出版社,2004.

[2]　郑修麟. 材料的力学性能[M]. 2 版. 西安:西北工业大学出版社,2000.

[3]　束德林. 工程材料力学性能[M]. 北京:机械工业出版社,2004.

[4]　时海芳,任霞. 材料的力学性能[M]. 北京:北京大学出版社,2010.

[5]　张帆,郭益平,周伟敏. 材料性能学[M]. 2 版. 上海:上海交通大学出版社,2014.

[6]　周惠久,黄明志. 金属材料强度学[M]. 北京:科学出版社,1989.

[7]　中华人民共和国国家标准委员会. GB/T 4337—2008 金属材料疲劳试验:旋转弯曲方法[S]. 北京:中国标准出版社,2008.

[8]　中华人民共和国国家标准委员会. GB/T 15248—2008 金属材料轴向等幅低循环疲劳试验方法[S]. 北京:中国标准出版社,2008.

[9]　中华人民共和国国家标准委员会. GB/T 6398—2000 金属材料疲劳裂纹扩展速率试验方法[S]. 北京:中国标准出版社,2000.

[10]　中华人民共和国国家标准委员会. GB/T 26077—2010 金属材料疲劳试验轴向应变控制方法[S]. 北京:中国标准出版社,2008.

[11]　中华人民共和国国家标准委员会. GB/T 24176—2009 金属材料疲劳试验数据统计方案与分析方法[S]. 北京:中国标准出版社,2010.

[12]　中华人民共和国国家标准委员会. GB/T 3075—2008 金属材料疲劳试验轴向力控制方法[S]. 北京:中国标准出版社,2010.

[13]　郑修麟. 金属疲劳的定量理论[M]. 西安:西北工业大学出版社,1994.

[14]　徐灏. 疲劳强度设计[M]. 北京:机械工业出版社,1981.

[15]　Frost N E, Marsh K J, Pook L P. Metal Fatigue [M]. Oxford:Clarendon Press,1974.

[16]　赵名洋. 应变疲劳分析手册[M]. 北京:科学出版社,1988.

[17]　Murakami Y. Material defects as the basis of fatigue design[J]. Inter J of Fatigue, 2012,41:2 - 10.

[18]　Hosford W F. Mechanical Behavior of Materials [M]. New York:Cambridge University Press,2010.

[19]　吕宝臣,周亦胄,王宝全,等. 脉冲电流对疲劳后 30CrMnSiA 钢组织结构的影响[J]. 材料研究学报,2003,17(1):15 - 18.

[20]　Qiao Sheng Ru, Li YanLi, Li Yun, et al. Damage Healing of Aluminum Alloys by D. C. Electropulsing and Evaluation by Resistance[J]. Chinese Journal:Rare Metal Materials and Engineering, 2009, 38(4):0570 - 0573.

[21]　ASM International. Fractography, ASM Handbook [M]. Ohio:The Materials Information Society,1987.

第9章　材料的高温力学性能

9.1　引　　言

　　航空、航天、能源和化学工业的发展,对材料在高温下的力学性能提出了迫切的需求。研究新的耐高温材料,并正确地评价材料,使之满足高温结构件的服役要求,成为上述工业发展和材料科学研究的关键任务。

　　本书前面的部分内容已经涉及到温度对金属材料力学性能的影响。如3.2.3小节中介绍了温度对弹性模量的影响。6.7节中介绍了金属材料的韧-脆转化温度。本章中所谓的高温一般高于金属再结晶温度,即$(0.4 \sim 0.5)T_m \leqslant T \leqslant T_m (T_m$为金属的熔点)。在这样的高温下长时服役,金属的力学性能往往发生退化,室温下具有优良力学性能的材料,不一定能满足结构件在高温下长时服役对力学性能的要求。同时,高温下金属的微观结构、形变和断裂机制都会发生变化。在室温或较低温度下,可采用加工硬化、固溶强化和沉淀硬化等方法对金属材料进行强化,这些强化方法造成金属的组织处于临介稳定状态。在高温下这些介稳组织要转变为稳定组织,从而导致强度的迅速降低。再者,很多金属材料在高温短时拉伸试验时,塑性变形的机制是晶内滑移,最后发生穿晶的韧性断裂;但是在高温下,即使金属材料受到的应力不超过屈服强度,在应力长时作用下,也会发生晶界滑动,导致沿晶的脆性断裂。

　　评定材料的高温力学性能还要考虑载荷作用的时间,因此,在研究高温疲劳时,还要考虑加载频率、负载波形等的影响。由此可见,如何评价材料的高温力学性能,并运用这些知识评估高温构件的安全性和寿命,是一个更为复杂的课题。本章以金属材料为例,将介绍和讨论材料在高温下的力学性能;重点分析与时间相关的高温蠕变现象以及相应的损伤和断裂机制;并介绍了应力松弛、高温疲劳以及疲劳和蠕变的交互作用等内容。

9.2　蠕　　变

9.2.1　蠕变现象

　　材料在高温条件下使用时,受到的应力小于材料的屈服强度,但是随着时间的延长,材料发生了塑性变形甚至断裂的现象。由材料力学知识可知,材料受到的应力小于材料的屈服强度时,材料不会发生塑性变形,更不会断裂,因此这个现象无法用我们已有的知识理解。人们把这种与时间相关的塑性变形称为蠕变(creep)。在较低温度下,金属的蠕变现象极不明显。温度升高至$0.3T_m$以上时,蠕变现象才会变得愈来愈明显。

9.2.2　蠕变曲线

蠕变现象可用图 9-1 所示的蠕变曲线进行描述。蠕变曲线记录了高温和恒定应力作用下,材料的蠕变变形随时间增加的变化规律。从图中可看出,蠕变曲线大致划分为三个阶段。第Ⅰ阶段称为减速蠕变(primary creep)阶段,是指瞬时应变(instantaneous strain)ε。在以后的形变阶段,这个阶段的蠕变速率(creep strain rate)$\dot{\varepsilon}(\dot{\varepsilon} = d\varepsilon/dt)$ 随时间的增长不断下降。需要说明的是,试样受载后立即产生的瞬时应变,不算作蠕变。第Ⅱ阶段为稳态蠕变或恒速蠕变阶段(steady-state-creep),蠕变速率 $\dot{\varepsilon}$ 保持不变,说明形变硬化与软化过程相平衡。这一阶段的蠕变速率最小,是最重要的蠕变阶段。第Ⅲ阶段为加速蠕变阶段(tertiary creep)。蠕变速率随时间增长而逐渐升高,最后导致蠕变断裂。

9.2.3　温度和应力对蠕变曲线的影响

对于同一种材料,蠕变曲线的形状随外加应力和温度的变化而变化。图 9-2 示意性地说明了温度和应力对蠕变曲线的影响规律。该图表明:温度降低或应力减小时,蠕变第Ⅱ阶段即稳态蠕变阶段变长,蠕变速率降低,蠕变断裂时间(rupture life)增加。反之,当应力增加或温度升高时,稳态蠕变阶段缩短,蠕变速率增加,蠕变断裂时间缩短。并非在所有情况下蠕变曲线均由三个阶段组成,在高温或高应力下,有些材料的蠕变没有Ⅰ阶段,而只有Ⅱ和Ⅲ两阶段,甚至只有第Ⅲ阶段;而在另一些情况下,材料只有Ⅰ和Ⅱ阶段,随后发生断裂。

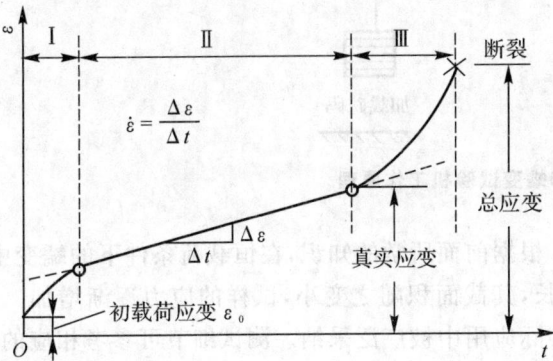

图 9-1　典型蠕变曲线示意图　　　　图 9-2　温度和应力对蠕变曲线的影响规律示意图

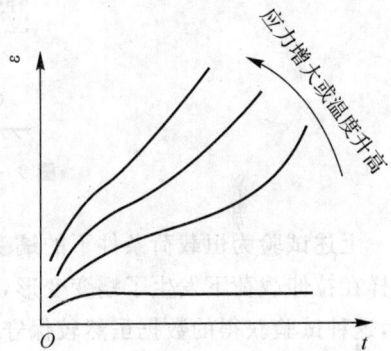

9.2.4　蠕变曲线的描述

图 9-1 所示的蠕变曲线可描述为

$$\varepsilon = \varepsilon_0 + \beta t^n + \alpha t \tag{9-1}$$

式中,β,α 和 n 均为常数,随温度、应力和材料的变化而改变;第二项反映减速蠕变应变;第三项反映恒速蠕变应变。对式(9-1)求导,得

$$\dot{\varepsilon} = \beta n t^{n-1} + \alpha \tag{9-2}$$

其中,n 是小于 1 的正数。

当 t 很小时,也就是蠕变试验开始时,式(9-2)第一项起主导作用,它表示应变速率随时间的加长而逐渐减小,即表示第 Ⅰ 阶段的蠕变。当 t 增大时,第二项逐渐起主导作用,蠕变速率接近恒定值,即第 Ⅱ 阶段蠕变。从这点而言,α 的物理意义代表了第 Ⅱ 阶段的蠕变速率。

温度和应力对稳态蠕变速率的影响可表示为

$$\dot{\varepsilon} = A\sigma^n \left[t\exp\left(-Q_c/kT\right)\right]^m \tag{9-3}$$

式中,A,n 和 m 为常数;Q_c 为蠕变激活能;k 为玻耳兹曼常数;T 为绝对温度。

9.2.5　蠕变曲线测定

根据蠕变定义,只要保证在一定的高温下,对试样施加一定的载荷,记录试验过程中的变形,便可实现蠕变试验,获得蠕变曲线。蠕变试验一般在蠕变试验机上进行,其测试原理如图 9-3 所示。试验期间,试样的温度和所受的拉伸载荷保持恒定。随着试验时间的延长,试样逐渐伸长。试样的原始标距伸长量通过引伸计测定,并输入到记录系统中,获得伸长量和时间 t 的曲线,将伸长量转换为应变或伸长率后,可获得如图 9-1 所示的蠕变曲线。

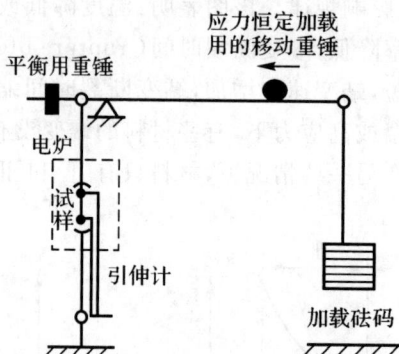

图 9-3　拉伸蠕变试验机工作原理

上述试验为恒载荷条件下的蠕变试验。根据前面所学的知识,在恒载荷条件下的蠕变中,试样在拉伸载荷下发生了蠕变变形,试样伸长,其截面积随之变小,试样的应力逐渐增加。因此,这种试验获得的数据虽然较保守,但在实际应用中被广泛采纳。测试细节可参考相应的国家标准 GB/T 2039—2012。

9.2.6　蠕变性能的表征

除了稳态蠕变速率 $\dot{\varepsilon}$ 以外,表征材料蠕变性能的主要参数还有:规定塑性应变强度、蠕变断裂强度(stress rupture strength)和蠕变断裂延性等。蠕变断裂强度,将在 9.4 节单独讨论。

规定塑性应变强度为,在蠕变试验中,规定的恒定温度 T 和时间 t 内引起规定塑性应变 ε 的应力,记为 R_p。并以最大塑性应变量 $x(\%)$ 作为第二角标,达到应变的时间为第三角标,以试验温度 $T(\text{℃})$ 为第四角标。例如,$R_{p0.2,1\,000/500} = 200$ MPa,即表示材料在 500℃ 下,1 000 h 产生 0.2% 的最大塑性应变所能承受的应力为 200 MPa。

在工程中,高温服役的材料在其服役期内常常不允许产生过量的蠕变变形,否则将引起机件的过早失效。在相同温度下,稳态蠕变速率 $\dot\varepsilon$ 与应力 σ 间存在下列关系:

$$\dot\varepsilon = B\sigma^n \qquad (9-4)$$

式中,B 和 n 是与材料及试验条件有关的常数。对于单相合金,应力指数 $n=3\sim6$。式(9-4)在 $\lg\dot\varepsilon$-$\lg\sigma$ 坐标上代表一条斜率为 n 的直线。图 9-4 显示了高温合金 Ni-30Mo-6Al-1.6V-1.2Re 的应力与稳态蠕变速率的关系。

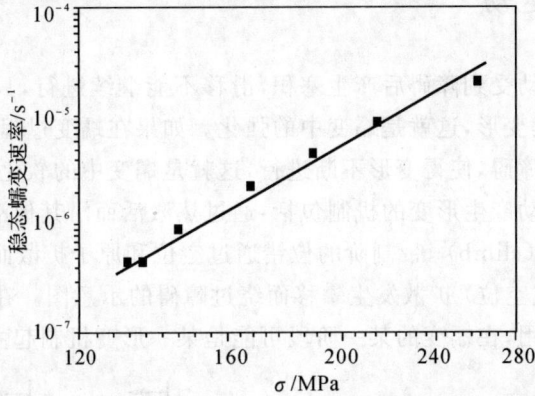

图 9-4 高温合金 Ni-30Mo-6Al-1.6V-1.2Re 的在 950℃ 时的应力与稳态蠕变速率的关系[13]

用线性回归分析法求出 n 和 B 值后,代入式(9-4),便可求出规定蠕变速率对应的应力。由此可见,用较大的应力在较短时间作出的蠕变试验结果,可用外推法求出长时较小蠕变速率下的条件蠕变应力,从而可节约大量的试验时间和经费。但这种方法并不完全可靠,使用时要谨慎。

蠕变断裂时间 t_u 为在规定温度 T 和初始应力 σ_0 条件下,试样发生断裂所持续的时间,该指标对应于工程中常用的持久强度(见 9.4 节)。稳态蠕变速率 $\dot\varepsilon$ 与 t_u 之间存在如下经验公式:

$$\dot\varepsilon^\beta \times t_u = C \qquad (9-5)$$

式中,β 和 C 是与材料蠕变断裂延性有关的常数。通过试验建立关系式(9-5)后,只要知道 t_u 就可求出 $\dot\varepsilon$。该式综合考虑了稳态蠕变速率和蠕变断裂时间,在那些蠕变第 Ⅱ 阶段很短或不存在的情况下,使用式(9-5)时应谨慎。测得不同温度和应力下的稳态蠕变速率后,还可根据式(9-3)绘制出 $\dot\varepsilon$ 与应力或温度的曲线,在对数坐标下,$\dot\varepsilon$-σ(或 $\dot\varepsilon$-$1/T$)呈线性关系,进而获得蠕变激活能 Q_c 和应力指数 n。

若蠕变后发生了断裂,还可以测定材料的蠕变断裂延性(过去称之为持久塑性)。蠕变断裂延性用蠕变断裂后的蠕变断后伸长率 A_u 和蠕变断面收缩率 Z_u 表示,其计算方法与式(2-2)和式(2-3)类似。它反映材料在高温长时间作用下的延性性能,是衡量材料蠕变脆性的一个重要指标。很多材料在高温长时工作后,伸长率降低,往往会发生脆性破坏,如汽轮机中螺栓的断裂,锅炉中导管的脆性破坏等。蠕变断裂延性一般随着试验时间的增加而下降;但某一时间范围内可能出现最低值,以后随时间的增加,蠕变断裂延性复又上升。蠕变断裂延性最低值出现的时间与材料在高温下的内部组织变化有关,因而也与温度有关。

9.3 蠕变机制

金属材料的蠕变机制与其微观组织、成分，所承受的温度、应力和环境等因素相关。依据应力和温度范围，金属材料的主要蠕变机制有：位错运动、扩散和晶界运动等。

9.3.1 位错运动

蠕变过程中位错运动受到障碍后产生塞积，滑移不能继续进行，只有施加更大的外力后，位错才能重新运动，继续变形，这就是蠕变中的强化。如果在蠕变过程中，材料受到恒定应力，位错借助于热激活克服障碍，使得变形不断进行，这就是蠕变中的软化。

位错通过热激活运动产生形变的机制包括：通过热激活而沿其他滑移面进行滑移；刃形位错靠原子扩散进行攀移（climb），带割阶的位错通过空位和原子扩散而运动等。图 9-5 显示了刃型位错通过原子（或空位）扩散发生攀移而绕过障碍的示意图。在蠕变过程中，并不是所有热激活机制同时起作用，在蠕变的某一阶段可能是某一形变机制起主要作用。

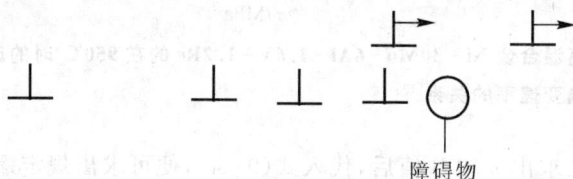

障碍物

图 9-5 蠕变过程中的刃型位错通过攀移绕过障碍物示意图

在蠕变初期，最容易激活的位错首先运动产生蠕变，随着时间的增加，易动的位错消耗完毕，剩下的位错运动需要比较高的激活能，因而蠕变对激活能的要求越来越高。若是低温蠕变，易动位错随时间增加而减少，出现了减速蠕变阶段。而高温时，蠕变可能靠原子扩散使位错产生攀移，这样回复过程就可不断取得进展。整个蠕变过程中，材料的强化和软化是一起发生的。位错的交截、塞积阻碍了位错的运动，强化便产生了；而位错从障碍中解脱出来重新运动造成软化和继续变形。温度提供热激活的能量，帮助位错摆脱障碍引起进一步的变形。蠕变过程中的强化和软化达到平衡便出现了如图 9-1 所示的稳态蠕变阶段。

已有研究表明，应力范围为 $10^{-4} < \sigma/G < 10^{-2}$（$G$ 为剪切模量）时，位错运动主要通过空位扩散进行攀移。当 $\sigma/G > 10^{-2}$ 时，位错运动的主要形式为位错滑移，不需要借助扩散进行。这时可在材料内部观察到位错缠结（dislocation tangle）和亚晶界。

9.3.2 扩散蠕变

实验证明，在较低温度（小于 $0.5T_m$）下，蠕变激活能小于自扩散激活能，与交滑移激活能相近（高层错能金属），因为扩散倾向于沿位错进行，扩散的结果主要体现在位错运动上。当温度高于 $T_m/2$ 后，蠕变激活能 Q_c 和自扩散激活能 Q_s 相近（见图 9-6）。这也证明了蠕变的扩散机制。

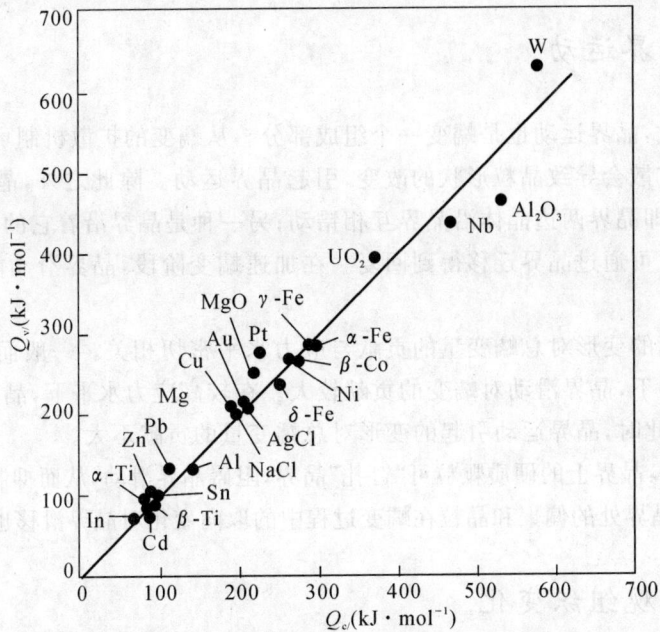

图 9-6　高温蠕变激活能和自扩散激活能的关系[15]

蠕变温度高、应力较低的情况下,会发生以原子(或空位)作定向流动的扩散蠕变。在拉应力的长时间作用下,多晶体内存在不均匀的应力场。若部分晶界受拉应力,则该处空位浓度增加;而部分晶界受压应力的作用,则该处空位浓度较小。这样晶体的各部分形成不同的空位平衡浓度,空位将会从拉应力区域沿着应力梯度扩散到压应力区域,而原子则作相反方向的运动。扩散的路径可能沿着晶内或晶间进行(见图 9-7),使晶粒和试样沿拉伸应力方向伸长。值得注意的是,原子或空位的扩散同时会促进位错攀移。

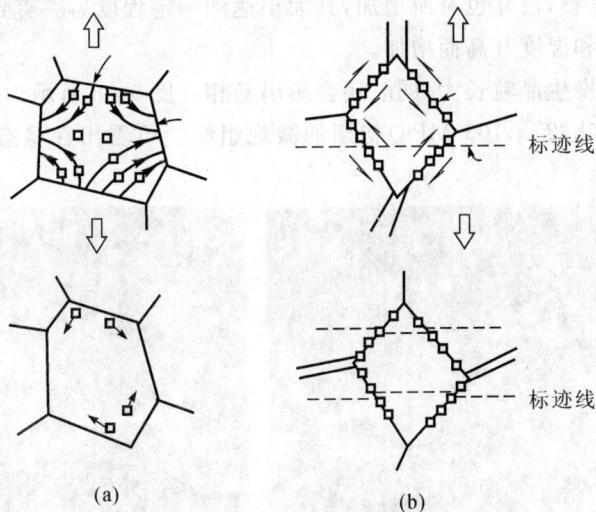

图 9-7　扩散蠕变机制中空位的扩散路径[3]
(a)晶内;　(b)晶界
□—空位,原子的扩散方向与空位扩散方向相反

9.3.3 晶界运动

当温度较高时,晶界运动也是蠕变一个组成部分。从蠕变的扩散机制可以看出,蠕变过程中的原子或空位扩散会导致晶粒形状的改变,引起晶界运动。除此之外,晶界运动还有两种:一种是晶界滑动,即晶界两边晶体沿晶界互相错动;另一种是晶界沿着它的法线方向迁移。晶界滑动引起的硬化可通过晶界迁移得到回复。在加速蠕变阶段,晶界滑动能够引起晶间裂纹的萌生和扩展。

晶界运动引起的变形对总蠕变量的贡献与应力水平密切相关。一般而言,在较高温度和较低应力水平条件下,晶界滑动对蠕变的贡献较大。在较高应力水平下,晶粒变形速率要远大于晶界滑动速率,此时,晶界运动引起的变形对总蠕变量的贡献不大。

已有结果表明:晶界上的硬质颗粒可"钉扎"晶界,阻碍晶界滑动,从而抑制晶界裂纹的出现。另外,一些元素在晶界处的偏聚和晶粒在蠕变过程中的取向变化对晶界滑移也有明显的影响。

9.3.4 微观组织变化

除了室温下的滑移系外,在高温下滑移变形会出现新的滑移系。例如,在高温下铝中会出现$\{100\}<100>$和$\{211\}<110>$滑移,镁和锌中出现非基面的滑移等。但高温蠕变中的滑移变形分布不像室温那样均匀,有些晶粒的变形较大,另一些晶粒的变形较小。

高温形变的同时,有时还会出现回复现象。按蠕变期间是否发生回复再结晶将蠕变分为低温蠕变和高蠕蠕变。低温蠕变指蠕变期间完全不发生回复再结晶现象,而高温蠕变是指蠕变变形期间同时进行回复和再结晶过程。蠕变再结晶温度比通常的再结晶温度低,并且不一定在回复过程完成后才开始再结晶。在蠕变减速阶段便能观察到亚晶的形成。进入稳态蠕变阶段,亚晶逐渐变得完整,尺寸也有所增加,其大小达到一定程度后一直到第Ⅲ阶段保持不变。亚晶尺寸随应力减小和温度升高而增加。

材料在蠕变中会发生晶粒长大,同时还会析出新相。图9-8所示为Ti-53Al-1Nb合金原始组织和稳态蠕变(832℃,103 MPa)初期的微观组织。可看出在稳态蠕变初期,晶粒内部有析出物出现。

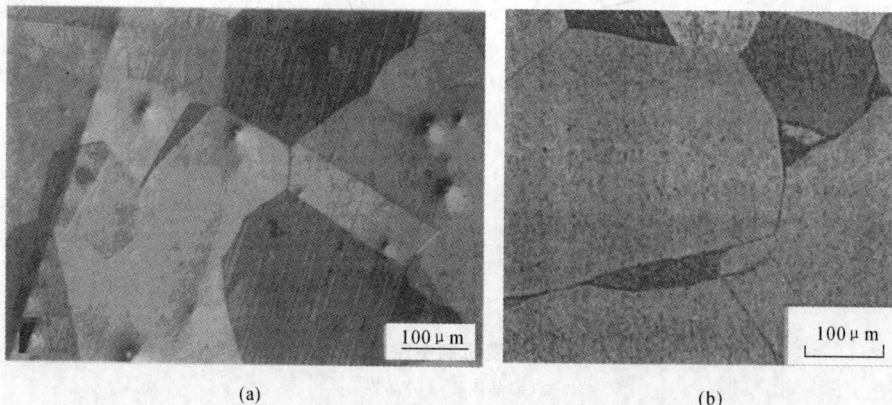

(a)	(b)

图9-8 Ti-53Al-1Nb合金蠕变组织的变化

(a)初期的微观组织; (b)稳态蠕变(832℃,103MPa)后晶粒内部弥散颗粒为析出物[14]

9.3.5　变形机制图

综上所述,在不同温度、应变速率和外加应力条件下,蠕变发生的主要机制不同。为确定在各种特定条件下蠕变变形是受何种机制所支配的,Weertman 和 Ashby 等建立了变形机制图,有些资料也称 Weertman – Ashby 图。图 9 – 9 所示便是一例。

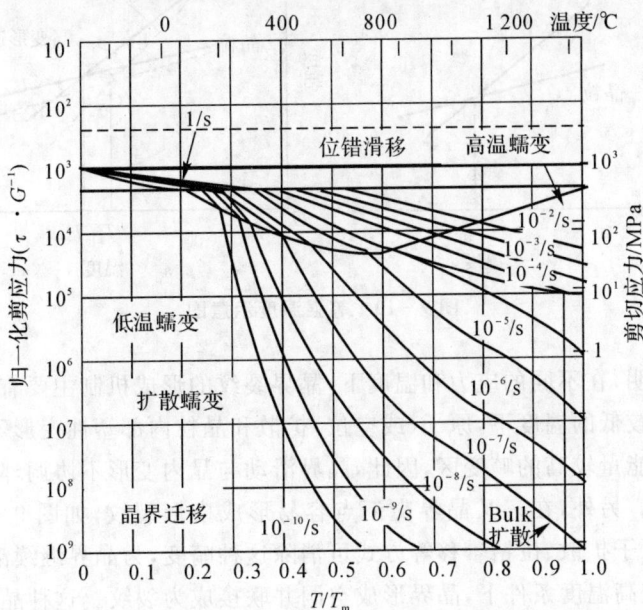

图 9 – 9　晶粒尺寸 10 μm 的镍变形机制图(图上画出了一些等应变速率线)

根据应力、温度和应变速率的不同,将蠕变变形机制图根据蠕变机制分为不同的区域。若已知应力、温度,就可以从图中找到蠕变速率,以及控制蠕变的变形机制。应力较高、温度较低的条件下发生低温蠕变;应力、蠕变速率和温度都较高时,产生高温蠕变;应力和温度都很低时,主要以晶界扩散方式产生蠕变;而在应力和应变速率很低、温度很高的条件下,产生如图 9 – 9 所示的体扩散。

综上所述,蠕变变形的基本特点是:高温下可能产生晶界滑动,于是晶内和晶界都参与了变形;变形过程中,强化与软化过程同时进行;在高温下,原子扩散能促进各种形式的位错运动。在温度很高、应力很低的条件下,扩散将成为控制变形的主要机制。

9.3.6　蠕变断裂机制

在较低温度下,金属材料的蠕变断裂可用前面介绍的断裂机制解释,这里不再赘述。但是在较高温度下,金属在较小的持久载荷作用下多发生沿晶断裂,即蠕变损伤主要产生在晶界。细化晶粒是室温下强韧化金属材料的极其重要的手段,但是在高温条件下会使材料强度下降。这个现象可用等强温度(equicohesive temperature)T_E 解释。一般而言,晶内强度和晶界强度随温度升高而降低,但晶界强度下降速度大于晶内强度,在某一温度下晶界强度与晶内强度相等(见图 9-10),该温度为等强温度 T_E。在等强温度以上时,晶界强度低于晶内强度,可发生沿晶断裂;在等强温度以下时,情况相反。所以材料在等强温度以上工作时,应使晶粒适当粗化,这样不仅减少了晶界面积,而且也减少了高能晶界,从而使晶界扩散有所减缓。等强温度并非固定不变,它可随变形速率的增加而升高(见图(9-10)。

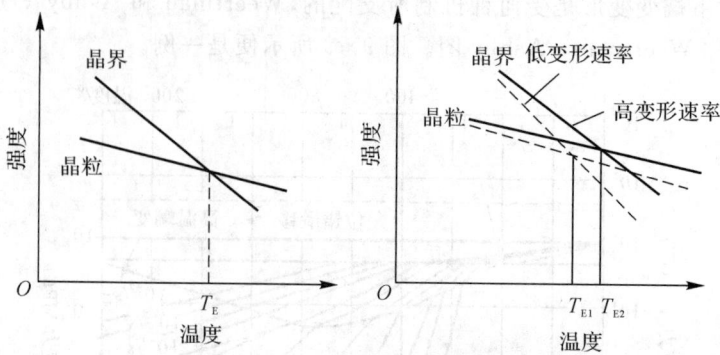

图 9-10 等强温度示意图

已有的研究表明,在不同的应力和温度下,晶界裂纹的形成机制主要有下述几种。

1)在高应力和较低的温度下,原子(或空位)扩散和晶粒内部塑性变形不明显,晶界滑动导致在晶粒内部形成能量较高的畸变区,因此,晶界滑动与晶内变形不协调,阻碍晶界滑动,便在晶界上形成了裂纹。另外,在三叉晶界交汇点容易形成楔形裂纹,如图 9-11 所示。如前所述,在高温下通过原子扩散、位错攀移等方式可消除这种畸变,为晶界继续滑动创造了条件。

2)在低应力、较高温度条件下,晶界形成空洞并联接成为裂纹。这种晶界裂纹常见于与外加拉应力垂直的晶界上。图 9-12 显示了 Ni-16Cr-9Fe 材料的晶界裂纹(温度为 350℃,应变为 35%)。可以看出,晶界裂纹与应力方向近似垂直。

关于空洞的形成,一种解释是空洞通过扩散在晶界聚集而成。在晶界形成半径为 R 的球形空洞时,要使系统能量不升高,其临界半径 R_c 应为

$$R_c = \frac{2\gamma}{\sigma} \tag{9-6}$$

式中,γ 为空洞单位面积的表面能;σ 为垂直于晶界的拉应力。

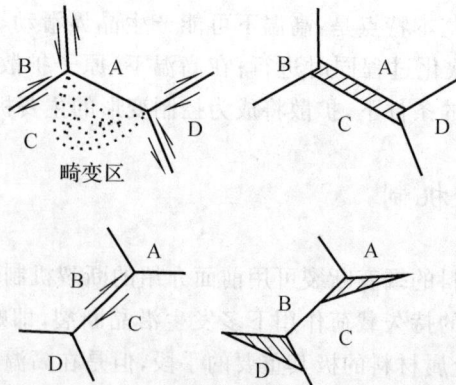

图 9-11 由于晶界滑动形成晶界裂纹的示意图

如果空洞半径 $R < R_c$,空洞会闭合;当 $R > R_c$ 时,空洞会长大,当晶界空洞连接在一起时就会形成晶界裂纹。空洞的长大速率与原子扩散密切相关,降低晶界扩散速率可减缓空洞的形成。

晶界滑动也可产生空洞。当晶界上有第二相硬质点时,可阻碍由晶界滑动引起的空洞型裂纹。此外,晶内滑移和晶界相交也能形成空洞。

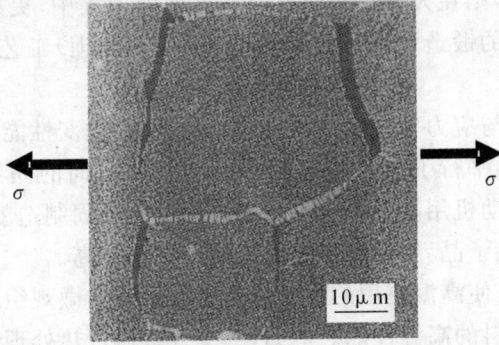

图 9 - 12　Ni - 16Cr - 9Fe 材料的在蠕变过程中形成的晶界裂纹[16]

在蠕变过程中,晶界裂纹形成后进一步长大、聚结成更大的裂纹,最后造成沿晶断裂。蠕变断裂的宏观断口特征为:在断口附近产生塑性变形,在变形区域附近有许多微裂纹,材料表面呈现龟裂现象。微观断口特征为以沿晶断裂为主,在环境浸蚀下断口表面还可能覆盖着腐蚀膜。

9.3.7　提高抵抗蠕变的主要措施

高温蠕变造成损伤后,不仅会引起材料的变形和断裂,还会引起材料物理性质的变化。因此,对于高温长时间下使用的材料,不仅仅需要揭示和掌握蠕变过程中的变形机制和断裂机制,还需要根据使用要求和材料特征,提出提高材料抵抗蠕变的措施。根据蠕变过程中的变形机制和断裂机制,提高蠕变极限的主要途径包括:增加位错运动阻力、抑制晶界滑动和空穴的扩散。

当温度较低(等强温度以下)和变形速率较大时,金属的蠕变以位错滑移机制为主,此时,提高蠕变中的规定塑性应变强度的主要因素与在室温下相同。在使用温度较高且应变速率较小的情况下,金属蠕变往往以扩散机制进行。此时,选择高温材料时,应考虑选择高熔点、具有密排结构的金属材料,因为这类材料的自扩散激活能大。从阻碍位错运动的能力考虑,应选择层错能低、形成固溶体和含有弥散相的合金。

由于含量甚微的有害杂质元素(如 S、P、Pb、Sn、Bi、Sb 等)在晶界集聚后,会导致晶界产生弱化,使高温性能急剧降低。因此改进冶金质量,尽量减少有害杂质,能大大提高蠕变中的规定塑性应变强度。此外,非金属夹杂物和冶金缺陷(例如气孔)也严重降低材料的高温性能,应尽量避免。

在金属中添加适量的能增加晶界扩散激活能的元素,既能阻碍晶界滑动,又能增大形成晶界裂纹的表面能,如适量的 Hf 和 B 可使 Ni 基高温合金的晶界扩散速率降低一个数量级,近而可以提高材料抵抗蠕变的能力。

除了合金的成分外,微观组织也是影响材料的蠕变性能的重要因素。当使用温度高于等强温度时,大晶粒金属材料的蠕变抗力优于细晶材料。值得注意的是,也并非晶粒越大越好,过大的晶粒又会使蠕变断裂延性和韧性降低。因此,需根据使用条件,如温度、时间和应力等,选择合适的晶粒度。例如,GH2036 合金的平均晶粒尺寸在 0.15 mm 时,650℃的蠕变断裂强度最好。若晶粒度不均匀,则在大小晶粒交界处易出现应力集中,更易于产生裂纹,对材料的高温性能也更不利。适宜的锻造工艺和热处理(如形变热处理)工艺可消除晶粒大小不均的现象。

鉴于蠕变裂纹优先在与应力垂直的晶界形成,在一些对蠕变性能要求高的场合,可采用定向凝固铸造的合金,使晶界平行于应力方向,降低垂直应力方向的晶界数目,以提高其抗蠕变和断裂的能力。如飞机发动机用高温合金叶片多采用定向凝固制造就是这个道理;除此之外,还使用单晶叶片,由于消除了晶界,其抵抗蠕变的能力更加提高。

另外,通过热处理工艺使高温使用的材料具有更加稳定的微观组织、改变强化相分布和形成弯曲晶界也能够提高材料的高温性能。例如,一些合金通过热处理,使碳化物呈链状分布在晶界,可提高材料的蠕变抗力。

9.4　蠕变断裂强度

对于某些重要的零件,例如航空发动机的涡轮盘和叶片,不仅要求材料具有一定的规定塑性应变强度,同时也要求材料在使用期内不发生断裂。此外,对于某些在高温下工作的材料,蠕变变形很小或是对变形要求不严格(例如锅炉管道),只要求材料在使用期内不发生断裂。在这些情况下,蠕变断裂强度(creep - rupture strength,又称持久强度)便是评价材料和设计零件的主要依据。

持久强度是材料在规定的温度下和规定时间内,不发生蠕变断裂的最大应力,记作 R_u。并以蠕变断裂时间 t_u 为第二角标,试验温度 T 为第三角标。例如 $R_{u1\,000/600}=200$ MPa,表示某材料在 600℃,受 200 MPa 应力作用 1 000 h 恰好不发生断裂,或者说在 600℃ 下工作 1 000 h 的持久强度为 200 MPa。该材料在该温度下,若 $\sigma > 200$ MPa 或者 $t > 1\,000$ h,试件会发生断裂。这里所说的规定时间是以零件设计时的工作寿命为依据的。

材料的持久强度的试验测定原理与蠕变试验相同。试验过程中主要考虑材料的断裂,而不是塑性变形。持久强度试验时间通常比蠕变试验要长得多。根据设计要求,持久强度试验最长可达几万至几十万小时。进行如此长时间的持久强度试验需消耗大量的人力和财力。所以工程上常采用短时的持久强度试验数据,外推出长时的持久强度值。式(9-7)为在给定温度下,应力和蠕变断裂时间 t_u 的经验公式。测得在不同应力下的 t_u,然后对试验数据进行拟合,求出常数 A' 和 m 值,或在 $\lg \sigma$-$\lg t_u$ 坐标上画出直线。最后,推算出或直线外推求出材料的长时持久强度值。其中

$$t_u = A' \sigma^m \tag{9-7}$$

式中,A' 和 m 为常数。

式(9-7)在 $\lg \sigma$-$\lg t_u$ 双对数坐标上代表斜率为 m 的直线。材料在高温下,长时加载能引

起组织和结构发生变化。因此,在 $\lg \sigma$-$\lg t_u$ 双对数坐标中,试验结果不一定是一条直线,而是两段直线组成的折线,如图 9-13 所示。折点位置和曲线的形状与材料在高温下的组织稳定性和试验温度高低有关。对组织不稳定的材料,其转折非常明显。一般外推时间不超过一个数量级,以避免外推带来较大的误差,或者试验时间要比折点对应的时间长,以确定第二段直线的斜率。其他常用的外推法还有 Larson - Miller 法、Manson - Haferd 法和 Sherby - Dorn 法等,感兴趣的读者可查阅相关资料。

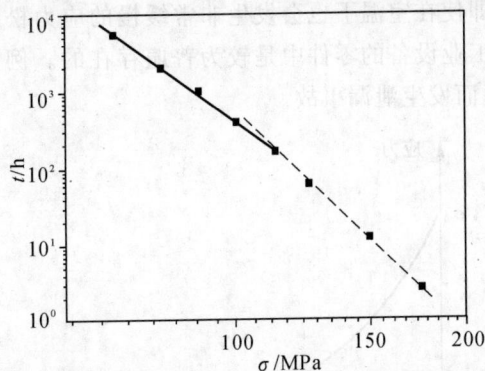

图 9-13　调质状态的 9Cr-1Mo 钢在 600℃ (873K) 下的应力与蠕变断裂时间的关系[17]

对于带有键槽、尖角和螺纹的零部件,有时需要作缺口试样持久强度试验。通常以持久缺口敏感系数(stress - rupture notch sensitivity factor)K_σ 或 K_t 来评定材料在高温下对缺口的敏感性,K_σ 或 K_t 用下式来表示:

$$K_\sigma (K_t) = \frac{\text{缺口试样持久强度}}{\text{光滑试样持久强度}} \qquad (9-8)$$

$K_\sigma (K_t) \geqslant 1$,表示材料在该试验条件下无缺口敏感性;$K_\sigma (K_t) < 1$,表示材料具有缺口敏感性。试验表明,钢的持久缺口敏感性与蠕变断裂延性有关,随着蠕变断裂延性的降低,钢的持久缺口敏感性增加。

传统的高温零件设计是建立在经典强度理论基础上的,设计依据为 $\sigma \leqslant [\sigma]$,式中 σ 为设计应力;$[\sigma]$ 为许用应力,等于持久强度或规定塑性应变强度除以安全因数。对 100 000 h 蠕变变形为 1% 时的规定塑性应变强度,变形合金的安全因数取为 1.25,即 $[\sigma] = R_{\text{pl},100\,000/T}/1.25$,铸造合金取 1.5。对于 100 000 h 的持久强度,变形合金的安全因数取 1.65,铸造合金的则取 2.0。

9.5　应　力　松　弛

9.5.1　应力松弛

材料在高温使用时,有时要使总应变保持不变。在高温保证总应变不变的情况下,会发生应力随着时间延长逐渐降低的现象,该现象叫应力松弛(stress relaxation),如图 9-14 所示。例如,高温条件工作的紧固螺栓和弹簧会发生应力松弛现象。

材料的总应变 ε 包括弹性应变 ε_e 和塑性应变 ε_p，即

$$\varepsilon = \varepsilon_e + \varepsilon_p = 常数 \tag{9-9}$$

随着时间增长，一部分弹性变形逐步转变为塑性变形，材料受到的应力相应地逐渐降低。ε_e 的减小与 ε_p 的增加是同时等量产生的。

蠕变与应力松弛在本质上相同，可以把应力松弛看作是应力不断降低的"多级"蠕变。蠕变抗力高的材料，其抵抗应力松弛的能力也高。但是，目前使用蠕变数据来估算应力松弛数据还是很困难的。某些材料即使在室温下也会发生非常缓慢的应力松弛现象，在高温下这种现象更加明显。松弛现象在工业设备的零件中是较为普遍存在的。例如，高温管道接头螺栓需定期拧紧，以免因应力松弛而发生泄漏事故。

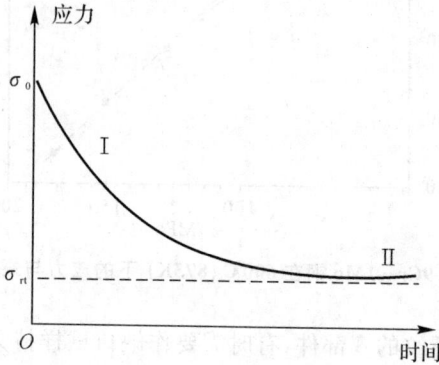

图 9-14　典型应力松弛曲线

9.5.2　剩余应力

应力松弛曲线是在给定温度和总应变条件下，测定的应力随着时间变化的曲线，如图 9-14 所示。加于试件上的初应力 σ_0，在开始阶段应力下降很快，称为松弛第 I 阶段。在松弛第 II 阶段，应力下降速率逐渐降低。目前一般认为在应力松弛第 I 阶段中，由于应力在各晶粒间分布不均匀，促使晶界扩散产生塑性变形，而应力松弛 II 阶段主要发生在晶内，亚晶的转动和移动引起应力松弛。最后，曲线趋向于与时间坐标轴平行，相应的应力表示在一定的初应力和温度下，不再继续发生松弛的剩余应力(residual stress)。应力松弛曲线可以用来评定材料的应力松弛行为。国标 GB/T 10120—2013 规定：在恒定的温度和拉伸应变下，用松弛时间 t 时的剩余应力值 σ_{rt} 表征金属的拉伸应力松弛性能。

9.6　材料的高温拉伸性能

9.6.1　高温拉伸应力-应变曲线

一般而言，随着温度的升高，金属材料的拉伸强度和弹性模量下降，塑性变形能力增加。

同样,材料的高温压缩和剪切性能随着温度升高的变化规律与拉伸性能一致。图 9 - 15 显示了一种弥散强化铝合金在不同温度下的拉伸曲线。可清楚看出这个规律。

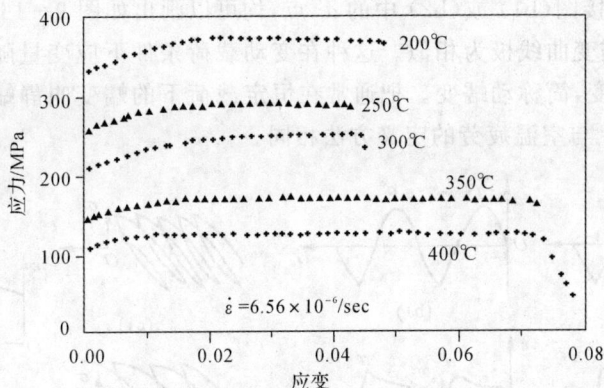

图 9 - 15　一种弥散强化铝合金的高温拉伸应力-应变曲线[18]

9.6.2　影响高温力学性能的因素

在高温条件下,原子之间的结合力下降,原子和位错运动能力增加,这是导致高温强度和模量下降的本质原因。鉴于该原因,金属原子在高温下的活动能力增加,容易发生迁移和扩散,空位形成的概率和密度增加。与之相伴的位错运动能力也明显增加。由本章前面内容已知,在高温下,位错可通过攀移进行运动,形成新的滑移系。

前已述及,在室温下金属材料的应变仅仅与应力相关。但是在高温条件下,除了应力外,金属材料的应变还与应变速率(或试验时间)和保温时间密切相关。在高温试验过程中,随着应变速率的降低,或试验时间的延长,金属材料会由于蠕变而导致塑性变形量增加,同时强度下降。

在高温下,晶界运动对变形的贡献增加。在金属材料内部还会发生再结晶和晶粒长大。对于时效强化或变形强化的合金而言,这些强化机制会消失,从而导致材料的强度下降。对于颗粒强化的材料而言,可能发生第二相颗粒的粗化,也会引起强度的下降。此外,在高温下,金属材料的塑性总的趋势是增加的;但是也有例外,如果金属元素与环境发生化学反应,如氧沿着晶界扩散并生成氧化物,导致材料的强度下降和脆性增加。

9.7　高温疲劳

通常把高于再结晶温度所发生的疲劳叫高温疲劳。除与室温疲劳有类似的规律外,高温疲劳还存在自身的一些特点。

9.7.1　基本加载方式和 σ - ε 曲线

高温疲劳试验通常采用控制应力和控制应变两种加载方式,有时在最大拉应力下保持一定的时间,简称为保时,或在保时过程中叠加高频波以模拟实际使用条件。

图 9-16 所示为控制应力加载记录的几种曲线。无论是控制应力或引入保时(见图 9-16(a2)),连接图(b1)或(b2)中的 a' 点,均可以画出如图 9-16(d)所示的 $\varepsilon-N$ 曲线。显然,该曲线与蠕变曲线极为相似。这种在变动载荷条件下应变量随时间推移而缓慢增加的现象称为动态蠕变,简称动蠕变。把通常在恒定载荷下的蠕变叫静蠕变。控制应力加载条件下的疲劳寿命 N_f 与室温疲劳的定义方法相同。

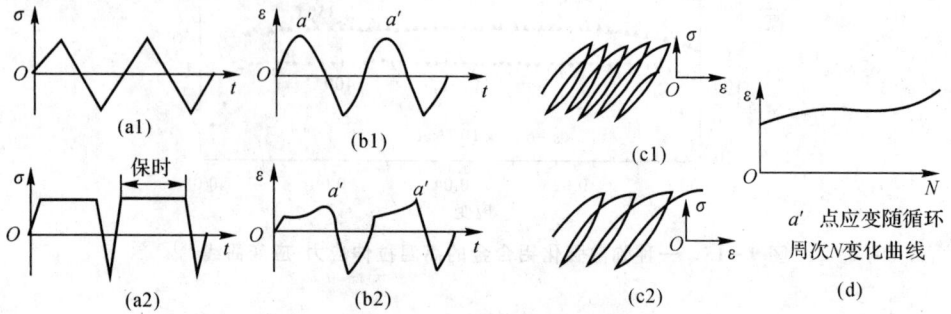

图 9-16　控制应力加载

(a1),(b1)和(c1):控制应力无保时加载时记录的曲线;

(a2),(b2)和(c2):控制应力有保时加载记录的曲线;　(d)应变随循环周次的变化曲线

图 9-17 给出了控制应变加载方式记录的各种曲线。图中 $\Delta\sigma$ 表示保时过程中松弛的应力,$\Delta\varepsilon_c$ 是松弛过程中产生的非弹性应变。由图 9-17(c2)可得

$$\Delta\varepsilon_t = \Delta\varepsilon_e + \Delta\varepsilon_p \tag{9-10}$$

而由图 9-17(c2)有

$$\Delta\varepsilon_t = \Delta\varepsilon'_e + \Delta\varepsilon_p + \Delta\varepsilon_c \tag{9-11}$$

对比以上两式可得

$$\Delta\varepsilon_e - \Delta\varepsilon'_e = \Delta\varepsilon_c = \frac{\Delta\sigma}{E} \tag{9-12}$$

在控制应变的试验条件下,疲劳寿命 N_f 常以循环进入稳定时的应力下降 5% 来定义(也可用 25% 来定义),即相当于图 9-17(d)中的 f 点。

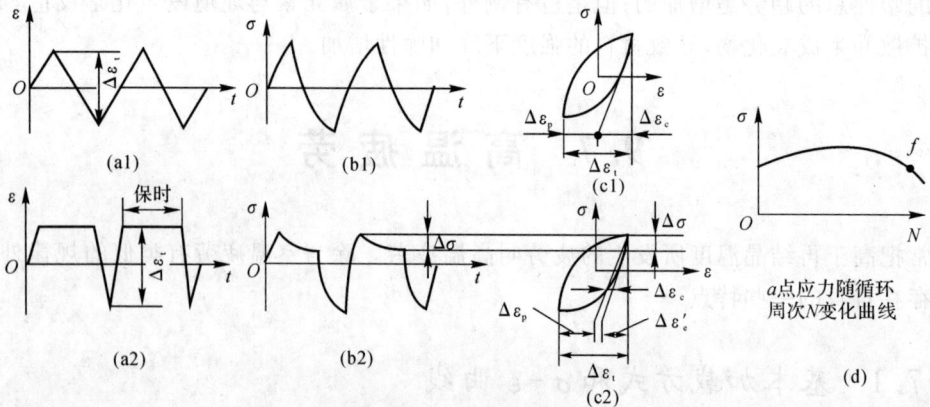

图 9-17　控制应变加载

(a1),(b1),(c1):控制应变无保时加载的记录曲线;

(a2),(b2)和(c2):控制应变有保时加载的记录曲线;　(d)应力的变化曲线

图 9-18 是控制应变加载条件下记录的滞后回线随循环周次变化过程的例子,其中循环周次为 35 000 的滞后回线的下部出现了凹陷现象,表明试样上出现了裂纹,因为出现裂纹后压缩载荷增加很少就使得相应的变形量很大。

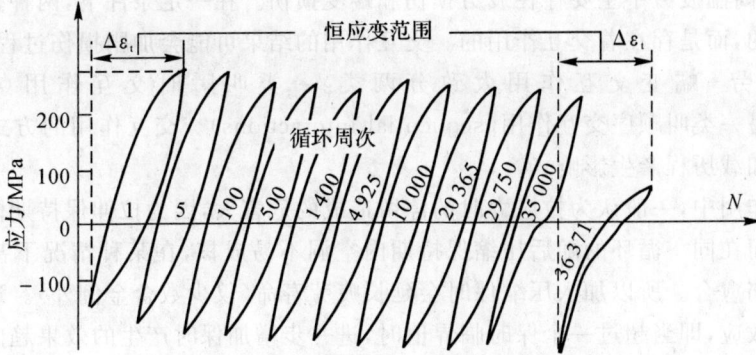

图 9-18 滞后回线随循环周次的变化

9.7.2　高温疲劳的一般规律

对金属材料而言,总的趋势是温度升高,疲劳强度降低。某些合金因物理化学过程的变化,当温度升高到某一温度区间时,疲劳强度有所回升。例如,应变时效合金有时会出现这种现象。在高温下金属材料的 $S-N$ 曲线不易出现水平部分,随着循环次数的增加,疲劳强度不断下降。疲劳强度随温度升高下降的速率比持久强度慢,所以二者存在一交点(见图 9-19)。在交点左边时,材料主要是疲劳破坏,这时疲劳强度比持久强度在设计中更为重要;在交点以右,则以持久强度为主要设计指标。交点温度随材料不同而不同。

高温疲劳的最大特点是与时间相关,所以描述高温疲劳时,需要在室温疲劳基础上增添与时间有关的参数,包括:加载频率、波形和应变速率。降低应变速率或加载频率,增加保时,会缩短疲劳寿命;同时,断口形貌也会相应地从穿晶断裂过渡到沿晶断裂。这是因为材料的沿晶蠕变损伤增加,同时环境腐蚀(例如拉应力使裂纹张开后的氧化)的时间也增加了,高温下杂质原子容易沿晶界扩散聚集。这些造成的晶界损伤会引起从穿晶到沿晶断裂的变化过程。

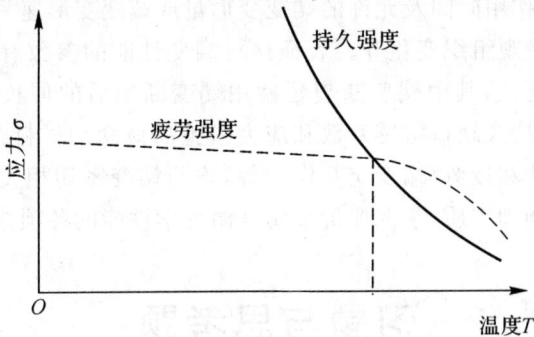

图 9-19 疲劳强度、持久强度与温度的关系

9.7.3 疲劳-蠕变交互作用

前已述及,高温疲劳中主要存在疲劳损伤和蠕变损伤。在一定条件下,两种损伤过程不是各自独立发展的,而是存在着交互作用的。交互作用的结果可能会加剧损伤过程,使疲劳寿命大大减小。疲劳 - 蠕变交互作用大致分两类:一类叫瞬时交互作用(simultaneous interactions);另一类叫顺序交互作用(sequential interactions)。交互作用的方式是一个加载历程对以后的加载历程产生影响。

瞬时交互作用中,一般认为拉应力时的停留造成的危害大,因为拉伸保持期内晶界空洞成核多、生长快;而在同一循环的随后压缩保持期内空洞不易成核,在某种情况下甚至会使拉保期内造成的损伤愈合。所以加入压缩保时会延长疲劳寿命(仅少数合金例外)。通常随保时增加有一个饱和效应,即当超过一个保时临界值时,进一步增加保时产生的效果趋向于恒定。在顺序交互作用中,预疲劳硬化造成一定损伤后影响着以后的蠕变行为。如当1CrMoV钢循环产生软化后再经受高应力蠕变时,由于存在很强的交互作用,使随后的蠕变寿命减小,蠕变第Ⅱ阶段的速率增加了一个数量级;当产生类似的疲劳损伤后再经受低应力蠕变时,则交互作用较小或不存在。若材料是循环硬化的,通常比循环软化材料对随后的蠕变造成的危害程度要小。

交互作用的大小与材料的蠕变断裂延性有关。试验表明,材料的蠕变断裂延性越好,则交互作用的程度越小。反之,材料的蠕变断裂延性越差,则交互作用的程度越大。交互作用与试验条件有关,例如循环的应变幅值、拉压保时的长短(影响 $\Delta\varepsilon_c$ 的大小)和温度等。

9.8　本章小结

材料在高温下力学行为的研究内容丰富而复杂,主要是因为材料在高温下力学行为不仅与所受的应力有关,而且与作用时间和环境等因素相关。当材料在高温条件下使用时,若受到小于屈服强度的应力,那么随着时间的延长,发生塑性变形甚至断裂的现象为蠕变。蠕变引起的塑性变形与应力和温度密切相关。因此,评定材料的高温力学性能,不仅要考虑作用应力的大小,而且要考虑应力的作用时间及允许的蠕变变形量或蠕变变形速率。蠕变机制包括:位错运动、扩散、晶界运动和微观组织变化等。表征材料蠕变性能的参数有规定塑性应变强度,蠕变断裂强度和蠕变断裂延性,其中蠕变断裂延性用蠕变断裂后的伸长率和断面收缩率表示。应很好地理解等强温度,持久缺口敏感系数和应力松弛的概念。材料在高温下的其他力学行为,如应力松弛、高温拉伸和疲劳/蠕变交互作用等,均与蠕变密切相关。在学习本章时,应理解蠕变变形的规律及其物理本质,掌握评价金属高温力学性能的各项指标。

习题与思考题

1. 解释下列名词或术语:蠕变;应力松弛;稳态蠕变;等强温度;持久缺口敏感系数;规定塑

性应变强度;蠕变断裂强度(持久强度);应力松弛。

2. 试说明高温下蠕变变形、断裂及裂纹形成机理与常温下的变形、断裂及裂纹形成机理有何不同?

3. 说明蠕变性能的表征参数有哪些,分别说明其意义。

4. 根据蠕变机理,分析提高抗蠕变性的方法有哪些。

5. 绘图说明材料的高温拉伸应力-应变曲线与室温曲线的区别。

6. 说明高温疲劳的一般规律。

7. 316 不锈钢持久强度数据见表 9-1,用外推的方法绘制在 500℃,600℃及 700℃的应力-对数断裂时间图。同时,求出 800℃的持久强度。

表 9-1 316 不锈钢持久强度数据

温度 $T/℃$	应力 σ/MPa	断裂时间 t_u/h	温度 $T/℃$	应力 σ/MPa	断裂时间 t_u/h
832	46.3	130	782	123.6	9.1
803	46.3	525	735	123.6	70.4
850	46.3	95	685	123.6	710.5
850	46.3	2.5	800	123.6	4.3
850	46.3	97	715	123.6	139
801	61.8	255	685	247.1	4.0
770	61.8	808	615	247.1	458
825	61.8	95	615	247.1	228
850	61.8	37	675	247.1	5.6
899	61.8	5.9	650	247.1	30.3

参 考 文 献

[1] 郑修麟. 材料的力学性能[M]. 西安:西北工业大学出版社,2000.

[2] Kasaner M E, Pérez Prado M. Fundamentals of Creep in Metals and Alloys[M]. Oxiford:Elsevier Ltd,2004.

[3] Meyers M A, Chawla K K. Mechanical behavior of materials[M]. Cambridge:Cambridge University Press,2009.

[4] Hertzberg R W. Deformation and fracture mechanics of engineering materials[M]. Hoboken:John Wiley & Sons, 1996.

[5] Jones R H. Environmental effects on engineered materials[M]. New York:Marcel Dekker Inc,2000.

[6] 刘瑞堂,刘文博,刘锦云. 工程材料力学性能[M]. 哈尔滨:哈尔滨工业大学出版社,2001.

[7] 张俊善. 材料的高温变形与断裂[M].北京:科学出版社,2007.

[8]   Campbell F C. Fatigue and fracture understanding the basics[M]. Ohio：ASM International，2012.

[9]   Anderson T L. Fracture mechanics：fundamentals and applications[M]. New York：Taylor & Francis，2005.

[10]   中华人民共和国国家标准委员会. GB/T 2039—2012 金属材料单轴拉伸蠕变试验方法[S]. 北京：中国标准出版社，2012.

[11]   中华人民共和国国家标准委员会. GB/T 10120—2013 金属材料拉伸应力松弛试验方法[S]. 北京：中国标准出版社，2013.

[12]   中华人民共和国国家标准委员会. GB/T 4338—2006 金属材料高温拉伸试验方法[S]. 北京：中国标准出版社，2006.

[13]   Lapin J，Delannay F. Analysis of steady – state creep and creep fracture of directionally solidified eutectic $\gamma/\gamma'-\alpha$ alloy. Metall Mater Trans，1995，26A：2053 – 2062.

[14]   Hayes R W，Martin P L. Tension creep of wrought single phase γ TiAl. Acta Metall Mater，1995，43：2761 – 2772.

[15]   Sherby O D，Miller A K. Combining phenomenology and physics in describing the high temperature mechanical behavior of crystalline solids. J Eng Mater Technol，1979，101：387 – 395.

[16]   Tien J K，Gamble R P. The influence of applied stress and stress sense on grain boundary precipitate morphology in a nickel-base superalloy during creep. Metall Trans A，1971，2：1663 – 1667.

[17]   Choudhary B K. Tertiary creep behaviour of 9Cr – 1Mo ferritic steel. Mater Sci Eng A，2013，585：1 – 9.

[18]   Mitra S. Elevated temperature deformation behavior of a dispersion – strengthened Al – Fe，V，Si alloy. Metall Mater Trans A，1996，27A：3913 – 3923.

第10章 环境对金属力学性能的影响

10.1 引 言

金属材料在环境介质的参与或作用下,在使用过程中可发生腐蚀、开裂甚至断裂。有一些情况下,即使腐蚀性很弱的介质(如水、潮湿空气等)在与应力的协同作用下,就能够导致一些金属材料发生开裂和断裂。环境与应力的协同作用,常比它们的单独作用或者二者的简单叠加导致的后果更加严重。这种应力与环境介质协同作用,导致材料内萌生裂纹并扩展,从而引起材料力学性能下降,甚至过早发生断裂的现象,称为环境敏感断裂(environmentally assisted fracture)。掌握和揭示环境敏感断裂涉及断裂力学、化学、冶金和材料科学的知识,是材料研究和应用的一个非常重要课题。

在材料应用中,受力的状态是多种多样的,如拉应力、交变应力、摩擦力和振动力等。不同应力状态与介质的相互作用造成不同的环境敏感断裂形式。在静载荷长时作用下,发生的主要环境敏感断裂原因有:应力腐蚀破裂(Stress Corrosion Cracking,SCC)、氢脆(Hydrogen embrittlement)和液态金属致脆(liquid‐metal embrittlement)。在交变载荷作用下的环境敏感断裂主要指腐蚀疲劳(corrosion fatigue)。本章以金属为例,阐述这几种环境敏感断裂的行为特性、破坏机理及评定指标,在此基础上给出提高材料环境敏感断裂抗力的途径及措施。

10.2 应力腐蚀破裂

10.2.1 应力腐蚀破裂特点

材料在恒定应力和腐蚀介质共同作用下发生的开裂甚至脆性断裂,称为应力腐蚀破裂。应力腐蚀破裂并不是应力和腐蚀介质两者分别对材料性能损伤的简单叠加。通常,发生应力腐蚀破裂时受到的应力很小,若非特定的腐蚀介质的作用,材料不发生应力腐蚀破裂。若没有受到应力,材料在该特定腐蚀介质中的腐蚀也是轻微的。因此,应力腐蚀破裂常发生在腐蚀性不强的特定介质和较小的应力作用下,往往事先没有明显的预兆,具有很大的危险性,常造成灾难性事故。

应力腐蚀破裂发生具有下述 3 个基本特征:

1)材料必须受到应力,尤其是拉应力的作用。拉应力愈大,破裂所需的时间愈短。材料发生应力腐蚀破裂的应力一般都远低于材料的屈服强度。在压应力作用下,也会发生应力腐蚀破裂,但是破裂的孕育期比拉应力作用下大 1~2 个数量级,同时裂纹扩展速率(da/dt)也慢得多。需要注意的是,这里的应力,不仅包括材料在服役过程中所承受的应力,也包含在加工和装配过程中所产生的残留内应力,以及腐蚀产物体积膨胀所带来的应力。

2)纯金属很少发生应力腐蚀破裂。对于一定成分的合金,只有在特定介质中才能发生应力腐蚀破裂。例如 α-黄铜在氨水中才发生应力腐蚀破裂,而 β-黄铜在水介质中就能发生应力腐蚀破裂。又如,奥氏体不锈钢在氯化物溶液中具有很高的应力腐蚀破裂敏感性(俗称"氯脆"),而铁素体不锈钢对此却不敏感。常用的金属材料产生应力腐蚀破裂的环境介质见表10-1。

3)应力腐蚀破裂至少有一条垂直于拉应力的主裂纹,以及分支裂纹(见图10-1)。裂纹可沿晶界扩展,也可以是穿过晶粒内部扩展,甚至兼有这两种扩展路径。应力腐蚀断口一般属于脆断性断裂,其应力腐蚀裂纹扩展速度取决于应力或应力强度因子水平,通常约在 $10^{-3} \sim 10^{-1}$ cm/h 数量级范围。

表 10-1 发生应力腐蚀破裂的典型金属与环境介质的组合

金属材料	环境介质*
低碳钢	$Ca(NO_3)_2$,NH_4NO_3,$NaOH$,H_2S
低合金结构钢	$NaOH$
高强度钢	雨水、海水、H_2S
奥氏体不锈钢	热浓的含 Cl^- 溶液
黄铜	NH_4^+
高强度铝合金	海水
钛合金($\omega_{Al}=0.06$,$\omega_V=0.04$)	液态 N_2O_4

注:除液态 N_2O_4 外,其他环境介质都是水溶液。

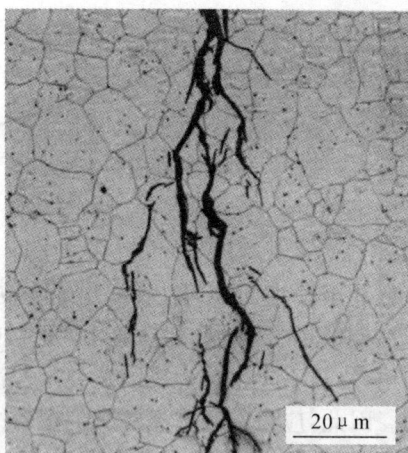
(a)

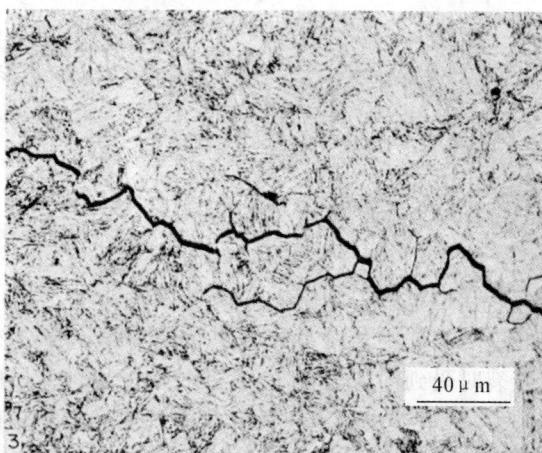
(b)

图 10-1 奥氏体不锈钢在含 Cl^- 溶液中的应力腐蚀裂纹
(a)穿晶裂纹[16]; (b)沿晶裂纹[17]

10.2.2　应力腐蚀破裂机理

目前存在多个解释应力腐蚀破裂的机制,但是迄今没有一种机制能够同时满意地解释各种应力腐蚀破裂现象。这里介绍一下阳极溶解机理和氢脆机理。

阳极溶解机理的基本思想是:金属材料表面区域出现纵深发展的腐蚀小孔,其余地区不腐蚀或轻微腐蚀,即发生了点蚀(pitting),或者材料中的裂纹尖端附近的保护膜由于局部塑形变形而开裂,裸露出新鲜金属表面,裸露的金属表面和保护膜表面形成原电池,使得作为阳极的裸露金属表面或位错露头处溶解。阳极溶解通道的形成和延伸的过程即是应力腐蚀裂纹的形成与扩展的过程。如果加载之前金属内部已存在易腐蚀区(如晶界,阳极性析出相等),也会出现类似的阳极溶解通道的形成和延伸过程。要使裂纹不断扩展,裂尖前沿阳极溶解应持续进行,而裂纹的两个侧面必须及时钝化,这样裂尖的应力强度因子 K_I 不降低。这样,阳极溶解速率、应变速率与再钝化速率三者之间必须保持相适应的关系。材料在其开路腐蚀电位处于活化-钝化或钝化-过钝化电位区的介质中,便可达到上述关系,如图 10-2 所示。

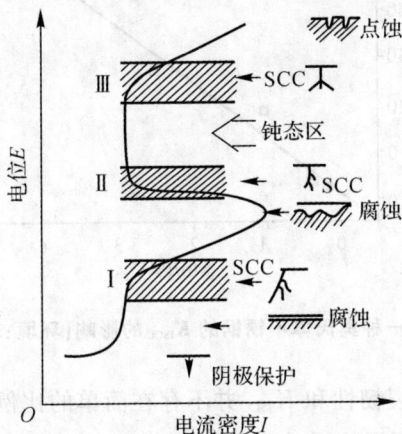

图 10-2　合金的应力腐蚀破裂电位区

该机理可解释大多数的应力腐蚀导致的沿晶断裂,同时较好地解释了 SCC 金属与介质的特定组合这一个主要特征。高强度铝合金的海水中的 SCC,α-黄铜在含 NH_4^+、NO_3^- 和 SO_4^{2-} 溶液中的 SCC,不锈钢在含 Cl^- 水溶液中的 SCC 等均属于此类机制。但是纯粹的电化学溶解机制在许多情况下难以说明 SCC 的速度,也不能解释 SCC 的其他断口形貌。

氢脆机理认为,蚀坑或裂纹内形成闭塞电池,使裂尖或蚀坑底的介质具有低 pH 值,满足了阴极析氢的条件,吸附的氢原子进入金属并引起氢脆是导致发生 SCC 的主要原因。高强度钢在海水、雨水以及其他水溶液中的 SCC 可用该机制解释。后面内容将解释氢如何进入金属内部。

10.2.3　应力腐蚀破裂的控制

应力腐蚀破裂是材料与环境、载荷因素等三方面协同作用的结果。预防和降低合金应力腐蚀破裂倾向,也应当从这三方面采取措施。

根据环境及负荷情况,合理选材是防止和控制应力腐蚀破裂的基本思想。环境因素包括 pH 值、溶液成分、电位和温度等。较大应力、较低 pH 值、较高浓度溶液和较高温度下,金属发生 SCC 的倾向增加。应根据材料的具体应用环境进行选材。例如,在触氨环境中应避免使用铜合金;在使用不锈钢时,为防止由点蚀引发应力腐蚀破裂,则应选用含钼的不锈钢。

此外,合金的成分和显微组织对应力腐蚀破裂敏感性也有重要的影响。图 10-3 显示了 Mo 含量对一种奥氏体不锈钢的 K_{ISCC}(应力腐蚀破裂敏感性的界限应力强度因子,将在下节介绍)的影响。合金成分对应力腐蚀破裂倾向的影响是复杂的,在不同环境中其作用不完全一样。已有经验表明:若钢的屈服强度增加,则其 K_{IC} 和 K_{ISCC} 均降低,且对应力腐蚀破裂的敏感性越来越明显,裂纹扩展速率越来越大。如低强度钢在海水和盐水中不会出现典型的环境敏感断裂,但高强钢则对该环境有很大的敏感性。

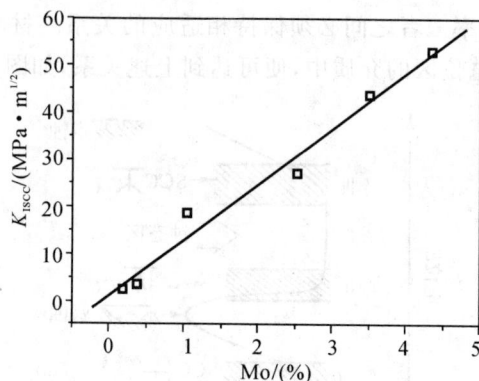

图 10-3 Mo 含量对一种奥氏体不锈钢的 K_{ISCC} 的影响(环境:22% NaCl,105℃)[18]

需要指出的是,材料的断裂韧性和 K_{ISCC} 并不存在简单的比例关系。图 10-4 说明了 Al-Li-Cu-Zr 铝合金中 Li/Cu 原子比对其断裂韧性和 K_{ISCC} 的影响。Li/Cu 原子比影响了该铝合金中析出相的析出顺序,从而影响其力学性能。断裂韧度和 K_{ISCC} 都随 Li/Cu 原子比增加而下降,但是下降的幅度并不一致。对于钢铁而言,在相近的屈服强度下,回火索氏体组织的应力腐蚀破裂敏感性最低,低温回火马氏体组织最高,正火或等温淬火组织介于中间。对于不锈钢在含 Cl⁻ 的溶液中的耐 SCC 能力而言,马氏体不锈钢>铁素体不锈钢>奥氏体不锈钢。

通过热处理调整材料的显微组织,获得合适的屈服强度,可有效提高材料的应力腐蚀破裂抗力。如通过热处理使马氏体钢的屈服强度降低,能够提高其在海水和含 H_2S 环境中的应力腐蚀破裂抗力。另外,晶粒大小对材料的应力腐蚀破裂有很大的影响。细化晶粒可提高钢的应力腐蚀破裂抗力。材料的加工工艺也会影响材料的应力腐蚀破裂行为。

另外,提高材料纯度、降低材料中的夹杂和消除缺陷也有利于提高钢的应力腐蚀破裂抗力。含氮量超过 0.05%,就能够使奥氏体不锈钢在含氯环境中发生应力腐蚀破裂,并主要发生以穿晶断裂为主的脆断。

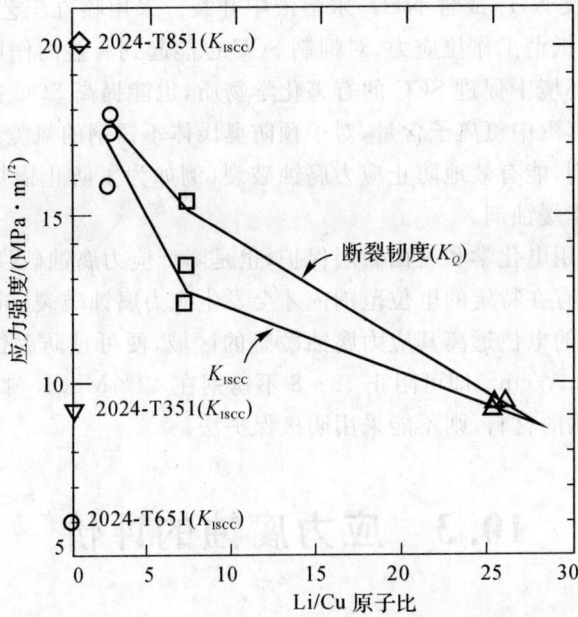

图 10 - 4　Al - Li - Cu - Zr 铝合金中 Li/Cu 比例对其断裂韧度 K_Q 和 K_{ISCC} 的影响

一些结构材料在氯化钠水溶液中的应力腐蚀破裂敏感性的界限应力强度因子示于表 10 - 2。

表 10 - 2　一些结构材料在 3.5% NaCl 水溶液中的界限应力强度因子 K_{ISCC}

合金	热处理方式	$R_{p0.2}$/MPa	K_{IC}/(MPa·m$^{1/2}$)	K_{ISCC}/(MPa·m$^{1/2}$)
35CrMo	淬火＋280℃回火	1 421	—	16.4
30CrMnSiNi2A	900℃加热＋260℃等温＋260℃回火	—	62.3	14.5
40CrMnSiMoVA（双真空）	920℃加热＋180℃等温＋260℃回火	1 566	80.6	16.3
300M	900℃,870℃ 1 h 油淬＋316℃回火 2 次	1 735.5	68.8	21
4340	900℃空冷,804℃油淬＋204℃回火 2 次	1 718	55.3	16.3
GH36	1 000℃保温 45min,升温到 1 140℃×90 min水冷,650℃×15 h,780℃×15 h空冷	857.5	101	23
LC4	470℃淬火＋140℃×16h 时效		—	17
LC9	465℃淬火＋110℃×7 h,175℃×10 h时效			21.4
Ti - 6Al - 4V	800℃×1 h,空冷	1 078	—	59.5
Ti - 7Al - 4Mo	960℃×1 h 水淬＋610℃×16 h,空冷	1 566	37.2	22.4

注:除 300M 和 4340 钢试验温度为 24℃,其他材料的试验温度为 35℃,而工作介质均为 3.5% NaCl 水溶液。

构件设计不当或加工工艺不合理所造成的残余拉应力也是产生 SCC 的重要原因。因此,在设计上应尽量减少应力集中;材料的加工过程中尽量避免构件各部分物理状态的不均匀,必要时应采用退火处理消除加工内应力。例如,冷加工后的黄铜零件,通过退火消除残余内应力,可避免在含 H_2O 及 NH_3 或含 NH_4^+ 水溶液中开裂。采用喷丸工艺使零件表面处于残余压应力状态,可以部分抵消工作拉应力,对抑制 SCC 也能起到有益的作用。

设法消除或减少环境中促进 SCC 的有害化学物质,也能提高 SCC 抗力。例如,通过水净化处理降低冷却水与蒸汽中氯离子含量,对于预防奥氏体不锈钢的氯脆十分有效。另外,在环境中加入适当的缓蚀剂,能有效地防止应力腐蚀破裂,例如为了防止锅炉钢的碱脆,可采用硝酸盐或亚硫酸盐纸浆作缓蚀剂。

除上述措施外,采用电化学和表面涂层保护,也是降低应力腐蚀破裂危害的重要途径。如前所述,一定的材料只有在特定的电位范围内才会发生应力腐蚀破裂。因此,采取外加电位的方法,使金属在介质中的电位远离其应力腐蚀敏感的区域,便可预防腐蚀破裂。据报道,外加阴极电流密度为 0.1 mA/cm^2,即可阻止 18-8 不锈钢在 $42\%\text{MgCl}_2$ 沸腾溶液中的应力腐蚀破裂。但是对氢脆敏感的材料,则不能采用阴极保护法。

10.3　应力腐蚀的评价

10.3.1　应力腐蚀试验

通过应力腐蚀试验可评定金属的应力腐蚀破裂敏感性。这里的"敏感性"不表示材料性能,因为给定的一套合金的应力腐蚀性能可以随着环境条件的改变而改变。为确定在给定应用环境中是否发生应力腐蚀,有必要在可能的环境条件下进行模拟试验。

供评定金属应力腐蚀性能的方法是多样的。需要根据试验目的选择合适的评定方法。通常有光滑、缺口和预裂纹这 3 类试样供选择。但尖切口或带裂纹的试样,其断裂寿命则取决于裂纹的扩展情况。常用的加载方式有恒位移或恒载荷(GB/T 15970.6—2007)、渐增式载荷或位移(GB/T 15970.9—2007)和慢应变速率(GB/T 15970.7—2000)3 种。

将选定的试样置于一定的环境条件中,施加一恒定载荷(见图 10-5(a)),或恒定位移(见图 10-5(b)和(c)),或逐渐增加应变。根据试验目的获得应力或应力强度因子与断裂时间的曲线。应力腐蚀试验的试验周期一般较长,要保持试验介质的浓度、温度等试验条件不变是比较困难的。而这些条件的变化都将影响试验结果。同时,如何缩短试验周期、加速应力腐蚀破裂过程,也是需要解决的问题。对于采用预裂纹试样的试验方法,应力腐蚀试验的试样是浸在腐蚀介质中的,因此裂纹扩展情况的观察和测量都受到限制。应力腐蚀试验的微区电化学过程的测试,还存在技术上的困难,如微区的电极电位、微区的极化曲线等的测量,目前也相当困难。鉴于应力腐蚀试验的影响因素很多,往往试验结果数据存在很大的分散性,因此需要根据试验目的,制订尽可能详细的试验计划。

现在仅结合应力腐蚀试验方法对表征特定金属和环境组合的应力腐蚀破裂敏感性的几个重要评价参数进行描述。后面介绍的氢脆和液体金属致脆也可用类似测试方法进行。

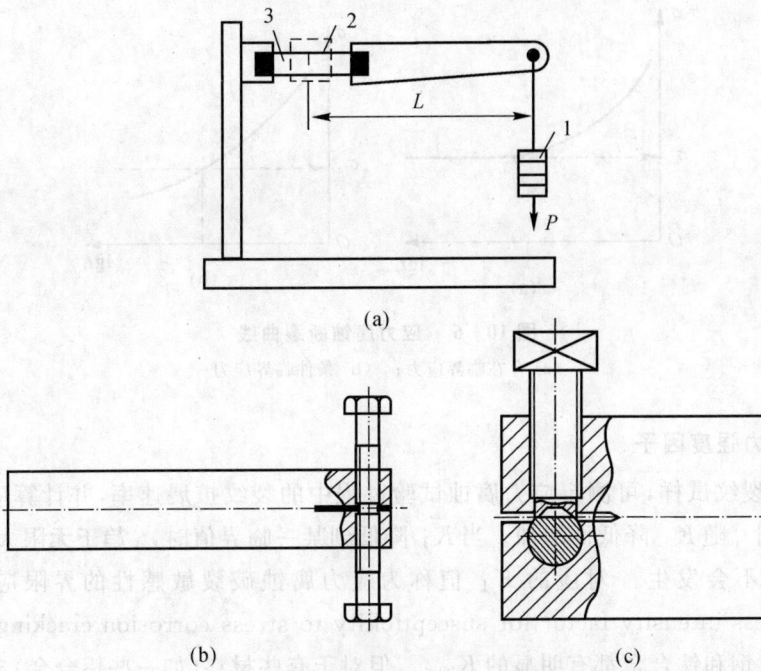

图 10-5　金属应力腐蚀试验的常见加载方式示意图

(a)悬臂梁弯曲试验装置示意图；

1—砝码； 2—介质容器； 3—试样

(b)预裂纹的双悬臂梁(DCB)试样采用螺钉加载示意图；

(c)预裂纹的楔形张开(WOL)试样采用螺钉和垫块加载示意图

10.3.2　应力腐蚀破裂敏感性的表征

1.临界应力

在特定的试验条件下,应力腐蚀裂纹萌生或开始扩展所对应的应力为临界应力。其测定是以光滑试件或切口试件在环境介质中的拉应力与断裂时间曲线(见图 10-6)为依据。断裂时间 t_f 随着拉应力的增加而降低。当应力低于一定值时,t_f 趋于无限大,此应力称为临界应力 σ_c(见图 10-6(a))。若断裂时间 t_f 随着外加应力的降低而持续不断地缓慢增长,则采取在给定的时间基数下发生应力腐蚀断裂的应力作为条件临界应力 σ_c(见图 10-6(b))。临界应力是评定应力腐蚀破裂敏感性的重要指标。也可用应力腐蚀断裂或开裂的时间来表示某种金属的应力腐蚀及环境氢脆的敏感性。一般来说,断裂或开裂时间越短,应力腐蚀破裂及环境氢脆的敏感性越大。

应力腐蚀开裂过程是裂纹的形成、扩展到断裂的过程。光滑试样的裂纹萌生期长,可占总寿命的 90%。因此,临界应力 σ_c 主要适用于形状光滑,即没有高度应力集中构件的应力腐蚀断裂评定指标。

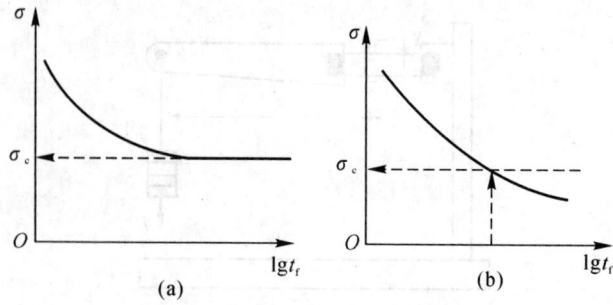

图 10 - 6　应力腐蚀断裂曲线

(a) 存在临界应力；　(b) 条件临界应力

2. 界限应力强度因子

采用预制裂纹试样，可测定应力腐蚀试验过程中的裂纹扩展速率，并计算应力强度因子 K_I。断裂时间 t_f 随 K_I 降低而增加。当 K_I 降低到某一临界值时，t_f 趋于无限大，此时可认为应力腐蚀断裂不会发生。对应的 K_I 值称为应力腐蚀破裂敏感性的界限应力强度因子（threshold stress intensity factor for susceptibility to stress corrosion cracking）K_{ISCC}，见图 10 - 7。高强度钢和钛合金都有明显的 K_{ISCC}。但对于有些材料（如一些铝合金）却没有明显的 K_{ISCC}。此时可定义在规定的试验时间内不发生应力腐蚀断裂的 K_I 值，作为应力腐蚀条件临界应力强度因子。

图 10 - 8 所示的应力腐蚀裂纹扩展速率 da/dt 与应力强度因子 K_I 曲线，可以分为 3 个阶段：第 I 阶段，K_I 小于 K_{ISCC}，da/dt 为 0，即裂纹不扩展。当 K_I 大于 K_{ISCC} 时，大于 K_{ISCC}，da/dt 随着 K_I 的增大而迅速增加。因此，在该阶段，da/dt 主要取决于应力强度因子。同时，环境介质和温度也会发挥作用。第 II 阶段，da/dt 保持恒定，不随应力强度因子 K_I 而改变。在该阶段，化学腐蚀因素起决定性作用。第 III 阶段，da/dt 随着 K_I 值的增加而迅速增大，当 K_I 达到 K_{Ic} 时，裂纹便失稳扩展而引起断裂。此阶段应力强度因子对裂纹扩展发挥主要作用。

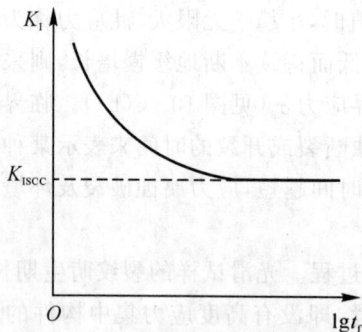

图 10 - 7　断裂时间 t_f 与 K_I 的关系

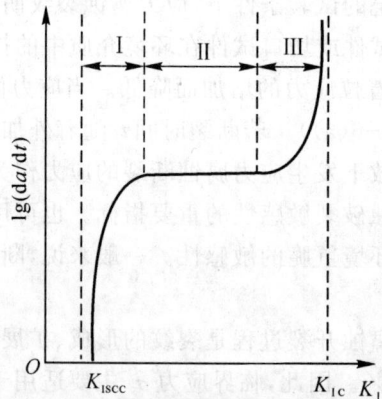

图 10 - 8　裂纹扩展速度 da/dt 与 K_I 的关系

实际上获得的曲线可能不一定呈现上述的 3 个典型阶段。若为了节约时间，可只获得第

Ⅰ和第Ⅱ阶段。此外,获得的应力腐蚀裂纹扩展速率 da/dt 也是评定金属材料应力腐蚀破裂敏感性的重要指标。一般来说,da/dt 越大,则材料的应力腐蚀敏感性也越大。对于预先可能具有裂纹的焊件、铸件或有高度应力集中的构件,应选用应力腐蚀破裂敏感性的界限应力强度因子或应力腐蚀裂纹扩展速率来评定应力腐蚀断裂抗力。

3. 其他参数

除了上述介绍的临界应力、应力腐蚀破裂敏感性的界限应力强度因子和应力腐蚀裂纹扩展速率等 3 个参数外,还可以使用如下方法来表征应力腐蚀破裂敏感性。

对于已经完全破断或未破断的应力腐蚀试样,可以从断面上测得最长裂纹长度除以破断时间来确定应力腐蚀破断平均速率。虽然这个参数假定裂纹是在试验开始时萌生的,而实际上并非总是如此。但是这样测得的值常与用更精确方法测得的值相吻合。

还可以将暴露到试验环境中和暴露到惰性环境中的相同试样进行比较,用以评定应力腐蚀破裂的敏感性。其计算公式为

$$\text{比值} = \frac{\text{试样在试验环境中得到的结果}}{\text{试样在惰性介质中得到的结果}} \tag{10-1}$$

可用来比较的比值参数包括:断裂时间、延性(用断面收缩率或断后伸长率)、达到的最大载荷、断面上应力腐蚀破裂面积所占的百分数等。

10.4　氢　损　伤

10.4.1　氢损伤基本特点

氢损伤(hydrogen damage)也称氢脆。它是一种由氢和应力共同作用下导致金属材料塑性下降或开裂的现象。不同的氢来源、氢在合金中的不同状态以及氢与金属交互作用的性质,可导致氢通过不同的机制使金属脆化,因此,氢脆的类型可以分为许多种。根据氢的来源不同,氢脆可分为内部氢脆与环境氢脆。

内部氢脆是由于在材料冶炼或零件加工过程中(如焊接、酸洗、电镀、热处理等)吸收了氢而造成的。在冶金过程中,液体金属吸收氢,在凝固过程中氢的析出会导致局部形成很大的压力,使金属内部生成裂纹;在焊接过程中,氢是 Fe 与水的反应产物,生成的氢吸附在材料表面然后进入材料;在电镀过程中,氢能进入金属内部。环境氢脆则是由于材料在含氢环境中使用时吸收了氢所造成的。氢很容易吸附在 Fe 表面,这样氢原子通过扩散进入材料内部,从而引起材料的开裂或脆性断裂。钢表面的水也是氢的来源。材料在含氢气的环境中使用,如果没有受到应力,则不会发生氢损伤,但在有应力的条件下,氢很容易进入材料中。

按其与外力作用的关系,氢脆又分为第一类氢脆和第二类氢脆两类。第一类氢脆是在负荷之前材料内部已存在某种氢脆断裂源,在应力作用下裂纹迅速形成并扩展。因而随着加载速度的增加,氢脆的敏感性增大。白点、氢蚀、氢化物致脆等都属于这个类型,这些内容在后面还会介绍。第二类氢脆则是在负荷之前,材料内部并不存在氢脆断裂源,加载后由于氢与应力的交互作用才形成断裂源,裂纹逐渐扩展而导致脆断。因而氢脆的敏感性是随着加载速度的

降低而增大。这类氢脆还可分为可逆性氢脆与不可逆性氢脆。材料经低速变脆后,如果卸载并停留一段时间再进行正常速度形变,则原先已脆化材料的塑性可以得到恢复,该现象为可逆性氢脆。通常,中、高强度钢的环境氢脆及低含氢量状况下的内部氢脆具有可逆性。不可逆性氢脆则是指已脆化的材料,卸载后再进行正常速度形变时,其塑性不能恢复。工程上的氢脆很大一部分属于可逆性氢脆。

高强度钢及$(\alpha+\beta)$两相钛合金对可逆氢脆非常敏感。当这些材料含有微量处于固溶状态的氢时,在低于屈服强度的静载荷作用下,经过一段时间后,氢在三向拉应力区富集,并将出现裂纹,裂纹逐步扩展并导致氢致延滞断裂。氢致延滞断裂应力(或应力强度因子)与断裂时间的关系如图 10-9 所示,与应力腐蚀情况相类似。断裂过程也包含孕育期、裂纹稳定扩展和快速断裂 3 个阶段。当外加应力大于氢脆临界应力 σ_{CH} 时,所加应力越大,则孕育期越短,裂纹传播速度越快,断裂提前。材料发生延滞氢脆时,除断面收缩率降低外,其他常规力学性能没有发生异常变化。可逆氢脆具有如下特点:

1)只在一定温度范围内出现。出现氢脆的温度区间取决于合金的成分及形变速率。高强钢的敏感温度在 $-100℃\sim150℃$ 之间。

2)氢脆倾向随着形变速率的增加而降低。在形变速率大于某一临界值后,则氢脆消失。因此,只有在慢速加载试验中才能显示这类氢脆。

上述两个特点示意性地表示于图 10-10。

3)可逆性。在静疲劳(低应力慢速应变)试验期间尚未超越裂纹生成孕育期的样品,卸载停留一段时间后,氢脆便消退。

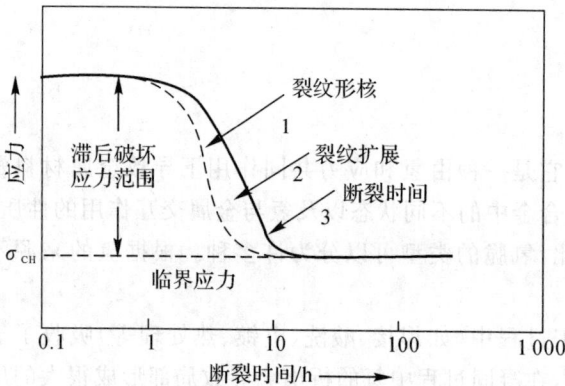

图 10-9　氢致延滞断裂曲线

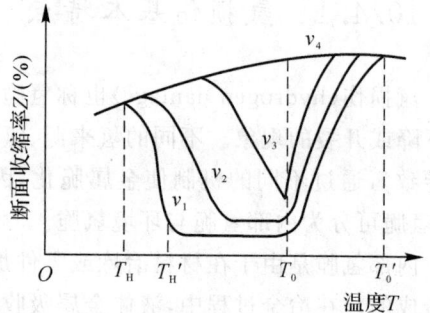

图 10-10　延滞氢脆敏感性与温度和形变
速率的关系($v_1 < v_2 < v_3 < v_4$)

如果将温度降至下临界温度 T_H 以下,或者升至上临界温度 T_0' 以上,氢脆也可以消除,如图 10-10 所示。但是,材料在承载期间出现氢脆微裂纹,则无论形变速 YX 和温度如何改变,甚至脱氢处理,都不能使塑性和韧性恢复。

可逆氢脆裂纹扩展速度(da/dt)与裂纹尖端应力强度因子 K_I 的关系具有与图 10-8 相类似的形式。裂纹扩展过程也可分为 3 个阶段。第 Ⅰ 阶段,裂纹扩展速度$(da/dt)_I$ 主要取决于力学因素,与应力强度因子 K_I 呈指数关系,而与温度无关。第 Ⅱ 阶段,裂纹扩展速度$(da/dt)_{II}$,取决于化学因素,与应力强度因子 K_I 无关,而与温度有密切的关系,是典型的热激活过程。第Ⅲ阶段，裂纹前沿的应力强度因子 K_I 趋近于 K_{IC}，裂纹迅速失稳导致断裂。

氢损伤引起的开裂主要有两种表现形式。氢损伤可导致在金属内部形成裂纹，如图10-11 所示。当金属在加工或使用时，如果金属表面接触一定浓度的氢原子，或者析出的氢位于材料表面下方，可引起氢鼓泡(hydrogen blistering)，如图 10-12 所示。产生氢鼓泡的腐蚀环境中通常含有硫化氢、砷化合物、氰化物、或者含磷离子等毒素。

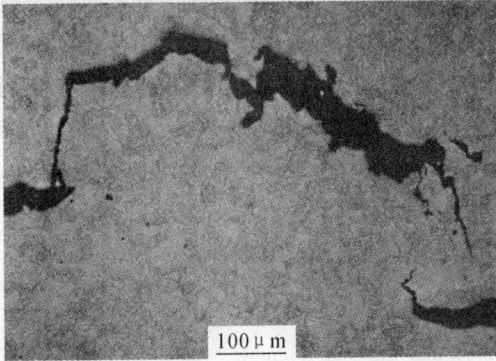

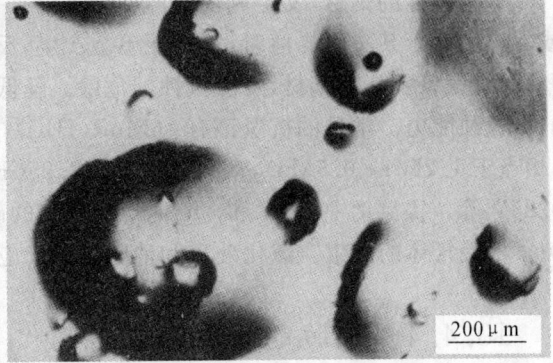

图 10-11　氢损伤引起的 HY130 钢的内部裂纹[21]　　图 10-12　430 不锈钢表面的氢鼓泡[22]

10.4.2　氢损伤机理

前面描述的两种开裂形式与氢气分子的形成有关。氢原子很小，很容易扩散进入金属内部，同时它在金属中的扩散速度很快。氢一般在晶界、夹杂、空洞、位错等地方聚集，而后结合成氢分子。因氢分子不能扩散便聚集起来，以致在金属内部氢气浓度和压力上升引起开裂。如果聚集的氢气位于表面下方，则会导致金属膨胀而局部变形，引起鼓泡现象。这种现象常见于电化学腐蚀、电解或电镀，以及金属表面能够接触一定浓度的氢原子的场合。低强度钢，尤其是含大量非金属夹杂物的钢，最容易发生氢鼓泡。

前面谈到的 SCC 的一种机制也是由氢损伤引起的，有时称为氢致开裂机制。这种机制认为，蚀坑或裂纹内形成闭塞电池，使裂尖或蚀坑底部具有低 pH 值，满足了阴极析氢条件，吸附的氢原子进入金属并引起氢脆，导致 SCC。高强度钢在雨水、海水以及其他溶液中发生 SCC 属于此类机制，钛合金在海水中也能发生由氢脆导致的 SCC。但是，由氢所引起的脆化比应力腐蚀断裂具有更广泛的含义，不可以认为氢脆是应力腐蚀断裂的一种情况。

除此之外，氢还可以通过与钛、钒和锆等元素生成氢化物，使材料的塑性、韧性降低，导致氢脆。对于钛合金，α-Ti 合金容易发生氢化物导致的脆化，而氢在 β-Ti 合金中溶解度较高，故很少遇到这种脆性。对于氢化物致脆的材料，裂纹常沿氢化物与基体的界面发生，在断口上常可以发现氢化物。氢化物的形状和分布对脆性有明显的影响。若合金晶粒粗大，氢化物在晶界呈薄片状，则极易产生较大的应力集中，危害很大。若合金晶粒较细，氢化物呈块状不连续分布，则其氢脆的倾向相对较小。

10.4.3　氢蚀

在高温高压环境下，氢进入金属内与一种组分或元素产生化学反应使金属破坏，如在高温高压下,氢与钢中的固溶体或渗碳体发生下列反应:$C_{(Fe)}+4H \longrightarrow CH_4$,或 $Fe_3C \longrightarrow 3Fe+C$,对于后者,生成的碳继续与氢发生反应生成 CH_4,即,$C+2H_2 \longrightarrow CH_4$。$CH_4$ 不能逸出便在金属内部聚集,使金属内产生小裂缝及空穴,从而使钢变脆,在很小的形变下即破裂。这种破裂没有任何先兆,是非常危险的。在合成氨、合成甲醇、石油加氢及其他一些化工和石油工业中常常发生氢蚀。

每种牌号的钢材,发生氢蚀的温度和压力有一个组合关系。当氢的分压低于某一临界值或者温度低于某一临界值时,氢蚀便不会产生,反之便有氢蚀的危险。遇到氢腐蚀环境(临氢环境)的设备要认真选材,降低氢蚀的危险。降低钢的含碳量以及加入铬、钼、钛或钒能改善钢的抗氢蚀能力。常见的抗氢钢有 16MnR(HIC),15CrMoR(相当于 1Cr-0.5Mo),14Cr1MoR(相当于 1.25Cr-0.5Mo),2Cr-0.5Mo,2.25Cr-1Mo,2.25Cr-1Mo-0.25V,3Cr-1Mo-0.25V 等。抗氢钢中的 Cr 和 Mo 能形成稳定的碳化物,这样就减少了氢与碳结合的机会,避免了甲烷气体的产生。球化处理和消除冷加工应力也能降低钢的氢蚀倾向。

10.4.4 氢脆的控制及消除

降低或消除氢损伤的途径主要有两点。首先应根据使用环境选择抗氢材料。常用的抗氢材料有奥氏体不锈钢、沉淀强化奥氏体合金、低合金钢、铝合金及铜合金等。其主要特点是:①面心立方结构合金的抗氢性能优于体心立方结构合金;②抗氢合金只在某一温度范围对氢敏感;③合金的抗氢性能与其晶粒度和应变率有关,晶粒越细,抗氢性能越好,随着应变率增加,氢脆倾向降低。抗氢材料可在高压氢(715 MPa)条件下作结构材料使用,也可用于加氢反应罐的衬里材料及制造贮氢压力容器等。其次尽可能消除环境中可引起氢脆的成分。如果不能消除,选用空穴少的镇静钢,也可采用对氢渗透低的奥氏体不锈钢;或者采用镍衬里、橡胶衬里、塑料保护层、玻璃钢衬里等;有时加入缓蚀剂。下面结合可逆氢脆的特征简要说明氢脆的控制和消除思路。

氢脆的预防和控制,一方面要阻止氢自环境介质进入金属并除去金属中已含有的氢。另一方面是改变材料对氢脆的敏感性。可采取涂(镀)保护层的方法阻止氢进入金属,也可以向介质中加入析氢抑制剂。

对氢脆敏感的材料,在酸洗和电镀之后应及时地充分烘烤除氢。关于合金对氢脆的敏感性,由于涉及合金的化学成分、组织结构和强度水平,三者的影响互相交错,因而关系比较复杂。对结构钢而言,碳、锰、硫和磷等可提高钢的氢脆敏感性,并且随钢强度水平的提高,它们对钢氢脆的影响愈强烈。铬、钼、钨、钛、钒和铌等碳化物形成元素,能细化晶粒,提高钢的塑性,对降低钢的氢脆敏感性是有利的。由于钙或稀土元素的加入,可使钢中 MnS 夹杂物形状圆滑、颗粒细化、分布均匀,从而降低钢的氢脆倾向。促进回火脆的杂质元素,如砷、锡、铋和硒等对钢的氢脆抗力则是有害的。

材料的强度水平对氢脆敏感性有重要影响。强度高于 700 MPa 的钢便具有较明显的氢脆敏感性,并且随着强度的升高,氢脆敏感性增高。因此氢脆成为高强度钢应用中一个尖锐的问题。含硫化氢油气田所用的钢管,为避免应力腐蚀断裂,规定应控制硬度在 22HRC 以下。为了改善材料对氢脆的抗力,通常需要对材料进行适当的热处理。钢的组织对氢脆的敏感性,大致按下列顺序递增:球状珠光体、片状珠光体、回火马氏体或贝氏体、未回火马氏体。除了化学成分对延滞断裂的影响外,延滞断裂还与金属的组织和结构有密切的关系,深入的研究工作尚待开展。

10.4.5 氢脆的表征

如前所述,氢脆的类型和机制不同,在实际中应根据具体情况采用合理的试验方法表征氢脆敏感性。

与应力腐蚀类似,氢脆敏感性可用临界应力和界限应力强度因子来表征,二者的定义可参考10.3.2小节。可使用 GB/T 24185—2009 规定的逐级加力法(incremental step loading method)来测定钢中的氢脆临界值。逐级加力法的原理为通过逐级降低施加于不同试样的加力速率,使氢扩散并产生裂纹,在位移保持不变的情况下,试验力将随裂纹的萌生而减小。通过试验力-时间曲线可以得到临界应力和界限应力强度因子。

10.5 液态金属致脆

10.5.1 液态金属致脆的基本特点

当具有较好塑性的金属材料表面覆盖某种液态金属并受到拉伸载荷时,金属材料的强度和塑性显著下降,该现象为液态金属致脆。如:液态汞可使铝合金和黄铜的强度和塑性明显下降,断裂时间缩短。与应力腐蚀类似,对于一定成分的某合金,只有在特定液态金属作用下才发生液态金属致脆。表 10-3 列出了一些发生液态金属致脆的组合。需要指出的是,对于这些发生液态金属致脆的组合,在固态时互相接触也会发生脆性增加的现象。

表 10-3 一些发生液态金属致脆的组合[19]

	Hg	Ga	Cd	Zn	Sn	Pb	Bi	Li	Na	Cs	In
Al	√	√		√	√				√		√
Cu	√	√			√	√	√	√			
Fe	√	√	√	√		√		√			√
Mg									√		
Ag	√	√									
Ti	√										
Zn	√	√			√	√					√

10.5.2 液态金属致脆机理

液态金属致脆发生的原因主要归结为:液态金属吸附在固态金属材料应力集中区域后,降低了固态金属原子间结合力。该现象可用图 10-13 示意性地表示。液态金属原子 L 吸附到固态金属材料的裂纹尖端后,降低裂纹尖端固态原子 S_1 和 S_2 的原子间结合力,进而导致材料强度下降和脆性增加。也有人提出液态金属吸附在固态金属材料后降低了裂纹尖端的剪切强度,而非原子间结合力。因此,在较低的应力下,可形成大量的位错,导致发生了局部塑性变形。

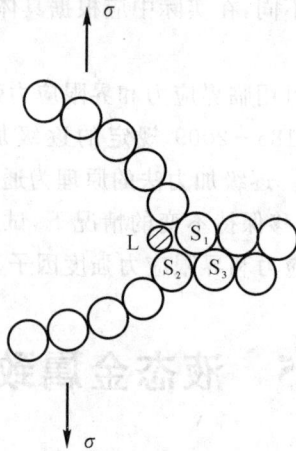

图 10 - 13　液态金属致脆机理示意图

注:液态金属原子 L 吸附到裂纹尖端后,降低原子 S_1 和 S_2 的结合力。

10.6* 腐 蚀 疲 劳

10.6.1　腐蚀疲劳的一般规律

腐蚀疲劳(Corrosion Fatigue,简称 CF)为循环应力和腐蚀介质的共同作用引起金属的疲劳强度和疲劳寿命降低的现象,如图 10 - 14(a)所示。腐蚀介质有气体和液体。相对于真空而言,空气也应看作腐蚀介质。腐蚀疲劳是许多工业部门经常遇到的重要问题。图 10 - 14 (b)为碳钢钢丝在空气和海水中的 S-N 曲线,说明腐蚀介质显著降低材料的疲劳寿命。金属材料和结构件的腐蚀疲劳寿命和机理,通常也分成腐蚀疲劳裂纹形成和腐蚀疲劳裂纹扩展两阶段,应分别进行研究和预测。

现在仅就含水介质中的腐蚀疲劳介绍腐蚀疲劳的一般规律:

1)一般而言,在腐蚀疲劳条件下,金属材料的疲劳寿命缩短,疲劳极限降低;

2)腐蚀疲劳性能与载荷的频率(f)、波形、应力比(R)有密切关系。一般地,f 越低,则每一周期循环载荷中材料与腐蚀介质接触时间越长,腐蚀疲劳性能越低。对于载荷波型,三角波、正弦波和正锯齿波对腐蚀疲劳性能的损害较显著。随着 R 的增加,腐蚀疲劳性能变差。

3)抗拉强度为 275～1 720 MPa 的碳钢和低合金钢,其腐蚀疲劳极限与静强度之间不存在直接关系,腐蚀疲劳极限在 85～210 MPa 之间。

4)是否存在腐蚀疲劳极限主要取决于介质腐蚀性的强弱以及材料在该介质中的抗腐

蚀性。

　　腐蚀疲劳裂纹是多源的,断口上的疲劳条带受介质的腐蚀作用变得不明显,甚至引起断口形貌的变化。与应力腐蚀相比,腐蚀疲劳裂纹的扩展很少有分叉的情况(见图 10 - 15)。

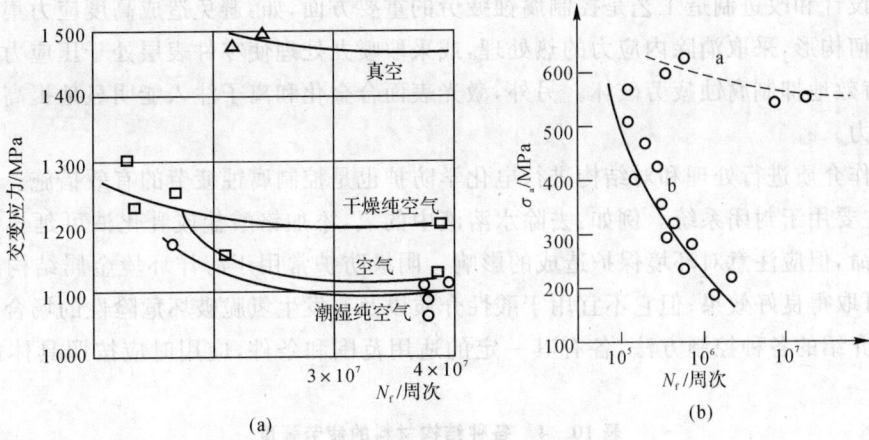

(a)　　　　　　　　　　　　　　　(b)

图 10 - 14　腐蚀疲劳 S - N 曲线

(a)不同气体环境对 H68 黄铜的疲劳 S - N 曲线的影响;

(b)碳钢钢丝在空气和海水中的 S - N 曲线

a—空气;　b—海水

图 10 - 15　304 不锈钢在温度为 140℃ ,浓度为 46% 的 NaOH 溶液中的腐蚀疲劳裂纹[24]

10.6.2　金属腐蚀疲劳的控制

　　正确选材和控制合金的材质是控制金属腐蚀疲劳的最基本的出发点。金属材料在某些介质中,表面上个别点或微小区域出现孔穴或麻点,随着时间推移进一步发展为小孔状腐蚀坑或孔洞,这种现象称点腐蚀(Pitting Corrosion),简称为点蚀或孔蚀(小孔腐蚀)。一般说来,抗孔蚀性能好的材料,其腐蚀疲劳强度也较高;对应力腐蚀敏感的材料,其腐蚀疲劳强度也较低。钢中的夹杂物,尤其是硫化锰(MnS),往往是孔蚀的发源地,对腐蚀疲劳裂纹形成的影响很大。合金的成分和组织对腐蚀疲劳的影响远不及其对应力腐蚀和氢脆的影响明显。研究表明:增加钢中马氏体的含碳量,会提高在 3.5%NaCl 水溶液中的腐蚀疲劳裂纹扩展速率。高温回火组织要比低、中温回火组织具有较低的腐蚀疲劳裂纹扩展速率。表 10-4 列举了 10 种典型结构材料在空气、水和 3%NaCl 水溶液中的疲劳强度对比。

合理设计和改进制造工艺是控制腐蚀疲劳的重要方面,如:避免造成高度应力集中和缝隙腐蚀的几何构形,采取消除内应力的热处理,或采取喷丸处理使零件表层处于压应力状态等措施,均可有效地抑制腐蚀疲劳破坏。另外,激光表面合金化和离子注入能明显地提高零件的腐蚀疲劳抗力。

对工作介质进行处理和对结构进行电化学防护也是控制腐蚀疲劳的有效措施。工作介质的处理,主要用于封闭系统。例如:去除水溶液中的氧,添加铬酸盐或乳化油可延长钢材的腐蚀疲劳寿命,但应注意对环境保护造成的影响。阴极防护常用于海洋环境金属结构的腐蚀疲劳控制,可取得良好效果;但它不宜用于酸性介质以及有发生氢脆破坏危险性的场合。

以上介绍的各种控制方法,各有其一定的适用范围和条件,应用时应按照具体情况慎重选择。

表 10-4　各种结构材料的疲劳强度

材料	5×10^7 次的疲劳强度/MPa			疲劳强度比值(相对于空气)	
	空气	水	3%NaCl 水溶液	水	3%NaCl 水溶液
低碳钢	250	140	55	0.56	0.22
钢($\omega_{Ni}=3.5\%$)	340	155	110	0.46	0.32
钢($\omega_{Cr}=1.5\%$)	385	250	140	0.65	0.36
钢($\omega_C=0.5\%$)	370	—	40	—	0.11
18-8 奥氏体不锈钢	385	355	250	0.92	0.65
Al-Cu 合金($\omega_{Cu}=4.5\%$)	145	70	55	0.48	0.38
蒙乃尔合金	250	185	185	0.74	0.74
青铜($\omega_{Al}=7.5\%$)	230	170	155	0.74	67
Al-Mg 合金($\omega_{Mg}=8\%$)	140	—	30	—	0.21
镍	340	200	160	0.59	0.47

10.7　本章小结

环境对金属材料的力学性能有显著的影响,在材料的使用和设计中是必须要考虑的内容。应力腐蚀破裂是金属在应力和特定环境共同作用下导致的开裂或断裂,它具有 3 个典型的特征,可用临界应力和界限应力强度因子等参数表征。氢损伤是一种由氢和应力共同作用导致金属材料塑性下降或开裂的现象,使用临界应力和界限应力强度因子来表征。由某种液态金属材料和拉应力共同作用,导致金属材料强度和塑性显著下降的现象,为液态金属致脆。由循环应力和腐蚀介质的共同作用引起金属的疲劳强度和疲劳寿命降低的现象为腐蚀疲劳。学习完本章后,应熟练掌握应力腐蚀破裂、氢损伤、液态金属致脆和腐蚀疲劳的概念、主要特点和影响机制。同时还能够根据具体的情况,选择合理的测试方法,表征金属在环境中的力学性能。

在掌握环境对力学性能的影响规律基础上,了解正确选择和处理金属材料的基本思路和方法。

习题与思考题

1.在应力腐蚀环境条件下,材料受力作用发生破坏,其主要破坏形式有哪些?

2.金属材料的应力腐蚀断裂有什么特点?

3.测量材料应力腐蚀敏感性有哪些常用的试验方法?并说明相应的评定指标。

4.K_{ISCC}的意义是什么?如何进行测定?

5.试简述金属材料发生应力腐蚀的机理。

6.什么是腐蚀疲劳?与纯机械疲劳和应力腐蚀断裂相比有何特点?

7.与纯机械疲劳相比,金属材料的腐蚀疲劳裂纹扩展曲线有哪些异同点?

8.什么是液态金属致脆?其发生的主要原因是什么?

9.金属中的氢是怎么来的?在金属中以什么形式存在并影响金属的性能?氢损伤有哪些类型?

10.简要说明氢脆的表征参数及表征方法。

11.试分析应力腐蚀、氢脆、腐蚀疲劳之间的相互关系。它们在产生条件上各有何特点?

12.根据应力腐蚀断裂、腐蚀疲劳和氢脆的发生机理,试分析防止上述原因导致开裂或断裂的主要措施。

参 考 文 献

[1]　郑修麟.材料的力学性能[M].西安:西北工业大学出版社,2000.

[2]　Meyers M A, Chawla K K. Mechanical behavior of materials[M]. Cambridge: Cambridge University Press,2009.

[3]　Hcrtzberg R W. Deformation and fracture mechanics of engineering materials[M]. Fourth Edition. Hoboken:John Wiley & Sons,1996.

[4]　Jones R H. Environmental effects on engineered materials[M]. New York:Marcel Dekker Inc,2000.

[5]　刘瑞堂,刘文博,刘锦云.工程材料力学性能[M].哈尔滨:哈尔滨工业大学出版社,2001.

[6]　Campbell F C. Fatigue and fracture: understanding the basics[M]. Ohio:ASM International,2012.

[7]　Anderson T L. Fracture mechanics fundamentals and applications[M]. New York: Taylor & Francis,2005.

[8]　中华人民共和国国家标准委员会.GB/T 15970.6—2007 金属和合金的腐蚀 应力腐蚀试验 第 6 部分:恒载荷或恒位移下预裂纹试样的制备和应用[S].北京:中国标准出版社,2007.

[9]　中华人民共和国国家标准委员会. GB/T 15970.9—2007 金属和合金的腐蚀 应力腐蚀试验 第9部分:渐增式恒载荷或渐增式位移下的预裂纹试样的制备和应用[S]. 北京:中国标准出版社,2007.

[10]　中华人民共和国国家标准委员会. GB/T 15970.7—2000 金属和合金的腐蚀 应力腐蚀试验 第7部分:慢应变速率试验[S]. 北京:中国标准出版社,2000.

[11]　中华人民共和国国家标准委员会. GB/T 20185—2009 逐级加力法测定钢中氢脆临界值试验方法[S]. 北京:中国标准出版社,2009.

[12]　中华人民共和国国家标准委员会. GB/T 19349—2012 金属和其他无机覆盖层为减少氢脆危险的钢铁预处理[S]. 北京:中国标准出版社,2012.

[13]　中华人民共和国国家标准委员会. GB/T 19350—2012 金属和其他无机覆盖层为减少氢脆危险的涂覆后钢铁的处理[S]. 北京:中国标准出版社,2012.

[14]　中华人民共和国国家标准委员会. GB/T 20120.1—2006 金属和合金的腐蚀 腐蚀疲劳试验 第1部分:循环失效试验[S]. 北京:中国标准出版社,2006.

[15]　中华人民共和国国家标准委员会. GB/T 20120.2—2006 金属和合金的腐蚀 腐蚀疲劳试验 第2部分:预裂纹试样裂纹扩展试验[S]. 北京:中国标准出版社,2006.

[16]　ASM International. Fractography, ASM Handbook [M]. Ohio : The Materials Information Society ,1987.

[17]　Procter R P M, Paxton H W. The effect of trace impurities on the stress corrosion cracking susceptibility and fracture toughness of 18Ni maraging steel[J]. Corrosion Science, 1971, 11: 723 – 736.

[18]　Speide M O. Stress corrosion cracking of stainless steel in NaCl solutions[J]. Metall Trans, 1981,12A: 779 – 789.

[19]　Hertzberg R W. Deformation and fracture mechanics of engineering materials[M]. Danvers:John Wiley & Sons Inc,1996.

[20]　Ohsaki S, Kobayashi K, Iino M, et al. Fracture toughness and stress corrosion cracking of aluminium – lithium alloys 2090 and 2091[J]. Corrosion Science, 1996, 38: 793 – 802.

[21]　Briant C L, Feng H C, McMahon C J. Embrittlement of a 5 Pct nickel high strength steel by impurities and their effects on hydrogen-induced cracking[J]. Metall Trans A, 1978,9A: 625 – 633.

[22]　Yen S K, Huang I B. Critical hydrogen concentration for hydrogen – induced blistering on AISI 430 stainless steel. Mater Chem Phys, 2003,80: 662 – 666.

[23]　Corsetti L V, Duquette D J. The effect of mean stress and environment on corrosion fatigue behavior of 7075 – T6 aluminum[J]. Metall Trans, 1974,5: 1087 – 1093.

[24]　Oateng A B, Begley J A, Staehle R W. Corrosion fatigue and stress corrosion cracking of type 304 stainless steel in boiling NaOH solution[J]. Metall Trans A, 1979,10A: 1157 – 1164.

第11章 摩擦与磨损

11.1 引　　言

两个相互接触的物体之间因相对运动产生摩擦（friction）。摩擦造成接触表面层材料的损耗叫磨损（wear）。在工业生产中经常会遇到摩擦和磨损现象。机器运转，相互接触的零部件之间发生相对运动时就会产生摩擦和磨损。

磨损会缩短零件的使用寿命，是零件失效的主要原因之一。例如，汽缸套的磨损超过允许值时，将引起功率下降，耗油量增加，并产生噪音和振动，因而不得不予以更换。可见，磨损是降低机器工作效率、使用精度，甚至是使其零部件报废的一个重要原因；同时磨损也增加了材料和能源的消耗。因此研究磨损规律对节约能源，减少材料消耗，延长机器的使用寿命具有重要意义。摩擦、磨损和润滑（lubrication）是摩擦学（tribology）的三大课题。磨损和材料的耐磨性是摩擦学的重要组成部分。

如前所述，疲劳裂纹形成于表面，而表面层的磨损改变了表面形貌和状态，因此磨损会影响到材料的疲劳性能。本章以金属为例，介绍磨损的类型、磨损机理、磨损的评价及影响因素。由磨损而引起的表面状态的变化及其对金属材料疲劳性能的影响，包括接触疲劳和微动疲劳。

11.2　摩擦与磨损的概念

11.2.1　摩擦

两个相互接触的物体发生相对运动或有相对运动的趋势时，在接触表面上所产生的阻碍作用称为摩擦；阻碍相对运动的力称为摩擦力。摩擦可能有利也可能有害。用于克服摩擦力所作的功一般都是无用功，它将转化为热能，使零件表面层和周围介质的温度升高，导致机器机械效率降低；然而，在某些情况下却要求尽可能地增大摩擦力，如车辆的制动器，摩擦离合器等。

摩擦力的方向总是沿着接触面的切线方向，与物体相对运动方向相反。摩擦力 F 与作用在摩擦面上的法向压力 P 成正比，比例常数称为摩擦因数，以 μ 表示，即 $\mu = F/P$，这就是经典摩擦定律。虽然该式对于极硬材料（如金刚石）和软材料（如某些高分子材料）存在着一定的不确切性，但它仍适用于一般工程材料。

摩擦因数与相互接触的表面状态有关。表面状态包含表面几何状态和表面层材料的物理和化学性质。表面几何状态主要是指物体的表面粗糙度。表面层材料的物理和化学性质，是指材料的组织结构、表面能，以及吸附和氧化等性质。

按照两接触面运动方式的不同，可以将摩擦分为：①滑动摩擦，即一个物体在另一个物体上滑动时产生的摩擦，如内燃机活塞在汽缸中的摩擦、车刀与被加工零件之间的摩擦等；②滚动摩擦，即物体在力矩作用下，沿接触表面滚动时产生的摩擦，如滚动轴承的摩擦、齿轮之间的摩擦等。实际上，发生滚动摩擦的零件或多或少地都带有滑动摩擦，呈现滚动与滑动的复合式摩擦。

11.2.2　磨损的类型

机件表面相接触并做相对运动时，表面逐渐有微小颗粒分离出来形成磨屑（松散的尺寸与性状均不相同的碎屑），使表面材料逐渐流失（导致机件尺寸变化和质量损失）、造成表面损伤的现象即为磨损。磨损和摩擦相互依存，摩擦是磨损的原因，而磨损是摩擦的必然结果。磨损是多种因素相互影响的复杂过程，其结果将造成摩擦面多种形式的损伤和破坏，因而磨损的类型也就相应地有所不同。人们可以从不同角度对磨损进行分类，如按环境和介质可分为：流体磨损；湿磨损；干磨损等。按表面接触性质可分为：金属-流体磨损；金属-金属磨损；金属-磨料磨损。目前比较常用的分类方法则是按磨损的失效机制进行分类：①黏着磨损（adhesive wear）；②磨料磨损（abrasive wear）；③腐蚀磨损（corrosive wear）；④微动磨损（fretting wear）；⑤接触疲劳磨损（contact fatigue wear）；⑥冲蚀磨损（erosive wear）等。

在不同的外部条件和材料特性的情况下，损伤机制会发生转化，磨损类型也会不同，外部条件主要指摩擦类型（滚动或是滑动）、摩擦表面的相对滑动速度和接触压力的大小等。材料特性包括：①金属与氧的化学亲和力以及形成的氧化膜性质；②金属在常温和高温下的抗黏着能力；③金属的力学性能；④金属的耐热性；⑤金属与润滑剂相互作用的能力等。图 11-1（a）是钢铁在压力一定的条件下，滑动速度与磨损量的关系。可以看出，当滑动速度很低时，摩擦是在表面氧化膜间进行的，此时产生的磨损为氧化磨损，磨损量小。随着滑动速度的增大，氧化膜破裂，磨损便转化为黏着磨损，磨损量也随之增大。滑动速度再增加，因摩擦热增大而使接触表面温度升高，使得氧化过程加快，出现了黑色氧化铁粉末，黏着磨损又转化为氧化磨损，其磨损量又变小。如果滑动速度再继续增大，将再次转化为黏着磨损，磨损剧烈，导致零件失效。图 11-1（b）所示是当滑动速度一定时，接触压力与磨损量的关系。随着压力增加，导致氧化膜的破裂，使得氧化磨损转化为黏着磨损。

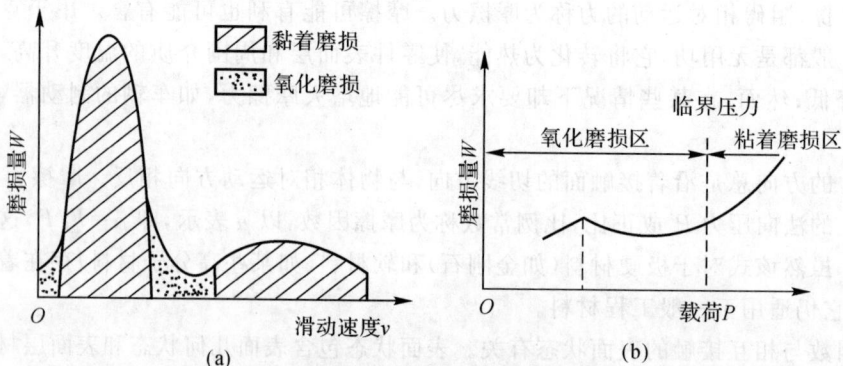

图 11-1　钢铁磨损量与滑动速度和载荷的关系
(a)与滑动速度的关系；　(b)与载荷的关系

实际上,上述磨损机制很少单独出现,它们可能同时起作用或交替发生作用。根据磨损条件的变化,可能会出现不同的组合形式。如黏着磨损所脱落下来的颗粒又会作为磨料而成为黏着-磨料复合磨损。但在磨损的各个不同阶段,其磨损类型的主次是不同的。

在摩擦过程中,零件表面还将发生一系列物理、化学和力学状态的变化。如因材料塑性变形而引起表层硬化和应力状态的变化;因摩擦热和其他外部热源作用而发生的相变、淬火、回火以及回复再结晶等;因与外部介质相互作用而产生的吸附作用。这些过程将逐渐地改变材料的耐磨损性能和类型。因此,在讨论磨损类型时,必须考虑这些因素的影响,从材料的动态特性观点去分析问题。

解决实际磨损问题时,要分析参与磨损过程各因素的特性与作用,找出有哪几类磨损在起作用,而起主导作用的磨损又是哪一类,进而采取相应的措施,减少磨损。

11.2.3 典型磨损过程分析

机件正常运行的磨损过程一般分为 3 个阶段,磨损量随摩擦行程的关系曲线分析见图 11 - 2(a)。

(1)跑合阶段(图 11 - 2(a)中 Oa 段)。开始时,摩擦表面具有一定的粗糙度,真实接触面积较小,故磨损速率很大。随着表面逐渐被磨平,真实接触面积增大,磨损速率减慢(见图 11 - 2(b))。

(2)稳定磨损阶段(图 11 - 2(a)中 ab 段)。经过跑合阶段,接触表面进一步平滑,磨损已经稳定下来,磨损量很低,磨损速率保持恒定(见图 11 - 2(b))。

(3)剧烈磨损阶段(图 11 - 2(a)中 b 点以后)。随着时间或摩擦行程增加,接触表面之间间隙逐渐扩大,磨损速率急剧增加(见图 11 - 2(b)),摩擦副温度升高,机械效率下降,精度丧失,最后将导致零件完全失效。

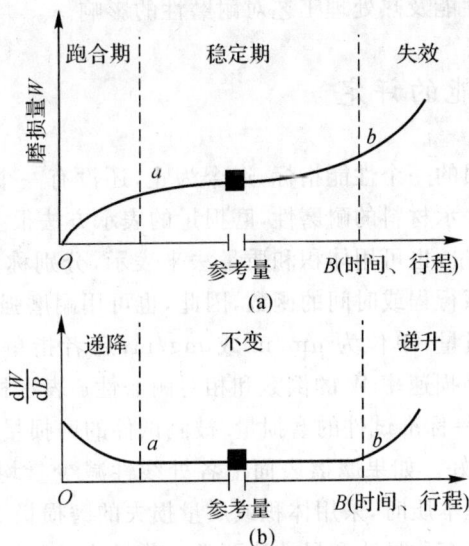

图 11 - 2 典型的磨损曲线
(a)磨损量与行程或时间的关系曲线; (b)磨损速率与行程或时间的关系曲线

11.3 磨损试验方法

11.3.1 磨损试验的类型

磨损试验方法可分为零件磨损试验和试件磨损试验两类。零件磨损试验是以实际零件在机器服役条件下进行的试验,具有与实际情况一致或接近的特点,这种试验具有可靠性和实用性;但其试验结果是结构、材料和工艺等多种因素的综合反映,不易进行单因素考察,并且试验周期较长,费用较高。试件磨损试验是将待试材料制成试件,在给定的条件下进行试验。它一般用于研究性试验,可以通过调整试验条件来对磨损的某一因素进行研究,以探讨磨损机制及其影响规律;试验周期短,费用低,实验数据的重现性、可比性和规律性强,易于比较分析。

11.3.2 磨损试验机的种类

磨损试验机种类很多,图 11-3 为其中有代表性的几种。图 11-3(a)所示为圆盘-销式磨损试验机,是将试样加上载荷压紧在旋转圆盘上,该法摩擦速度可调,试验精度较高;图 11-3(b)(d)所示为滚子式磨损试验机,可用来测定金属材料在滑动摩擦、滚动摩擦、滚动-滑动复合摩擦及间歇接触摩擦情况下的磨损量,以比较各种材料的耐磨性能;图 11-3(c)所示为往复运动式磨损试验机,试样在静止平面上作往复运动,适用于考核导轨、缸套、活塞环一类往复运动零件的耐磨性;图 11-3(e)所示为砂纸磨损试验机,与图 11-3(a)所示相似,只是对磨材料为砂纸,是进行磨料磨损试验较简单易行的方法;图 11-3(f)所示为切入式磨损试验机,能较快地评定材料的组织和性能及热处理工艺对耐磨性的影响。

11.3.3 耐磨性能的评定

耐磨性是材料抵抗磨损的一个性能指标,迄今为止,还没有一个统一的、意义明确的耐磨性指标。通常用磨损量来表示材料的耐磨性,磨损量的表示方法很多,可用摩擦表面法向尺寸减少量来表示,称为线磨损量;也可用体积和质量法来表示,分别称为体积磨损量和质量磨损量。由于上述磨损量是摩擦行程或时间的函数,因此,也可用耐磨强度或耐磨率表示其磨损特性,前者指单位行程的磨损量,单位为 $\mu m/m$ 或 mg/m;后者指单位时间的磨损量,单位为 $\mu m/s$ 或 mg/s。还经常用磨损速率 $\dot{W}$ 的倒数和相对耐磨性 ε 表示材料的耐磨性,其中 ε 为

$$\varepsilon = 标准试件的磨损量/被测试件的磨损量 \tag{11-1}$$

显然,ε 越大,耐磨性越好。如果摩擦表面上各处线性减少量均匀时,采用线磨损量是适宜的。当要解释磨损的物理本质时,采用体积或质量损失的磨损量更恰当些。

磨损量的测量方法主要有称量法和尺寸法两类。称量法是用精密分析天平称量试样在试验前后的质量变化,来确定磨损量。它适用于形状规则和尺寸小的试样和在摩擦过程中不发生较大塑性变形的材料。尺寸法是根据表面法向尺寸在试验前后的变化来确定磨损量。为了

便于测量,在摩擦表面上选一测量基准,借助长度测量仪器及工具显微镜等来度量摩擦表面的尺寸变化。

另外对磨损产物-磨屑成分和形态进行分析,也是研究磨损机制和工程磨损预测的重要内容。可采用化学分析和光谱分析方法,分析磨屑的成分。例如,可从油箱中抽取带有磨屑的润滑油,分析磨屑的种类及其含量,从而了解其磨损情况。铁谱分析是磨损微粒和碎片分析的一项新技术,它可以很方便地确定磨屑的形状、尺寸、数量以及材料成分,用以判别表面磨损类型和程度。目前国内已研制成功 FTP-1 型铁谱仪,并成功用于内燃机传动系统的磨损状态监控。

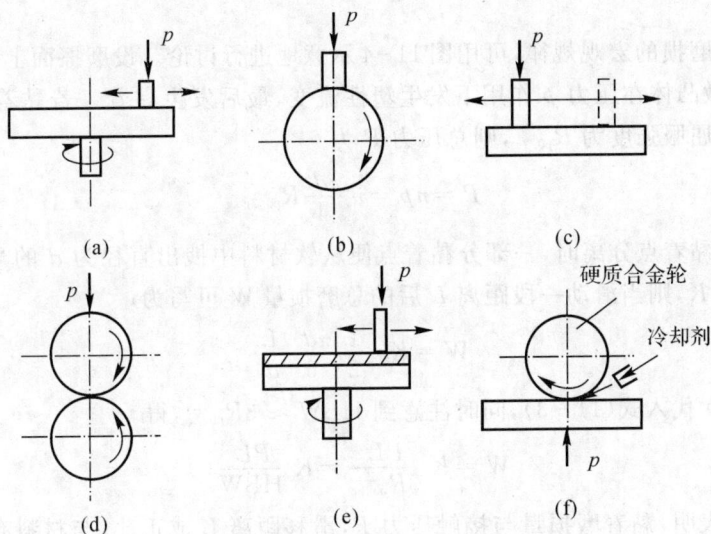

图 11-3　磨损试验机的工作原理示意图

11.4　黏着磨损

磨损机制是研究磨损过程中材料如何发生损伤并从表面脱落的。研究磨损机制的影响因素,有利于根据不同失效类型采取相应的技术对策,对于降低磨损有着重要的意义。在此根据磨损类型对磨损机制加以讨论。

11.4.1　黏着磨损的定义及分类

黏着磨损又称咬合磨损。实际材料表面具有宏观或微观的可检测的粗糙度,当两个相互作用的表面接触时,其真正的接触仅在少数几个孤立的微凸体顶尖上。在这些接触面积上产生的局部应力很高,以致超过了接触点处的屈服强度而引发塑性变形,使得这部分表面上的润滑油膜、氧化膜等被破坏,摩擦表面温度升高,结果造成裸露出来的材料表面直接接触而产生黏着。

黏着结合点的强度不同,那么黏着破坏的位置也不同。当黏着点的结合强度低于两边材料时,分离将从接触面分开,这时两基体材料内部变形小,摩擦面显得较为平滑,只有轻微的擦伤,称为轻微磨损;当黏着点的结合强度比两边任一材料强度都高时,分离面便发生在强度较弱的材料内部,被撕裂的材料将转移到强度较高的另一摩擦副材料上,称为重度磨损;当黏着区域大,外加剪切应力低于黏着区结合强度时,摩擦副还会产生"咬死"而不能相对运动的现象,此时叫做胶合磨损,或是黏着磨损。如不锈钢螺栓与不锈钢螺母在拧紧过程中常常发生这种现象。

11.4.2 黏着磨损模型

为说明黏着磨损的宏观规律,可用图 11-4 示意地进行讨论。设磨擦面上有 n 个微凸体相接触,其中一个微凸体在压力 p 作用下发生塑性流变,最后发生黏着。若黏着点的直径为 d,软材料的下压缩屈服强度为 $R_{p0.2c}$,则总压力 P 为

$$P = np = n \frac{\pi d^2}{4} R_{p0.2c} \qquad (11-2)$$

相对滑动使黏着点分离时,一部分黏着点便从软材料中拽出直径为 d 的半球。若发生这种现象的概率为 K,则当滑动一段距离 L 后的总磨损量 W 可写为

$$W = Kn \frac{1}{2} \frac{\pi d^3}{6} \frac{L}{d} \qquad (11-3)$$

将式(11-2)代入式(11-3),同时注意到 $HBW \approx 3R_{p0.2c}$,得

$$W = K \frac{PL}{3R_{p0.2c}} = K \frac{PL}{HBW} \qquad (11-4)$$

式(11-4)表明,黏着磨损量与接触压力 P,滑移距离 L 成正比,与材料布氏硬度值成反比。式中,K 实质上反映了配对材料黏着力的大小,称为黏着磨损系数。黏着结合力愈大,则总的磨损量也愈大。实验测出的各种材料的 K 值范围很大,但对于每对材料有一特定值。如低碳钢对低碳钢,$K = 7.0 \times 10^{-3}$;70-30 黄铜/工具钢,$K = 1.7 \times 10^{-4}$;60-40 黄铜/工具钢,$K = 6 \times 10^{-4}$;工具钢/工具钢,$K = 1.3 \times 10^{-4}$;碳化钨/低碳钢,$K = 4.0 \times 10^{-6}$。

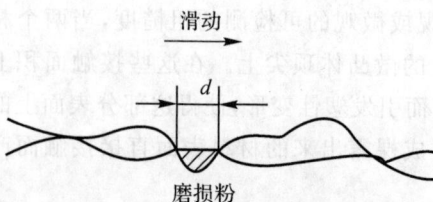

图 11-4 黏着磨损模型示意图

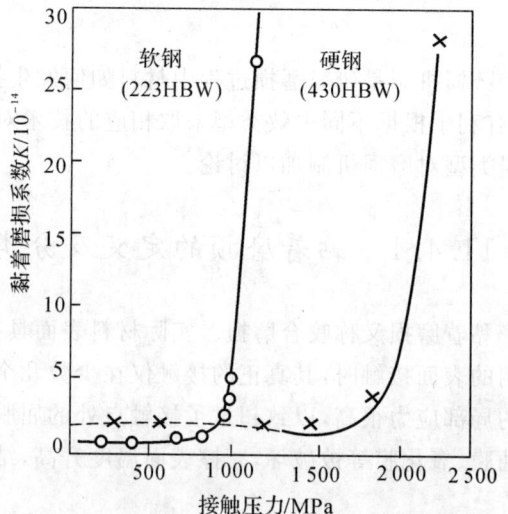

图 11-5 黏着磨损系数 K 与接触压力的关系

试验表明,式(11-4)中磨损量与接触压力的关系只在有限载荷范围内适用,如图 11-5 所示。当摩擦面接触压力低于材料 1/3 布氏硬度值时,K 值保持不变;超过该值时,则 K 值将急剧增长,就会发生严重的磨损或咬死,式(11-4)所表示的关系便不复存在。因此,在设计零件时,应控制接触压力,使之低于 1/3 布氏硬度值。

11.4.3 黏着磨损的影响因素

1.摩擦副的材料

当摩擦副是由容易产生黏着的材料组成时,则磨损量大。试验证明,两种互溶性大的材料(相同金属或晶格类型,晶格间距,电子密度,电化学性质相近的金属)所组成的摩擦副,黏着倾向大,容易引发黏着磨损;脆性材料比塑性材料的抗黏着能力大,熔点高、再结晶温度高的金属抗黏着性好。从结构上看,多相合金比单相合金黏着性小;生成的金属化合物为脆性化合物时,黏着的界面易剪断分离,则使黏着磨损减轻;当金属与某些聚合物材料配对时具有较好的抗黏着能力。

2.摩擦副的表面状态

暴露于空气中工作的零件,大多会很快氧化而被覆盖一层氧化膜或吸附膜。这些表面膜的存在将降低摩擦因数,减小黏着磨损的倾向。但对于在真空下工作的零件,由于吸附在材料表面的气体分子蒸发和氧化物的分解,使得材料表面直接接触,摩擦因数随之增大。若真空度愈高,则摩擦因数也愈大,致使接触表面产生强烈的黏着作用,加剧了磨损过程;如果继续滑动,表面很快损坏。

对摩擦副材料进行表面覆层处理和化学热处理,是减少黏着磨损的有效措施。这些处理工艺可使表面层产生很薄的化合物层或非金属涂层,避免金属之间的直接接触和摩擦。例如在室温下真空中,不锈钢/不锈钢清洁表面黏着磨损系数 $K=10^{-3}$;若表面覆以 Sn 的薄膜,则 $K=10^{-7}$;若覆以 MoS_2,则 $K=10^{-9} \sim 10^{-10}$。对在真空中工作的金属,如宇航设备的零件,还需要采用特殊的固体润滑剂。

11.5 磨料磨损

11.5.1 磨料磨损的定义

磨料磨损是指当摩擦副一方表面存在坚硬的细微突起,或者在接触面之间存在硬质粒子时所产生的一种磨损。这种细微突起或硬质粒子一般指石英、砂土、矿石等非金属磨料,也包括零件本身磨损产物随润滑油进入摩擦面而形成的磨粒。

11.5.2 磨料磨损的简单模型

图 11-6 所示为磨料磨损的例子。多数情况下磨料形状较圆钝,或者是材料表面塑性较

高时,磨料在表面滑过后往往只能犁出一条沟槽来,使材料发生塑性变形而在两侧堆积起来;在随后的摩擦过程中,这些被堆积部分又被压平;如此反复地塑性变形,导致裂纹形成而引起剥落。因此,这种磨损实际上主要是疲劳破坏过程。

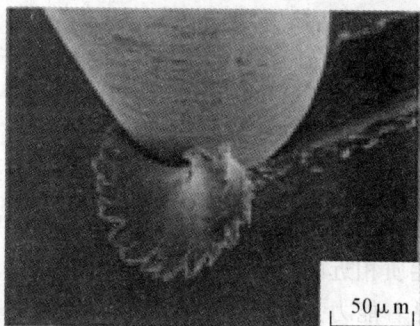

图 11-6 磨料磨损举例

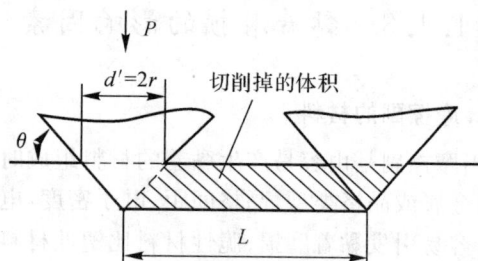

图 11-7 磨料磨损模型示意图

图 11-7 所示为简单的磨料磨损模型的示意图。根据这一模型,在接触压力 P 的作用下,单颗硬的磨料(假定为圆锥体)压入较软材料中,θ 为凸出部分圆锥面与软材料平面的夹角,当磨料在软材料表面滑动了距离 L 时,软材料被犁出一条沟槽。假如软材料硬度为 HV,根据式(5-12)维氏硬度的定义:

$$P = \frac{d^2 \text{HV}}{0.189\,1} \tag{11-5}$$

则软材料被犁掉的体积,即磨损量 W 为

$$W = \frac{d'}{2}\frac{d'}{2}\tan\theta \cdot L \tag{11-6}$$

设磨料圆锥体等同维氏硬度四棱锥压头,由式(11-5)和式(11-6)可得

$$W \propto \frac{PL}{\text{HV}}\tan\theta \tag{11-7}$$

式(11-7)是十分近似的,但能反映磨损量与硬度和接触压力间的关系。

11.5.3 影响磨料磨损的因素

式(11-7)式表明,磨料磨损量与接触压力 P 和滑动距离 L 成正比,与材料的硬度成反比;同时与磨料或硬材料凸出部分尖端形状有关。实际上,影响磨料磨损的因素十分复杂,包括外部载荷、磨料硬度和颗粒大小,相对运动情况,环境介质以及材料的组织和性能等。关于材料因素对磨料磨损的影响,应考虑如下几方面。

1. 材料硬度

图 11-8 表示材料硬度与相对耐磨性的关系,其中各种钢材均经淬火、回火处理;如不经处理,则各类钢材与纯金属的耐磨性位于通过原点的同一直线上。由图可见:①退火状态的工业纯金属和退火钢的相对耐磨性与其硬度成正比;②经过热处理的钢,其耐磨性随硬度的增加而增加,但相较未经热处理的钢,其相对耐磨性增加的速度要慢些,如图 11-8 中的四条斜线所示。

2. 显微组织

(1)基体组织

钢的耐磨性按铁素体、珠光体、贝氏体和马氏体顺序递增。而片状珠光体耐磨性又高于球化体。在相同硬度下,等温淬火组织的耐磨性比回火马氏体的要好。钢中残余奥氏体也影响磨损抗力,在低应力磨损条件下残余奥氏体数量较多时,将降低耐磨性。在高应力磨损条件下,若残余奥氏体发生相变硬化,则会改善钢的耐磨性。

(2)碳化物

碳化物是钢中最重要的第二相。高硬度的碳化物相,可以起阻止磨料磨损的作用。为阻止磨料的显微切削作用,在基体中存在颗粒尺寸较大的碳化物将更为有效。一般说来,在韧性好的基体中,增加碳化物数量、减小其尺寸对改善耐磨性是有利的。但在磨料细小而量多时,零件与磨料接触频率增加,这时采用硬基体材料(如马氏体)上分布高硬度碳化物的组织是合适的。由于碳化物具有硬而脆的特性,因此,这种组织匹配只适用于非冲击载荷的情况。

3. 加工硬化

图 11-9 表示加工硬化对低应力磨损试验时耐磨性的影响。可以看出,因塑性变形而加工硬化的材料提高了材料的硬度值,也提高了耐磨性。

高锰钢在淬火后为软而韧的奥氏体组织,在受低应力磨损的场合,它的耐磨性不好,而在高应力冲击磨损的场合,它具有特别高的耐磨性。这是由于奥氏体发生塑性变形,引起强烈的加工硬化并诱发马氏体转变。实践证明,高锰钢用作碎石机的锤头具有很好的耐磨性;而用作拖拉机履带或犁铧,其耐磨性却不高,就是因为两种情况下工作应力不同所致。

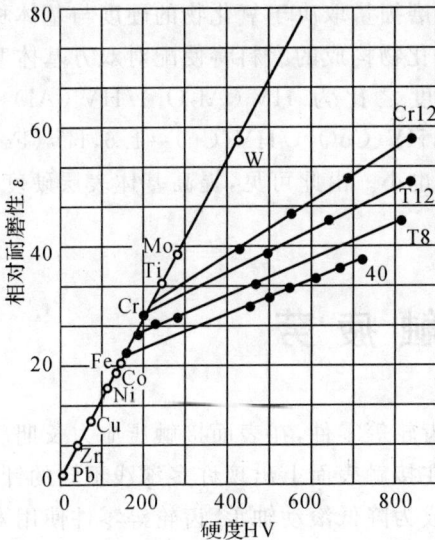

图 11-8　相对耐磨性与材料硬度间关系　　图 11-9　加工硬化对耐磨性的影响

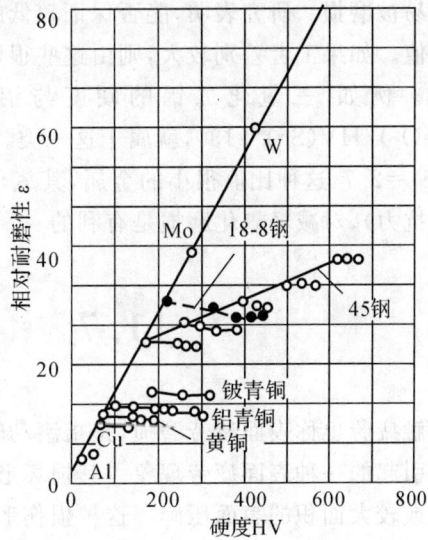

11.6　腐蚀磨损

11.6.1　腐蚀磨损的定义及分类

腐蚀磨损是摩擦面和周围介质发生化学或电化学反应,形成的腐蚀产物并在摩擦过程中被剥离出来而造成的磨损。腐蚀磨损过程常伴随着机械磨损,因此又叫腐蚀机械磨损。按腐蚀介质的性质,腐蚀磨损可以分为化学腐蚀磨损和电化学腐蚀磨损,在各类金属零件中经常见到的氧化磨损属于化学腐蚀磨损。

11.6.2 氧化磨损及其影响因素

一般洁净的金属表面与空气中的氧接触时发生氧化而生成氧化膜。摩擦状态下氧化反应速度比通常的氧化速度快。这是因为摩擦过程中,在发生氧化的同时,还会因发生塑性变形而使氧化膜在接触点处加速破坏,紧接着新鲜表面又因摩擦引起的温升及机械活化作用而加速氧化。这样,便不断有氧化膜自金属表面脱离,使零件表面物质逐渐消耗。因此氧化磨损在各类摩擦过程、各种摩擦速度和接触压力下都会发生,只是磨损程度有所不同而已。氧化磨损的膜厚逐渐增长。通常氧化膜的厚度约为 $0.01\sim0.02\ \mu m$。和其他磨损类型比较,氧化磨损具有最小的磨损速率(线磨损值为 $0.1\sim0.5\ \mu m/h$),也是生产中允许存在的一种磨损形态。在生产中,总是创造条件,使其他可能出现的磨损形态转化为氧化磨损,以防止发生严重的黏着磨损。

氧化磨损速率主要取决于所形成的氧化膜的性质和它与基体的结合强度,同时也与金属表层的塑性变形抗力有关。若形成的氧化膜是脆性的,它与基体结合的抗剪切结合强度低,则氧化膜易被磨损。研究表明,能否保证较低的氧化磨损量取决于氧化物的硬度与基体材料硬度的比值。如果工者差别较大,则由这些很硬的氧化物构成的磨料将使配对双方基体磨损大大增加。例如,三氧化二铝的硬度与铝的硬度之比为 $HV(Al_2O_3)/HV(Al)=57$; $HV(SnO_2)/HV(Sn)=130$,就属于这一类。反之,$HV(CuO_2)/HV(Cu)=1.6$,$HV(Fe_3O_4)/HV(Fe)=2.7$,这种比值很小的金属,其氧化磨损也小。由此可见,提高基体表层硬度(即提高变形抗力),对减轻氧化磨损是有利的。

11.7* 接 触 疲 劳

接触疲劳也称表面疲劳磨损,是指滚动轴承、齿轮等零件,在表面接触压应力长期反复作用下所引起的一种表面疲劳现象。其损坏形式是在接触表面上出现许多深浅不同的针状、痘状凹坑或较大面积的表面压碎。这种损伤形式已成为降低滚动轴承、齿轮等零件使用寿命的主要原因。因疲劳而造成的剥落现象将使这类零件工作条件恶化,噪声增大,最后导致零件不能工作而失效。

11.7.1 接触应力概念

两物体相互接触时,在接触面上产生的局部压力叫接触应力,一般有如下两种情况:

1)两接触物体在加载前为线接触(如圆柱与圆柱、圆柱与平面接触),加法向压力后,接触面会产生局部的弹性变形,形成一个很小的接触面积。图11-10是半径分别为 R_1 和 R_2,长度为 L 的两圆柱体接触时的情况,承受法向压应力 P 后,因弹性变形使线接触变为面接触,接触

面宽度为 $2b$,面积为 $2bL$。根据弹性力学,接触面上法向应力 σ_z 沿 y 方向呈半椭圆分布,而最大压应力是在接触面的中点上,即

$$\sigma_z = \sigma_{max}\sqrt{1-\left(\frac{y}{b}\right)^2} \qquad (11-8)$$

$$b = 1.52\sqrt{\frac{P}{EL}\times\frac{R_1 R_2}{R_1+R_2}} \qquad (11-9)$$

$$\sigma_{max} = 0.418\sqrt{\frac{PE}{L}\left(\frac{1}{R_1}+\frac{1}{R_2}\right)} \qquad (11-10)$$

式中,E 为综合弹性模量,可由两圆柱体材料的弹性模量 E_1 和 E_2 求得

$$E = \frac{2E_1 E_2}{E_1+E_2} \qquad (11-11)$$

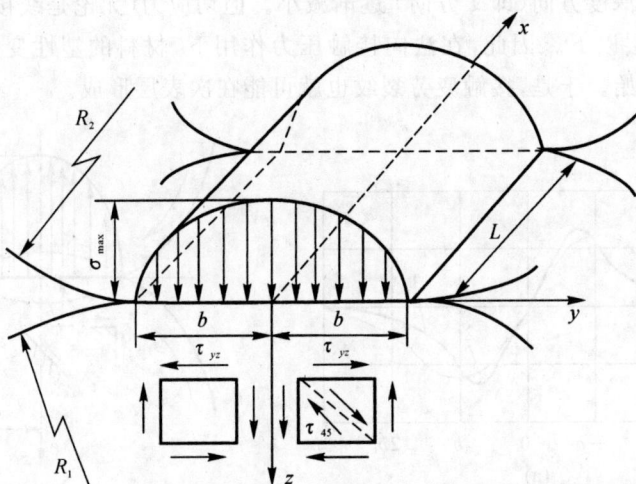

图 11-10　承受法向压应力后两圆柱体接触表面上的各应力分量

在接触压应力作用下,主应力和主切应力的分布如图 11-11 所示。可能影响接触疲劳失效的切应力有两个:一是与 y 轴成 $45°$ 的主切应力 τ_{45},其最大值位于表面下 $z=0.786b$ 处(见图 11-11);τ_{45} 的最大值和接触面上最大压应力间关系为 $\tau_{45,max}=0.33\sigma_{max}$;而在表面上($z=0$),$\tau_{45}=0$。一是正交切应力 τ_{yz}(见图 11-10),其最大值 $\tau_{yz,max}=0.256\sigma_{max}$,出现在表面下 $0.5b$,离中心距离 $\pm0.85b$ 处;在 $+0.85b$ 与 $-0.85b$ 处的 τ_{yz} 大小相等,方向相反(见图 11-12)。

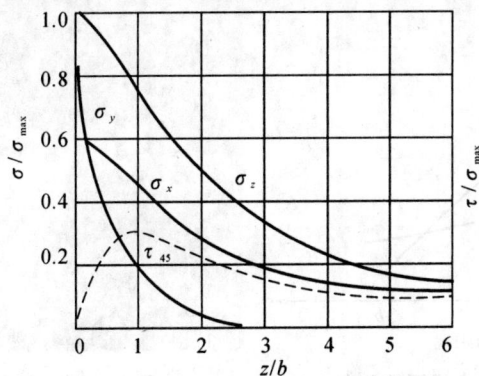

图 11-11 主应力、主切应力分布图(图中虚线为 $\tau_{45°}$)

2）两接触物体在加载前为点接触（如滚珠轴承），其接触应力大小与分布和线接触相似。对于半径为 R 的球面与平面接触，经推导得

$$b = 1.11\sqrt[3]{PR/E} \tag{11-12}$$

$$\sigma_{max} = 0.388\sqrt[3]{PE^2/R^2} \tag{11-13}$$

当泊松比 $\nu=0.3$ 时，其最大切应力 $\tau_{max}=0.31\sigma_{max}$，位于次表面 $z=0.48b$ 处。上述接触应力分析模型和分析结果，通常称为 Hertz 模型。后来，用有限元法对点／面接触时的接触应力进行了再分析；有限元的分析结果与 Hertz 的理论模型一致，从而证明 Hertz 模型的有效性。

综上所述，表面的最大接触压应力与外加载荷 P 均不呈线性关系，而是与 P 的二次方根（线接触）或三次方根（点接触）成正比。这是因为随着载荷的增加，接触面积也随之增大，致使接触面上的接触压应力的增长较之载荷的增长要慢。上述分析表明，法向接触压应力都是在表面处为最大，沿深度方向（即 z 方向）逐渐减小。但切应力（无论是线接触或是点接触）的最大值却位于表面层以下。因此，在法向接触压力作用下，材料的塑性变形可能不出现在表面，而是从次表层开始。于是，接触疲劳裂纹也就可能在次表层形成。

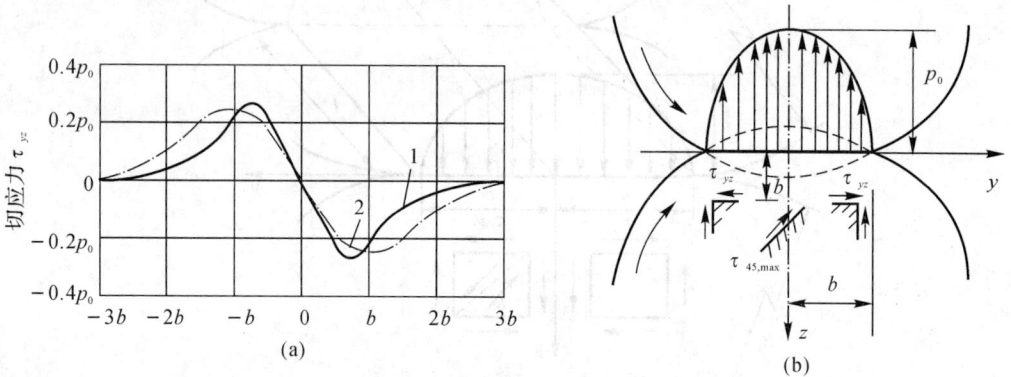

图 11-12　正交切应力分布图

(a)1— 在接触面上；2— 在接触面下 $1.0b$ 处；　(b)τ_{yz} 的作用面与方向

实际零件在滚动接触运动过程中，往往还伴随有滑动摩擦。由于表面摩擦力所产生的切向力的作用，引起了接触区域各应力分量的变化。由摩擦力与主切应力 τ_{45} 组合成的切应力 $\tau_{合成}$ 与正交切应力 τ_{yz} 在表层下的分布如图 11-13 所示。

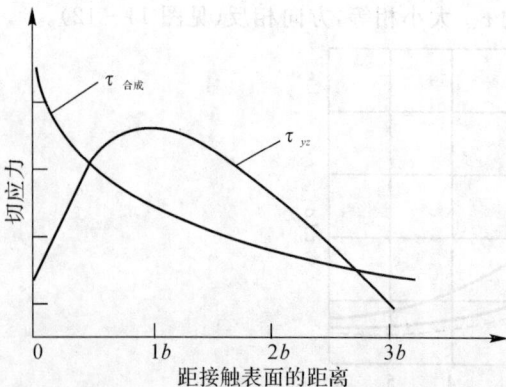

图 11-13　$\tau_{合成}$ 与 τ_{yz} 沿表层下的分布

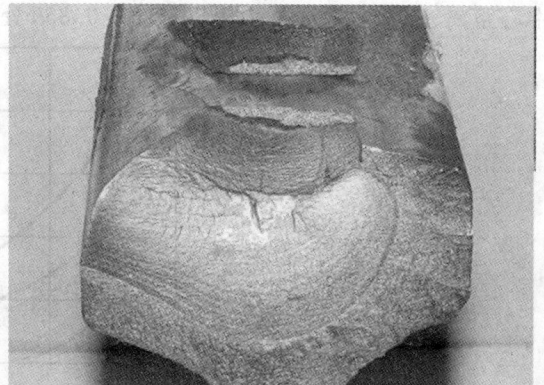

图 11-14　接触疲劳剥落后的断口

与图 11-12 相比,其最大切应力所在部位移向了表层。滑动摩擦的摩擦因数愈大,表面摩擦力也愈大,合成的最大切应力位置便愈趋向表面。当摩擦因数 $\mu > 0.1$ 时,最大切应力位置已经移向表面,这时疲劳裂纹就可能从表面产生。

11.7.2 接触疲劳损伤类型和损伤过程

和其他疲劳一样,接触疲劳也是一个裂纹形成和扩展过程。接触疲劳裂纹的形成也是局部金属反复塑性变形的结果。某些裂纹的不断扩展,就在金属表面上产生剥落。剥落后的断口反映了接触疲劳过程。从图 11-14 看出,断口大都呈扇形,扇轴处为疲劳源。随着时间推移,裂纹逆滚动方向放射扩展。

根据剥落坑外形特征,可将接触疲劳失效分为 3 种主要类型,即点蚀、浅层剥落、深层剥落。

1.点蚀

通常把深度在 $0.1 \sim 0.2$ mm 以下的小块剥落叫做点蚀。裂纹一般起源于表面,剥落坑呈针状或痘状。其形成过程可根据裂纹发展方向分为两种:一种是裂纹开口背离接触运动方向(见图 11-15(a)),当裂纹逐渐进入接触时,由于裂缝口没有被堵住,润滑油被挤出,在这种情况下裂纹不向纵深扩展,小麻点不继续扩大;另一种是裂纹开口朝向接触处,由于接触压力而产生的高压油波高速进入裂缝,对裂纹壁产生强烈的冲击,迫使裂纹继续向纵深扩展(见图 11-15(b))。当裂纹发展到一定深度后,裂纹与表层金属间犹如悬臂梁承受弯曲载荷一样,在随后的加载中折断,小麻点发展成痘状而留下凹坑。在齿轮节圆附近经常出现点蚀型损伤,它是零件在运行中存在着滚动和滑动复合作用的结果。

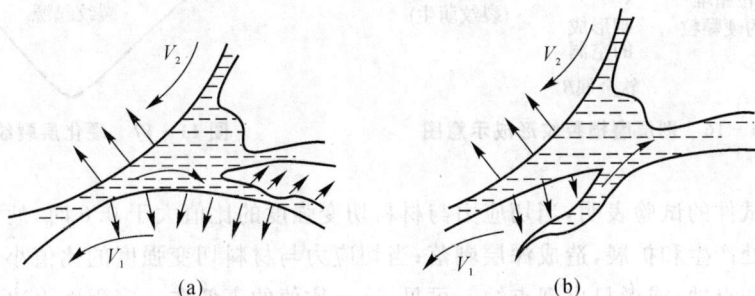

图 11-15 表面裂纹发展和润滑油作用示意图

2.浅层剥落

剥落深度一般为 $0.2 \sim 0.4$ mm。由图 11-11 和图 11-12 可知,在纯滚动或摩擦力很小的情况下,次表层将承受着更大的切应力,因此,裂纹易于在该处形成。金属磨损的剥层理论认为,在法向和切向应力作用下,次表层将产生塑性变形,并在变形层内出现位错和空位,并逐步形成裂纹(见图 11-16)。当有第二相硬质点和夹杂物存在时,将加速这一过程。由于基体围绕硬质点发生塑性流动,将使空位在界面处聚集而形成裂纹。一般认为裂纹沿着平行于表面的方向扩展,而后折向表面,形成薄而长的剥落片,留下浅盆形的凹坑。

3. 深层剥落

这类剥落坑较深(>0.4 mm)、块大,一般发生在表面强化的材料中,如渗碳钢中。裂纹源往往位于硬化层与心部的交界处(过渡区,见图 11-17)。这是因为该交界处是零件强度最薄弱的地方。如果其塑性变形抗力低于该处的最大合成切应力,则将在该处形成裂纹,最终造成大块剥落(见图 11-18)。因此,可以认为这类剥落产生原因是过渡区强度不足。

上述分析表明,接触疲劳裂纹的形成和扩展是切应力和材料切变强度交相作用的结果。一方面合成的切应力大小和分布随着外界条件以及接触物体尺寸(半径、长度)而变化;另一方面从材料强度来说,实际上的材料不可能是绝对均质的,而且零件表面也不是完全平滑且连续的。表面缺陷以及材料本身存在的夹杂物、孔隙和第二相质点都会影响材料强度而使疲劳裂纹形成位置改变。渗碳件表面因某种原因,如脱碳、表面温度升高,都会使表层弱化。虽然此时表面切应力不是最大值,但其切变强度已经低于最大合成切应力,因此,表面也会产生塑性变形,而后形成裂纹。反之,在滚动摩擦过程中,表面发生加工硬化,使表面接触疲劳强度提高或是因表面摩擦因数降低,结果使表面合成应力低于其疲劳强度。这样,即使已形成点蚀,也将停止扩展。

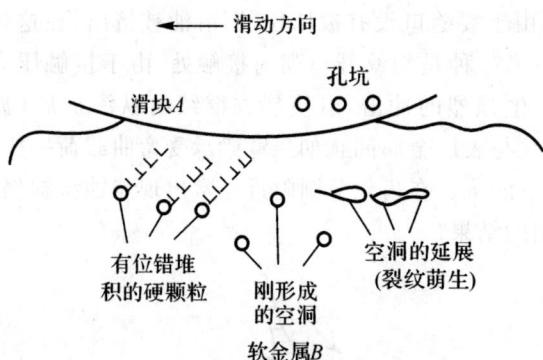

图 11-16　剥层磨损裂纹形成示意图

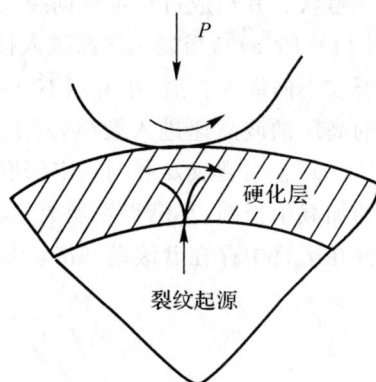

图 11-17　硬化层裂纹示意图

渗碳淬火试件的试验表明,当切应力与材料切变强度的比值大于 0.6 时,疲劳裂纹在硬化层和心部交界处产生和扩展,造成深层剥落;当切应力与材料切变强度的比值小于 0.55 时,就出现浅层剥落和点蚀,或者只出现点蚀。可见,这一比值的高低在一定程度上决定了疲劳裂纹源的位置与扩展方向,也决定了其失效类型。

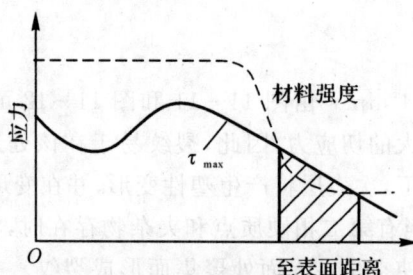

图 11-18　过渡区裂纹形成应力分析示意

11.7.3　接触疲劳试验方法

接触疲劳试验是在接触疲劳试验机上进行的。目前常用的试验机有单面对滚式、双面对滚式和止推式等几种(见图 11-19)。

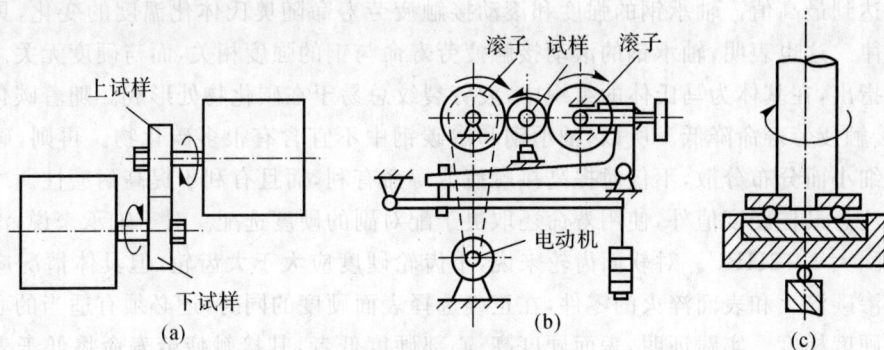

图 11-19　接触疲劳试验机种类
(a)单面对滚式；　(b)双面对滚式；　(c)止推式

11.7.4　提高接触疲劳抗力的途经

接触疲劳寿命首先取决于加载条件,特别是载荷大小。下面将讨论材料对接触疲劳抗力的的影响与提高接触疲劳抗力的途径。

1.材料强度和硬度的影响

一般情况下,材料的抗拉强度高,则其变形与断裂抗力高,故接触疲劳强度也高,如图 11-20 所示。材料的表面硬度可部分地反应材料塑性变形抗力和剪切强度。所以,在一定的硬度范围内,接触疲劳抗力随硬度的升高而升高,在某一硬度下接触疲劳寿命出现峰值。

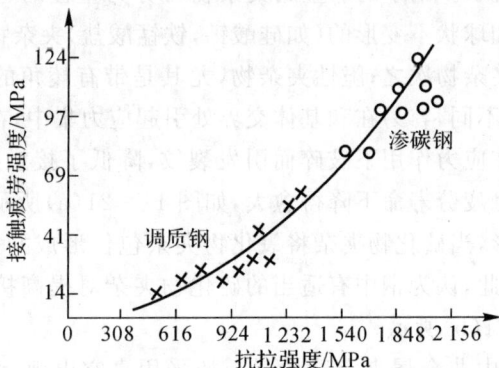

图 11-20　钢的接触疲劳强度与抗拉强度的关系

2.热处理和组织状态

对于在接触疲劳条件下服役的低、中碳钢,热处理主要是提高强度和硬度,以提高接触疲劳抗力,如图 11-20 所示。而对于轴承钢和渗碳钢(可用作齿轮和轴承),最终热处理不仅要提高钢的硬度,而且要使钢具有最佳的组织匹配。所谓最佳的组织匹配,是要求轴承钢和渗碳钢的基体-马氏体具有较高的硬度,而又具有一定塑性和韧性;钢中应含有适量的细粒状碳化物,以提高硬度和耐磨性。

对轴承钢研究表明,当 810℃奥氏体化时,滚动接触疲劳寿命最高;而当 860℃奥氏体化时的硬度才达到最高值。轴承钢的强度和滚动接触疲劳寿命随奥氏体化温度的变化,具有近似相同的规律。这也表明,轴承钢的滚动接触疲劳寿命与钢的强度相关,而与硬度无关。

研究指出,在基体为马氏体的组织中,疲劳裂纹总易于在碳化物处形成。随着碳化物数量的增加,接触疲劳寿命降低。所以,轴承钢和渗碳钢中不宜含有很多碳化物。再则,碳化物的颗粒应很细小而分布分散,不仅对提高接触疲劳寿命有利,而且有利于提高耐磨性。

除了注意最佳硬度值外,使用寿命还取决于配对副的硬度选配。对于轴承来说,滚动体硬度应比座圈大 1～2HRC。对软面齿轮来说,小齿轮硬度应大于大齿轮,但具体情况应具体分析。对于渗碳淬火和表面淬火的零件,在正确选择表面硬度的同时,还必须有适当的心部硬度和表层硬度梯度。实践证明,表面硬度高、心部硬度低者,其接触疲劳寿命将低于表面硬度稍低而心部硬度稍高者。如果心部硬度过低,则表层的硬度梯度太陡,使得硬化层的过渡区发生深层剥落。试验和生产实践表明,渗碳齿轮的心部硬度一般在 38～45 HRC 范围内较为适宜。

此外,在表面硬化钢淬火冷却时,表面将产生残余压应力,心部为残余拉应力,在压应力向拉应力过渡处往往也是在硬化层过渡区附近,这加重了该区产生裂纹的危险性。因此,调整热处理工艺,使在一定深度范围内存在残余压应力是必要的。

改善接触配对副的表面状态,降低摩擦因数是提高接触疲劳抗力的有效措施。如在齿轮表面上电镀一层锡和铜之类的软金属后,可使接触疲劳强度分别提高 1.9 和 1.5 倍。在接触过程中,这些软金属表面层能封住裂纹开口,使润滑油不再浸入,也就使裂纹不再进一步扩展。

3. 钢的冶金质量

钢在冶炼时总会有非金属夹杂物等冶金缺陷混入。轴承钢中的非金属夹杂物对接触疲劳寿命的影响如图 11-21 所示。钢中的非金属夹杂物可分为塑性的(如硫化物)、脆性的(如氧化物,氮化物,硅酸盐等)和球状不变形的(如硅酸钙,铁锰酸盐)夹杂物三类。其中塑性夹杂物对寿命的影响很小;球状夹杂物次之;脆性夹杂物,尤其是带有棱角的夹杂物危害最大。这是由于它们和基体弹性模量不同,容易在和基体交界处引起应力集中,在夹杂物的边缘部分造成微裂纹,或是夹杂物本身在应力作用下破碎而引发裂纹,降低了接触疲劳寿命。研究表明,这类夹杂物的数量愈多,接触疲劳寿命下降得愈大,如图 11-21(a)所示。具有塑性的硫化物夹杂,易随基体一起塑性变形,当硫化物夹杂将氧化物夹杂包住形成共生夹杂物时,可以降低氧化物夹杂的有害作用。因此,认为钢中有适当的硫化物夹杂对提高接触疲劳寿命是无害甚至可能是有益的,如图 11-21(b)所示。

生产上应尽量减少钢中非金属夹杂物含量。如采用真空电弧冶炼和电渣重熔等冶炼方法,提供优质纯净的钢材是非常必要的。

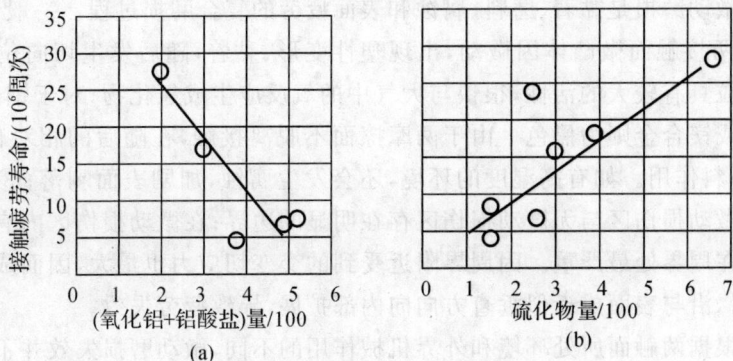

图 11-21　轴承钢中非金属夹杂对接触疲劳寿命的影响(在 750 倍下对 9 mm² 观察
510 个视场以统计夹杂物量)
(a)氧化铝；　(b)硫化物

11.8* 微动疲劳

11.8.1　微动疲劳的概念

两相互接触的零件在设计上是相对静止的,但在服役过程中,由于受到振动或循环载荷的作用,零件表面间产生微小幅度的相对切向运动,称为微动(fretting)。在压紧的表面之间由于微动而发生的磨损称为微动磨损。机器中各种压配合的轴与轮毂、轴与轴套、铆接接头、螺栓联接均可能产生微动,引起微动磨损,进而导致疲劳性能的下降。图 11-22 所示为铆接接头中可能产生微动磨损的部位。

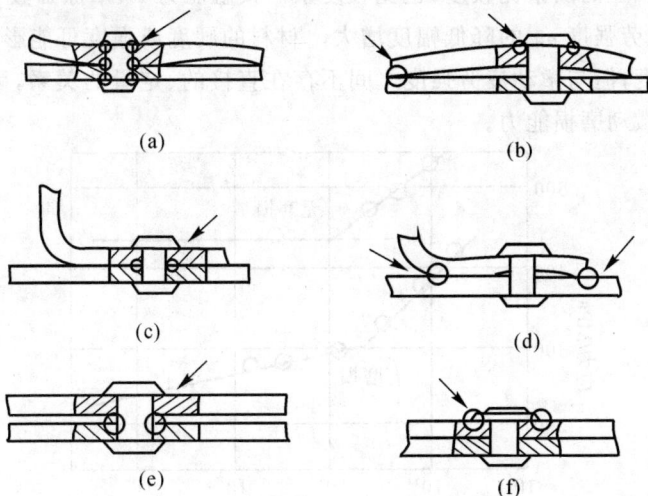

图 11-22　铆接接头中可能产生微动磨损的部位(箭头表示处)

研究认为,微动磨损是黏着、磨料、腐蚀和表面疲劳的复合磨损过程。一般认为,它可能出现三个过程:①两接触面微凸体因微动,出现塑性变形、黏着,随后发生切向位移使黏着点脱落;②脱落的颗粒具有较大的活性,很快与大气中的氧反应生成氧化物;对于钢件,其颜色为红褐色;而对于铝或镁合金则为黑色。由于两摩擦面不脱离接触,在随后的相对位移中,发生脱落的颗粒将起磨料作用。如有高湿度的环境,还会发生腐蚀,加剧表面剥落;③接触区产生疲劳。观察表明,微动损伤区与无微动损伤区存在明显的边界;在微动损伤区内有大量磨粒和黏着剥落现象,而在周界处最严重。因周界附近受到的交变切应力也最大,因而成为微裂纹的源区。裂纹形成后,沿与表面成近似垂直方向向内部扩展,导致疲劳失效。

应当指出,根据两触面所处环境和外界机械作用的不同,微动磨损失效并不必然包括上述三个过程,可能只出现其中某一种或两种磨损形式为主的微动磨损。于是,微动磨损便出现不同的术语,如以化学反应为主的微动磨损称为微动磨蚀;当磨损和疲劳同时发生作用时,则称微动疲劳磨损等。

微动磨损量与正压力和磨损路程成正比,而与材料的抗压屈服强度成反比,这与人的直觉一致。

11.8.2 微动磨损对疲劳强度的影响

微动损伤区出现的氧化、疏松以及蚀坑不仅使零件精度下降,还将引起附加的应力集中,导致零件提前出现疲劳失效。分析表明,由微动磨损引起的应力集中,相当于 $K_t = 4$。图 11-23 表示了微动磨损对疲劳强度的影响,表明微动磨损降低疲劳强度;疲劳寿命愈长,微动磨损降低疲劳强度的作用也愈大,而在高应力、短寿命区,微动疲劳强度与常规疲劳强度接近。

11.8.3 影响微动疲劳强度的因素

影响微动疲劳强度的因素比较多,也比较复杂。接触压力 P、摩擦因数 μ 和滑移幅度 L 增大,都将导致微动疲劳强度 σ_{rf} 的降低幅度增大。材料的硬度或强度可能影响疲劳强度 σ_R,进而影响微动疲劳强度,但与微动疲劳强度之间不存在直接的、定量的关系,因而不能从材料硬度或强度去评价抗微动磨损能力。

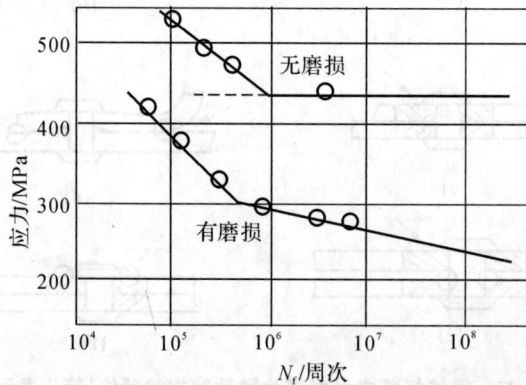

图 11-23　微动磨损对钢(0.25C-0.25Cr-0.25Ni-1.0Mn)疲劳强度的影响

11.8.4　微动疲劳损伤的防治

为防治微动疲劳损伤,目前主要从设计和工艺上采取措施,提高联接件的微动疲劳强度。主要采用下述技术措施。

1)防止两金属表面间的直接接触,例如,在两摩擦面插进一种弹性高的材料,如橡胶或聚合物材料,以吸收切向位移能量,提高微动疲劳强度;

2)采用表面强化方法,如表面滚压、化学热处理,大大提高微动疲劳强度,有时能完全消除微动磨损的不利影响;

3)采用表面涂层,以减小摩擦因数和提高表层抗微动损伤的抗力;

4)对接触表面进行润滑,任何润滑剂和坚硬固体膜都能减少黏着力,因而也减少了微动损伤。

11.8.5　微动疲劳试验方法

微动疲劳试件可以是平板试件,也可用圆柱试件。圆柱型微动疲劳试件如图 11 - 24 所示;在试件上磨出宽约 5 mm 的平台,以便安装微动桥。整个微动疲劳试验装置如图 11 - 25 所示。

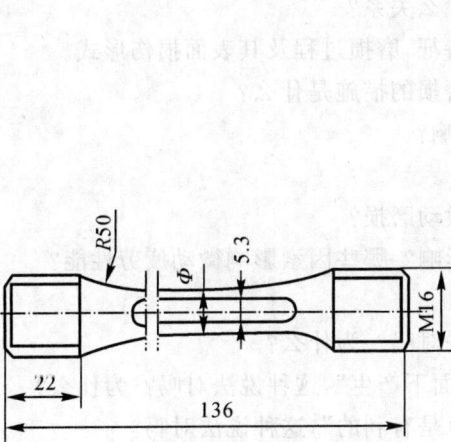

图 11 - 24　圆柱型微动疲劳试件图

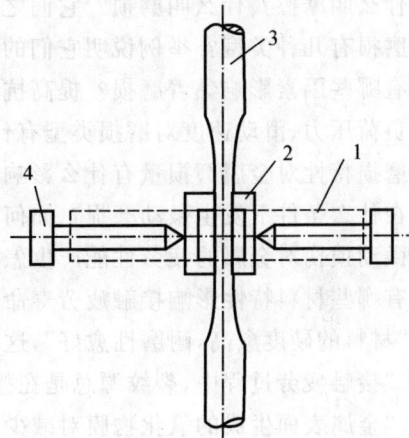

图 11 - 25　微动疲劳试验装置示意图
1—测力环;　2—微动桥;　3—试件;　4—调节螺钉

由图 11 - 25 可见,试件的两侧面分别与微动桥的表面接触,并施加法向压力。疲劳试验时,整个微动疲劳试验装置装在疲劳试验机上。当试件受到循环应力作用而发生弹性伸缩时,试件与微动桥脚的接触面间即产生微幅的相对滑动,从而造成微动疲劳损伤。试件断裂时的加载循环数,即为微动疲劳寿命。

11.9　本章小结

　　磨损的类型和相关的机理,本章做了简要论述。磨损是由相互接触的表面,在一定的载荷作用下,发生相对运动引起的。因此磨损量的大小,结构件的服役寿命长短,首先取决于接触表面层内的材料性质,同时也取决于结构件的受力和运动状况,以及环境介质的作用等外部因素。本章中有关磨损类型和机理的讨论,是围绕这一思路进行的。要着重说明,微动疲劳不仅存在于承受循环载荷的联接件中,也存在于起重机的钢丝绳中。应当注意由微动磨损而引起的微动疲劳强度的降低。因此,在联接件的材料选用、制造工艺的拟定,以及保养和维修规范的制定过程中,都要注意降低微动疲劳损伤,使联接件的疲劳强度不致降低或降低使其幅度很小。一般情况下,磨损是渐进式的,一般不致引发灾难性的事故,但会影响机械零部件,以至机械的整体功效;而微动疲劳却可导致联接件的断裂。因此,要注意防止联接件的微动疲劳损伤。

习题与思考题

1.什么叫摩擦? 什么叫磨损? 它们之间有什么关系?

2.磨损有几种类型? 举例说明它们的负荷特征,磨损过程及其表面损伤形式。

3.有哪些因素影响黏着磨损? 提高抗黏着磨损的措施是什么?

4.负荷压力、滑动速度对磨损类型有什么影响?

5.磨损特性对金属磨损量有什么影响?

6.在什么条件下发生微动磨损? 如何减少微动磨损?

7.微动损伤对金属的疲劳性能产生怎样的影响? 哪些因素影响微动疲劳性能?

8.有哪些材料特性影响接触疲劳寿命?

9.“材料的硬度愈高,耐磨性愈好”,这种说法对吗? 为什么?

10.“接触疲劳过程中,裂纹源总是在接触表面下产生”,这种说法对吗? 为什么?

11.“金属表面生成的氧化物膜对减少磨损总是有利的”,这种说法对吗?

参 考 文 献

[1]　郑修麟. 材料的力学性能[M]. 西安:西北工业大学出版社,2000.

[2]　Campbell F C. Fatigue and fracture:understanding the basics[M]. Ohio：ASM International Materials Park,2012.

[3]　刘瑞堂,刘文博,刘锦云. 工程材料力学性能[M]. 哈尔滨:哈尔滨工业大学出版社,2001.

[4]　ASM handbook. Friction, lubrication, and wear technology[M]. Ohio：ASM

International Materials Park，1992.

[5]　D Francois，Pineau A，Zaoui A. Mechanical behavior of materials Volume II：fracture mechanics and damage[M]. New York ：Springer，2013.

[6]　中华人民共和国国家标准委员会.GB/T 12444—2006 金属材料 磨损试验方法 试环-试块滑动磨损试验[S].北京：中国标准出版社，2006.

[7]　中华人民共和国国家标准委员会.GB/T 17754—2012 摩擦学术语[S].北京：中国标准出版社，2012.

第 12 章　高分子材料的力学行为

12.1　引　　言

高分子材料具有许多其他材料不可比拟的突出性能,其应用日益增多,成为不可缺少的支柱材料。典型的例子是用作飞机的重要结构件,例如飞机座舱罩的风挡,制造飞机大型结构件的树脂基复合材料基体。

高分子材料又称高聚物或聚合物,有些条件和场合下还俗称为树脂或塑料。它主要是由相对分子质量很大(常大于 10 000)的有机化合物即高分子化合物组成的,由低分子化合物同系物单体通过聚合反应获得。能够组成高分子化合物的低分子化合物称为单体,虽然两者的化学结构相似,但是高分子材料具有大分子链结构和特有的热运动,这就决定了它具有与低分子材料不同的物理和化学性态,见表 12-1。高分子化合物主要呈长链状,称为大分子链。大分子链由链节连成,链节的重复次数称为聚合度。一个大分子链的相对分子质量 M,可以用一个链节的相对分子质量 m 与聚合度 n 的乘积来表示,即 $M = mn$。大分子链之间的相互作用力为分子键,分子链的原子之间、链节之间的相互作用力为共价键。高分子材料的大分子链结构、聚集态与其性能密切相关。高分子材料的聚集态结构有晶态、部分晶态和非晶态 3 种。不同的聚集态结构对高聚物的性能产生重要影响。非晶态高聚物在不同温度下表现为 3 种物理状态:玻璃态(glassy state)、高弹态(elastomeric state)和黏流态(viscous state)。在外力和能量作用下,比金属材料和陶瓷材料更为强烈地受到温度和力作用时间等因素的影响。因此,高分子材料的力学性能变化幅度较大。

高分子材料的最大特点是高弹性、黏弹性、弹性模量低(一般为 0.4~4.0 GPa)和密度低(一般为 1.0~2.0 g/cm³)。其特别明显的黏弹性主要表现形式是蠕变、松弛和内耗,因而高分子兼具黏性液体和刚性固体的双重特点。此外,与其他材料比较,高分子材料的强度虽然很低,但其比强度却比金属高;不仅刚度很低,韧性也较低,但能够依靠黏性流变能产生较大的塑性变形;温度和变形速度对强度的影响比其他材料大得多。许多高分子材料的减磨性很好,绝缘、绝热、隔音、耐蚀性很好,但耐热性不高,存在老化的问题。

本章主要内容是:以线型非晶态高聚物为代表,论述高聚物在 3 种物理状态下的主要力学行为;结晶高聚物的力学行为;黏弹性;理论强度;疲劳、环境特性和耐磨性简介。

表 12-1　高分子材料与低分子材料的特点

特　点	高分子材料	低分子材料
分子量	$10^3 \sim 10^6$	<500
分子可否分割	可分割成短链	不可分割
热运动单元	链节、链段、整链等多重热运动单元	整个分子或原子

续表

特　点	高分子材料	低分子材料
结晶程度	非晶态或部分结晶	大部分或完全结晶
分子间力	加和后可大于主键力	极小
熔点	软化温度区间	固定
物理状态	只有液态和固态(包括高弹态)	气、液、固三态

12.2　线型非晶态高分子材料的力学行为

　　一般的高分子的链是线型的,其直径为零点几纳米,而长度有数百纳米,通常柔性高分子链呈卷曲状态。线型非晶态高聚物是指结构上无交联、聚集态无结晶的高分子材料,本节以该材料为代表,了解非晶态高分子材料的力学行为特点。随所处温度的不同,这类高分子材料可处于玻璃态、高弹态和黏流态等力学性能三态(见图 12-1)。从相态角度看,力学性能三态均属于液相,即分子间的排列是无序的。其主要差别是变形能力不同,模量不同,因而称为力学性能三态。

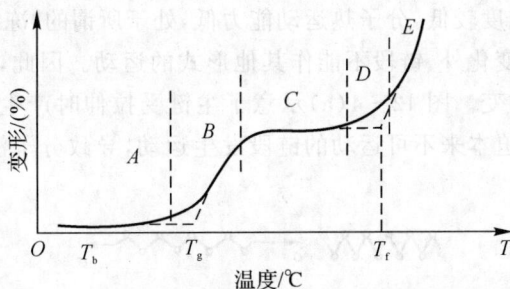

图 12-1　高聚物在恒加载速率下的变形-温度关系曲线
A—玻璃态；　B—过渡态；　C—高弹态；　D—过渡态；　E—黏流态；
T_b—脆化温度；　T_g—玻璃化温度；　T_f—黏流温度

12.2.1　玻璃态

　　温度低于玻璃化温度 T_g 时,高聚物内部的结构类似于玻璃,故被称为玻璃态。室温下处于玻璃态的高聚物称为塑料。玻璃化温度随着测试方法和条件的不同而有所不同。玻璃态高聚物抗拉强度 R_m 和屈服强度 R_{eL} 随温度的变化规律如图 12-2 所示。当温度 $T<T_b$,高聚物处于硬玻璃态,拉伸试验时发生脆性断裂,表现为硬而脆的性态,其拉伸曲线见图 12-3 中的曲线 a。因此,将 T_b 称为塑料的脆化温度。
　　聚苯乙烯(PS)在室温下即处于硬玻璃态。拉伸试验时,试件的延伸率很小,断口与拉力方向垂直。弹性模量比其他状态下的弹性模量都要大,且无弹性滞后、弹性变形量很小,将这种情况下的弹性变形称为普弹性变形(对应理想弹性变形的概念)。

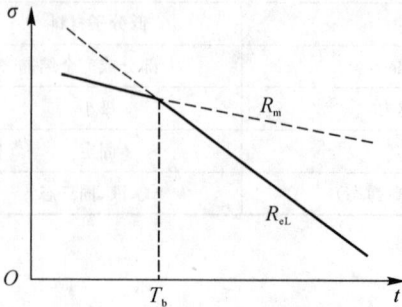

图 12 – 2 脆性温度 T_b 示意图

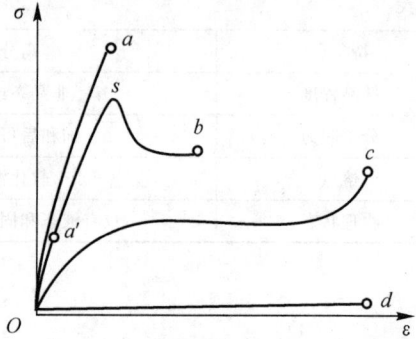

图 12 – 3 线型无定形高聚物在不同温度下的 σ – ε 曲线($T_a < T_b < T_c < T_d$)

当 $T_b < T < T_g$ 时,高聚物处于软玻璃状态,表现为硬而强或硬而韧的性态。室温下 ABS 塑料和聚碳酸酯(PC)的拉伸曲线即属于此类。图 12 – 3 中的曲线 b 为软玻璃态高聚物的拉伸曲线,a' 点以下为普弹性变形。普弹性变形后的 $a's$ 段所产生的变形为受迫高弹性变形。在外力除去后,受迫高弹性变形被保留下来,成为"永久变形",应变量可达 300% ~ 1 000%。这种变形在本质上是可逆的,但只有加热到 T_g 以上,变形的恢复才有可能,这是与橡胶弹性的重要区别。

处于玻璃态的材料温度较低,分子热运动能力低,处于所谓的"冻结"状态。除链段和链节的热振动、键长和键角的变化外,链段不能作其他形式的运动。因此,受力时产生的普弹性变形来源于键长及键角的改变。图 12 – 4(a)示意了主键受拉伸时产生的普弹性变形。而在受迫高弹性变形时,外力强迫本来不可运动的链段发生运动,导致分子沿受力方向取向,一些卷曲的分子链得到伸展。

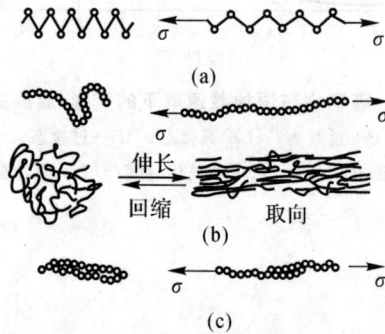

图 12 – 4 长链聚合物变形方式

部分非晶高聚物在 s 点开始屈服(见图 12 – 3 中曲线 b),屈服后的变形主要是塑性变形,若此时去除外力,变形不会完全恢复。屈服后一般会有力随变形的发展有所下降,这一现象称为应变软化。应变软化的主要原因有两个:其一是分子链沿着外力方向取向的同时,分子链之间发生解缠,拉伸黏度降低,从而更容易发生变形;其二是试样横面积减小,出现像金属那样的颈缩,在玻璃化温度或高于玻璃化温度下拉伸不易出现颈缩。金属一旦有颈缩,便会在颈缩处发生局集变形,最后在颈缩处断裂;然而高聚物颈缩后,有时在应力几乎不变下,变形会持续较长时间,颈缩区沿试样长度方向扩展,演变为沿试样长度的均匀塑性变形,不会在颈缩处立即断裂。由于塑性变形是外力驱使本来不可运动的链段进行运动产生的,因而称为"冷流"或冷拉(cold‑drawing)。最后,随着变形的进一步发展,应力又会随着变形的增加而增大,这也像金属那样,称为应变硬化,这是因为分子链沿着外力方向取向过程基本完成(参见图 12‑4(b)),导致沿拉伸方向的强度提高,拉伸曲线复又上升,直至断裂。

某些非晶高聚物在玻璃态下拉伸时,会产生垂直于拉应力方向的银纹(craze),如图 12‑5所示。受力或环境介质的作用都可能引发银纹。银纹在透明材料中呈现银白色闪光,故名为银纹。银纹多发生在玻璃态高聚物中,如聚苯乙烯、有机玻璃(聚甲基丙烯酸甲酯)、聚碳酸酯、聚砜、聚苯醚等;但也出现在半晶高聚物中,如聚乙烯、聚丙烯和聚甲醛中;甚至还出现在一些热固性树脂中,如环氧树脂、酚醛树脂等。

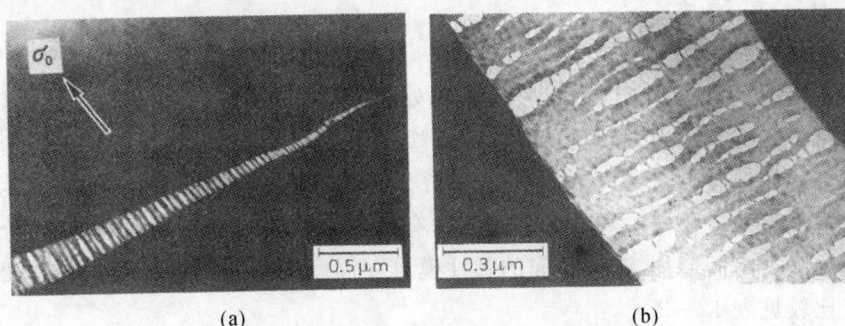

图 12‑5　聚苯乙烯的银纹[3]
(a)图中箭头指主应力方向;　(b)图(a)中一段的放大照片

银纹的出现标志着材料已受损伤,银纹区的强度明显减小[3],因为银纹区的密度仅为本体密度的 $20\%\sim60\%$。银纹线一般与拉应力方向垂直,图 12‑5(a)银纹线与拉应力垂直自左向右长大。当矩形试件弯曲时,银纹总是出现在受拉应力的一边,压缩试验不会出现银纹。通常银纹的厚度约为 $1\mu m$ 左右,它的长度却可以很大。图 12‑5(b)是银纹的局部放大图,这种银纹实际上是垂直于应力的椭圆型空楔,用显微镜可以看到有取向的微丝(微纤维)充填其中[3]。存在一个银纹形成的临界应力或临界应变值;若低于该临界值,即使延长时间也不会出现银纹。目前认为银纹的形成可分两种情况。其一是在应力集中区(如滑移带的交点)形成微空隙,其尺度约 10 nm。然后微空隙借热激活形成银纹核心,激活能约为 175 kJ/mol,与分子链的端裂能量 230 kJ/mol 很接近。这正是银纹常常起始于试样表面缺陷和擦伤处或内部空穴和夹杂物处的原因,因为这些区域易形成应力集中。其二是在分子链的伸直区部分,分子链的端头分散收缩形成微空隙,或是各端头在结合成端群过程中形成微空隙。根据银纹的形成过程,可认为它又是高分子材料的一种变形机理。

银纹与裂纹相结合将导致裂纹的扩展,并促成脆性断裂。但在多相高分子材料中利用银纹增韧,因为产生银纹需消耗一定的能量。出现银纹的材料如在 T_g 以上退火或者在压应力作用下能减少或消失。

在第 7 章中已经知道,金属材料裂纹尖端有塑性区,某些高分子材料裂纹尖端附近却是银纹区域。银纹的破断是以微空隙的缓慢聚集、合并的方式进行的。当裂纹作稳态扩展时,它是以裂尖前方的银纹层为先导。裂尖虽然可能钝化,但银纹的顶端却是尖锐的,这有利于裂纹的稳态扩展。故在某些高分子材料的断裂中,如果裂尖以形成银纹区起主导作用,材料往往是脆性断裂;如果裂尖通过局部滑移以形成塑性区为主导时,则往往是延性断裂。高分子材料是脆性裂断还是延性裂断,取决于裂尖出现银纹区还是塑性区这两种过程的竞争[4-5]。

室温下一旦产生银纹后卸载,银纹既不会消失,也不会闭合,其宏观尺寸不变。值得指出的是[4],银纹也会发展成为裂纹,但银纹并不是裂纹。其差别主要体现在:银纹可以发展到与试件尺度相当的长度,但不会导致试件断裂,裂纹在远未达到这样大的尺寸时试样已断裂;在恒定载荷作用下银纹恒速发展,而裂纹的生长是加速的;试件的刚度不随银纹化的程度而改变,但裂纹会导致刚度下降;银纹的扩展取决于试样的平均应力,裂纹则取决于尖端的应力强度因子;银纹在 T_g 以上退火会自动愈合,裂纹在材料加热中却不会消失。

12.2.2 高弹态

在 $T_g < T < T_f$ 的温度范围内,高分子材料处于高弹态或橡胶态,表现为软而韧的性态。它是高分子材料所特有的力学状态。高弹态是橡胶的使用状态,所有在室温下处于高弹态的高分子材料都称作橡胶。显然,其玻璃化温度 T_g 低于室温。图 12-3 中的曲线 c 为高弹态的拉伸曲线。室温下的硫化橡胶和高压聚乙烯具有这种拉伸曲线。在高弹态下,高分子材料的弹性模量随温度升高而增加,这与金属的弹性模量随温度的变化趋势相反。普弹变形与高弹变形的特点比较见表 12-2。

表 12-2 普弹变形与高弹变形的比较

项　目	普弹变形	高弹变形
弹性延伸率/(%)	0.1～1	达 1 000 或更高
热效应:拉伸时	冷却	变热
压缩时	变热	冷却
泊松比	<0.5	约为 0.5
拉伸时的比容	增加	不改变
弹性模量/MPa	$10^3 \sim 2 \times 10^4$	2～20
升温影响	减少	增加
形变速率	与应力同时产生	落后于应力
形变对温度的依赖性	很少	依赖

高弹态的高弹性来源于高分子链段的热运动。当 $T > T_g$ 时,分子链动能增加,同时因膨胀造成链间未被分子占据的体积增大。在这种情况下,链段得以运动。大分子链间的空间形象称为构象。当高弹态高聚物受外力时,分子链通过链段调整构象,使原来卷曲的链沿受力方向伸展,宏观上表现为很大的变形(见图 12-4(b))。应当指出,高弹性变形时,分子链的质量中心并未产生移动,因为无规则缠结在一起的大量分子链间有许多结合点(分子间的作用和交联点),在除去外力后,通过链段运动,分子链又回复至卷曲状态,宏观变形消失。不过这种调整构象的回复过程需要一定的时间。除小应变的一段曲线符合线性弹性关系外,当处在较大

应变时应力与应变呈非线性弹性关系。可见高弹态的另一特征为变形量大。变形能够恢复，但不是瞬间完成的，而是与时间有关。

高分子材料具有高弹性的必要条件是分子链应有柔性；但柔性链易引起链间滑动，导致非弹性变形的黏性流动（见图 12-4(c)）。采用分子链的适当交联可防止链间滑动，以保证高弹性。但交联点过多会使交联点间链段变短，链段活动性（柔性）降低，使弹性下降以至消失，而弹性模量和硬度增加，此时 $T_f = T_g$。这种高聚物，例如酚醛树脂（一种体型高聚物），与其他低分子材料无明显的区别。

12.2.3 黏流态

当温度高于 T_f 时，高聚物成为黏流态熔体（黏度很大的液体），表现为软而弱的性态，不能作为工程材料使用，高分子凝胶物质即属于此类。此时，大分子链的热运动以整链作为运动单元。熔体的强度很低，稍一受力即可产生缓慢的变形，链段沿外力方向运动，而且还引起分子间的滑动。熔体的黏性变形是大分子链质量中心移动产生的。这种变形是不可逆的永久变形。常在黏流态下对高聚物加工成型。

塑性和黏性都具有流动性，其结果都能产生不可逆的永久变形，二者有时很难区分，因为这两种变形经常同时出现。通常把无屈服应力出现的流动变形称为黏性变形，分子间发生相对移动才能产生黏性流动。对于理想的黏性流体，其流动变形可用牛顿定律来描述，即应力与应变速率成正比例关系。因此，黏性流动与时间关系密切。在 12.4 节还有一个黏弹性的概念。已经变形的材料，在外力去除后，其弹性变形部分不是立即恢复，而是有很长的恢复时间，有些条件下甚至需要几年。高聚物学中将这种兼具弹性变形（变形可逆）和黏性变形（变形与时间关系非常密切）的特性，称为黏弹性（相应于金属材料中的滞弹性术语）。图 12-3 中的曲线 d 为黏流温度附近处于半固态和黏流态的拉伸曲线。由该图可见，当外力很小时即可产生很大的变形。因此，高聚物的加工成型常在黏流态下进行。加载速率高时，黏流态可显示出部分的弹性。这是因为卷曲的分子可暂时伸长，卸载后复又卷曲之故。

为了全面认知线型非晶态高聚物在不同温度下的行为，以聚甲基丙烯酸甲脂（PMMA）为典型代表，给出了其在不同温度下的拉伸应力-应变曲线，如图 12-6[7] 所示。该材料的玻璃化温度 T_g 约为 100℃。在 86℃ 以下，变形是弹性的，104℃ 开始有屈服点出现。可以看出，随温度下降，出现了突然的从韧性到脆性的转变，转变温度大致与 T_g 相同。与多数金属材料的力学性能随温度的变化相似，随温度下降，高聚物材料强化和脆化；而高聚物的弹性模量随温度升高降低幅度大，这点与金属材料又有所不同。

非晶态高聚物的力学三态不仅与温度有关，还与其微观结构和相对分子质量（正比于分子量）有关[8]。完全交联的聚合物即使加热到化学分解的温度，也仍然处于玻璃态，没有高弹性。高分子的分子量或聚合度达到临界分子量（或临界聚合度）才会具有实用的力学性能。对于强极性高分子来说，其临界聚合度为 40 个链节（如聚酰胺类）；非极性高分子的临界聚合度为 80（如聚苯乙烯）；而弱极性高分子的临界聚合度介于二者之间。由图 12-7 可见，随着相对分子质量的增大，T_g 升高，T_f 也明显增大。当聚合度大于临界聚合度时，随着分子量的增加，高分子材料的强度增加幅度增大；当聚合度大于 200~250 时，强度增加幅度变小；进一步增加聚合度，当达到 600~700 时，强度达到某个极限值，继续增加聚合度强度几乎不变[4]。

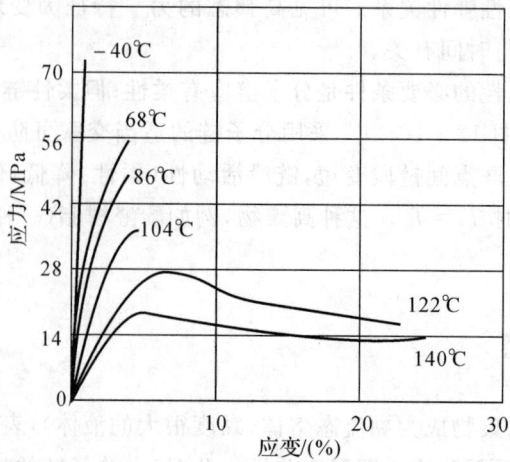

图 12 - 6　非晶聚合物 PMMA(聚甲基丙烯酸甲酯)不同温度下的应力-应变曲线

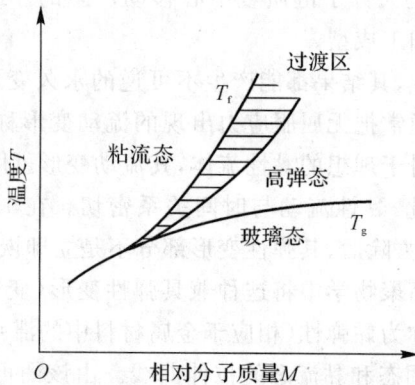

图 12 - 7　非晶态聚合物的力学状态与相对分子质量和温度的关系[8]

12.3　结晶高聚物的变形特点

在一定条件下,高聚物可形成结晶区域。当高聚物完全结晶时,其变形规律和低分子晶体材料相似。实际上,高聚物是各种结构单元组成的复合物(见图 12 - 8),结晶区域只占一部分体积。

结晶区域由一个个微单晶组成,微晶内部由折叠链分子所组成。微晶通过束缚分子(联系分子)相联结。在结晶部分还存在链端和缺陷。一般用结晶度表示结晶区所占的比例。结晶区链段无法运动,因而这些区域不存在高弹性。在 T_g 温度以上和晶体熔点 T_m 以下,非晶区具有高弹性,晶体区则具有较高的强度和硬度,两者复合则形成强韧的皮革态。当 $T > T_m$ 时,晶体相熔化,高聚物全部由非晶态组成,转化为高弹性的橡胶态。图 12 - 9 给出了由相对分子质量和温度决定的各力学状态存在的范围[8]。

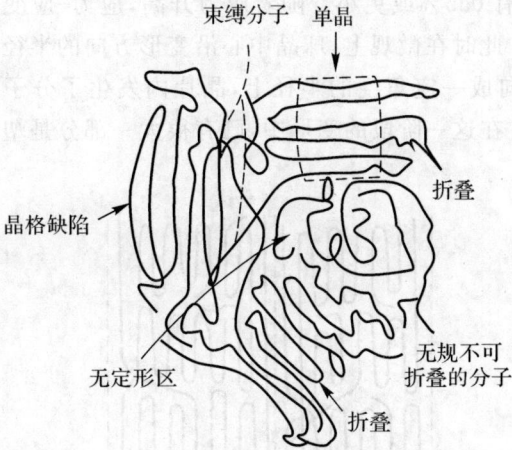

图 12 - 8　结晶高聚物的结构模型

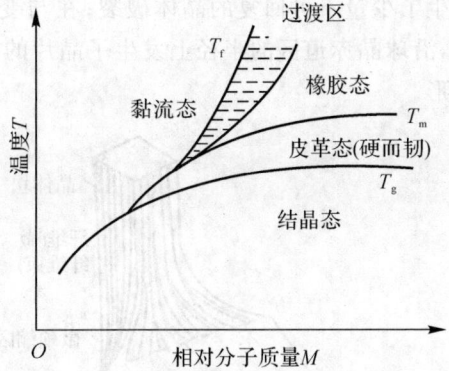

图 12 - 9　晶态高聚物的力学状态与相对
分子质量和温度间的关系[8]

　　未取向的片状结晶高聚物的微晶倾向于无序分布,其拉伸曲线如图 12 - 10 所示。与应力方向垂直的晶片可能沿晶片间的非晶边界分离,其他取向的晶片逐渐转向应力方向。拉伸时原晶粒破碎成小块后,应力-应变曲线上 A 点出现了屈服,同时试件上出现颈缩。颈缩向两旁发展,使试件均匀地变细。在此期间,应力保持恒定。在变形剧烈处,试件发白,发白处实际上是大量银纹带的聚集区。几乎所有结晶高聚物在室温下拉伸都会在曲线的 B 处出现冷拉行为,形成颈缩,此时的应力降低原因与非晶聚合物类似;非晶聚合物只有像聚碳酸酯(PC)一类韧性聚合物才出现冷拉行为。曲线最低点 B 代表材料原始结构的破坏。

　　尽管片状结晶高聚物拉伸中晶体破碎成小块,但链仍保持其折叠结构。从同一薄片中撕出来的一些小束沿拉力方向串联排列,形成长的微纤维。每一束内伸开的链以及充分伸开的联系分子都平行于拉伸方向(见图 12 - 11)[6]。微纤维中的束通过联系分子仍然保持联系。由于每个小纤维束的定向排列,以及许多更加充分伸开的联系分子的共同作用,使其强度和刚度很快增加,拉伸曲线复又上升(见图 12 - 10),这种应变硬化也可能是应变诱发再结晶化造成的,最后在 C 点断裂。

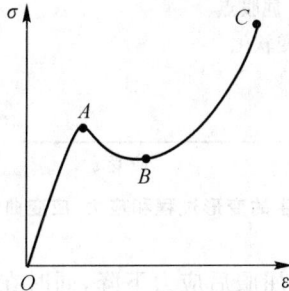

图 12 - 10　片状结晶聚合物的应力-应变曲线

　　对于具有球晶结构的高聚物,其拉伸应力-应变曲线与片状结晶高聚物相似。下面以全同立构聚丙烯塑料薄膜为例予以说明。如图 12 - 12[9] 所示,起初应力与应变几乎成线性关系,这相应于图中的起始模量。这一阶段的应变仅有 0.5% 或更小。随着应力升高,应力-应变曲线的斜率缓慢降低,伴随着出现应变软化现象。此时在微观上,球晶中心沿变形方向的半径上发生了少量不可回复的晶体破裂;在与变形方向成一定角度的半径上,晶片内发生了分子倾斜,沿球晶赤道区的半径上发生了晶片的分离。在这一阶段的变形中,已有很大一部分是塑性变形。

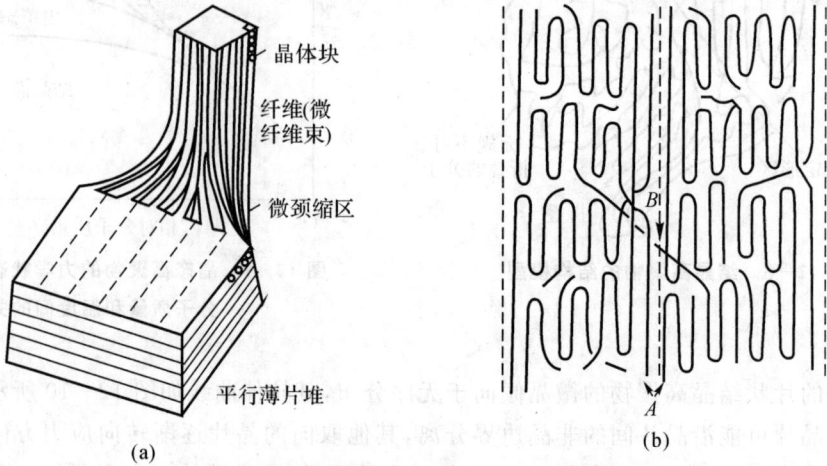

图 12 – 11　结晶高聚物的变形模型示意图[6]

(a)由一堆平行薄片转变为束,并且密实整齐排列的微纤维束模型;

(b)微纤维中晶体块的定向排列

A—纤维内伸开的联系分子;　B—纤维间伸开的联系分子

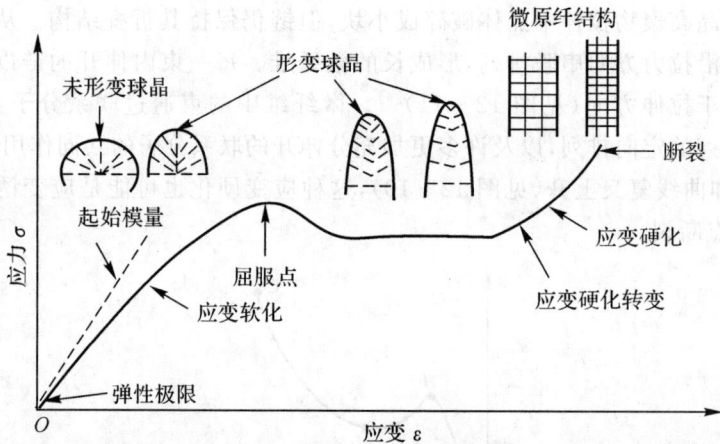

图 12 – 12　球晶结构薄膜内发生的变形过程和应力-应变曲线各区域结构变化的示意图[9]

应力继续升高便出现了屈服。屈服后应力下降,同时在试件上出现颈缩。此后应力保持某一恒值,颈缩向两边发展,试件在标距长度内均匀地变细。微观上在球晶中心区沿平行于拉伸方向的半径上破裂的量增加,而在外部平行半径的区域则破裂的量较少,这对保持球晶内的连续性是必要的。某些偏离拉伸向的半径上,发生晶片滑移,并重新沿拉伸方向取向;晶片间距离也随拉力而增加。当球晶内所有晶片几乎与变形方向平行时,要进一步变形必须增加外力。由于应变硬化的作用,所以应力-应变曲线复又上升,直至断裂。

对结晶态聚丙烯的研究发现,其屈服强度 R_{eL} 与平均球晶尺寸 D 存在经验关系式[10]

$$R_{eL} = A + BD^{-1/2} \tag{12-1}$$

式中,A 和 B 为对屈服强度的试验结果进行回归分析给出的常数。式(12-1)与金属中的 Hall-Petch 关系式类似。开始出现颈缩时的应力称为受迫高弹性应力,工程上也称之为屈服应力或屈服强度,它是材料加工和零件设计中的重要力学性能指标。

所有的高聚物拉伸后分子已有取向性,因而显示了各向异性。此外,加载速率升高对高聚物力学性能的影响,与温度降低对力学性能影响的规律相似。

将非晶聚合物和典型的结晶聚合物的拉伸作对比,两者有以下相同和不同之处:两者都经历了弹性变形、屈服后形成颈缩、大变形以及应变硬化阶段,拉伸后呈现强烈的各向异性,加载速率升高与温度降低对力学性能影响的规律相似;大变形均为高弹性变形,可统称为冷拉,室温下不能自发回复。非晶聚合物加热到 T_g 以上大部分变形可以回复,但结晶聚合物由于晶格对链段的运动有限制,变形回复的程度取决于结晶度;玻璃态非晶聚合物的冷拉温度为 $T_b - T_g$,而结晶聚合物温度为 $T_g - T_m$。玻璃态非晶聚合物拉伸中只发生链的取向,不发生相变;而结晶聚合物可能发生结晶破坏、取向和再结晶。

12.4　高分子材料的黏弹性

高聚物受力产生的变形是通过调整内部分子构象实现的。由于分子链构象的改变需要时间,因而受力后,除普弹性变形外,高聚物的变形强烈地与时间相关,表现为应变落后于应力,并产生与时间相关的慢性黏性流变。将这种弹性变形和黏性变形同时存在的特性,通常称之为黏弹性。高聚物的该特性比其他材料更加突出,因此高聚物也可称为黏弹性材料。高聚物的黏弹性又可分为静态黏弹性和动态黏弹性两类。材料在应力或应变恒定且不随时间变化的条件下,所产生的黏弹性称作静态黏弹性,高聚物的静态黏弹性主要是指蠕变和应力松弛现象;材料在应力随时间变化(例如交变应力),且应变随时间的变化始终落后于应力变化的条件下,所产生的黏弹性称为动态黏弹性,高聚物的动态黏弹性主要是指内耗。

12.4.1　静态黏弹性

高聚物的蠕变变形可能包括普弹性变形、高弹性变形和黏性变形三部分,在外力去除后,普弹性变形很快恢复,但高弹性变形部分缓慢地得到恢复,保留了不可逆的黏性变形,与其他材料的蠕变变形有明显区别。与大多数其他材料不同,高聚物在室温下已有明显的蠕变和应力松弛现象,并且对温度和湿度都特别敏感。

各种高聚物都有一个临界应力 σ_c,当 $\sigma > \sigma_c$ 时,蠕变变形急剧增加。对恒载下工作的高聚物,应在低于 σ_c 的应力下服役。经足够长的时间后,线型高聚物的松弛可使应力降低到零。经交联后,应力松弛速度减慢,且松弛后应力不会到零。高聚物的蠕变和应力松弛,本质上与金属材料的类似,但因条件不同,表现形式有所不同。

蠕变和松弛现象所表现出的黏弹性,常用下述机械模型加以模拟。以弹簧模拟高聚物的

普弹性变形,如图 12-13(a) 所示,其应力-应力关系服从胡克定律,即

$$正应力 \sigma 作用下 \quad \varepsilon = \sigma/E$$
$$剪应力 \tau 作用下 \quad \gamma = \tau/G \tag{12-2}$$

若取一杯很黏的液体,在其中置一个小球,以拉出小球的距离表示变形。当用力拉小球时,不能很快拉出,经一定时间 t 拉出一定的距离。若除去外力,其自身无法复原,所以变形是不可逆的,如图 12-13(b) 所示。图 12-13(c) 为经简化而形成的模拟阻尼器。用这一模型代表高聚物的黏性,以 η 表示液体的黏度,其单位为应力单位乘时间单位,即以 Pa·s(帕·秒) 表示,则变形速率与应力间的关系服从牛顿流动公式,即

$$\dot{\varepsilon} = d\varepsilon/dt = \sigma/\eta \quad 或 \quad \dot{\gamma} = d\gamma/dt = \tau/\eta \tag{12-3}$$

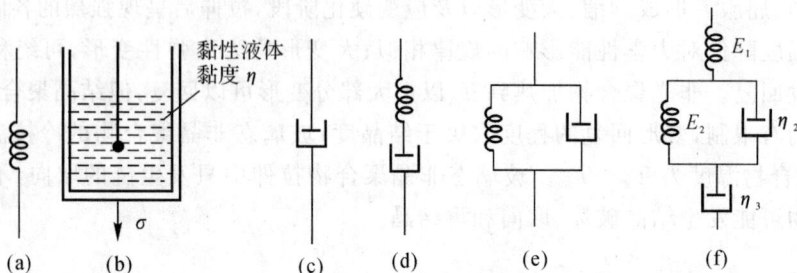

图 12-13 聚合物变形过程的机械模拟
(a) 弹簧; (b) 黏杯; (c) 阻尼器; (d) 黏弹性流动的 Maxwell 模型;
(e) 黏弹性流动的 Voigt 模型; (f) 四单元黏弹性模型

当弹簧与阻尼器串联时(Maxwell 模型),如图 12-13(d) 所示,它可表示高聚物的弹性成分和黏性成分对外力的变形响应。当施加外力时,两个单元上的应力相同,总应变或应变速率为两个单元的应变或应变速率之和,即

$$\left.\begin{array}{l} \varepsilon = \sigma/E + \sigma t/\eta \\ \dot{\varepsilon} = \dfrac{1}{E}\dfrac{d\sigma}{dt} + \dfrac{\sigma}{\eta} \end{array}\right\} \tag{12-4}$$

式(12-4) 中第一式的第一项是弹簧产生的应变,与时间无关;第二项是由阻尼器产生的应变,与时间有关(见图 12-14(a))。对于应力松弛的情况,$\varepsilon = \varepsilon_0$,$d\varepsilon/dt = 0$,对式(12-4) 的第二式积分,得

$$\sigma(t) = \sigma_0 e^{-Et/\eta} = \sigma_0 e^{-t/T} \tag{12-5}$$

式中,$T = \eta/E$。由此可见,对于给定的材料,其应力松弛程度将取决于 T 和 t 的关系。若 $t \gg T$,则黏性的产生有充分的时间,随 t 的延长,应力将不断降低,如图 12-14(b) 所示。若 $t \ll T$,则材料是近弹性的,$\sigma(t) = \sigma_0$。

当弹簧与阻尼器并联时(Voigt-Kelvin模型),如图 12-13(e) 所示。它可模拟高聚物的蠕变行为。在这一模型中,两单元中的应变是相等的,总应力等于两单元中应力之和,即

$$\sigma(t) = E\varepsilon + \eta\dfrac{d\varepsilon}{dt} \tag{12-6}$$

若固定应力 $\sigma(t) = \sigma_0$,则相当于蠕变现象。由式(12-6) 可得

$$\varepsilon(t) = \dfrac{\sigma_0}{E}(1 - e^{-t/T}) \tag{12-7}$$

　　应变随时间的变化如图 12-15 所示。$t=0$ 时，无任何瞬时应变，其原因是阻尼器的初始阻力很大，弹簧也不能拉开。随着时间的延长，体系的变形沿曲线 abc 变化，最后达到极限值 σ_0/E，它等于弹簧在 σ_0 作用下产生的应变。卸载后，弹簧要收缩，受到阻尼器的阻止，阻尼器承受相反的应力，体系的变形不能马上消除，最后沿曲线 cd 变化。显然，这种模型只能模拟高聚物所产生的蠕变行为。

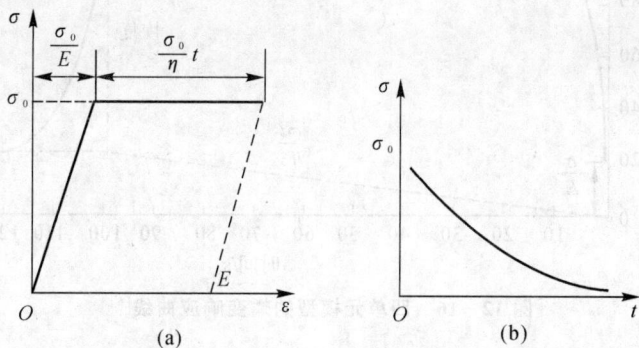

图 12-14　Maxwell 模型描述的蠕变与松弛曲线

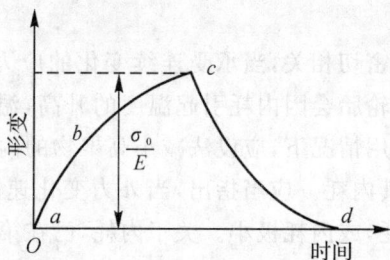

图 12-15　并联模型的变形规律（Voigt-Kelvin 模型）

　　串联模型可定性地模拟高聚物的应力松弛行为，而并联模型只能定性地模拟蠕变行为。因此，需要更完善的模型来模拟高聚物的黏弹性。图 12-13(f) 所示的四元模型便是这样的一种模型，它把上述两个模型串联在一起。考虑到式(12-2)和(12-3)及式(12-7)，于是四元模型的总应变为

$$\varepsilon(t) = \frac{\sigma}{E_1} + \frac{\sigma}{E_2}(1 - \mathrm{e}^{-t/T}) + \frac{\sigma}{\eta_3}t \tag{12-8}$$

式中，$T = \eta_2/E_2$。式(12-8)反映的应变与时间的关系曲线如图 12-16 所示[6]，其中，$E_1 = 5 \times 10^2$ MPa；$E_2 = 10^2$ MPa；$\eta_2 = 5 \times 10^2$ MPa·s；$\eta_3 = 50$ GPa·s；$\sigma = 100$ MPa。加上应力 σ，在图 12-13(f) 中的弹簧 E_1 上立即产生应变 σ/E_1，阻尼器和并联模型尚无应变。若时间延长，图 12-13(f) 中的阻尼器和并联模型上产生的蠕变变形叠加起来沿曲线变化，其中阻尼器 η_3 的应变与时间呈直线变化。

　　当卸载时，弹簧 E_1 的应变 σ/E_1 立即回复。此后整个系统的应变沿并联模型所决定的曲线缓慢回复。最后，在阻尼器 η_3 上保留在加载时间 t 内产生的应变 $\sigma t/\eta_3$。

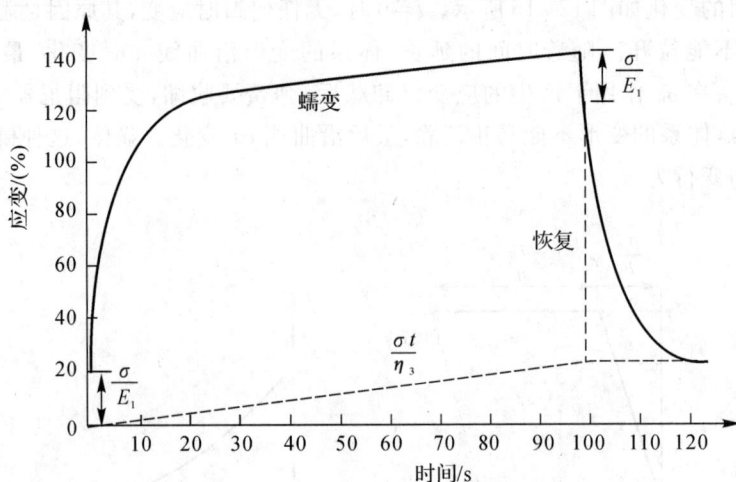

图 12 - 16　四单元模型的蠕变响应曲线[6]

12.4.2　动态黏弹性

　　由于高聚物的变形与时间密切相关,当承受连续变化的应力时,应变落后于应力,会产生内耗。高速行驶的高聚物汽车轮胎会因内耗引起温度的升高,温度有时高达 $80\sim100℃$,从而加速了轮胎的老化。在这种应用情况下,应设法减小高聚物的内耗。然而,当用作减震零件的高聚物材料时,又应设法增加其内耗。应当指出,当外力变化速度较慢,且应变的变化不落后于应力的变化时,则不产生内耗,或内耗极小。关于内耗,已在第 3 章中讨论,此处不再重复。

　　对于工程塑料,要求黏弹性愈小愈好。制作齿轮或精密仪器的元件,应选用尼龙、聚碳酸酯等含芳环的刚性链聚合物。硬聚氯乙烯容易发生蠕变,使用中需要增设支架防止蠕变。虽然聚四氟乙烯在塑料中的摩擦因数最小,但由于蠕变明显,不能大量用作机械零件,而是用作密封零件。橡胶则采用硫化交联的措施来改善黏弹性。出厂的塑料制品,常利用“退火”的办法使其应力松弛,加工中的蠕变变形也能部分得到恢复,防止储存和使用中造成变形和开裂。为了防止蠕变断裂,用改进了的中密度聚乙烯作为天然气管道,而不用抗蠕变性能较差的低密度和高密度聚乙烯。

12.4.3　黏弹性与时间和温度关系——时温等效原理

　　松弛现象既可以在较高的温度下短时间内观察到,又可以在较低的温度下较长时间观察到,亦即升高温度或延长时间对分子最终运动的结果是等效的,这便是黏弹性与时间和温度关系的时温等效原理(time - temperature equivalence)。利用这一原理可以得到实际上无法直接从实验观察得到的结果和数据。例如,要得到天然橡胶较低温下的应力松弛行为,必须进行长达几个世纪的观察实验。然而利用时温等效原理,可将较高温度的应力松弛数据换算成所需要的较低温下的数据。

　　高分子材料密度随温度的变化很小,有时几乎可忽略。已知材料在参考温度 T_0 下的密度

为 ρ_0，当松弛时间为 t_0 时的模量为 $E(T_0, t_0)$，欲求在温度 T（例如较 T_0 更低）下松弛到相同模量下所需的时间 t（时间较 t_0 更长）。定义 a_T 为时间移动因子（仅是温度的函数），$a_T = t/t_0$，并将其代表在坐标轴 $\lg t$ 上的位移，即 $\lg t - \lg t_0 = \lg t/t_0 = \lg a_T$。利用下式可求得任意温度下的 a_T（显然易得出时间 t），即

$$\lg a_T = \frac{-C_1(T - T_0)}{C_2 + (T - T_0)} \tag{12-9}$$

式中，$C_1 = 8.86$，$C_2 = 101.6$。在 $T = T_0 \pm 50℃$ 范围内，式(12-9)几乎对所有非晶态的高分子材料都适用。这便是时温等效原理最成功的 WLF(Williams - Landel - Ferry)经验方程。

12.5* 　高分子材料的理论强度[5,11]

第 4 章关于一般材料的理论断裂强度的分析也适用于高分子材料，下面将作进一步分析。

材料的变形和断裂取决于键合强度和分子间作用力。高分子中主要是共价键。共价键的键能约为 $3.35 \sim 3.78 \times 10^5$ J/mol，键长约 1.5Å，故共价键形成的键力约为 $3 \sim 4 \times 10^{-9}$ N/键。

高分子中分子间作用力，又称为次价力，主要来自所谓的范德华(Van der Waals)力。在一般非极性高分子中，范德华力甚至占分子间力总值的 80%～100%。这种力是永远存在于分子间的作用力，没有方向性与饱和性，其作用距离 L 约为 2.8Å～4.0Å，并与 L^{-6} 成正比地很快衰减，键能约为 $8.4 \sim 21 \times 10^3$ J/mol。范德华力一般包括三部分。

1)色散力。它是分子的"瞬时偶极矩"相互作用的结果。在一切分子中，电子绕原子核不停地旋转，原子核也在不停地振动着。某一瞬间，分子的正、负电荷中心不重合，即电子的位置对原子核变成不对称，从而出现"瞬时偶极"。这种瞬时偶极会诱发邻近分子也产生和它相反的"瞬时偶极"。色散力和相互作用分子的变形性有关，变形性越大，色散力越强。色散力不仅和 L^{-6} 成正比，还和相互作用分子的电离势有关，分子的电离势越低，色散力越大。小分子的色散作用一般为 $0.8 \sim 8.4 \times 10^3$ J/mol，但此力有可加性，随着分子量的增加，高分子之间的色散力就相当大了。色散力存在于一切极性和非极性的分子中，是范德华力的主要组成部分。

2)取向力。又称作静电力，它是极性分子永久偶极之间的静电相互作用所产生的引力。取向力与分子偶极矩的平方成正比，与绝对温度成反比，并与 L^{-6} 成正比。同时还与分子偶极大小和定向程度有关，其作用能约为 $13 \sim 21$ kJ/mol。

3)诱导力。极性分子和非极性分子之间以及极性分子和极性分子之间都存在诱导力。在极性分子的周围存在分子电场，其他分子（极性分子或非极性分子）与它靠近时，受此电场的作用会产生诱导偶极而相互吸引。此力也会出现在离子与分子间和离子与离子之间。其大小同样与 L^{-6} 成正比，与温度无关，其作用能约为 $0.6 \sim 1.2 \times 10^4$ J/mol。

高分子中还有另一种次价力，即氢键力。当氢原子 H 同电负性大的原子 X 形成化合物 HX 时，原子 H 上有多余的作用力可以吸引另一分子 YR 中电负性大的原子 Y，生成 X—H…Y 键合。此处 X 和 Y 都代表电负性大、半径小的原子，点线便是氢键。X—H 的键合基本上是共价的，H…Y 的键合是静电相互作用。Y 的电负性越大则氢键越强；Y 的半径越小，氢键也愈强。C 原子的电负性较小，一般不形成氢键。氢键的键能为 $2.1 \sim 4.2 \times 10^4$ J/mol，这比化学键的能量小得多，虽然大于范德华力，但数量级相同。氢键有方向性和饱和性。

高分子的实际强度与分子间的键力比较,两者的数量级相同。因此可设想断裂是先开始于氢键或范德华键的破断,然后由于应力集中导致某些化学键的破断,最后促成材料的断裂。断裂的微观过程可归结为如下 3 种[11](见图 12-17)。

第一种情况,高分子链方向平行于受力方向,断裂时破坏所有的链(见图 12-17a)。破坏一根化学键所需要的力,较严格地计算应从共价键的位能曲线出发,这里仅用键能数据进行粗略估算。以聚乙烯为例,分子键的平均横截面积约为 20×20^{-20} m²,1 m² 中约含有 5×10^{18} 条分子链。键力按 4×10^{-9} N/键计算,单位截面能承受的拉力将为 $5 \times 10^{18} \times 4 \times 10^{-9} = 20 \times 10^9$ N/m² $= 2 \times 10^4$ MPa,此值与高分子的最高理论强度一致。实际上,即使高度取向的结晶高聚物,它的抗拉强度也要比这个值小几十倍,因为不可能所有的链在同一截面上同时断。

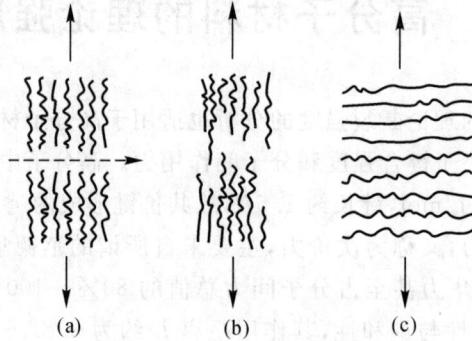

图 12-17 高聚物断裂微观过程的 3 种模型示意图
(a)化学键破坏; (b)分子间滑脱; (c)范德华力或氢键破坏

第二种情况,链的排列方向仍然平行于受力方向,由于分子间滑脱导致断裂(见图 12-17(b))。此时必须使分子间的氢键或范德华力全部破坏。有氢键的高聚物,像聚乙烯醇、纤维素和聚酰胺等,每 0.5 nm 链段的摩尔内聚能以 2×10^4 J/mol 计算,并假定高分子链总长为 100 nm,则总的摩尔内聚物能约为 4×10^6 J/mol,比共价键能几乎大 10 倍以上。若没有氢键,只有范德华力,像聚乙烯、聚丁二烯等,每 0.5 nm 链段的摩尔内聚能以 5 000 J/mol 计算,假定高分子链长为 100 nm,总的内聚能为 1×10^6 J/mol,也比共价键能大好几倍。所以断裂完全是由分子间滑脱是不可能的。

第三种情况,分子垂直于受力向排列,断裂时部分氢键或范德华力破坏(见图 12-17(c))。氢键的解离能以 20 kJ/mol 计算,作用范围约为 0.3 nm,范德华键的解离能以 8 kJ/mol 计算,作用范围为 0.4 nm。拉断一个氢键和范德华键所需要的力分别约为 1×10^{-10} N 和 3×10^{-11} N。假定每 0.25 nm² 上有一个氢键或范德华键,则估算出的拉伸强度分别为 400 MPa 和 120 MPa。这个数值与分子链高度取向时实际测得的强度数量级相同。

实际高聚物分子链的取向性并不好。即使是高度取向的试样,分子链的长度也是有限的,同时或多或少地存在着未取向部分。正常断裂时,首先是在未取向部分的氢键或范德华力破坏,随后应力集中到取向的主链上。尽管共价键的强度比分子间的作用力大 10~20 倍,但是由于直接承受外力的取向主链数目少,最终的断裂强度还是较低的。理论强度与实际强度之间的巨大差距说明,提高高聚物实际强度的潜力是很大的。

12.6　高分子材料的疲劳

12.6.1　高分子材料的疲劳特点[12]

高分子材料的疲劳极限通常是其抗拉强度的 $20\%\sim50\%$。其中热塑性聚合物的疲劳极限是其抗拉强度的 0.25;增强热固性聚合物的疲劳极限较高,其中聚甲醛和聚四氟乙烯的疲劳极限是其抗拉强度的 $0.4\sim0.5$。高分子材料的疲劳极限比金属材料低得多,它随分子量的增大而提高,随结晶度的增加而降低。

在循环应变的作用下,金属材料表现为循环硬化还是循环软化,与加载历史、热处理条件和滑移模式有关;而聚合物的疲劳总是表现为循环软化。高分子材料中普遍存在黏滞性阻尼效应,导热性又不良。因此,当在较高频率下循环加载时,引起试件温度的升高,有时能加热到材料的熔点。在极低的应变速率和循环频率下便可引起聚合物的蠕变。因此,即使在室温下,高分子材料对应变速率的敏感性也要比金属高得多。金属疲劳中位错沿滑移面反复滑移,而聚合物材料在疲劳中则表现为均匀变形过程(例如分子链断开、重新取向或滑移、或晶化),或是不均匀变形过程,其中银纹的形成和剪切流变形成剪切带是最普遍的变形方式。分子量对银纹化和剪切流变都有影响。银纹实际可起到与金属中驻留滑移带相同的作用;一般情况下,疲劳应力引发银纹,银纹随后演变为裂纹,裂纹扩展导致断裂。对于低应力下易产生银纹的结晶高聚物,其疲劳损伤特点例举如下:总是表现为循环软化;分子链间剪切滑移,分子链断裂,晶体精细结构发生变化;产生显微孔洞;微孔复合成微裂纹,微裂纹扩展形成宏观裂纹[16]。

12.6.2　高分子材料中的疲劳裂纹扩展特点

高分子聚合物的疲劳裂纹扩展与一些金属材料的疲劳裂纹扩展遵循共同的机理和规律。

在高 ΔK 水平下,裂纹扩展速率超过 5×10^{-4} mm/周次,聚合物断裂表面上也出现疲劳条带,与金属中看到的非常相似。在较低的 ΔK 水平下,许多高分子材料呈现不连续的增长带(DGSs)。它们表面上与疲劳条带类似。然而 DGBs 间距常常大于每循环裂纹扩展率许多倍,表明裂纹并非每个循环都向前进展,而是几十个或几百个循环过后才向前突进一次。循环中,在疲劳裂纹尖端附近形成银纹损伤,当损伤累计到一定程度时,裂纹和银纹连接,疲劳裂纹扩展就可做一次跃迁。在聚氯乙烯(PVC)的疲劳中就会出现这种不连续增长,同时伴随着裂纹面的银纹化。

在一些聚合物中,自由表面萌生的短表面裂纹以复合损伤的形式前进,使裂纹剖面成希腊字母 ε 形态,称作 ε 不连续裂纹扩展。这种疲劳断裂过程在聚碳酸酯、聚砜、聚酯碳酸酯共聚物以及聚丙烯酸酯盐共聚物中都能观察到。在高 ΔK 区或较高的试验温度下,由 ε 不连续裂纹扩展变为纯剪断裂,断裂沿其中一条剪切带发生。高分子聚合物具有很高的疲劳裂纹扩展速率,主要原因是高分子聚合物的弹性模量很低,比金属的要低 $1\sim2$ 个量级。例如,定向和非定向聚甲基丙烯酸甲酯(PMMA)玻璃的疲劳裂纹扩展系数比金属的高 $3\sim4$ 个量级,而疲劳裂纹

扩展门槛值 ΔK_{th} 也很低, $\Delta K_{th} = 0.33 \sim 0.42\ \mathrm{MPa \cdot m^{1/2}}$ [15]。

12.7 高分子材料的环境特性[16-18]

多数高分子材料具有优良的耐腐蚀性能。但环境复杂多变,在某些特定环境中,高分子材料的强度和塑性降低,将这种现象称为聚合物环境脆性(polymer enviromental embrittlement),工程中也称为老化;或者环境和应力联合作用下的加速开裂,称为环境应力腐蚀开裂(enviromental stress corrosion cracking)。

金属是导体,腐蚀行为多以电化学方式进行,并常以离子形式溶解。高分子材料不导电,它以下述几种主要方式产生环境损伤:环境介质分子与大分子反应,使得大分子主价键裂解,简称作化学裂解;介质分子破坏大分子的次价键,使高分子出现溶胀和软化,强度降低,简称为溶胀溶解;环境和应力联合作用下出现银纹,然后演变为裂纹,最后脆断,这就是应力腐蚀开裂;当高分子材料作为设备的衬里时,环境介质透过高分子材料衬里,使衬里内的基体材料损伤,简称为渗透破坏。

损伤所涉及的环境因素很多,主要包括水、水性介质、有机溶剂介质、紫外光、盐雾等。例如,水分能使引发银纹的应力和应变降低;尼龙-66纤维在 pH 值为 0~2 的盐酸水溶液浸泡后,强度降低了20%。应力腐蚀开裂的敏感程度与特定介质有关。有机玻璃易在苯、丙酮、甲醇、乙醇、乙酸乙酯和石油醚中产生腐蚀应力开裂;聚烯烃在洗涤剂和醇类溶液中,聚碳酸酯在四氯化碳中,不饱和碳链聚合物在臭氧中等,均容易产生应力腐蚀开裂。环境介质作用的时间愈长、介质的流动性越好、作用的应力越大、所产生的环境损伤作用也愈大。

12.8 高分子材料的磨损特性[17,18]

高分子材料的硬度和强度类似,其值大大低于金属材料,因此磨损率常常高于金属材料,这是其缺点;但是,高分子材料作为摩擦副也有许多优点。高分子材料的摩擦因数很低,可以用作减摩或耐磨材料。因为柔性和弹性很大,在许多条件下显示出较高的抗划伤能力。由于化学组成和结构与其他材料差别大,高分子材料与其他材料作为摩擦副时,难以形成黏着磨损。同时,高分子材料有较高的化学稳定性,与其他材料作为配副时,不易产生腐蚀磨损。高分子材料的抗凿削式磨粒磨损能力差,且其磨粒磨损在高分子材料间相互比较时与它们的硬度无关。

很难找到一种单独的高分子材料,既要满足摩擦因数很低,又要满足磨损率小的要求。常用的具有优良耐磨性的高分子材料有尼龙(PA)、聚四氟乙烯(PTFE)、超高相对分子质量聚乙烯(UHMWPE),它们的摩擦因数都很低,润滑性也很好。

12.9　本章小结

高分子材料的力学性能变化幅度较大,强烈地受到温度、载荷和时间等因素的影响,高弹性和黏弹性特点突出。应重点掌握:线型非晶态高分子材料存在力学性能三态,其主要差别是变形能力和模量不同;结晶高聚物在变形中晶片滑移,并沿拉伸方向取向;高聚物的变形特点与微观结构密切相关,变形中出现银纹的本质和特点;高聚物的黏弹性比其他材料更加突出,并可用模拟器很好地进行描述。

此外,利用时温等效原理,可预测在较低的温度和较长时间下某一温度或时间的松弛行为。高分子材料的理论强度与键能密切相关,它能帮助理解强度的本质和材料强度的潜力。

高聚物的疲劳极限低,裂纹扩展速率要比金属高得多。虽然多数高分子材料具有优良的耐腐蚀性能,化学稳定性高,但在某些特定环境中仍出现环境脆性和应力腐蚀,其机理与金属大不相同。高分子材料的磨损率常常高于金属材料;但作为摩擦副,也具有摩擦因数很低等多种优点,且有一些高分子材料具有优良的耐磨性。

习题与思考题

1. 解释术语:玻璃态;高弹态;黏流态;银纹;高弹性;黏弹性。
2. 简单归纳线型非晶态高分子材料力学性能三态的力学性能特点。
3. 何为银纹? 它有哪些特征和特点? 银纹和裂纹有何不同?
4. 以图 12-12 为例,说明结晶高聚物应力-应变曲线各段对应结构的变化特点。
5. 非晶聚合物和典型的结晶聚合物拉伸中有哪些异同之处?
6. 何为黏弹性? 高聚物为何易产生黏弹性? 塑性、黏性和黏弹性有何区别?
7. 何为时温等效原理? 它有何作用?
8. 高分子材料有哪些次价力? 为什么高分子材料实际强度比理论强度低得多?
9. 高分子材料的疲劳和疲劳裂纹扩展有哪些特点?
10. 与其他材料比较,高分子材料有哪些典型的力学性能特点?

参 考 文 献

[1] 郑修麟.工程材料的力学行为[M].西安:西北工业大学出版社,2004.
[2] 郑修麟.材料的力学性能[M].2 版.西安:西北工业大学出版社,2000.
[3] Jenkins A D. Polymer Science [M]. Amsterdam:North Holladn Publishing Company,1972.
[4] 蓝立文.高分子物理[M].西安:西北工业大学出版社,2000.
[5] 哈宽富.断裂物理基础[M].北京:科学出版社,2000.

[6] 赫兹伯格 R W. 工程材料的变形与断裂力学[M]. 王克仁, 译. 北京：机械工业出版社, 1982.

[7] Alfrey T. Mechanical Behavior of High Polymers[M]. New York：McGraw - Hill Book Company Inc, 1984.

[8] 潘鉴元. 高分子物理[M]. 广州：广东科学技术出版社, 1981.

[9] 塞谬尔斯 R J. 结晶高聚物性质, 结构的识别, 解释和应用[M]. 徐振森, 译. 北京：科学出版社, 1984.

[10] 徐涛. 聚丙烯材料聚集态结构与力学性能的关系的研究[D]. 西安：西安交通大学, 2000.

[11] 何曼君, 陈维孝, 董西侠. 高分子物理[M]. 上海：复旦大学出版社, 1990.

[12] 卡恩 R W, 哈森 P, 克雷默 E J. 材料的塑性变形与断裂[M]. 颜鸣皋, 等, 译. 北京：科学出版社, 1998.

[13] 马德柱, 何平笙, 徐种德, 等. 高聚物的结构与性能[M]. 2 版. 北京：科学出版社, 2000.

[14] 王泓. 材料疲劳裂纹扩展和断裂定量规律的研究[D]. 西安：西北工业大学, 2002.

[15] 王吉会, 郑俊萍, 刘家臣, 等. 材料力学性能[M]. 天津：天津大学出版社, 2006.

[16] 付华, 张光磊. 材料性能学[M]. 北京：北京大学出版社, 2010.

[17] 时海芳, 任霞. 材料的力学性能[M]. 北京：北京大学出版社, 2010.

第 13 章　陶瓷的力学性能特点

13.1　引　　言

陶瓷材料具有熔点高、强度高、密度低、耐高温、抗氧化、耐腐蚀、耐磨损及原料便宜等优点,在工业中具有很大的应用空间。陶瓷材料在航空航天工业中的潜在用途,主要是用作发动机的耐热部件和隔热材料。然而,陶瓷材料大都是脆性材料;所以,陶瓷材料的力学性能对缺陷十分敏感,故其测试数据的分散性大。要使陶瓷材料作为结构材料在工程中得到应用,需要对其力学性能做更多的研究,并对其试验数据做统计分析。此外,特种玻璃、光导纤维、电瓷、红外窗口等功能陶瓷材料,其力学性能的研究报道也日益增多。本章主要简要介绍陶瓷材料的弹性、强度、断裂韧性与热震性能。

13.2　弹　性　模　量

少数几个具有简单的晶体结构,如 MgO、KCl、KBr 等,在室温下稍具塑性;一般陶瓷材料的晶体结构复杂,室温下没有塑性。当静拉伸时,陶瓷材料大都不出现塑性变形,即弹性变形阶段结束后,立即发生脆性断裂(见图 2-7)。对于这类脆性材料只测定其弹性模量和断裂强度。与金属材料相比,陶瓷材料的弹性模量有下述特点。

13.2.1　基本特点

陶瓷材料的弹性模量比金属的大,且其压缩弹性模量一般高于拉伸弹性模量。由于制备方法和原料来源不同,同种陶瓷的弹性模量数据差别很大。一些常见陶瓷材料的弹性模量见表 13-1。

陶瓷材料弹性模量较高是由其原子键合特点决定的。陶瓷材料的原子键主要有离子键和共价键两大类,且多数具有双重性。共价键晶体结构的主要特点是键具有方向性。它使晶体拥有较高的抗晶格畸变和阻碍位错运动的能力,使共价键陶瓷具有比金属高得多的硬度和弹性模量。离子键晶体结构的键方向性不明显,但滑移系不仅要受到密排面与密排方向的限制,而且还要受到静电作用力的限制,因此实际可动滑移系较少,弹性模量较高。

表 13-1 一些常见陶瓷材料的弹性模量

材　料	E/GPa	材　料	E/GPa
金刚石	$450\sim650$	烧结 Al_2O_3(孔隙率为 5%)	365
石墨(孔隙率为 5%)	9	TiO_2	290
WC	$400\sim530$	SiO_2 玻璃	72.3
SiC	$280\sim510$	Si_3N_4	$320\sim365$
ZrC	345	$MoSi_2$(孔隙率为 5%)	406
烧结 TiC	310	TiB_2	440
热压 B_4C(孔隙率为 5%)	289	ZrB_2	440
烧结稳定 ZrO_2	152		

13.2.2　孔隙率的影响

陶瓷材料往往通过粉末烧结法制备,因而得到的陶瓷材料含有一定量的孔隙。孔隙率 (porosity) p 对陶瓷材料的弹性模量有着重大影响,这一点与金属和聚合物材料有所不同。孔隙的存在不仅导致弹性模量的降低,还减少了材料有效承受载荷的面积,同时孔隙附近也会产生应力集中。孔隙的形成与制备工艺有关。从这点而言,弹性模量的大小也取决于制备工艺。

对于含有少量球形孔隙的陶瓷材料,其弹性模量 E 可分别用式(13-1)表示:

$$E = E_0(1 - Ap + Bp^2) \qquad (13-1)$$

其中,E_0 为致密材料的弹性模量;p 为孔隙率,即孔隙的体积分数;A,B 为常数,分别是 1.9 和 0.9。

对于具有极高孔隙率($p > 0.7$)的固体泡沫陶瓷,其弹性模量 E 和剪切模量 G 可分别用式 (13-2)和式(13-3)表示:

$$E = E_0(1 - p)^2 \qquad (13-2)$$

$$G = G_0(1 - p)^2 \qquad (13-3)$$

其中,G_0 为致密材料的剪切模量。

孔隙率对弹性模量 E 的影响还有多种表达式,式(13-4)便为其中一种,即

$$E = \frac{E_0(1 - p)}{(1 + ap)} \qquad (13-4)$$

其中,a 为常数,由试验结果的拟合获得。

图 13-1 说明了孔隙率 p 对一些陶瓷的弹性模量 E 的影响。该图说明陶瓷材料的弹性模量随孔隙率的增加而不断下降。

13.2.3　微裂纹的影响

微裂纹对陶瓷的弹性模量也有很大的影响。陶瓷材料中的微裂纹形成与陶瓷晶粒的热膨胀各向异性有关。不同晶粒之间晶粒取向的不同,当陶瓷材料从制备温度降至室温时,由于各晶粒之间的相互约束,在晶界处会发生应力的累积。同样,晶粒的各向异性也会引起晶界处的

应力集中。这些应力集中会引起陶瓷材料中微裂纹的形成。此外,陶瓷中各相热膨胀系数不同也会引起裂纹的产生。微裂纹对弹性模量的影响可用下式表示:

$$E/E_0 = (1 + fNa^3)^{-1} \tag{13-5}$$

其中,f 为常数,介于 1.77 和 1.5 之间,N 为单位体积中微裂纹的数目,a 为微裂纹的平均长度。式(13-5)说明,陶瓷材料的弹性模量随微裂纹数目增多和尺寸增大而下降。

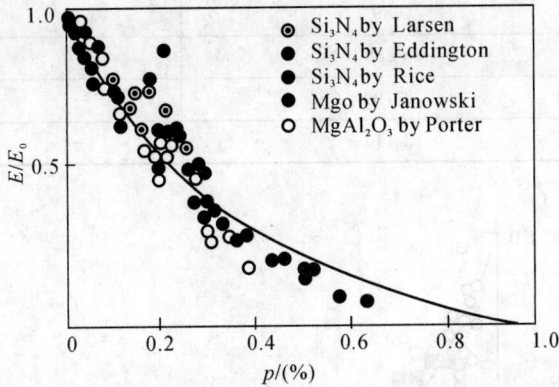

图 13-1　孔隙率对 Si_3N_4 陶瓷和一些氧化物弹性模量的影响

13.3　强　　度

13.3.1　基本规律

陶瓷材料在常温下通常不出现或极少出现塑性变形,可认为是本征脆性材料。但是近来的研究表明:纳米晶陶瓷材料在一定的条件下具有很大的塑性变形能力,甚至会出现超塑性,见 3.4 节。

影响陶瓷材料强度的因素有:晶粒大小、制备工艺、缺陷、测试方法和表面状态等。与金属类似,晶粒大小对陶瓷强度的影响也符合 霍尔-派奇 公式,即强度与 $1/\sqrt{d}$ (d 为晶粒尺寸)成正比。

陶瓷材料的缺陷包括微裂纹、孔洞等。根据断裂韧性的概念,由式(7-16)可推知,陶瓷的断裂强度 σ_f 与裂纹长度 a 的关系为 $\sigma_f = K_{IC}/Y\sqrt{\pi a}$。可见随着裂纹长度的增加,陶瓷的强度下降。类似于裂纹,孔隙对材料的强度也有很大的影响。图 13-2 显示了孔隙率 p 对陶瓷材料比断裂强度 σ_f/σ_0 的影响规律。可见,若孔隙率增加,则陶瓷的强度降低。

对于多晶体陶瓷材料,其抗压强度远大于抗拉强度,这是脆性材料的一个特点或优点。表13-2 给出了使用不同表征强度的方法获得的一些常用陶瓷的强度值。若表征方法不同,则其断裂机制不同,所获得的强度值无可比性。拉伸载荷作用下,陶瓷断裂过程主要是 Ⅰ 型裂纹的扩展;而在压缩载荷下,材料的裂纹主要平行于压缩载荷方向。因此,陶瓷材料的压缩断裂主要以轴向劈裂形式为主。图 13-3 示意性地说明了陶瓷材料经过压缩载荷后,裂纹的扩展、合并和断裂过程。当然,有时也发生与轴向呈 45° 的切断。

表 13 - 2　几种常用陶瓷的压缩、抗拉和弯曲强度　　（单位:MPa）

	压缩强度 σ_c（对应于金属的 R_{mc}）	抗拉强度 R_m	弯曲强度
Al_2O_3（纯度 99%）	2 583	210	340
相变增韧 ZrO_2	1 757	350	630
反应烧结 SiC	689	140	255
无压烧结 SiC	3 858	170	550
反应烧结 Si_3N_4	770	—	210
热压烧结 Si_3N_4	3 440	—	860

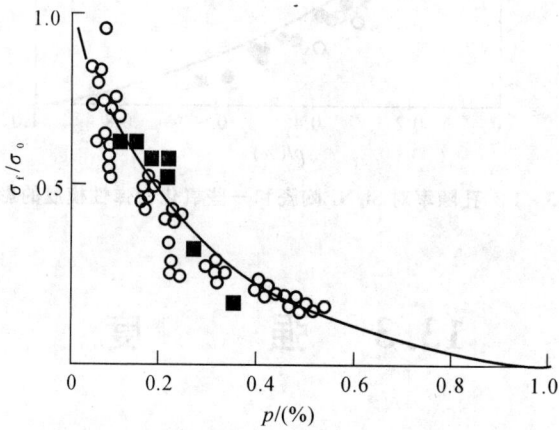

图 13 - 2　孔隙率 p 对陶瓷材料断裂强度的影响（图中圆圈和黑方块为一些陶瓷的试验值）

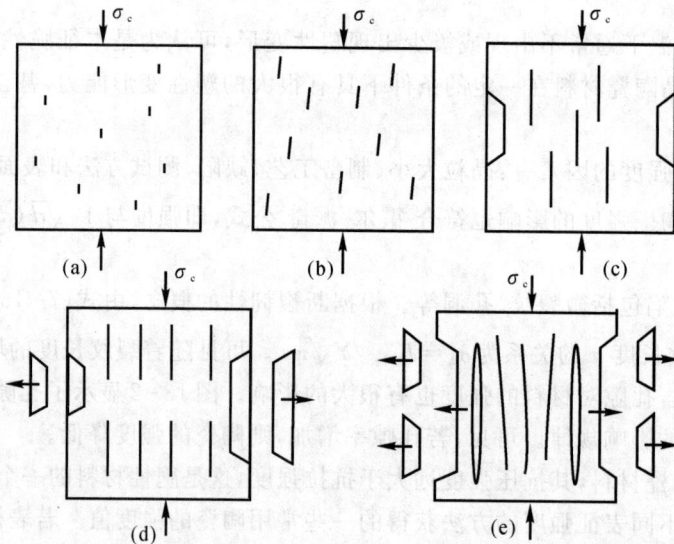

图 13 - 3　陶瓷压缩断裂过程示意图,由(a)到(e)顺序发展

试样的表面状态对陶瓷材料的弯曲断裂强度也有很大的影响。图 13-4 显示了不同的刮伤力对 3 种 ZrO_2 表面刮伤后弯曲强度的影响。表面损伤进而导致材料的强度降低。

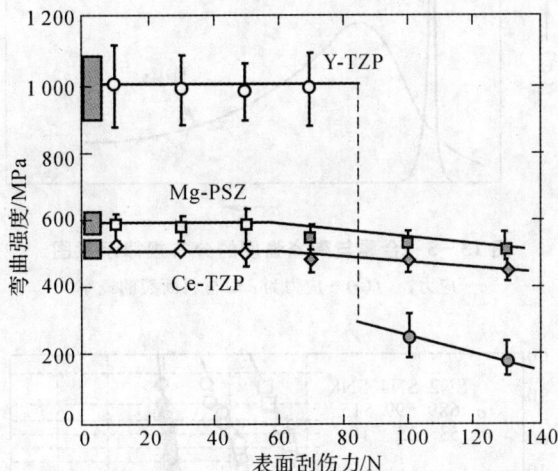

图 13-4　不同刮伤力对 3 种 ZrO_2 表面刮伤后弯曲强度的影响[12]

Y-TZP— 氧化钇部分稳定的四方氧化锆；　Mg-PSZ— 氧化镁部分稳定的氧化锆；
Ce-TZP— 氧化铈部分稳定的四方氧化锆

13.3.2　陶瓷材料强度的概率分布

如前所述，陶瓷材料的强度很大程度上依赖于缺陷的大小，不同的缺陷尺寸引起不同的强度改变，因此陶瓷强度的分散性远大于金属材料。图 13-5 示意性地表示了金属与陶瓷强度的分布规律。陶瓷材料强度的分散性需要使用数学方法进行分析。一般认为，陶瓷强度服从 Weibull 分布。

Weibull 分布的基本表达式为

$$P(\sigma) = \exp\left[-\frac{V}{V_0}\left(\frac{\sigma-\sigma_u}{\sigma_0}\right)^m\right] \tag{13-6}$$

其中，$P(\sigma)$ 表示体积为 V 的试样受到应力 σ 时不发生断裂的概率，即 $P(\sigma)=1-f(\sigma)$，$f(\sigma)$ 为断裂的概率，σ_u 为 $P(\sigma)=1$ 时的应力，即不发生断裂的应力，V_0 和 σ_0 为归一化的参数，m 为 Weibull 模数，m 表示强度的分散性。m 越大，陶瓷强度的分散性越小，组织越均匀。工程陶瓷（SiC，Al_2O_3 和 Si_3N_4 等）的 Weibull 模数通常在 $5\sim20$ 之间。从上式也可看出，陶瓷材料的强度随试样体积增加而变小。这是因为在较大的试样中，存在导致材料断裂的缺陷的概率大。从这点可知，陶瓷的强度由材料中的最大缺陷决定。

将式(13-6)转换，在对数坐标中，$P(\sigma)$ 或 $1-P(\sigma)$ 与强度呈线性关系，其斜率为 m。这也是实际工作中获得 m 的方法。图 13-6 为一种 Si_3N_4 陶瓷的弯曲强度的 Weibull 分布图。

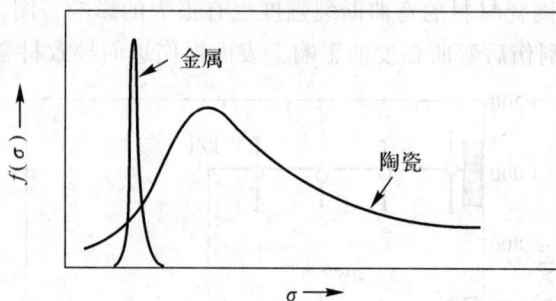

图 13 - 5　金属与陶瓷强度的分布规律示意图

σ—应力；　f(σ)—应力为 σ 时材料断裂的概率

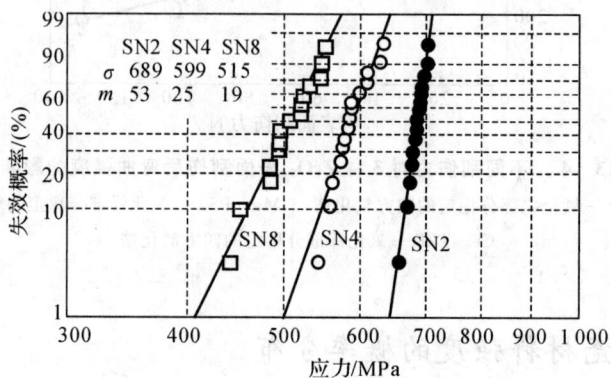

图 13 - 6　经 2 000℃ 热处理不同时间后的 Si₃N₄ 陶瓷弯曲强度的 Weibull 分布[13]

SN2,SN4,SN8 — 2 000℃下分别热处理 2 h,4 h,8 h 后的材料

13.3.3　测试方法

目前,国家标准规定了 3 种测试陶瓷材料强度的方法:拉伸(GB/T 23805—2009)、压缩(GB/T 8489—2006)和弯曲(GB/T 6569—2006)。这 3 种测试陶瓷强度的原理与相应的金属的测试方法一致,但是使用的试样尺寸和形状有所区别。这 3 种强度中,拉伸强度的测定最困难。这是因为陶瓷材料硬而脆,难以加工出高精度的拉伸试样,而且要求试验机具有很高的同心度。具体测试细节请参考相关标准。

13.4　断　裂　韧　性

13.4.1　基本特点

鉴于陶瓷是脆性材料,单位体积陶瓷材料断裂前所吸收的功可通过对应力-应变曲线进行积分获得,即式(2 - 20),$W_e = R_m^2/2E$。一般而言,陶瓷材料的拉伸强度低于钢的屈服强度,但其弹性模量却比钢高。因此,陶瓷材料断裂前所吸收的功很低,即其静态韧性很低。

如前所述,脆性陶瓷材料的强度往往是由其缺陷所控制的,常常用断裂韧度 K_{IC} 来研究和表征材料的断裂韧性。陶瓷材料的 K_{IC} 值可按式(7-16)表达。

表 13-3 给出了几种陶瓷材料的断裂韧度。可见陶瓷材料的断裂韧度比金属材料的要低 1~2 个数量级。这是因为金属材料断裂要吸收大量的塑性变形能,而塑性变形能要比表面能大几个量级。

表 13-3　一些陶瓷材料的断裂韧度　　　　　　　　　　　（单位:MPa·m$^{1/2}$）

材　料	K_{IC}	材　料	K_{IC}
热压 SiC	4.0	热压 MgO	1.2
热压 SiC-ZrO$_2$	5.0	CaO 稳定 ZrO$_2$	7.6
热压 B$_4$C	6.0	热压 MgF	0.9
MgO 掺杂 Al$_2$O$_3$	4.0	气相沉积 ZnS	1.0
单晶 Al$_2$O$_3$	2.1	—	—

13.4.2　断裂韧性的测定方法

测定陶瓷材料断裂韧性 K_{IC} 的原理和方法与测定金属材料的相同,而且在技术上更加方便。因为测定陶瓷材料 K_{IC} 的试件,其尺寸很小即能满足平面应变的要求。另外,陶瓷试件在断裂前不发生或极少发生亚临界裂纹扩展,因而将断裂载荷代入相应的 K_I 表达式,即可求得 K_{IC}。当测定陶瓷材料 K_{IC} 时,在试件中预制裂纹十分困难。因为陶瓷材料的 K_{IC} 低,和 ΔK_{th} 之值相差很少,且裂纹扩展速率很快,所以极难控制裂纹的尺寸。在测定陶瓷的断裂韧度的国家标准(GB/T 23806—2009)中,规定了详细的裂纹预制方法。该标准还规定了用单边预裂纹梁法(SEPB)测定陶瓷断裂韧度的细节。

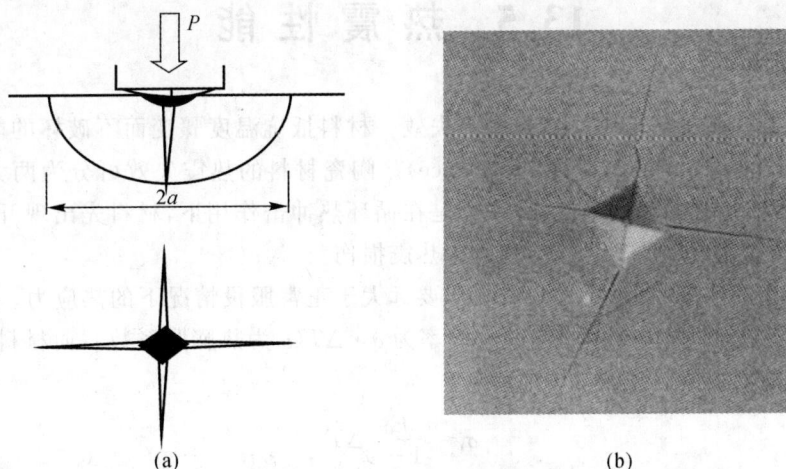

图 13-7　维氏硬度压痕诱发裂纹[14]

(a)压痕诱发裂纹示意图;　(b)Al$_2$O$_3$ 表面压痕诱发裂纹

除此之外，还可使用双悬梁法(Double Cantilever Beam,DCB)；双扭试件法(Double Torsion,DT)；短棒试件法(Short Bar,SB)和压痕法(indentation method)测定陶瓷材料的 K_{IC} 等。上述方法中，压痕法最简单。该方法使用维氏硬度计，在试样表面压痕下方产生拉应力，从而诱发长度为 $2a$ 的裂纹，如图 13-7 所示。使用式(13-7)计算 K_{IC}：

$$K_{IC} = \delta \left(\frac{E}{H}\right)^{1/2} \frac{P}{a^{3/2}} \qquad (13-7)$$

其中，$\delta = 0.016 \pm 0.004$，E 为弹性模量，H 为硬度值，P 为压头施加于试样的压力。

图 13-8 显示了使用压痕法和常规方法获得的陶瓷材料的断裂韧性的对比。可以看出，压痕法获得的结果与常规方法具有很好的可比性。

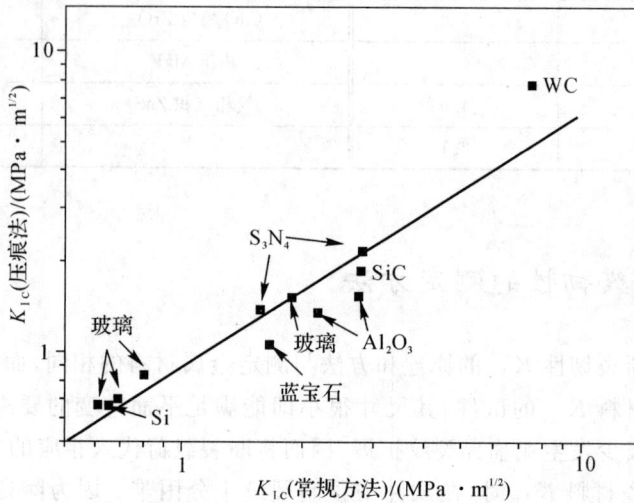

图 13-8 压痕法和常规方法获得的陶瓷材料的断裂韧性的对比[14]

13.5 热 震 性 能

急冷或急热引起的热应力会导致陶瓷失效。材料抵抗温度骤变而不破坏的能力，称为抗热震(或热冲击)性(thermal shock resistance)。陶瓷材料的热震失效可分为两大类：一类是一次性热震破坏，称之为热震断裂；另一类是在循环热冲击作用下，材料先出现开裂、剥落，然后碎裂、变质和退化，以至整体破坏，称之为热震损伤。

热冲击产生的热应力(thermal stress)要远大于正常服役情况下的热应力。当陶瓷表面受到一股急冷温差 ΔT 时，表面瞬间的收缩率为 $\alpha \cdot \Delta T$(α 为热膨胀系数)，而材料内部还未冷却。于是材料表面受到拉应力 σ_t 为

$$\sigma_t = \frac{E\alpha}{1-\nu} \Delta T \qquad (13-8)$$

其中，E 为弹性模量，ν 为泊松比。

随时间延长，表面热应力会随之变小，所以上式代表热应力的峰值。反之，若陶瓷受急剧加热时，表面受到瞬态压应力。由于脆性材料表面受到拉应力比压应力更容易导致破坏，所以

陶瓷材料的急冷比急热更加危险。

若温差 ΔT 引起的热应力达到陶瓷材料的抗拉强度 R_m，则发生热震断裂。据此，根据式 (13-8)，得到抗热震断裂参数 R 为

$$R = \Delta T_c = \frac{(1-\nu)\sigma_f}{E\alpha} \qquad (13-9)$$

式中，ΔT_c 是发生热震断裂的临界温度差；σ_f 为陶瓷材料的断裂强度或抗拉强度 R_m。

对于缓慢受热和冷却条件，将式 (13-9) 进行修正，便可得到陶瓷材料的另一个抗热震断裂参数 R'，即

$$R' = k\frac{(1-\nu)\sigma_f}{E\alpha} = kR \qquad (13-10)$$

式中，k 为热传导系数。

对于在多次循环热冲击作用下发生的热震性能，可使用下式所表示的抗热震损伤参数 R'' 进行表征：

$$R'' = \frac{E}{(1-\nu)\sigma_f^2} \qquad (13-11)$$

由式 (13-9) 和式 (13-11) 可以看出，抗热震断裂要求低弹性模量、高强度和低热膨胀系数。抗热震损伤要求高弹性模量、低强度。适量的微裂纹存在于陶瓷材料中，将能提高抗热震损伤性。致密高强的陶瓷材料易于炸裂，而多孔陶瓷由于强度低(见图 13-2)，适用于温度起伏的环境。

有时，热震引起的损伤程度还不致于引起陶瓷材料的断裂，但是会引起强度的降低。在这种情况下，热震后强度的退化也能够表征该材料的抗热震性能。常用的方法是测量不同 ΔT 下的强度，获得不发生弯曲强度降低的临界温差 ΔT_c。GB/T 16536—1996 便是基于该思想表征陶瓷材料热震性能的。

13.6* 　陶瓷材料的增韧

根据陶瓷材料力学性能的影响因素和断裂能量的吸收机制，主要有 3 种增韧方式。

13.6.1　陶瓷与金属的复合增韧

在裂纹扩展过程中，弥散于陶瓷基体中的韧性相，通过其自身的塑性变形，使裂纹尖端区高度集中的应力得以部分松弛，同时起着吸收能量的作用。因此，裂纹扩展所需的能量，将超过形成新裂纹面所需的表面能，从而提高了材料对裂纹扩展的抗力，改善了材料的韧性。对金属陶瓷的研究表明，这一途径在提高材料的强度和改善其抗热震性方面起到了一定效果。

13.6.2　相变增韧

ZrO_2 在 1 150℃左右发生四方(t)→单斜(m)的可逆相变；当 ZrO_2 发生 t→m 相变(属于

马氏体相变)时,伴有 $3\%\sim5\%$ 的体积膨胀。ZrO_2 颗粒弥散于其他陶瓷基体中,上述相变会受到抑制,并导致相变温度 M_s 移向低温。温度降低的幅度随着 ZrO_2 颗粒的减小而增加。ZrO_2 的颗粒减小到一定值后,足以使相变温度降低到常温以下,则陶瓷基体中的四方 ZrO_2 颗粒可一直保持到室温。当裂纹扩展时,处于裂纹尖端区域的四方 ZrO_2 颗粒发生 t→m 相变和体积膨胀;相变要吸收能量,而体积膨胀可松弛裂纹尖端的拉应力,甚至产生压应力,从而提高了材料对裂纹扩展的抗力,改善了材料的断裂韧性。

对 ZrO_2 材料也可利用相变增韧的方法,提高其断裂韧性。ZrO_2 中加入 Y_2O_3,CaO,MgO 和 CeO 等后,可使 t→m 相变温度降低到稍低于室温。于是,ZrO_2 在室温下得到四方 ZrO_2 相组织,从而在裂纹扩展时发生 t→m 相变,提高了 ZrO_2 材料的断裂韧性。

13.6.3 微裂纹增韧

在陶瓷基体相和弥散相之间,由于温度变化引起的热膨胀差或相变引起的体积差,会产生弥散均布的微裂纹。若微裂纹是弯曲的并有一定的曲率,当它和主裂纹联结时,将使裂尖钝化;增大裂尖曲率半径,从而提高了断裂韧性。另一方面,这些均布的微裂纹和主裂纹联结时,会促使主裂纹分叉,改变了主裂纹尖端的应力场,并使主裂纹扩展路径曲折,增加了扩展过程中的表面能,从而使裂纹快速扩展受到阻碍,增加了材料的断裂韧性。值得注意的是,微裂纹增韧的效果取决于微裂纹的形状、尺寸和密度;若微裂纹比较平直,尺寸和密度较大,则陶瓷材料受力时,微裂纹自身会互相联结,形成较大尺寸的裂纹而引起断裂。在这种情况下,微裂纹不但不能增韧,相反还会降低陶瓷材料的强度和断裂韧性。

此外,在含有介稳四方 ZrO_2 相颗粒增韧的陶瓷材料中,利用表面处理技术,使陶瓷表面层中介稳四方 ZrO_2 相发生 t→m 相变,在表面层中造成压应力,使裂纹在表面层中不易形成和扩展而得以增韧,称之为表面增韧。向陶瓷材料中加入增强纤维或晶须,形成陶瓷基复合材料后,可以达到增韧补强的效果;也可在控制陶瓷材料的组织形成过程,使第二相呈棒状或针状,形成自生陶瓷基复合材料,也可达到补强增韧的效果。

13.7 本 章 小 结

陶瓷材料的压缩弹性模量和压缩强度明显高于拉伸弹性模量和抗拉强度。其弹性模量和强度与孔隙率密切相关。孔隙率越高,弹性模量和强度降低越明显。陶瓷材料的抗热震性用抗热震断裂参数 R、抗热震损伤参数 R'' 以及不发生弯曲强度降低的临界温差 ΔT_c 表征。脆性陶瓷材料的力学性能对缺陷十分敏感,所以改善微观组织、控制缺陷和裂纹扩展是提高陶瓷力学性能的重要方法。另外陶瓷力学性能的试验结果分散性大,因此,对陶瓷材料的力学性能数据要做统计分析。

习 题 与 思 考 题

1. 陶瓷材料的弹性模量和强度有何特点?

2. 孔隙率对陶瓷材料力学性能有什么影响？

3. 比较陶瓷材料的抗拉强度和抗压强度的大小，并说明二者存在差距的原因。

4. 如何表征陶瓷材料强度和断裂韧性等力学性能的分散性？

5. 简要说明陶瓷材料的断裂韧性的表征方法。

6. 什么是陶瓷材料的抗热震性？如何表征？

参 考 文 献

［1］　郑修麟. 材料的力学性能［M］. 西安：西北工业大学出版社，2000.

［2］　Meyers M A，Chawla K K. Mechanical Behavior of Materials［M］. Cambridge：Cambridge University Press，2009.

［3］　Hosford W F. Mechanical Behavior of Materials［M］. Cambridge：Cambridge University Press，2005.

［4］　金宗哲，包亦望. 脆性材料力学性能评价与设计［M］. 北京：中国铁道出版社，1996.

［5］　中华人民共和国国家标准委员会. GB/T 10700—2006 精细陶瓷弹性模量试验方法 弯曲法［S］. 北京：中国标准出版社，2006.

［6］　中华人民共和国国家标准委员会. GB/T 6569—2006 精细陶瓷弯曲强度试验方法［S］. 北京：中国标准出版社，2006.

［7］　中华人民共和国国家标准委员会. GB/T 14390—2008 精细陶瓷高温弯曲强度试验方法［S］. 北京：中国标准出版社，2008.

［8］　中华人民共和国国家标准委员会. GB/T 8489—2006 精细陶瓷压缩强度试验方法［S］. 北京：中国标准出版社，2006.

［9］　中华人民共和国国家标准委员会. GB/T 23805—2009 精细陶瓷室温拉伸强度试验方法［S］. 北京：中国标准出版社，2009.

［10］　中华人民共和国国家标准委员会. GB/T 23806—2009 精细陶瓷断裂韧性试验方法 单边预裂纹梁（SEPB）法［S］. 北京：中国标准出版社，2009.

［11］　中华人民共和国国家标准委员会. GB/T 16536—1996 工程陶瓷抗热震性试验方法.［S］. 北京：中国标准出版社，2009.

［12］　Lee S K，Tandon R，Ready M J，et al. Scratch damage in zirconia ceramics［J］. J Am Ceram Soc，2000，83：1428－1432.

［13］　Hirosaki N，Akimune Y，Mitomo M. Effect of Grain Growth of β－Silicon Nitride on Strength，Weibull Modulus，and Fracture Toughness［J］. J Am Ceram Soc，1993，76：1892－1894.

［14］　Anstis G R，Chantikul P，Lawn B R，et al. A critical evaluation of indentation techniques for measuring fracture toughness：I，direct crack measurements［J］. J Am Ceram Soc，1981，64：533－538.

第 14 章 复合材料的力学性能

14.1 引 言

复合材料是由两种或更多物理或化学性质完全不同的物质用人工办法结合起来而形成的材料,具有组元物质不具备的性质。在复合材料中,通常将连续分布的物相称为基体,不连续分布的物相称为增强体。一般而言,复合材料的力学性能由基体、增强体和基体与增强体之间的界面决定。由于复合材料的比强度、比刚度、耐热性、减震性和抗疲劳性能等方面的优势,在航空、航天和汽车等诸多领域获得巨大的应用,或者展现出很大的应用潜力。近年来,复合材料的力学性能愈来愈多地受到人们的重视。

14.2 混 合 定 则

纤维增强复合材料,其模量、强度和韧性等力学性能往往是各向异性的。这里首先以单向连续纤维复合材料为例,说明其弹性模量的计算方法。

单向连续纤维复合材料(unidirectional composite)中,平行于纤维方向称为纵向,记为 L 向,如图 14-1 所示。该方向上复合材料的力学性能一般介于基体和增强体之间。其弹性模量往往根据混合定则进行估算。

对于单向连续纤维增强复合材料,所受的力 P_L 分别由纤维和基体来承担,即

$$P_L = P_f + P_m \qquad (14-1)$$

式中,P_f 和 P_m 分别表示纤维和基体承受的载荷。若用应力表示,则有

$$\sigma_L A_L = \sigma_f A_f + \sigma_m A_m \qquad (14-2)$$

式中,σ_L,σ_f 和 σ_m 分别表示作用在复合材料、纤维和基体上的应力;A_L,A_f 和 A_m 分别表示复合材料、纤维和基体的横截面积。纤维体积分数 V_f 和基体体积分数 V_m 分别为 A_f/A_L,A_m/A_L,且 $V_m + V_f = 1$,因此可得到下式:

$$\sigma_L = \sigma_f V_f + \sigma_m V_m \qquad (14-3)$$

假设基体和纤维的结合是紧密的,则复合材料应变 ε_L、纤维应变 ε_f 和基体应变 ε_m 相等,即 $\varepsilon_L = \varepsilon_f = \varepsilon_m$。在弹性变形阶段,应力-应变均遵循胡克定律,于是 $\sigma_L = E_L \varepsilon_L$,$\sigma_f = E_f \varepsilon_f$,$\sigma_m = E_m \varepsilon_m$。其中,$E_L$,$E_f$ 和 E_m 分别是复合材料的纵向弹性模量、纤维纵向弹性模量和基体弹性模量。将这些等式代入式(14-3),可得

$$E_L = E_f V_f + E_m V_m \qquad (14-4)$$

式(14-4)表明,纤维和基体对复合材料的纵向弹性模量的贡献与它们的体积分数成正比,这种关系称为混合定则(rule of mixtures)。该式用于拉伸时较准确,用于压缩时有误差,

主要原因是纤维抗拉但不抗压。除纵向弹性模量外,单向连续纤维增强复合材料的主泊松比(major Poisson's ratio),即横向应变与纵向应变之比,也符合混合定则。

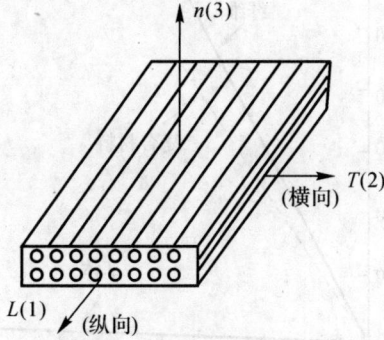

图 14-1　单向连续纤维增强复合材料的受力方向示意图

从式(14-4)也能够看出,要使纤维有增强的作用,必须选择 $E_f > E_m$,这样纤维才能承担更多的载荷。

单向连续纤维增强复合材料受到垂直于纤维方向(横向)的载荷时,其横向弹性模量 E_T 用式(14-5)估算:

$$\frac{1}{E_T} = \frac{V_f}{E_f} + \frac{V_m}{E_m} \tag{14-5}$$

可见对于横向弹性模量,弹性模量的倒数符合混合定则。除横向弹性模量外,单向连续纤维增强复合材料的面内剪切模量也符合该规律。实际上式(14-5)的估算值往往偏低,可用 Halpin 和 Tsai 提出的一个简单公式获得较为精确的解答,具体内容请参考相关资料。

大多数颗粒增强复合材料(particle reinforced composite)的弹性模量也可用类似式(14-4)的等式表示,即

$$E_c = E_m V_m + E_p V_p \tag{14-6}$$

其中,E 和 V 分别表示弹性模量和体积分数,下角标 c,m 和 p 分别表示复合材料,基体和颗粒。

值得注意的是,用混合定则计算的颗粒增强复合材料弹性模量一般表示弹性模量的上限。颗粒增强复合材料的弹性模量的下限用下式计算,有

$$E_c = \frac{E_m E_p}{V_m E_p + V_p E_m} \tag{14-7}$$

这里介绍的混合定则仅仅是一种粗略的估算方法。针对具体的复合材料,文献中有多种较精确的算法。

14.3　连续纤维增强复合材料的应力-应变曲线

图 14-2 示意性地显示了纤维、基体和复合材料的应力-应变曲线。可以看出,复合材料的应力-应变曲线处于纤维和基体的应力-应变曲线之间。复合材料应力-应变曲线的位置取决于纤维的体积分数。纤维的体积分数越高,复合材料应力-应变曲线越接近纤维;反之,当基

体体积分数高时,则接近基体。

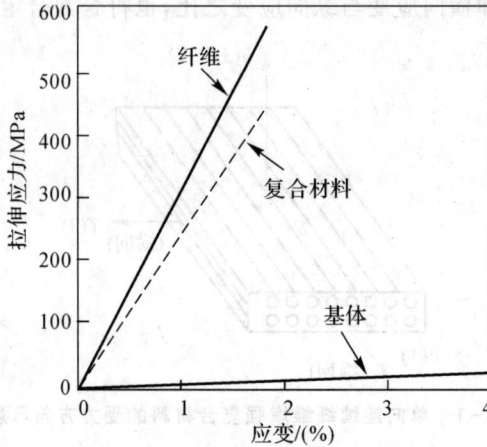

图 14 - 2   纤维、基体和复合材料的应力-应变曲线示意图

连续纤维增强复合材料的典型纵向应力-应变曲线如图 14 - 3 所示。该曲线显示了几个典型阶段:纤维和基体均发生弹性变形阶段、基体发生非弹性变形而纤维发生弹性变形阶段、纤维和基体均发生非弹性变形阶段和断裂阶段。并非所有的连续纤维增强复合材料的应力-应变曲线都呈现如上所述典型的 4 部分。根据复合材料的组元性能和制备工艺等不同,具体的复合材料可能只有其中某几个阶段。

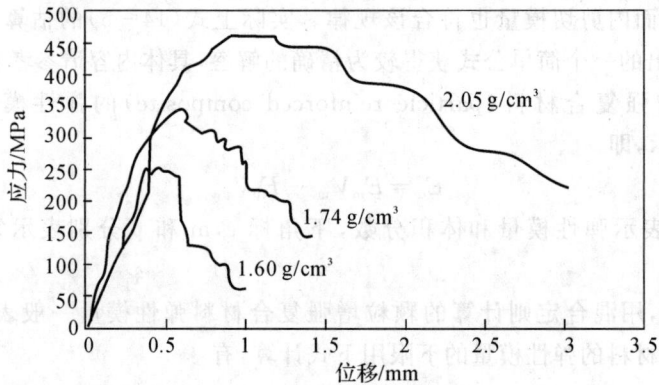

图 14 - 3   一种连续纤维增强复合材料的应力-应变曲线示意图(图中数字为材料的密度)

14.4   连续纤维增强复合材料的强度

14.4.1   抗拉强度

连续纤维增强复合材料的强度不能简单地由混合定则求得。为了说明连续纤维增强复合材料的纵向抗拉强度 σ_{Lu} 随纤维体积分数的变化趋势,这里仅就单向连续纤维增强复合材料的纵向抗拉强度 σ_{Lu} 进行简单介绍。在推导前,先就复合材料作下述简化。

1) 认为各组元均匀,且都是线弹性材料;

2) 纤维均匀分布在基体中;纤维与基体理想结合,因此有 $\varepsilon_L = \varepsilon_m = \varepsilon_f$,其中 f,m,L 分别表示纤维、基体和复合材料的纵向;

3) 纤维足够长,因此忽略纤维的端部效应;

4) 载荷要么平行于纤维,要么垂直于纤维;

5) 复合材料及其组元无初始应力,加载后不产生横向应力。

复合材料的纵向抗拉强度由各组元的断裂应变和纤维体积分数来决定。断裂应变小的组元先断裂,失去承载能力,余下的组元如果不能负担载荷,则材料立即断裂;如果能负担载荷,则材料能够继续变形,直到达到该材料的断裂强度而断裂。连续纤维增强复合材料中通常使用高强度高模量的的纤维,其弹性模量远大于基体弹性模量,而断裂应变通常小于基体。受到外部载荷后,纤维先于基体发生断裂。

如果纤维的体积分数 V_f 较低,纤维断裂后,基体还有足够的能力承担载荷,复合材料受到的载荷完全由基体承担,即

$$\sigma_L = \sigma_m V_m = \sigma_m (1 - V_f) \tag{14-8}$$

当复合材料的应变达到基体的断裂应变 ε_{mu} 时,即 $\varepsilon_L = \varepsilon_{mu}$,基体达到其抗拉强度 σ_{mu} 而断裂,材料失效,所以复合材料的纵向抗拉强度 σ_{Lu} 为

$$\sigma_{Lu} = \sigma_{mu} (1 - V_f) \tag{14-9}$$

如果纤维的体积分数 V_f 较高,纤维断裂后,基体没有足够的强度承担载荷,基体亦随之断裂,材料失效,此时:

$$\sigma_{Lu} = \sigma'_m V_m + \sigma_{fu} V_f = \sigma'_m (1 - V_f) + \sigma_{fu} V_f \tag{14-10}$$

其中,σ'_m 为纤维断裂时的基体应力,σ_{fu} 为纤维断裂强度。

如果将式(14-9)和式(14-10)绘在同一图中,可得到材料的强度随纤维体积分数变化的曲线,如图 14-4 所示。

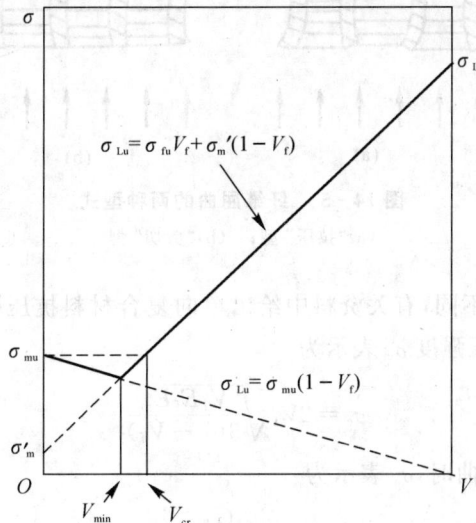

图 14-4　连续纤维增强复合材料的强度随纤维体积分数变化示意图

由于推导上述强度计算式前,进行了一些简化处理,因此获得的强度计算公式与真实结果有一些差别。但是这些结果仍然为复合材料的制备和设计提供一些指导性的意见。

14.4.2　纤维的临界体积分数

根据图 14-4 的结果,纤维体积分数较低时,复合材料的强度可能低于基体强度。为了获得增强效果,须使连续纤维增强复合材料的抗拉强度大于基体的强度,即 $\sigma_{Lu} \geqslant \sigma_{mu}$。可求出增强纤维的临界体积分数,即

$$V_{cr} = \frac{\sigma_{mu} - \sigma'_m}{\sigma_{fu} - \sigma'_m} \qquad (14-11)$$

因此在连续纤维增强复合材料制造中,增强纤维的体积分数必须大于临界体积分数。但是纤维体积分数也并不是越大越好。体积分数太大时,基体不可能润湿和渗透纤维束,导致基体与纤维结合不佳,造成复合材料强度降低。

14.4.3　压缩强度

单向复合材料承受压缩载荷时,可将纤维看作在弹性基体中的细长柱体。当 V_f 很低时,即使基体在弹性变形阶段,纤维也会发生微观屈曲(buckling)。纤维的屈曲可能有两种型式(见图 14-5):一种是"拉压"型屈曲,纤维彼此反向屈曲,使基体出现受拉部分和受压部分;另一种是"剪切"型屈曲,纤维彼此同向屈曲,基体受剪切变形。前者往往出现在 V_f 很低的复合材料之中。后者出现在大多数常用的复合材料之中。

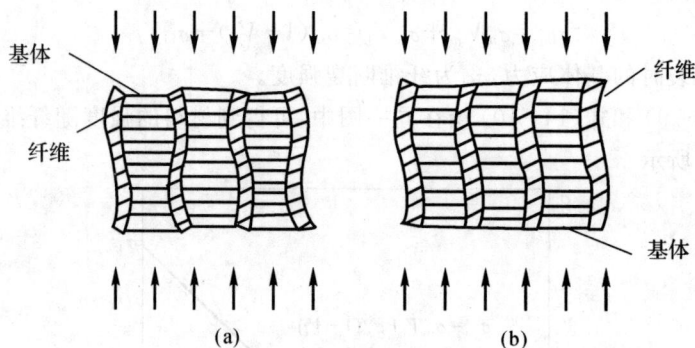

图 14-5　纤维屈曲的两种型式
(a)"拉压"型；　(b)"剪切"型

根据纤维屈曲类形的不同,有关资料中给出单向复合材料抗压强度的预测公式。纤维发生"拉压"型屈曲时,其抗压强度 σ_c 表示为

$$\sigma_c = 2V_f \sqrt{\frac{V_f E_f E_m}{3(1 - V_f)}} \qquad (14-12)$$

纤维发生"剪切"型屈曲时,σ_c 表示为

$$\sigma_c = \frac{G_m}{1 - V_f} \qquad (14-13)$$

式中,G_m 为基体的切变模量。

　　上面两式计算结果常常比实验值大很多,主要是实际材料中纤维直径和形状并不是完全一致的,以及纤维的排列也并非模型中的理想状态;此外复合材料中的各组元还存在很多缺陷。这些因素都不能在上述公式中体现。但是上述公式仍然提供了很有价值的结论。如对于多数复合材料,在压缩过程中都会发生"剪切"型屈曲,从式(14-13)可看出,基体的剪切模量对复合材料的压缩强度起重要作用,选择高模量的基体可有效提高材料的压缩强度。

14.5　正轴和偏轴的应力和应变转换

14.5.1　正轴和偏轴

　　在连续纤维增强复合材料中,纤维的增强效果主要体现在纤维增强方向,称为正轴(on-axis),如图14-6中的方向1和2,1⊥2。在2和其他方向,其力学性能甚至会低于基体材料。因此在实际使用中,为了保证其他方向的性能,往往会使用多向复合材料。这样的话,在其中一个方向的纤维受到正轴载荷时,其他方向的一部分纤维会受到与正轴方向呈一定角度的载荷,即受到偏轴(off-axis)载荷,偏轴方向如图14-6中的方向 x 和 y。即使对于单向复合材料,在使用过程中,也不能绝对保证载荷平行于正轴方向,材料中还是会存在偏轴应力。在实验过程中,正轴方向的力学性能较偏轴方向容易获得。因此需要建立正轴和偏轴的应力和应变关系,进而建立偏轴方向的应力-应变关系。这里仅介绍二维条件下的正轴和偏轴的应力和应变转换关系。

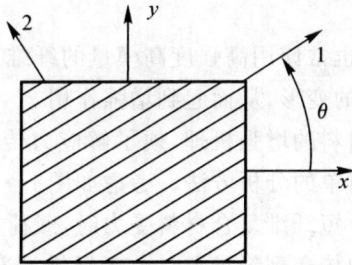

图 14-6　单向连续纤维复合材料中的正轴和偏轴示意图

14.5.2　应力和应变的转换关系

　　对于图14-6所示的正轴和偏轴方向,先引入坐标转换角 θ。规定偏轴逆时针转向正轴时,θ 为正,反之为负。利用受力分析,便可得到式(14-14)所示的正轴下的应力 σ_1,σ_2,τ_{12} 和偏轴下的应力 σ_x,σ_y,τ_{xy} 之间的应力转换关系式。σ_1,σ_2,σ_x 和 σ_y 为正应力,其下标表示应力的方向,即应力平行于相应下标指示的方向。τ_{12} 和 τ_{xy} 为切应力,其下标中第一个字母表示作用面的外法线方向,第二个字母表示应力的方向。

$$\sigma_1 = \sigma_x \cos^2\theta + \sigma_y \sin^2\theta + 2\tau_{xy}\sin\theta\cos\theta$$
$$\sigma_2 = \sigma_x \sin^2\theta + \sigma_y \cos^2\theta - 2\tau_{xy}\sin\theta\cos\theta$$
$$\tau_{12} = -\sigma_x \sin\theta\cos\theta + \sigma_y \sin\theta\cos\theta + \tau_{xy}(\cos^2\theta - \sin^2\theta)$$
(14-14)

利用类似的分析过程也可得到正轴下的应变 $\varepsilon_1,\varepsilon_2,\gamma_{12}$ 和偏轴下的应力 $\varepsilon_x,\varepsilon_y,\gamma_{xy}$ 之间应变转换关系式,见式(14-15)。$\varepsilon_1,\varepsilon_2,\varepsilon_x$ 和 ε_y 为正应变,γ_{12} 和 γ_{xy} 为切应变。

$$\varepsilon_1 = \varepsilon_x \cos^2\theta + \varepsilon_y \sin^2\theta + \gamma_{xy}\sin\theta\cos\theta$$
$$\varepsilon_2 = \varepsilon_x \sin^2\theta + \varepsilon_y \cos^2\theta - \gamma_{xy}\sin\theta\cos\theta$$
$$\gamma_{12} = -2\varepsilon_x \sin\theta\cos\theta + 2\varepsilon_y \sin\theta\cos\theta + \gamma_{xy}(\cos^2\theta - \sin^2\theta)$$
(14-15)

从式(14-14)和式(14-15)可以看出,在偏轴条件下,即使材料仅仅受到正应力或正应变,也会产生剪应力和剪应变。而单向二维复合材料的剪切强度远低于纵向抗拉强度,因此有可能产生剪切破坏,导致材料的失效。这就要求材料在使用过程中尽量避免偏轴应力,或者使用多向增强复合材料。当然也可以利用连续纤维复合材料的这一特点,通过偏轴拉伸或压缩实验,获得材料的剪切强度。

14.6　短纤维复合材料的力学性能

短纤维(或不连续纤维)增强的复合材料在一定工艺条件下具有各向同性的优点,制备工艺简单,可以得到广泛的应用。本节主要介绍单向短纤维复合材料(unidirectional short fiber reinforced composite)的力学性能。

14.6.1　应力传递理论

短纤维增强的复合材料中,也常使用高强度高模量的纤维。短纤维嵌入基体,在复合材料变形过程中,短纤维限制了基体的变形,从而起到增强作用。

为了认识短纤维增强复合材料的增强机理,须了解应力传递理论。此处拟采用剪滞理论(shear lag theory)提供的一个简单的分析方法。考虑如图14-7所示的简单模型,将长为 L 的短纤维呈伸直状态与基体结合。短纤维复合材料受力时,载荷加于基体上,然后基体把载荷通过纤维与基体间界面上的切应力传递到纤维上。由于纤维端部附近应力集中,造成端部附近基体屈服或是基体与纤维脱离。因此,不考虑端部应力的传递。

对于图14-7所示的长度为 dx 的纤维,受力后处于平衡状态,可得

$$(\pi d_f^2/4)(\sigma_f + d\sigma_f) - (\pi d_f^2/4)\sigma_f - (\pi d_f dx)\tau = 0$$
(14-16)

或

$$\frac{d\sigma_f}{dx} = \frac{4\tau}{d_f}$$
(14-17)

式中,σ_f 是纤维的轴向应力;τ 是基体-纤维界面的剪应力;$d_f = 2r_f$,r_f 是纤维半径。对一根粗细均匀的纤维来说,式(14-17)表示纤维应力沿 x 方向上的增长率与界面剪应力成正比。可以通过积分求得离纤维末端距离为 x 处纤维上的应力。对于理想塑性(高于弹性极限,应力不需要增加就可进行的塑性变形)基体、弹性纤维,界面剪应力 τ 为一个常数 τ_{eL},因此

$$\sigma_f = \frac{4\tau_{eL}}{d_f} x \tag{14-18}$$

从式(14-18)可知,短纤维上的最大正应力$(\sigma_f)_{max}$位于纤维长度L的中点,即$x=L/2$处,其值可用下式估算:

$$(\sigma_f)_{max} = \frac{2\tau_{eL}L}{d_f} \tag{14-19}$$

式中,τ_{eL}是基体的剪切屈服应力,L是短纤维的长度。

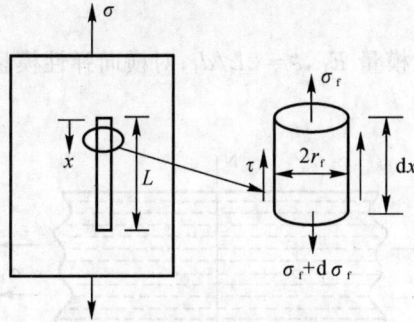

图 14-7　短纤维上的受力分析

纤维能够承受的最大应力为纤维的强度极限σ_{fu},此时对应的纤维长度称为临界长度L_c,可用下式表达:

$$L_c = d_f \frac{\sigma_{fu}}{2\tau_{eL}} \tag{14-20}$$

临界纤维长度L_c是短纤维增强复合材料的一个重要参数。加入复合材料的短纤维,必须大于L_c方能有效地增强基体。不同纤维长度的纤维应力和界面剪应力的分布如图 14-8 所示。可以看出,在距离纤维末端小于$L_c/2$的一段长度上,其应力小于最大纤维应力。

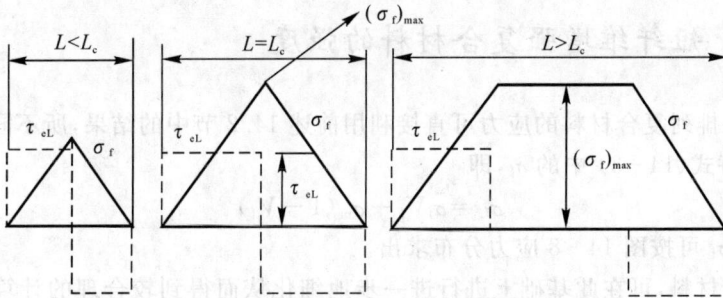

图 14-8　在不同纤维长度下纤维应力和界面剪切应力的变化

上述讨论是假设基体是理想塑性材料的条件下得到的,但是其应力分布规律大致与实际情况一致。实际上,对于短纤维复合材料,界面脱粘首先从纤维端部开始,因为端部界面剪应力最大,而纤维断裂主要发生在纤维中部,这与实际情况一致。

14.6.2 短纤维复合材料的弹性模量

短纤维定向随机排列的复合材料(见图 14 - 9)的弹性模量 E,可用 Halpin - Tsai 方程估算,即

$$\frac{E}{E_m} = \frac{1 + \xi \eta V_f}{1 - \eta V_f} \qquad (14 - 21)$$

其中,$\eta = \dfrac{\dfrac{E_f}{E_m} - 1}{\dfrac{E_f}{E_m} + \xi}$,对纵向弹性模量 E_L,$\xi = 2L/d_f$;对横向弹性模量 E_T,$\xi = 2$。

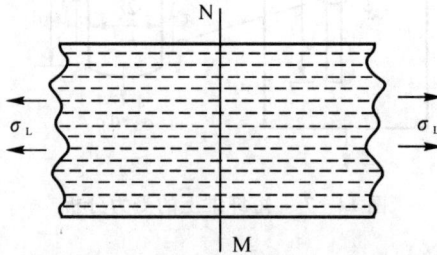

图 14 - 9　短纤维随机定向排列模型

面内随机取向的短纤维复合材料的弹性模量可采用下述经验公式估算:

$$E_拉 = \frac{3}{8} E_L + \frac{5}{8} E_T \qquad (14 - 22)$$

式中,$E_拉$ 为拉伸弹性模量。用图 14 - 9 所示的模型,并在 $\varepsilon_{fu} < \varepsilon_{mu}$ 的条件下,分别测出相同体积分数时的 E_L 和 E_T,代入上式即可求得 $E_拉$。

14.6.3 短纤维增强复合材料的强度

短纤维定向排列复合材料的应力可直接利用前述 14.2 节中的结果,所不同的是要用纤维平均应力 $\bar{\sigma}_f$ 代替式(14 - 3)中的 σ_f,即

$$\sigma_L = \bar{\sigma}_f V_f + \sigma_m (1 - V_f) \qquad (14 - 23)$$

式中,平均应力 $\bar{\sigma}_f$ 可按图 14 - 8 应力分布求出。

针对具体的材料,可在此基础上进行进一步地细化从而得到较合理的计算方法。由于 $\bar{\sigma}_f$ 小于连续纤维的 σ_f,因此,短纤维增强复合材料的临界体积分数大于连续纤维增强复合材料的体积分数。

14.7* 脆性基体复合材料的力学性能特点

以陶瓷基复合材料(Ceramic Matrix Composites,CMC)为代表的脆性基体复合材料在高温结构领域有许多潜在的用途,其力学性能也有着许多特点,本节将着重介绍这些特点。它们

对一些脆性基体的树脂基复合材料和碳/碳复合材料也是适用的。

14.7.1　纤维的强度

连续纤维增强陶瓷基复合材料中常采用碳纤维、SiC 纤维和 Al_2O_3 等脆性纤维。纤维的强度与其长度和直径有关。纤维越长、直径越大，含缺陷的概率越大，因此强度越低。纤维的强度符合两参数 Weibull 分布。

纤维的强度和纤维在复合材料中的就位（in-situ）强度有很大差别。在 Nicalon/SiC 复合材料中，Nicalon 纤维（一种 SiC 纤维）的就位强度仅为原丝强度的 $30\%\sim50\%$。就位强度可用断裂镜面法（fracture mirror）求得。纤维断裂后存在一个平坦的镜面，其半径为 r_m，紧接着为放射线快速扩展区（见图 14-10）。纤维就位强度 σ_{fu} 和断裂表面能 γ_f 与 r_m 存在确定的数值回归关系，即

$$\sigma_{fu} = 3.5\sqrt{E_f\gamma_f/r_m} \tag{14-24}$$

式中，γ_f 为纤维断裂的表面能。

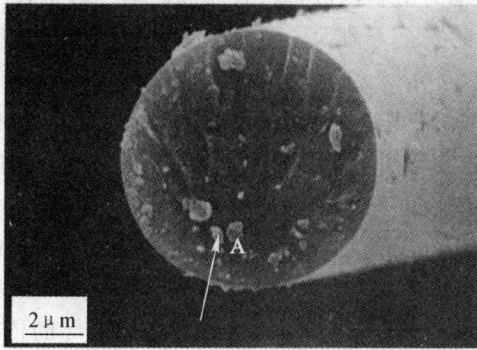

图 14-10　碳化硅纤维的断裂镜，箭头处为断裂镜，A 处为扩展区[4]

14.7.2　界面的作用

界面对复合材料力学性能起关键性作用。对于脆性基体复合材料而言，界面结合强度并非愈高愈好。一方面，"强"界面有利于将基体中的载荷传递到基体中，从而发挥纤维的增强作用；另一方面，"弱"界面使基体裂纹更容易在界面处发生偏转，从而提高材料的韧性。对于陶瓷基复合材料来说，陶瓷基体是脆性的，所以纤维的主要作用体现在提高材料的韧性方面。为了获得高的断裂韧性和热震（亦称作热冲击）抗力，陶瓷基复合材料适中的界面结合更加有利。常用的界面层为热解碳、BN 或者多层界面。例如 C/SiC、SiC/SiC 复合材料制备中，常在 C 纤维和 SiC 纤维上制备这些界面以实现适当的界面结合。

14.7.3　变形过程

连续纤维增强陶瓷基复合材料的典型拉伸应力-应变曲线分 3 个阶段：第一段为起始的弹

性变形阶段。这一阶段持续到基体开裂对应的应力 σ_{mc} 为止,一般认为这一阶段基本不产生损伤。第二阶段为基体裂纹产生阶段。脆性基体先于纤维开裂,纤维桥接基体裂纹,使得裂纹附近的应力重新分布。随着应力的增加,基体裂纹数目不断增加;当基体裂纹饱和后,便进入第三阶段。该阶段内主要发生界面脱粘,载荷主要由纤维承担,因此纤维不断地发生断裂,直至试样断裂。并非所有脆性基体复合材料拉伸应力-应变曲线都表现为三个阶段,有的仅只有一个阶段。

脆性基体复合材料的变形和力学性能还与纤维编织方式和制备工艺等因素有关。此外,由于纤维和基体的热膨胀系数不同,不同的制备工艺可导致材料内部出现很大的残余应力,从而影响材料的力学性能。

14.8　复合材料的疲劳性能特点

复合材料的疲劳损伤形式有界面脱粘、分层、纤维断裂、空隙增长等。复合材料的裂纹萌生寿命较短,但由于增强纤维的牵制,对切口、裂纹和缺陷不敏感,因此复合材料的疲劳性能比金属材料更加优越,有较大的安全寿命。一般条件下,复合材料的疲劳曲线在中长寿命范围内较为平坦。

金属材料屈服现象的存在使其对应变并不敏感。而对于复合材料,较大的应变将使纤维和基体变形不一致而引起纤维与基体界面的破坏,形成疲劳源,压缩应变会使复合材料纵向开裂而提前破坏。所以复合材料对应变,特别是压缩应变特别敏感。复合材料的疲劳性能优于金属材料。例如,铝合金的疲劳强度大大高于树脂,但是碳纤维增强的树脂基复合材料,其疲劳强度反过来却大大高于铝合金,如图 14-11 所示。复合材料的疲劳断裂常常不会突然发生。因此,常以模量下降的百分数(如下降 $1\%\sim2\%$)作为破坏的依据。试验中因试样模量的变化,也会引起共振频率的变化,所以有时还以频率变化(如 $1\sim2$ Hz)作为复合材料的破坏依据。正因为如此,复合材料疲劳试验采用强迫振动疲劳试验机而很少用共振式疲劳试验机。

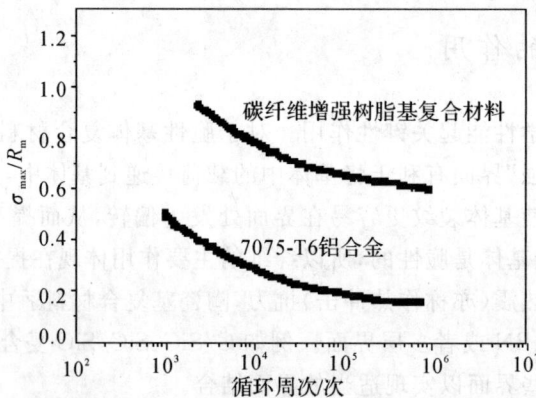

图 14-11　复合材料和金属材料疲劳性能的比较

疲劳性能与纤维取向有关。平行于纤维方向上具有很好的疲劳强度。对于层合板复合材料,加载时某些铺层中可能会较早地出现损伤。与载荷方向垂直或与载荷方向成大角度铺层中纤维密集的区域,损伤起源于纤维/基体界面脱粘。

　　疲劳性能与基体材料和纤维长度有关,塑性好的基体复合材料比脆性基体复合材料的疲劳寿命长。增强纤维的长度与直径之比在 200 以内时,疲劳寿命随纤维长度的增加而增加。短纤维复合材料中,损伤还常常位于纤维末端,这是因为纤维与基体界面以及纤维末端的应力、应变集中导致裂纹产生。

　　纤维断裂后,在纤维/基体界面处产生很大的剪切应力,有利于剪切裂纹的扩展。如前所述,界面裂纹或沿界面扩展,或在邻近的基体中扩展。"弱"界面时,界面开裂可能先于基体中的疲劳裂纹,使裂纹附近的应力集中有所减缓,增加了疲劳寿命。在屈服应力低的基体中出现塑性变形也可使裂纹尖端钝化,阻止裂纹扩展。

14.9* 复合材料的冲击性能特点

　　为全面评定复合材料的性能,还必须进行冲击试验。冲击可造成复合材料明显的损伤。图14-12 表示了层状复合材料的冲击损伤示意图。抗拉强度高的复合材料,其抗冲击性能不一定好,例如,高弹性模量复合材料的韧性往往不如低弹性模量复合材料。

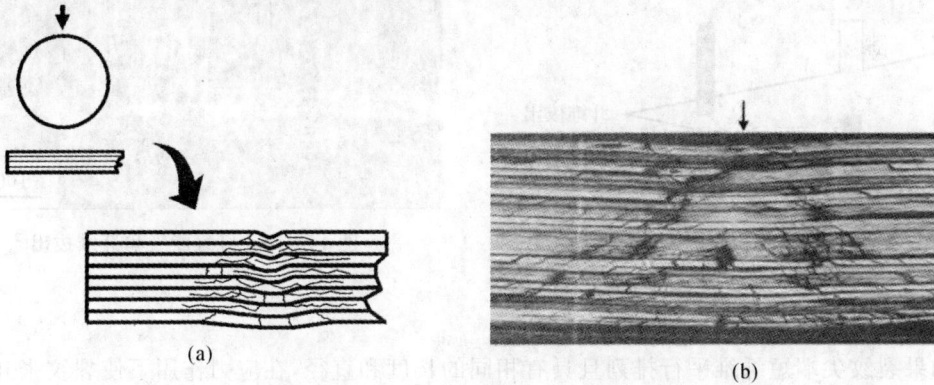

图 14-12　层状复合材料的冲击损伤[3]
(a)冲击损伤示意图；　(b)一种碳纤维增强树脂基复合材料的冲击损伤照片

　　复合材料冲击性能降低可能的原因:复合材料的塑性一般较原基体塑性差,使得应力-应变曲线下面积减少;再者,纤维末端附近会产生力集中(尤其对于短纤维增强复合材料),引起裂纹萌生和扩展,使冲击性能下降。因此,随着纤维含量增加,冲击性能下降。但对于脆性基体复合材料,加入韧性纤维则可改善冲击性能。

　　复合材料中纤维与外力的取向是影响冲击性能的重要因素。纤维与受力方向垂直时,冲击性能最高。随着纤维方向与受力方向夹角增加,冲击性能连续下降,而在当纤维方向与受力方向平行时最低。

　　纤维/基体界面及层合板间结合是否良好,也是影响冲击性能的重要因素。纤维/基体的界面强度显著影响复合材料的破坏模式,如层间的空洞将会显著降低复合材料的冲击性能。研究表明:层间的空洞将会大大降低材料的层间强度,并导致冲击性能下降。为了提高材料的冲击性能,一方面要提高材料的密度,降低空隙率;另一方面可通过增强体的设计从而提高材料的冲击性能,如使用穿刺纤维提高材料的层间剪切强度,从而提高材料的冲击性能。

14.10　连续纤维增强复合材料的能量吸收机制

连续纤维增强复合材料的损伤或破坏是从材料中固有的缺陷开始的,例如,纤维缺陷,基体/纤维界面缺陷和界面反应物等。在裂纹或损伤发展过程中,复合材料内部可发生的能量吸收机制有:基体变形和开裂、纤维/基体界面脱粘(interfacial debonding)、纤维拔出(fiber pullout)、纤维断裂等。图14-13为界面脱粘与纤维拔出示意图。图14-14显示了纤维拔出和纤维断裂的照片。

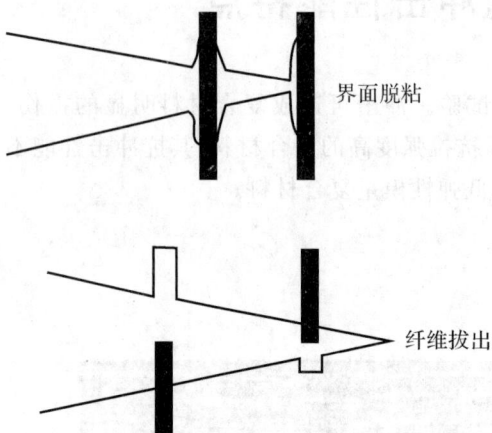

图14-13　界面脱粘和纤维拔出示意图

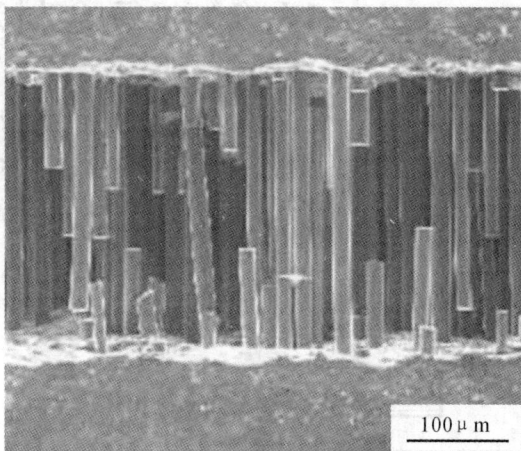

100μm

图14-14　纤维断裂和纤维拔出[3]

（1）纤维拔出。

如果裂纹尖端短纤维平行排列且具有相同的长度和直径,在应力作用下使裂纹张开,同时纤维从两个裂纹面中拔出,消耗裂纹拔出功。对于树脂基复合材料,纤维拔出功对断裂功的贡献很大。

（2）纤维断裂。

对连续纤维复合材料,裂纹尖端处的纤维在裂纹张开过程中被拉长,并相对于没有屈服的基体产生错动,最后因纤维受力过大发生断裂,断裂后纤维又部分缩回基体,释放出弹性变形能。大致可以认为纤维断裂吸收的能量比拔出的能量小得多。

（3）基体变形和开裂。

对于脆性的热固性树脂基体,例如环氧树脂,断裂前只发生很小的变形,虽然基体材料的变形和开裂都吸收能量,但这部分能量主要是弹性能和表面能。金属基体在断裂前产生大量塑性变形,而塑性变形所吸收的能量比弹性能和表面能之和大得多。所以金属基体对复合材料断裂能的贡献要比聚合物基体的大得多。

（4）纤维/基体界面脱粘和分层裂纹。

断裂过程中,当裂纹平行于纤维扩展时,如果纤维与基体间的界面结合较弱,纤维/基体间的界面脱粘。当基体裂纹不平行于纤维,在裂纹扩展过程中会碰到纤维。这时,裂纹继续沿基体扩展,还是发生偏转而沿界面扩展,取决于基体和界面的相对强度。在这两种情况下都形成新表面,增加断裂时消耗的能量。

对于层合板复合材料,垂直于层合板的方向裂纹扩展受到抑制,而发生层间界面开裂,即分层裂纹,因此需要消耗大量能量。

上述损伤或断裂模式因复合材料或试验条件的不同,在复合材料的断裂时出现其中一种或几种,它们所占比例及对断裂的影响也各不相同,有的模式的影响可能是很小的。通常总是有几种断裂模式同时存在。复合材料的断裂韧性便是这几种能量吸收机制之和。

14.11　力学性能测试方法

颗粒增强复合材料的力学性能测试往往借鉴其基体材料的力学性能测试方法。连续纤维增强复合材料的力学性能往往为各向异性的,因此需要测试不同方向的力学性能。对于层状复合材料还需要测试其层间性能,如层间剪切强度、层间断裂韧性。针对各种复合材料的使用环境,还需要表征在某些特定环境(如湿热环境、高温、冲击等)中的力学性能,因此其力学性能测试方法较前面介绍的金属、陶瓷和高分子等材料复杂。需要根据复合材料自身的特点采取合适的力学性能测试方法。

对于纤维增强的树脂基复合材料,国家标准和一些行业已经建立了一些系统的测试方法和标准(如航空工业标准 HB 和建材行业标准 JT)。但是对于脆性材料基体的复合材料,测试方法还不够全面。

14.12　本章小结

复合材料力学性能比传统材料更为复杂。单向复合材料的力学性能是研究其他复合材料力学性能的基础。单向连续纤维复合材料的弹性模量可使用混合定则估算,其拉伸应力-应变曲线由其组元和纤维体积分数决定。在纤维增强复合材料制造中,增强纤维的体积分数必须大于临界体积分数。纤维复合材料受到偏轴应力后,可引起切应力和切应变。对于短纤维复合材料,通过应力传递理论发挥纤维的增强作用。增强的短纤维长度应该大于临界长度。对于脆性基体的复合材料,在复合材料制备过程中会降低纤维强度。复合材料的疲劳性能优于金属材料。复合材料内部可发生的能量吸收机制有:基体变形和开裂、纤维/基体界面脱粘、纤维拔出和纤维断裂等。

习题与思考题

1.写出单向连续纤维增强复合材料的纵向弹性模量的混合定则表达式。
2.简述单向连续纤维增强复合材料的纵向抗拉强度与纤维体积分数的关系。

3. 对于一种单向连续纤维增强树脂基复合材料，$V_f = 0.6$，$E_f = 140$ GPa，$E_m = 5$ GPa，计算：(1)纵向弹性模量；(2)横向弹性模量；(3)该材料发生 0.1％的纵向应变对应的载荷。

4. SiC 晶须增强铝基复合材料中，SiC 晶须的体积分数为 20％，弹性模量为 400 GPa，基体的弹性模量为 70 GPa，计算该材料的弹性模量范围。

5. 对于一种 Al_2O_3 纤维增强树脂基复合材料，纤维直径为 10 nm，纤维强度为 1 GPa，纤维-基体界面剪切强度为 10 MPa，计算临界纤维长度。

6. 对于题 3 中的复合材料，如果纤维的长度为 1 cm，说明复合材料受到逐渐增加的载荷后，纤维和界面的失效过程。

7. 单向连续纤维增强复合材料受到偏轴载荷能够发生剪切断裂吗？请说明原因。

8. 简述脆性基体复合材料中界面的作用。

9. 简述复合材料的疲劳特点。

10. 简述复合材料的冲击特点。

11. 复合材料断裂中有哪些能量吸收机制？

参 考 文 献

[1] 郑修麟. 材料的力学性能[M]. 西安：西北工业大学出版社，2000.

[2] Meyers M A，Chawla K K. Mechanical behavior of materials[M]. Cambridge：Cambridge University Press，2009.

[3] Campbell F C. Cermic matrix composites，structural composite materials[M]. Ohio：ASM International Materials Park，2010.

[4] Pysher D J，Goretta K C，Hodder R C，et al. Strengths of ceramic fibers at elevated temperatures[J]. J Am Ceram Soc，1989，12：284 - 288.

[5] 乔生儒. 复合材料细观力学性能[M]. 西安：西北工业大学出版社，1997.

附　录

附　录　1

附表 1-1　几种裂纹的 K_I 表达式

裂纹类型	K_I 表达式		
无限大板穿透裂纹 	$K_I = \sigma \sqrt{\pi a}$		
有限宽板穿透裂纹 	$K_I = \sigma \sqrt{\pi a} f\left(\dfrac{a}{b}\right)$	a/b	$f(a/b)$
		0.074	1.00
		0.207	1.03
		0.275	1.05
		0.337	1.09
		0.410	1.13
		0.466	1.18
		0.535	1.25
		0.592	1.33
有限宽板单边直裂纹 	$K_I = \sigma \sqrt{\pi a} f\left(\dfrac{a}{b}\right)$ 当 $b \gg a$ 时, $K_I = 1.12\sigma \sqrt{\pi a}$	a/b	$f(a/b)$
		0.1	1.15
		0.2	1.20
		0.3	1.29
		0.4	1.37
		0.5	1.51
		0.6	1.68
		0.7	1.89
		0.8	2.14
		0.9	2.46
		1.0	2.89

续 表

		a/b	$f(a/b)$
受弯单边裂纹梁 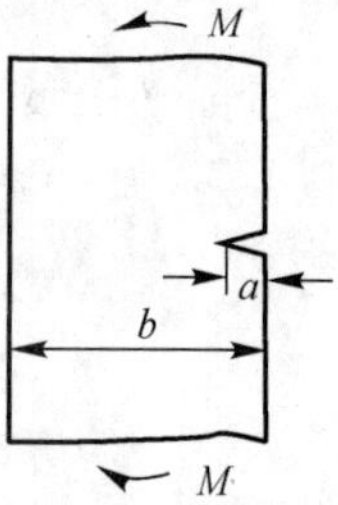	$K_{\mathrm{I}} = \dfrac{6M}{(b-a)^{3/2}} f\left(\dfrac{a}{b}\right)$	0.05	0.36
		0.1	0.49
		0.2	0.60
		0.3	0.66
		0.4	0.69
		0.5	0.72
		0.6	0.73
		> 0.6	0.73

无限大物体内部有椭圆片裂纹,远处受均匀拉伸

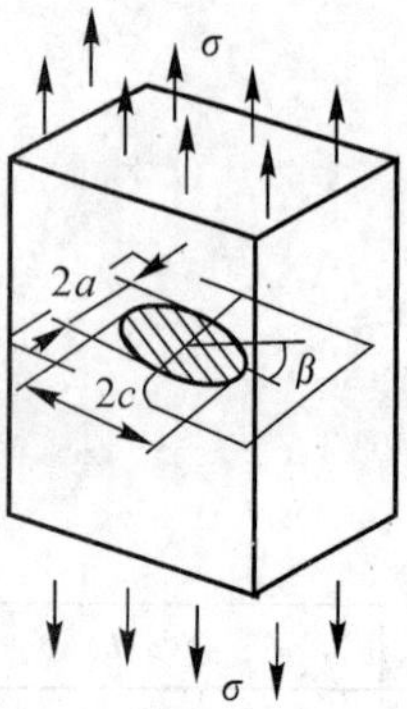

在裂纹边缘上任一点的 K_{I} 为:

$$K_{\mathrm{I}} = \frac{\sigma\sqrt{\pi a}}{\Phi}\left(\sin^2\beta + \frac{a^2}{c^2}\cos^2\beta\right)^{1/4}$$

Φ 是第二类椭圆积分:

$$\Phi = \int_0^{\pi/2}\left(\cos^2\beta + \frac{a^2}{c^2}\sin^2\beta\right)^{1/2}\mathrm{d}\beta$$

无限大物体表面有半椭圆裂纹,远处受均匀拉伸

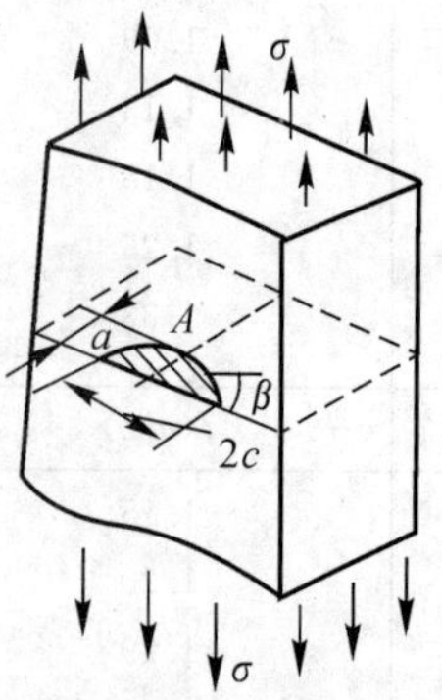

A 点的 K_{I} 为:

$$K_{\mathrm{I}} = \frac{1.1\sigma\sqrt{\pi a}}{\Phi}$$

$$\Phi = \int_0^{\pi/2}\left(\cos^2\beta + \frac{a^2}{c^2}\sin^2\beta\right)^{1/2}\mathrm{d}\beta$$

附表 1-2　Φ^2 值表

Φ^2	a/c	Φ^2	a/c	Φ^2	a/c	Φ^2	a/c	Φ^2	a/c
1.00	0.00	1.30	0.39	1.60	0.59	1.90	0.76	2.20	0.89
1.02	0.06	1.32	0.41	1.62	0.60	1.92	0.77	2.22	0.90
1.04	0.12	1.34	0.42	1.64	0.61	1.94	0.78	2.24	0.91
1.06	0.15	1.36	0.44	1.66	0.62	1.96	0.79	2.26	0.92
1.08	0.18	1.38	0.45	1.68	0.64	1.98	0.80	2.28	0.93
1.10	0.20	1.40	0.46	1.70	0.65	2.00	0.81	2.30	0.93
1.12	0.23	1.42	0.48	1.72	0.66	2.02	0.81	2.32	0.94
1.14	0.25	1.44	0.49	1.74	0.67	2.04	0.82	2.34	0.95
1.16	0.27	1.46	0.50	1.76	0.68	2.06	0.83	2.36	0.96
1.18	0.29	1.48	0.52	1.78	0.69	2.08	0.84	2.38	0.97
1.20	0.31	1.50	0.53	1.80	0.70	2.10	0.85	2.40	0.98
1.22	0.32	1.52	0.54	1.82	0.71	2.12	0.86	2.42	0.98
1.24	0.34	1.54	0.55	1.84	0.72	2.14	0.86	2.44	0.99
1.26	0.36	1.56	0.56	1.86	0.73	2.16	0.87	2.46	1.00
1.28	0.38	1.58	0.57	1.88	0.74	2.18	0.88		

注：Φ 为第二类椭圆积分，$\Phi = \int_0^{\pi/2} \left(1 - \left[1 - \left(\dfrac{a}{c} \right)^2 \right] \sin^2\theta \right) \mathrm{d}\theta$。

表面半椭圆裂纹 A 点的 K_{I} 为

$$K_{\mathrm{I}} = 1.1\sigma\sqrt{\pi a}/\Phi$$

平面应变下考虑裂纹尖端塑性区后，将 a 修正为

$$a + r_0 = a + \frac{1}{4\sqrt{2}\,\pi}\left(\frac{K_{\mathrm{I}}}{R_{\mathrm{p0.2}}}\right)^2 = a + 0.056\left(\frac{K_{\mathrm{I}}}{R_{\mathrm{p0.2}}}\right)^2$$

代入 K_{I} 表达式得

$$K_{\mathrm{I}} = 1.1\sigma\sqrt{\pi a} \left/ \sqrt{\Phi^2 - 0.212(\sigma/R_{\mathrm{p0.2}})^2} \right.$$

令 $Q = \Phi^2 - 0.212(\sigma/R_{\mathrm{p0.2}})^2$，并称为裂纹形状因子，则 K_{I} 为

$$K_{\mathrm{I}} = 1.1\sigma\sqrt{\pi a/Q}$$

附表 1-3　表面裂纹形状因子 Q 值表 $\left(Q = \Phi^2 - 0.212\left(\dfrac{\sigma}{R_{\mathrm{p0.2}}}\right)^2\right)$

$\dfrac{a/2c}{Q}$ ⟍ $\sigma/R_{\mathrm{p0.2}}$	0.1	0.2	0.25	0.3	0.4
1.0	0.88	1.07	1.21	1.38	1.76
0.9	0.91	1.12	1.24	1.41	1.79
0.8	0.95	1.15	1.27	1.45	1.83
0.7	0.98	1.17	1.31	1.48	1.87
0.6	1.02	1.22	1.35	1.52	1.90
< 0.6	1.10	1.29	1.42	1.60	1.98

附　录　　2

附录2.1　　疲劳曲线和疲劳极限的实验测定

试验测定 $S\text{-}N$ 曲线时,首先根据需求定出指定的疲劳寿命。然后预先估计疲劳极限,其方法是:据个人经验确定;据类似材料的力学性能数据,包括疲劳和拉伸数据确定;参考经验公式确定,例如一般金属材料可取 $\sigma_{-1}=0.45\sim0.5R_m$,对高强度钢取 $\sigma_{-1}=0.3\sim0.4R_m$;根据单点疲劳试验得出的 $S\text{-}N$ 曲线的大致走向确定。

对于 $S\text{-}N$ 曲线的斜线部分,估计 $4\sim6$ 级应力水平进行单点疲劳试验,初步确定 $S\text{-}N$ 曲线的大致走向。然后高应力区($S\text{-}N$ 曲线的斜线部分)用成组试验法,低应力区的疲劳极限用升降法测定。

用成组试验测试某一给定应力水平 S 下的疲劳寿命,其试样数 n 由附表2-1给出,作可靠性数据统计的项目更应遵照执行。但是用于解释性的成组试验,建议在4个等间距的应力水平下,每个应力水平测试两个试样。为了可靠性设计目的,至少需要30个试样。这时在5个等间距的应力水平下,每个应力水平测试6个试样。注意试样数包括已经做过单点疲劳试验的试样。

附表 2-1　　指定失效概率在不同置信度下试验的最少试样数

先效概率 $P/(\%)$	置信度 $(1-a)/(\%)$		
	50	90	95
	试样数 n		
50	1	3	4
10	7	22	28
5	13	45	58
1	69	229	298

注:n 值修约到最接近的整数。

利用升降法测疲劳极限时,要求最少15根试样估计疲劳强度的平均值和标准偏差。对于要求可靠性数据统计的项目,至少为30个试样。此外,应保留额外的几支试样,做为试验失败的补充。

先应对被测材料的平均疲劳极限和标准偏差进行粗略估计。以估计的平均强度作为第一级应力水平进行试验,应力台阶的选取应接近标准偏差。如果无法得到标准偏差,以估算平均疲劳极限的5%作为应力台阶 d。随机选取试样作试验。如果先前的试样没有失效,接着增加应力台阶作下一个试样;如果先前的试样失效了,降低一个应力台阶作下一个试样。继续试验,直到所有试样都按照这种方式进行了试验。

将试验的应力水平 S 按升序排序,即 $S_0 \leqslant S_1 \leqslant S_2 \cdots \leqslant S_L$,$L$ 是应力水平数。疲劳失效事件或非失效事件的事件数记作 f_i。疲劳极限的平均值和标准偏差的估计参数分别记 $\hat{\mu}_y$ 和

$\hat{\sigma}_y$，即

$$\hat{\mu}_y = S_0 + d\left(\frac{A}{C} \pm \frac{1}{2}\right), \quad \text{失效事件时取} -1/2 ; \text{非失效事件时取} 1/2 \qquad (f2-1)$$

$$\hat{\sigma}_y = 1.62d(D + 0.029), \quad D > 0.3 \text{才有效} \qquad (f2-2)$$

式中 $A = \sum\limits_{i=1}^{L} if_i$；$B = \sum\limits_{i=1}^{L} i^2 f_i$；$C = \sum\limits_{i=1}^{L} f_i$；$D = \dfrac{BC - A^2}{C^2}$。

　　现通过一个例子说明如何进行升降法试验，以及如何处理试验数据，得到疲劳极限值。

　　欲测试一钢材的疲劳极限 σ_{-1}，根据该钢的服役条件和设计需要，得出其指定的疲劳寿命为 10^7。与其指定疲劳寿命和热处理状态相同，但含碳量仅相差 0.05% 的另一钢材的 σ_{-1} 为 500 MPa，于是估计欲求钢材的疲劳极限也在该值附近。由此可计算出升降法的应力台阶 $d = 5\% \times 500 \text{ MPa} = 20 \text{ MPa}$，绕 500 MPa 分作五个应力水平。加工了 18 个试件，其中 3 个备用。随机选取第一个试样，在 500 MPa 应力水平下循环。若循环 10^7 失效，下一个试样则降低 20 MPa 疲劳；若循环 10^7 没有失效，则将增加 20 MPa 试验下一个试样。按此规则直到试验了 17 个试样，它们都没有出现异常现象，无需补做。试验数据见附表 2-2，表中的数据是随机排列的，失效事件用符号 ×，非失效事件（通过事件）用符号 ○。

附表 2-2

应力 S_i/MPa	试样系列号														
		1				5					10				15
540							×								×
520				×				○		×		×			○
500			○		×		○			○		×		○	
480		○*				○						○			
460	○*														

× 失效
○ 通过
○* 未计算

　　17 个试样中，从第一对出现相反事件的数据开始有效。因此删除 460 MPa 和 480 MPa 这前两个数据，第一个有效数据为 500 MPa 的实验值。总共 7 个试样失效，8 个试样没有失效（通过）。现仅选择分析失效事件，它们占据了 500 MPa、520 MPa 和 540 MPa 这 3 个应力水平，即 $L = 3$。按由小到大排序 $S_0 \le S_1 \le S_2$，相应的为 500 MPa $\le$ 520 MPa $\le$ 540 MPa。按下面附表 2-3 的数值计算得到：$A = 7$；$B = 11$；$C = 7$，以及 $D = 0.571$，显然 $D > 0.3$，计算有效。

附表 2-3

应力 S_i/MPa	水平 i	f_i	if_i	$i^2 f_i$
540	2	2	4	8
520	1	3	3	3
500	0	2	0	0
总和	—	7	7	11

将上述数据代入计算疲劳极限平均值和标准偏差的公式,即式(f2-1)和式(f2-2)。由于分析失效事件,注意$\hat{\mu}_y$的式中取$-1/2$,由此可得

$$\hat{\mu}_y = S_0 + d\left(\frac{A}{C} \pm \frac{1}{2}\right) = 500 + 20\left(\frac{7}{7} - \frac{1}{2}\right) = 510 \text{ MPa}$$

$$\hat{\sigma}_y = 1.62d(D + 0.029) = \hat{\sigma}_y = 1.62 \times (0.571 + 0.029) = 19.4 \text{ MPa}$$

510 MPa便是欲求的疲劳极限的平均值,也就是通常意义的疲劳极限,其标准偏差是19.4 MPa,接近应力台阶20 MPa。这虽然是一个十分完美的结果,但是还需计算失效概率为10%或更低的条件下,其疲劳极限的下极限值,由于涉及的内容过多,此处不再复述,可参考GB/T 24176—2009。

附录2.2　用疲劳图求疲劳极限

试验测定交变不对称循环的疲劳寿命曲线,所得到的数据固然可靠。但是那么多应力比R下的疲劳寿命曲线,均用试验测定,其费用和耗时十分可观。于是建立了各种疲劳图,其中极限循环振幅疲劳图和极限循环应力疲劳图用的较多。工程设计和应用上,也经常通过疲劳图来获得所需交变不对称循环的疲劳数据。

1. 极限循环振幅疲劳图

如附图2-1所示,在纵坐标以σ_a表示和横坐标以σ_m表示的坐标系中,在纵坐标上量取σ_{-1}得到A点,在在横坐标上量取R_m得到C点。A点处,$\sigma_m = 0$,$R = -1$,$\sigma_a = \sigma_{-1}$;C点$\sigma_m = R_m$,$R = 1$,$\sigma_a = 0$,该点相当于静拉伸。连接A点和C点的是一条AC曲线。AC曲线以下是安全区,材料在应力循环下不会破坏。AC曲线上任意一点的纵坐标和横坐标,分别代表着σ_a和σ_m的值,对应着某一应力比R的疲劳极限σ_R,因为$\sigma_R = \sigma_a + \sigma_m$。

在AC曲线上任意找一点B,连接B和坐标原点O得到OB线,OB线与横坐标的夹角为α。由几何关系可得

$$\tan\alpha = \frac{\sigma_a}{\sigma_m} = \frac{1/2(\sigma_{max} - \sigma_{min})}{1/2(\sigma_{max} + \sigma_{min})} = \frac{1-R}{1+R} \tag{f2-3}$$

由上式可知,OB线上的任意一点都具有相同的应力比R。除B点外,OB线上的点都在AC曲线以下,材料在所承受的应力循环下是安全的,B点就代表着该应力比R下的疲劳极限σ_R。这样就得出了疲劳极限σ_R与应力比R的关系。只要知道应力比R,代入式(f2-3),即可求得$\tan\alpha$和α,而后从坐标原点O引出一条直线,令其与横坐标的夹角为α,该线与AC曲线的交点B便是欲找到的点。B点纵坐标和横坐标之和,就是相应R的疲劳极限σ_R。

例如求脉动循环(其应力比$R = 0$)的疲劳极限σ_0时,将$R = 0$代入式(f2-3),得到$\tan\alpha = 1$,则$\alpha = 45°$。从坐标原点O引出一条45°角的直线,与AC曲线交于E点,E点的纵坐标ED和横坐标OD正好均为$\sigma_0/2$,它们之和就是脉动循环时的疲劳极限σ_0。

AC曲线的形状关系到该方法预测疲劳极限的准确度,其数学的表达方法,就是式(8-2)的Goodman、Geber和Soderberg等公式。

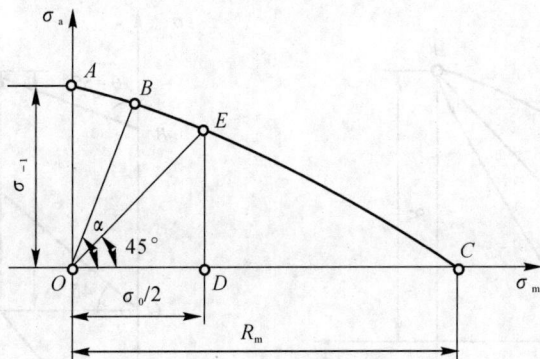

附图 2-1　极限循环振幅疲劳图(σ_a-σ_m疲劳图)

2. 极限循环应力疲劳图

　　首先分析脆性材料的极限循环应力疲劳图,该图的坐标系为:纵坐标以 σ_{max} 和 σ_{min} 表示,横坐标以 σ_m 表示,见附图 2-2。在纵坐标上量取 $\pm\sigma_{-1}$ 分别得到 B 点和 C 点。由坐标原点 O 做 45° 斜线 OA,使 A 与横坐标的垂直距离为 R_m。最后用曲线 AB 连接 A 点和 B 点,用曲线 AC 连接 A 点和 C 点。

　　这样作图以后,曲线 AB 和 AC 代表不同 σ_m(或应力比 R)下的 σ_{max} 和 σ_{min},OA 线上各点的应力均代表 σ_m,应力振幅 σ_a 是 OA 线上各点到曲线 AB 或 AC 的垂直距离。曲线 AB 和 AC 围成一个特定的区域,该区称为安全区。服役零件承受的实际应力若落到这个区域,则在其设计寿命内不会发生疲劳破坏。很容易得出 σ_{max} 与应力比 R 的关系,实际上也就是疲劳极限与 R 的关系。在曲线 AB 上任取一点 H,连接 OH,设 OH 与横坐标的夹角为 α。由几何关系可得

$$\tan\alpha = \frac{\sigma_{max}}{\sigma_m} = \frac{2\sigma_{max}}{\sigma_{max}+\sigma_{min}} = \frac{2}{1+R} \qquad (f2-4)$$

　　这种极限循环应力疲劳图比较直观,因为曲线 AB 上的各点就代表着不同 σ_m(或应力比 R)下的疲劳极限,而且随着 σ_m 或 R 的增大而增大,而应力振幅 σ_a 则减小。在 B 点,$\sigma_m=0$,$R=-1$,$\sigma_a=\sigma_{-1}$;在 A 点,$\sigma_m=R_m$,$R=1$,$\sigma_a=0$,该点相当于静拉伸。只要知道应力比 R,代入式(f2-4)即可求得 $\tan\alpha$ 和 α,而后从坐标原点 O 引出一条直线,令其与横坐标的夹角为 α,该线与 AB 曲线的交于 H 点,其纵坐标即为与 R 对应的疲劳极限值。

　　曲线 AB 和 AC 的形状若是直线,便是最早 Goodman 的表达方法,Gerber 后来将其改用抛物线来描述。这些都关系到极限循环应力疲劳图的准确性。通常由疲劳图得出的 σ_R 与试验值相比较偏低,工程应用中偏于安全,并且更加保守。

　　对于塑性材料,设计的服役应力不允许超过屈服强度,超过屈服强度发生塑性变形后,机件便失效了。因此,σ_{max} 和 σ_a 均以 $R_{p0.2}$ 为界限,极限循环应力疲劳图应作以修正。

　　塑性材料的极限循环应力疲劳图见附图 2-3。该图可用以下方法绘制:纵坐标仍以 σ_{max} 和 σ_{min} 表示,横坐标仍以 σ_m 表示。纵坐标上量取 $\pm\sigma_{-1}$ 分别得到 B 点和 C 点。由坐标原点 O 做 45° 斜线 OA,使 A 与横坐标的垂直距离为 $R_{p0.2}$。过 B 点使附图 2-3 中 $\theta=55°$ 作直线 BP,BP 与水平线 AP 交于 P 点。其后由 P 点作垂线 PQ,与 OA 线交于 Q 点。量取 $PQ=QR$ 得 R 点。用直线分别连接 AR 和 RC。塑性材料的极限循环应力疲劳图就这样绘出来了。直线 BP 与纵坐标夹角 $\theta=55°$ 是由试验得出的,主要是针对钢铁材料。

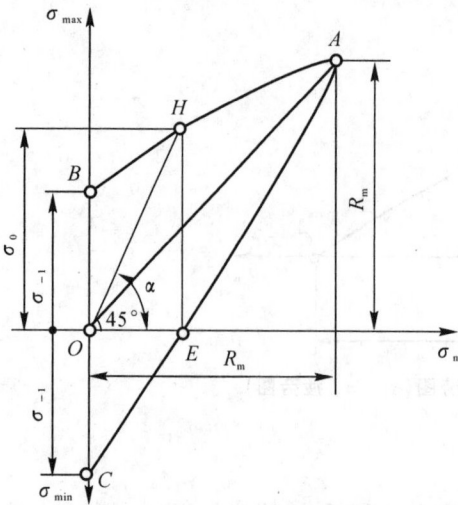

附图 2-2　极限循环应力疲劳图

附图 2-3　塑性材料的极限循环应力疲劳图

附录 2.3　轴类零件各种条件下的疲劳断口(见附表 2-4)

附表 2-4　轴类零件各种条件下的疲劳断口示意

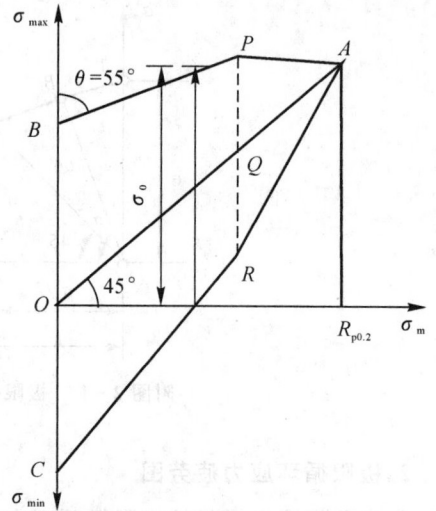